哈佛情商智商财商课

连山 编著

汕頭大學出版社

图书在版编目（CIP）数据

哈佛情商智商财商课 / 连山编著. ── 汕头：汕头
大学出版社, 2016.6
ISBN 978-7-5658-2478-4

Ⅰ.①哈… Ⅱ.①连… Ⅲ.①成功心理—通俗读物
Ⅳ.①B848.4-49

中国版本图书馆 CIP 数据核字 (2016) 第 045729 号

哈佛情商智商财商课
HAFO QINGSHANG ZHISHANG CAISHANG KE

编　　著：连　山
责任编辑：汪艳蕾
责任技编：黄东生
封面设计：李艾红
出版发行：汕头大学出版社
　　　　　广东省汕头市大学路 243 号汕头大学校园内　邮政编码：515063
电　　话：0754-82904613
印　　刷：北京富达印务有限公司
开　　本：720mm × 1020mm　1/16
印　　张：27.5
字　　数：650 千字
版　　次：2016 年 6 月第 1 版
印　　次：2016 年 6 月第 1 次印刷
定　　价：59.80 元
ISBN 978-7-5658-2478-4

发行/广州发行中心　通讯邮购地址/广州市越秀区水荫路56号3栋9A室　邮政编码/510075
电话/020-37613848　传真/020-37637050

前　言

　　哈佛大学创立于 1636 年，作为世界顶尖级的一流大学，300 多年来造就了难以计数的享誉世界的杰出人才。到目前为止，哈佛共出过 8 位美国总统，包括约翰·亚当斯、约翰·昆西·亚当斯、西奥多·罗斯福、富兰克林·罗斯福、卢瑟福·郝斯、约翰·肯尼迪、乔治·布什和贝拉克·奥巴马；40 位诺贝尔奖得主和 32 位普利策奖获奖者。著名外交家、美国前国务卿亨利·基辛格也出自哈佛。哈佛大学因此成为美国政府制定国内外政治、军事、外交政策的思想库。一大批知名的学术创始人、世界级的学术带头人、文学家、思想家都出身于哈佛，如诺伯特·德纳、拉尔夫·爱默生、亨利·梭罗、亨利·詹姆斯、查尔斯·皮尔士、罗伯特·弗罗斯特、威廉·詹姆斯、杰罗姆·布鲁纳、乔治·梅奥等。我国近代，也有许多科学家、作家和学者曾就读于哈佛大学，如胡刚复、竺可桢、杨杏佛、赵元任、陈寅恪、林语堂、梁实秋、梁思成、江泽涵等。此外，哈佛大学是全球造就亿万富豪最多的大学。它的商学院被喻为"总经理摇篮"，培养了微软、IBM 一个个商业神话的缔造者。著名亿万富翁纽约市长彭博，城堡投资集团创建者、对冲基金大亨格里芬，以及石油大亨老洛克菲勒都出自哈佛。

　　哈佛大学之所以能在文学、思想、政治、科研、商业等方面都造就出灿若群星的杰出人才，得归功于它在培养和提高学生的情商、智商及财商方面有着一套独特有效的方法。考入哈佛大学，亲自去学习这些方法，是多少学子梦寐以求的事情；将自己的孩子送进哈佛大学深造，又是多少父母望子成龙的殷切希望。然而，能真正走进哈佛大学的人毕竟是极少数，大多数人难以如愿以偿。为了帮助莘莘学子及广大渴望有所成就、有所作为的读者能不进哈佛也一样能聆听到它在培养学生情商、智商、财商方面的精彩课程，学到百年哈佛的成功智慧，我们编写了这部《哈佛情商智商财商课》。

　　情商是指人在情绪、情感、意志、耐受挫折等方面的品质。以往认为，一个人能否在一生中取得成就，智力水平是第一重要的，即智商越高，取得成就的可能性就越大。但哈佛大学通过对历届学生一生成就的调查研究得出，促使一个人成功的要素中，智商作用只占 20%，而情商作用却占 80%。情商才是人生成就的真正主宰。最负盛名的富兰克林·罗斯福、乔治·华盛顿和西奥多·罗斯福都是"二流智商、一流情商"的代表人物。约翰·肯尼迪和罗纳德·威尔逊·里根的智商只属中流，但却因为善于

1

交朋结友而被许多美国人誉为"最优秀、最可亲的领袖"。本书以哈佛大学在情商方面的成功教学案例为基础，系统而深入地阐述了情商的相关理论，提出了很多可以帮助读者提高情商的具体措施，让读者在轻松的阅读中，犹如徜徉在哈佛大学的文化殿堂，切身感受到情商带给自己的深刻体悟与巨大能量，从而更好地驾驭自己的情绪，把握自己的命运，成就美好的未来。

智商是人们认识客观事物并运用知识解决实际问题的能力，包括观察力、注意力、想象力、思维力和记忆力 5 个基本要素，其中以思维力为核心。一般来说，智商高的人，在应对各种突发事件和复杂事物时，往往能用与众不同的办法，获得事半功倍的效果；智商低的人，在遇到突发事件或棘手的问题时，往往会变得一筹莫展，效率自然大打折扣。所以，哈佛大学十分注重通过不同的方式，努力使学生的智商得到提高，使思维得到训练。哈佛认为，培养青年学子的超常思维能力，其重要性远远排在教授具体的知识技能之前。而训练思维最有效的方式就是学会高效的思考方法。本书重点介绍了哈佛大学用以训练学生思维能力的 6 种思考方法：发散思考法、水平思考法、倒转思考法、转换思考法、图解思考法、灵感思考法。从哈佛大学出身的政治家、企业家、管理者、科学家都在用这些有力的工具分析问题、创新思路、做出决策、解决难题。学习这些方法将让你在享受乐趣的同时，全面提升观察力、分析力、推理力、判断力、想象力、创造力、变通力、行动力、记忆力、反应力、转换力、整合力、思考力，充分发掘大脑潜能，像全世界最聪明的人一样思考，快速找出解决问题的突破口，迈向成功。

财商是指一个人在财务方面的智力，即理财的智慧，是衡量一个人在商业方面取得成功能力的重要指标。财商反映了一个人判断财富的敏锐性，以及对怎样才能形成财富的了解程度。哈佛大学一直认为财商是实现成功人生的关键，将它与智商、情商一起并列为学生不可或缺的"三商"教育。哈佛大学在强调财商重要性的时候，常常这样教育学生：智商能令你聪明，但不能使你成为富有的人；情商可帮助你寻找财富，赚取人生的第一桶金；只有财商才能为你保存这第一桶金，并且让它持续不断地增值。本书以哈佛的财富思想对读者的财商进行教育、训练、提高，让你的财商思维与哈佛理念同步，从中你将吸取以下财商智慧：学会富人的思维方式、理财模式和赚钱方式，掌握提高财商的基本方法；迅速提升商机洞察力、综合理财力，懂得如何运用金钱，如何捕捉别人无法识别的机会，正确解读财富自由的人生真谛；获得正确认识和运用金钱及金钱规律的能力，体验富人对金钱的独特看法，知道富人的思维和普通人有多大差异；洞悉多种投资致富途径的玄妙，懂得运用正确的财商观念指导自己的投资行为，学会架构自己的投资策略体系，掌握实用的投资方法等等。实践证明，只要具备了较高的财商，就能在今后的事业中游刃有余，人脉旺盛，机会自然也就接踵而来，对财富的渴望就有可能变成希望，变成现实。

目　录

中 篇
哈佛智商课

·下 篇·

哈佛财商课

哈佛情商课

　　情商是一种能力，情商是一种创造，情商又是一种技巧。既然是技巧就有规律可循，就能掌握，就能熟能生巧。只要我们多点勇气，多点机智，多点磨炼，多点感情投资，我们也会像"情商高手"一样，营造一个有利于自己生存的宽松环境，建立一个属于自己的交际圈，创造一个更好发挥自己才能的空间。情商的价值是无量的，它伴随着人的一生，是决定人一生成就高低的首要因素。同时情商又是可以通过后天的培养与修炼得到提高的。

情商改变命运

一、发现情商

◆ 感知情商

1990 年，一个心理学概念的提出在世界范围内掀起了一场人类智能的革命，并引起了人们旷日持久的讨论，这就是美国心理学家彼得·塞拉维和约翰·梅耶提出的情商概念。紧跟其后，1995 年 10 月美国《纽约时报》的专栏作家丹尼尔·戈尔曼出版了《情感智商》一书，把情感智商这一研究成果介绍给大众，该书也迅速成为世界范围内的畅销书。随着人类对自身能力认识的深入，越来越多的人认识到在激烈的现代竞争中，情商的高低已经成了人生成败的关键。作为情商知识的受益者，美国总统布什说："你能调动情绪，就能调动一切！"

那么情商究竟是什么？

情商（EQ）是 Emotional Quotient 的缩写，翻译过来就是情绪智慧。但这样的答案显然过于简略，要想更深入地认识情商，就有必要了解情商与智商的关系，因为在某种程度上，情商概念是作为智商的对立面提出的。

长期以来，人们将智商视为人生成败的决定因素，并将它作为衡量个人能力的主要指标。近百年间，研究者设计出五花八门的智商测试方法，接受各种测试的人也数以亿计。尽管研究规模如此巨大，耗时如此之长，但还是有不少人提出了疑问：智商高的人真的比普通人能力更强吗？

长久以来，不知有多少圣贤哲人一次又一次地幻想和构建着人类生存智慧的理想模式，又不知有多少宿学硕儒在理想与现实的冲突中为寻求一条平衡木而困惑烦恼。人们除惊羡一些伟人的成就外，也开始研究他们凭什么成功，是不是伟人都是天赋异禀的人物呢？或者换个说法，是否只要有天生的聪明，就能够取得卓越的成就呢?

众多实例和实验证明:高智商者不一定取得成功,智商的高低与一个人成就大小的必然联系一再受到质疑。

有一个叫威廉·宾德的人,自一出生,他父亲就采用各种手段开发其智力,3岁时就能用本国语言自由阅读和书写,4岁写出了3篇500字的文章,6岁写了一篇解剖学论文。小学入学的当天上午被编入一年级,中午母亲去接他时,他已经是二年级的学生了。8岁上中学,11岁进入哈佛大学。由此可以看出,宾德的脑子足够聪明,智商不可谓不高。但他后来离家出走,在一家商店当店员,一生碌碌无为。类似的例子不胜枚举,为了寻找到答案,人们开始关注情商。

在这种情况下,情商伴随着心理学家的研究问世了。早期在心理学界不被重视的情绪、情感等非智力因素被认为是决定人是否成功的重要因素。

情感智商是对传统智力概念的革命性构建,它涉及人的稳定性、乐群性、兴奋性、有恒性、敢为性、敏感性、怀疑性、幻想性、世故性、忧虑性、独立性、自律性、紧张性等方面,是对生命内在力量的尝试性把握和描述。

智商曾一度统治过成功学的领域,人们在感慨谁智商高谁就能成功的同时,不禁有些迷茫。原因在于发生在我们身边的一个个高智商神话的破灭。细心的人们应该还能够回忆起类似于清华大学高材生刘海洋泼熊的事件,不绝于耳畔的许多国内外高等学府的学生因不堪各种压力跳楼自杀……太多的天之骄子的言行让人们震惊之余开始寻找问题背后深层的原因。

难道是这些学生不足够聪明?还是他们不能意识到问题过后的严肃性结局?这是一个不言而喻的结论,因为我们都会明白问题的根源不在于他们的智商,而是他们不懂控制自己的情绪,不知晓调整自己的心理状态,于是在面对人生逆境之时选择了结束自己的生命……

这些自我控制与面对人生挫折的心境,为我们揭开了情商的神秘面纱。所有的这些高智商人物的悲剧,原来可以避免,或者他们未来可以取得更加卓越的成就,但因为情商不高而最终发生令人扼腕叹息的事情。

情商与我们每个人的生活、工作息息相关,一个高情商的人在工作上易于成功,婚姻中易产生幸福感,人际关系如鱼得水……

情商就这样走进了人们的视野。

◆ 情商是一门人生艺术

情商是一种能力，是一种准确觉察、评价和表达情绪的能力；一种接近并产生感情，以促进思维的能力；一种调节情绪，以帮助情绪和智力发展的能力。这种能力的运用就是一门艺术。

人的情绪体验是无时无处不在的，相信我们每个人都有过莫名其妙被某种情绪侵袭的经验。这些情绪体验既包括积极的情绪体验，也包括消极的情绪体验。不是所有的情绪都是对人的行为有利的，所以，认识情绪，进而管理情绪，成为我们必须正视的课题。

《牛津英语词典》上说："情绪是心灵、感觉、情感的激动或骚动，泛指任何激动或兴奋的心理状态。"简单来说，情绪是一个人对所接触到的世界和人的态度以及相应的行为反应，就是快乐、生气、悲伤等心情，它不只会影响我们的想法和决定，更会激起一连串的生理反应。

大体上，我们可以将情绪粗分为愉快和不愉快两种经验：

愉快的经验包括喜悦、快乐、积极、兴奋、自豪、惊喜、满足、热忱、冷静、好奇心和如释重负等。

不愉快的经验有失望、挫折、忧郁、困惑、尴尬、羞耻、不悦、自卑、愧疚、仇恨、暴力、讥讽、排斥和轻视等。

其中它们又可分为合理的情绪和不合理的情绪。快乐、激动、悲伤、恐惧、愤怒、害怕、担心、惊讶等感觉共同构成了人生丰富多彩的情绪生活。人活着，就免不了体验这些情绪。情绪左右了人类无数的决定和行为，无论是对我们的学习经验还是社会适应能力来说，情绪都扮演着非常重要的角色。

由上可见，情绪是因多种情感交错而引起的一连串反应，与环境有着密不可分的互动关系，它并不是呼之即来、挥之即去的。

控制和管理自我情绪是一门人生艺术。一个不懂管理自己情绪的人，是不会成功的。因为太多的情绪化，起伏巨大会让一个人丧失理智，从而作出不合现实的判断或错失良机。

智商可以说是一种很物质化的事物，而情商则是人在进化中发展出来的技能。正是因为有了情商，人才能够在进化中逐步胜出，最终成为地球上的统治者。

美国一位来自伊利诺伊州的议员康农在初上任时就受到了另一位代表的嘲笑："这位从伊利诺伊州来的先生口袋里恐怕还装着燕麦呢！"

这句话的意思是讽刺他还有着农夫的气息。虽然这种嘲笑使他非常难堪，但也确实如此。这时康农并没有让自己的情绪失控，而是从容不迫地答道："我不仅在口袋里装有燕麦，而且头发里还藏着草屑。我是西部人，难免有些乡村气，可是我们的燕麦和草屑，却能生长出最好的苗来。"

康农并没有恼羞成怒，而是很好地控制了自己的情绪，并且就对方的话"顺水推舟"，作了绝妙的回答，不仅自身没有受到损失，反而使他从此闻名于全国，被人们尊敬地称为"伊利诺伊州最好的草屑议员"。

无数事例证实：情商就是一种情绪管理的能力。情商高，代表着情感管理的能力强，人际关系和社会适应力也比较好。反过来说，情商低，就代表一个人常常会陷入大悲大喜的情况，因为这种巨大的情绪起伏而最终一事无成；情商低的人相对地人际关系容易紧张，社会适应力也较差。

一个人在生活中经常会遇到种种不如意，有的人容易因此大动肝火，结果把事情搞得越来越糟。而有的人则能很好地控制自己的情绪，泰然自若地面对各种刁难，在生活中立于不败之地。就如同上面那位"伊利诺伊州最好的草屑议员"一样，最终靠控制自我情绪而赢得人们的敬重。

情商就是这样一种管理情绪的艺术，如果你要快乐幸福地生活，你就要学会了解和管理自己的情绪，这也是提高你情绪智商的办法。掌握并认真利用好这门艺术，将会令你受益一生。

二、情商的内容

◆ 自我认知的能力

古希腊的德尔斐神庙里，镌刻着苏格拉底的一句名言："认识你自己"。它是这座神庙里惟一的碑铭，它要求人们在情绪产生的时候，即能感知它的存在，进而有目的地调控它。

然而，认识自己并非易事，所谓"不识庐山真面目，只缘身在此山中"，讲的就是这个道理。

我是谁？我从哪里来？又要到哪里去？我为什么要这么做？我为什么不高兴？……这些问题从古希腊开始，人们就不断地问自己，然而至今都没有得出令人满意的结果。即便如此，人们从来没有停止过对自我的追寻。

正因为如此，人常常迷失在自我当中，很容易受到周围信息的暗示，并把他人的言行作为自己行动的参照。认识自己，心理学上叫自我知觉，是一个人了解自己的过程。在这个过程中，人更容易受到来自外界信息的暗示，从而出现自我知觉的偏差。

在动物园里生活的小骆驼问妈妈："妈妈，为什么我们的睫毛那么长？"骆驼妈妈说："当风沙来的时候，长长的睫毛可以让我们在风暴中都能看到方向。"

小骆驼又问："妈妈，为什么我们的背上有个大包？丑死了！"骆驼妈妈说："这个叫驼峰，可以帮我们储存大量的水和养分，让我们能在沙漠里忍受十几天无水无食的环境。"

小骆驼又问："妈妈，那为什么我们的脚掌那么厚？"骆驼妈妈说："那可以让我们重重的身子不至于陷进软软的沙子里，便于长途跋涉啊。"

小骆驼高兴坏了："哇，原来我们的身体这么有用啊！可是妈妈，为什么我们还在动物园里，不去沙漠远足呢？"

中国著名的思想家老子曾说"知人者智，自知者明"。如上文中的小骆驼对自身的许多困惑皆来自于不能清醒地认识自己。

我们常常会说某人一点自知之明都没有，这里所谓的"自知之明"也是自我认识的一个普通说法。

认识自我包括的内容如下：我对身体外形的认识——有什么优势，有哪些缺陷；我的情绪个性——易冲动，还是沉着；我的气质类型——胆汁质、多血质、黏液质、抑郁质；我有哪些长处，哪些短处……

比如一些人对自己的身高或胖瘦而不能坦然面对，那么他的自我认知就出现了障碍。

也有一些人对自己所扮演的角色、所处的位置认识不清，导致命运的悲剧发生。

清朝咸丰年间，金融业受控于两大集团，北是山西帮的"票号"，南是宁绍帮的钱庄。安庆人胡雪岩年轻时就在钱庄当学徒，与官宦子弟王有龄结为"生死之交"，利用王有龄的官场影响力与社会关系开设钱庄。胡雪岩曾在王有龄穷困潦倒之际给予其资助，因而后来王有龄得志后常想着对胡雪岩报恩。胡雪岩通过不断网罗人心，层层投靠，精于谋划，采用灵活的手段，靠经营丝绸、茶叶和军火发了大财，渐渐成为江浙巨商。

后来，太平天国李秀成兵围杭州，胡雪岩的家业即将毁于一旦，但他把危险看成机会，购置了大批粮食支援守城清军抗敌。不料清军无能而失守，好友王有龄自缢。胡雪岩于是投奔左宗棠麾下，为其筹措军饷，镇压太平军，以保家业。但所耗钱财巨大，一个商人财力终归有限，他又以灵机应变之能与洋人谈判，开我国近代史借外债之先河。此举深得左宗棠赏识，遂保荐二品顶戴和黄马褂，胡雪岩还受赐紫禁城骑马之殊荣，成为清末赫赫有名的红顶商人。

胡雪岩春风得意，又协助左宗棠购办武器镇压农民起义，成为军火商人。一夕间获利百万，官助商势，商助官银，使他家业飞升，成为官场、商场的红人。此时，胡雪岩开始大兴土木，妻妾成群，生活腐化，当然也没能脱开古训：树大招风，福兮祸依。

左宗棠与当权重臣李鸿章矛盾尖锐，作为左宗棠财政支持人的胡雪岩自然也就成了李鸿章的眼中钉，"排左必先除胡"成为李鸿章的重大策略。同时，胡雪岩与外商之间的勾当也暴露天下，引发左宗棠之疑，他的败相已然显露。尤其他想维持江南蚕业，与洋人竞争，孤军奋战，终因资金周转不灵而渐渐支撑不住。而当年他用钱支持过的清政府，见他抵挡不住，便弃之而去。到了此时，胡雪岩完全败北，妻离子散，人去楼空。人生亦曾富贵，亦曾凄凉，宛若黄粱一梦。

胡雪岩作为一代徽商的杰出代表，他本来可以荣华富贵地过一生，然而其大起大落，败在其成功之时没有摆正自己的位置。他作为一名商人，越俎代庖，干涉到朝廷的"内政"，做了许多本该是政府做的事，结果只能是吃力不讨好，成为左李二人政治斗争的牺牲品。

而与之相反的另一位清朝"名人"李莲英，却享尽荣华，富贵一生。

李莲英当时深得慈禧太后老佛爷的喜爱，被封为大总管，权倾朝野，许多大臣也怕他三分。然而，李莲英时刻警醒自己只不过是个大太监，深获慈禧太后宠爱而已。在一次随同李鸿章、七王爷出巡之时，李莲英没有乘坐为他准备的"专车"，而是坐了一顶不起眼的小轿，晚上也是先服侍李鸿章、七王爷睡下，甚至为七王爷洗脚。

这些并没有白做，因为回朝之后，李鸿章与七王爷争相向老佛爷夸李莲英会办事，说得慈禧太后一高兴就赏了李莲英不少珍宝，还连呼"没白疼他一回"。

慈禧去世之后，隆裕皇后掌权，李莲英请求告老还乡，并把慈禧太后生前所赐最名贵的几件珍宝交出来："这些本是国家的宝物，奴才私自珍藏了几十年，现奴才还乡，请求皇后娘娘收回宝物！"

像李莲英这么有自知之明的人又有谁不喜欢呢？

所以，千百年传下来的一句古话：人贵自知，在如今的时代还同样具有深刻的意义。

◆ 控制自我情绪的能力

情商的一个重要内容是控制自我，没有自制力的人终将一无所成，一点小刺激和小诱惑都抵制不了，面对大的诱惑必将深陷其中。

控制自我情绪是一种重要的能力，也是人区别于动物的重要标志。人是有理性的，不能只依赖感情行事。

2000 年，小布什击败戈尔当选为美国总统。但你可想到，就是这位堂堂的美国总统，年轻时候却放荡不羁、缺乏自制力。

学生时代的布什，学习成绩一般，但对于吃喝玩乐他却样样在行。平时他除了与他那帮"狐朋狗友"四处游荡之外，无所事事。他最大的喜好便是开着自己那辆哈雷·戴维斯摩托车，带着时髦的女孩，在大街上飙车。除此之外，每天晚上，他总是泡在各色舞厅里，不到深夜不会回家，而且每次都是醉醺醺的。

老布什看儿子如此不济，多次谆谆教导，但是，小布什总把父亲的话当作耳旁风，依然故我。

直到有一天，一个很特别的姑娘出现在他面前，她的美丽和纯洁一下打动了"花花公子"小布什。在这位姑娘的影响之下，小布什警醒了，他慢慢克制住自己的放浪行为，奋发努力，投入政界。经过一番奋斗，他终于成就了自己的辉煌，登上了总统宝座。

托马斯·曼告诫人们："控制感情的冲动，而不是屈从于它，人才有可能得到心灵上的安宁。"

有一个间谍，被敌军捉住了，他立刻装聋作哑，任凭对方用怎样的方法诱问他，他都绝不为威胁、诱骗的话语所动，等到最后，审问的人故意和气地对他说："好吧，看起来我从你这里问不出任何东西，你可以走了。"

你认为这个间谍会立刻转身走开吗？

不会的！

要是他真这样做，他就会当场被识破他的聋哑是假装的。这个聪明的间谍依旧毫无知觉似地呆立着不动，仿佛对于那个审问者的话完全不曾听见。

审问者是想以释放他使他麻痹，来观察他的聋哑是否真实，因为一个人在获得自由的时候，常常会精神放松。但那个间谍听了依然毫无动静，仿佛审问还在进行，就不得不使审问者也相信他确实是个聋哑人了，只好说："这个人如果不是聋哑的残废者，那一定是个疯子了！放他出去吧！"就这样，间谍的生命保存下来了。

很多人都惊叹于这个间谍的聪明。其实，与其说这个间谍聪明绝顶，还不如说是他超凡的自制力在关键时刻拯救了他的生命，换回了他的自由。

自制，顾名思义就是约束自己。看似不自由，殊不知，为了获得真正的自由，必须有意识地克制自己。

没有自制力的人是可怕的，不但他的思想会肆意泛滥，行为更会如此。有人喝酒成瘾、上网成瘾等，无一不是缺乏自制力的表现。

一个失去自制能力的人是不会得到命运的眷顾与垂青的。

卡耐基的经历给了我们很好的启示。

有一次，卡耐基和办公大楼的管理员发生了一场误会，这场误会导致了他们之间的憎恨。这位管理员为表示对卡耐基的不满，便给他时不时添些小麻烦。一天，管理员知道整栋大楼里只有卡耐基在办公室里时，立刻把全楼的电灯关了。这样的情形发生了好几次，最后，卡耐基忍无可忍，决定"反击"。

某个周末，机会来了。卡耐基在他的办公室里准备一份计划书，忽然电灯熄灭了。卡耐基立刻跳起来，奔向楼下地下室，他知道在那儿可以找到这位管理员。当卡耐基到那儿时，发现管理员正倚在一张椅子上看报纸，还一边吹着口哨，仿佛什么事情都未发生似的。

卡耐基立刻破口大骂。一连5分钟之久，他用尽了天下所有的脏字来侮辱管理员。最后，卡耐基实在想不出什么骂人的词句，只好放慢语速。这时候，管理员放下手中的报纸，脸上露出开朗的微笑，并以一种充满自制和镇静的声音说："呀，你今天有点儿激动，不是吗？"他的话像一支利箭，一下子刺进了卡耐基的心。

卡耐基羞愧难当：站在自己面前的是一位只能以开关电灯为生的工人，他在这场战斗中打败了自己，而且这场战斗的场合和武器，都是自己挑选的。

卡耐基一言不发，转过身，以最快的速度回到办公室。他再也做不了任何事了。当卡耐基把这件事反省了一遍又一遍后，他立即看出了自己的错误，坦率地说，他很不愿意采取行动来化解自己的错误。但卡耐基知道，必须向那个人道歉，内心才能平静。最后，他费了很久的时间才下定决心，决定到地下室去忍受必须忍受的这种羞辱。

卡耐基到地下室后对那位管理员说道："我回来为我的行为道歉，如果你愿望接受的话。"管理员脸上露出了微笑，说："凭着上帝的爱心，你用不着向我道歉。除了这四堵墙壁，以及你和我之外，并没有人听见你刚才说的话。我不会把它说出去的，我知道你也不会说出去的，因此，我们不如就把此事忘了吧。"

卡耐基听了这话，羞愧再次刺痛了他的心。他抓住管理员的手，使劲握了握。卡耐基不仅是用手和他握手，更是用心和他握手。在走回办公室途中，卡耐基心情十分愉快，因为他终于鼓起勇气，化解了自己做错的事。由此卡耐基一再告诫我们，自制是一种十分难得的能力，它不是枷锁，而是你带在身上的警钟。

那些以为自制就会失去自由的人，对"自由"与"自制"的意义显然还没有深刻的领会。因为自我控制不是要以失去自由为代价，恰恰是为了保证自由最大限度内的实现。

一位骑师精心训练了一匹好马，所以骑起来得心应手。只要他把马鞭子一扬，那马儿就乖乖地听他支配，而且骑师说的话马儿句句都明白。

骑师认为用言语指令就可以驾驭住了，缰绳是多余的。有一天，他骑马外出时，就把缰绳给解掉了。

马儿在原野上驰骋，开头还不算太快，仰着头抖动着马鬃，雄赳赳地高视阔步，仿佛要叫他的主人高兴。但当它知道什么约束都已经解除了的时候，它就越发大胆了，它再也不听主人的叱责，愈来愈快地飞驰在辽阔的原野上。

不幸的骑师，如今毫无办法控制他的马了，他用颤抖的手想把缰绳重新套上马头，但已经无法办到。失去羁控的马儿撒开四蹄，一路狂奔着，竟把骑师摔下马来。而它还是疯狂地往前冲，像一阵风似的，路也不看，方向也不辨，一股劲儿冲下深谷，摔了个粉身碎骨。

"我可怜的好马呀，"骑师好不伤心，悲痛地大叫道，"是我一手造就你的灾难。如果我不冒冒失失地解掉你的缰绳，你就不会不听我的话，就不会把我摔下来，你也绝不会落得这样凄惨的下场。"

追求自由是无可非议的，但我们不能放任自流。一点也不加以限制的自由，本身就潜藏着无穷的害处与危险，严重的时候，就像脱缰的马儿一样难以控制。

世界上不存在绝对的自由，真正意义上的自由，是"带着镣铐跳舞"。

给情绪一个自制的阀门，我们自然会做到挥洒自如，赢得卓越的人生。

◆ 自我激励的能力

自我激励就是给自己打气，鼓励自己。中国人自小就被要求要争气，在逆境中要奋起，而支持崛起的信念则来自于自我激励。

当遇到不顺心的事时，要告诉自己一切都会过去的，这没有什么大不了的。相信自己通过努力可以改变目前的状态，这是一种神奇的力量，来自于心的力量，也是情商的重要内容之一。

偌大的中国，有许多商业巨子在引领企业的未来，其中有一位闪耀的女星，她就是吴士宏。

吴士宏从一个未受过正规高等教育，没有任何背景的普通年轻女子，到IBM、微软两个巨型跨国公司的地区负责人。她的成功，除了过人的胆识、聪颖的智慧，还跟她自我激励的情商有着密切的关系。

进入IBM之前的面试，吴士宏初生牛犊不怕虎，经理问她："你知道IBM是家怎样的公司吗？""很抱歉，我不清楚。"吴士宏实话实说。"那你怎么知道你有资格来IBM工作？""你不用我，又怎能知道我没有资格？"吴士宏脱口而出，这话自信十足。她接着继续用英语说，她以前的同事和领导都相信她有能力做更多的事，她说能通过自学考试就是能力的证明，如果给她机会，她会证实她的能力和资格的，IBM公司或是别的公司如果用她一定不会后悔的。就这样，她被告知：下周一上班！"天生我材必有用"，吴士宏充满自信的言语给主管考官留下的，是一种信任和认同感。

但吴士宏在IBM做职员期间，有一次她推着平板车买办公用品回来，被门卫拦在大楼门口，故意要检查她的外企工作证。她没有证件，于是僵持在门口，进进出出的人们都向她投来异样的目光，她内心充满屈辱，但却无法宣泄，她暗暗发誓："这种日子不会久的，我绝不允许别人把我拦在任何门外。"

还有一件事重创过她敏感的心。有个香港女职员，资格很老，她动辄就驱使别人替她做事，吴士宏自然成了她驱使的对象。一天，她满脸阴云，冲吴士宏走过来说："Juliet（吴士宏的英文名），如果你想喝咖啡请告诉我！"吴士宏惊诧之余满头雾水，不知所云。那位职员仍劈头盖脸喊道："如果你要喝我的咖啡，麻烦你每次喝完后把盖子盖好！"吴立宏恍然大悟，她把自己当作经常偷喝她咖啡的贼了，这是人格的污辱，气得吴士宏顿时浑身战栗。

吴士宏的前半生是微不足道的，她只是一个小护士。在有幸进入IBM做一名最低级职员后，她扮演的是一个卑微的角色，沏茶倒水，打扫卫生。她曾感到自卑，连触摸心目中高科技象征的传真机都是一种奢望，她仅仅为身处这个安全而又能解决温饱的环境而感到宽慰。但是这种内心的平衡由于这两件事而受到重创，吴士宏下定决心改变自己，有朝一日一定要管理公司里的所有人，无论是外国人还是香港人。

从此，她每天比别人多花6个小时用于工作和学习。于是，在同一批聘用者中，她第一个做了IBM的业务代表。接着，同样的付出又使她成为第一批IBM本土的经理，然后又成为第一批去美国本部作战略研究的人。最后，她又第一个成为IBM华南区的总经理。这就是付出多回报多的最好事例。

在以后的岁月里，吴士宏更以惊人的毅力向自己的命运发起了挑战。1998年2月，她到了微软，成为了微软中国公司总经理。1999年10月，TCL礼聘她为TCL集团常务董事、副总裁、TCL信息产业集团公司总裁。

许多不成功的人不是没有成功的能力与潜质，而是在思想上就不想成功。因为他们在受到羞辱时除了暗自神伤，嗟叹命运不济，从不给自己打气，他们会习惯"劣势"，久而久之真的只有失败与之为伍。

也有一些人并不是不给自己一点激励，而是很快就把对自己的承诺抛在脑后，没有认真地执行过既定的目标。

一个有成功意识的人，都是允许自己失败，却不会倒下的人。因为失败是一时的，可以激励自己往上走，但倒下去就是永久的失败。

◆ 识别他人情绪的能力

日常生活中时常有人抱怨某人"不会察言观色"，或者是"没有眼力"，无论是哪种表达，都是关于情商中识别他人情绪的表现。

一个不懂得识别他人内心的人，是无论如何都达不到想要的成就的。

清朝有一个县令，被分配到山东省，第一次谒见抚军。按照惯例，凡是部属来参见长官，必须穿蟒袍补服（所谓蟒袍就是清代官员的公服，用缎做成，一般为夹层，视官阶大小，上绣五蟒至九蟒不等。补服是加在蟒袍上的外褂），即使酷暑也不能免除。因为当时正是炎热的夏季，这位县令刚在抚军的厅堂坐下，就汗流浃背，难以忍受，于是拿起随身携带的圆扇振臂狂挥。抚军说："为什么不脱掉外褂？"县令说："是，是。"于是让他的仆人帮他脱掉了外褂。过了一会儿，挥扇如故，抚军笑着说："为什么不解带宽袍？"县令说："是，是。"于是离开座位一件一件解带去袍。回到座位上，县令自顾自地在抚军面前谈笑风生，不自觉地把扇子换到右手，又从右手换到左手，不停地换来换去扇个不停，把风扇得飒飒有声。

抚军起初以为他是耐不住热，继而为他的放肆而生气了，于是斜视着眼睛用反语戏弄他说："怎么不连衬衫也脱去，那样比较凉快。"这县令应声就脱去衬衫。抚军看他这般无知无礼，立即拱手说："请茶。"抚军的左右立即传呼"送客"。因为清时官场习惯，属员谒见长官，长官不愿意再继续谈下去，就以"请茶"示意。茶碗一端，侍从就高呼"送客"，这时客人必须立即辞出。县令听到"送客"，仓促间没有办法，来不及穿戴，急忙取了帽子戴在头上，左边腋下夹着袍服，右肘挂上念珠，提着短衣，跟跄而出，犹如杂剧中扮演小丑登场。抚军署中的官吏小厮，吃吃地笑得直不起腰来。县令刚回到公馆，抚军命令他回原籍学习的告示牌，已经高高地悬挂在大门外面了。

这位县令之所以落得如此下场，是在于他的"愚"，不能准确领会说话者的真实意图。这是识别他人情绪能力的欠缺，是情商不高的表现。

有人说该县令不能领悟他人意思是因为他"笨"，那么"聪明"是否就能拯救这种人的性命呢？

三国时著名才子杨修是曹营的主簿，他是有名的思维敏捷的官员和有名的敢于冒犯曹操的才子。刘备亲自攻打汉中，惊动了曹操，他即率领40万大军迎战。曹刘两军在汉水一带对峙。曹操屯兵日久，进退两难，适逢厨师端来鸡汤，见碗底有鸡肋，有感于怀，正沉吟间，夏侯惇入帐禀请夜间号令。

曹操随口说："鸡肋！鸡肋！"

人们便把这个号令传了出去。行军主簿杨修即叫随行军士收拾行装，准备归程。夏侯惇大惊，请杨修至帐中细问。

杨修解释说："夫鸡肋，弃之可惜，食之无所得。以比汉中，知王欲还也。"

夏侯惇也很信服，营中诸将纷纷打点行李。曹操知道后，怒斥杨修造谣惑众，扰乱军心，便把杨修给斩了。

后人有诗叹杨修，其中有两句是："身死因才误，非关欲退兵。"这是很切中杨修之要害的。

原来杨修为人恃才傲物,数犯曹操之忌。曹操曾访蔡邕之女蔡琰。蔡琰字文姬,原是卫仲道之妻,后被匈奴掳去,于北地生二子,作《胡笳十八拍》,流传入中原。曹操深怜之,派人去赎蔡琰。匈奴左贤王惧曹操势力,送蔡琰还汉朝。曹操把蔡琰许配给董祀为妻。曹操当日去访蔡琰,看见屋里悬一碑文图轴,内有"黄绢幼妇,外孙虀臼"八个字。曹操问众谋士谁能解此八字,众人都不能答,只有杨修说已解其意。曹操叫杨修先别说破,让他再思解。告辞后,曹操上马行三十里,方才省悟。原来此含隐语"绝妙好辞"四字。曹操也是绝顶聪明的人,却要行三十里才思考出来,可见其急智捷才远不及杨修。

曹操曾造花园一所,造成后曹操去观看时,不置褒贬,只取笔在门上写一"活"字。

杨修说:"'门'内添活字,乃阔字也。丞相嫌园门阔耳。"

于是翻修。曹操再看后很高兴,但当知是杨修析其义后,内心已忌杨修了。又有一日,塞北送来酥饼一盒,曹操写"一合酥"三字于盒上,放在台上。杨修入内看见,竟取来与众人分食。曹操问为何这样?杨修答说,你明明写"一人一口酥"嘛,我们岂敢违背你的命令?曹操虽然笑了,内心却十分厌恶。

曹操怕人暗杀他,常吩咐手下的人说,他常做杀人的梦,凡他睡着时不要靠近他。一日他睡午觉,把被蹬落地上,有一近侍慌忙拾起给他盖上,曹操跃起来拔剑杀了近侍。大家告诉他实情,他痛哭一场,命厚葬之。因此众人都以为曹操梦中杀人,只有杨修知曹操的心,于是便一语道破天机。

凡此种种,皆是杨修的聪明冒犯了曹操。杨修之死,源于他的聪明才智。

有人认为杨修是"聪明反被聪明误",其实杨修的聪明不算真聪明,因为真正聪慧的人知晓如何把握他人的心理,并保护自身的利益。

◆ 人际交往的能力

美国有一个叫泰德·卡因斯基的人,他16岁进哈佛,20岁毕业。而后在密歇安大学获数学硕士、博士学位。接着,又到世界第一流的加州大学伯克利分校数学系任教。然而,卡因斯基虽然智力超群,但却从未培养自己的社会交际技能和情商。整个中学时期同学几乎见不到他的影子,他从不同任何人交往,更不能与人建立长久关系。在大学里,他也如此,人们送他一个绰号"哈佛隐士"。卡因斯基在制造炸弹方面有特殊才智,但他在社交方面却是低能儿,因长期压抑而导致心理异常。他不但对社会没有好的作用,倒用自己研制的炸弹杀死了3人,伤了 22 人。

著名成功学家卡耐基先生说一个人的成功 20% 取决于专业能力，80% 取决于人际关系，足见人际交往能力的重要。而他所说"专业技能"主要靠智商来获取，"人际关系"却是靠情商获得。

与他人沟通是情商中最为重要的内容之一。

16 岁的小姑娘朱露总是显得有点孤独，平时也不爱言语，和同龄人似乎没有话题可讨论。

其实朱露原本并非如此，在她 5 岁以前，她一直是个非常活泼的小女孩。她当时和其他同龄的小伙伴没有任何太大的区别，但很快情况发生了变化。当她天真地问一些问题时，得到的总是父母的斥责："不该问的就不要问。"渐渐地朱露变得沉默起来，也不敢和陌生人说话，因为她总担心自己不会说话。

朱露的人际交往能力在她到了 16 岁时已显得不如伙伴们成熟，并且不擅交朋友的她由于缺乏友谊而更加落落寡欢。

可怜的小朱露因为少了友谊的甘霖而常常忧愁，但是却无法走出童年的阴影。

人际交往能力是人们生存的最重要的能力之一，如果欠缺过硬的与人交往能力，我们不仅会在前途上大受影响，也会在生活上备受其"害"——人际关系不善注定会影响我们的心情。

我们每个人都深深感到人际关系的重要与微妙，许多人坦言：工作的最重要之处在于与人协调、沟通。只有在人际关系处理好了之后，才有可能展现你独特的才华，否则不良的人际关系将阻碍你前进的步伐。

1983 年，嘉纳出版了影响深远的《心理架构》（*Frames of Mind*），明白地驳斥智商决定一切的观念，指出人生的成就并非取决于单一的智商，而是多方面的智能。这样的智能主要可分为七大类，其中两类是传统所称的智能——语言与数学逻辑，其余各类包括空间能力（艺术家或建筑师）、体能（运动员的优雅或魔术师的灵活）、音乐才华（如莫扎特）。最后两项是嘉纳所谓"个人能力"的一体两面，一是人际技巧，如医生或马丁·路德·金这样的领袖；另一类是透视心灵的能力，如心理学大师弗洛伊德。

这种多面向的智能观可更完整地呈现出孩子的能力和潜力。嘉纳等人曾经让多元智能班的学生做两种测验，一种是传统标准的斯坦福毕奈儿童智力测验，另一种是嘉纳的多元智能测验，结果发现两种测验成绩并无明显的关联。智商最高的儿童（125 到 133 分）在十类智能的多元测试中表现各异；三个孩子在两个领域表现不错，另一个孩子只在一个领域表现较杰出，且各人突出的领域相当分散；四个音乐较佳，一个特长是逻辑，一个是语言。五个高智商的孩子在运动、数字、机械方面都不太行，运动与数字甚至是其中的两个孩子的弱点。

嘉纳的结论是：斯坦福毕奈智力测验无法预测儿童在多元智能领域的表现。反之，教师与家长可根据多元智能测验，了解孩子将来可能有杰出表现的倾向。

嘉纳后来仍不断发展其多元智能观，他的理论首度问世后约 10 年，他就个人智能提出了一个精辟的说明：

人际智能是了解别人的能力，包括别人的行事动机与方法，以及如何与别人合作。成功的销售员、政治家、教师、治疗师、宗教领袖都有高度的人际智能。内省智能与人际智能相似，但对象是自己，即对自己有准确的认知，并依据此认知来解决人生的问题。

"人际智能"即人际交往能力的重要性不言而喻，因为它是我们每个人的切身体会。

一位学业优异的学生将来可能问鼎科学的最高奖项，然而并不见得能当一名出色的领袖，因为他有可能欠缺与人交际的能力—但并不是说每一个成绩优异的人都如此，因为有许多特别出色的领袖也曾同样学业优秀，比如"铁娘子"撒切尔夫人等等。

我们在此强调的是：人际沟通能力非常重要。

三、情商的价值

◆ 成功的 80% 决定因素来自情商

海斯是一位学问高深的学者，曾获得世界一流学府斯坦福大学的博士学位。他有过这样一段往事：

我从前在部队服役的时候，做过一个智商测试，测试的结果是我获得了 160 分，是基地里得分最高的。按照测试标准，我的智商已经到了天才的水平。退役后，我又参加过几次智商测验，每次都得高分，因此我有充分的理由相信自己聪明过人，我希望别人也这样看我。然而，遗憾的是有人并不这么看。

我认识一位汽车修理工，我估计他如果参加智商测试，分数大概仅仅是人类智力的平均分——90 分而已，所以我理所当然地认为我远比他聪明。然而，每当我的汽车出毛病，我又不得不去找这个低智商的人来解决问题，对他的结论洗耳恭听，奉若神旨，而他每次都能让我的汽车变得完好如初。

有一次，他从引擎上抬起头来，笑嘻嘻地对我说："博士，有一个聋哑人到五金店买钉子，他把左手食指和拇指并拢放在柜台上，右手做了几次敲打的动作，店员拿了一把锤子给他，他摇摇头。店员注意到了他左手并拢的拇指和食指，于是给他拿来了钉子，这回聋哑人满意了。那么，博士，我来考考你，接着又来了一个瞎子，他想买剪刀，你说他该怎么表示呢？"

我伸出食指和中指，做了几次剪的动作。修理工哈哈大笑：

"你这个笨蛋！他当然是用嘴说啦！"

接着，他得意地说："今天我用这个问题考了很多人。"

我问他："上当的人多吗？"

"不少。但我知道你肯定会上当的。"

"为什么？"我大吃一惊。

"因为你受的教育太多了，我知道你有学问，但不会太聪明。"

他的话尽管让我有点不快，但我不得不承认他说出了一个事实。智商高能说明什么呢？也许说明我善于做某种类型的测试题，而出题者的思维方式和我十分接近，仅此而已。

人类在关于怎样才能成功的问题上，从来不曾停止过探索的脚步。熟悉电影的人们一定都会记得《阿甘正传》，这是一部好莱坞大片，男主角汤姆·汉克斯更是凭借它而一举夺得奥斯卡小金人。

那么汉克斯在片中饰演的角色是怎样的呢？为何这部影片至今还常常为人们所津津乐道？

影片中的男主角名叫 Forrest Gump，他从小就是一个有点行动不便的男孩，准确点说是有点残疾。然而不幸的事情不在于这里，而在于他的母亲到处为他找学校，却无人愿意接收他，原因在于他是个智商被告知只有 70 分——一个远低于正常人的分数。

但是后来片中的 Forrest 的表现让我们每位观众都为之感动。他凭借他的执著、善良、守诺、勇敢的个性，一度成为美国人民心中的英雄。

故事也许是虚构的，但却向我们展示了这样一个道理：智商的高低与人生的成就不能直接划等号！阿甘重情重义，执著乐观的个性，是他成功的重要因素，这便是来自于情商的魅力。

资深学者丹尼尔·戈尔曼宣称："婚姻、家庭关系，尤其是职业生涯，凡此种种人生大事的成功与否，均取决于情商的高低。"一份有关调查报告披露，在贝尔实验室，顶尖人物并非是那些智商超群的名牌大学毕业生。相反，一些智商平平但情商甚高的研究员往往以其丰硕的科研业绩成为明星。其中的奥妙在于，情商高的人更能适应激烈的社会竞争局面。

与社会交往能力差、性格孤僻的高智商者相比，那些能够敏锐了解他人情绪、善于控制自己情绪的人，更可能找到自己想要的工作，也更可能取得成功。情商为人们开辟了一条事业成功的新途径，它使人们摆脱了过去只讲智商所造成的无可奈何的宿命论态度。

心理学家认为，情绪特征是生活的动力，可以让智商发挥更大的效应。所以，情商是影响个人健康、情感、人生成功及人际关系的重要因素。

多年以来，人们一直以为高智商可以决定高成就，其实，人一生的成就至多只有20%归功于智商，另外80%则受情商因素的影响。所谓20%与80%并不是一个绝对的比例，它只是表明，情商在人生成就中起着不可忽视的作用。尽管智商的作用不可或缺，但过去把它的作用估量得太高了。

为此，心理学家霍华·嘉纳说："一个人最后在社会上占据什么位置，绝大部分取决于非智力因素。"许多材料显示，情商较高的人在人生各个领域都占尽优势，无论是谈恋爱、人际关系，还是在主宰个人命运等方面，其成功的机会都比较大。

戈尔曼用了两年时间，对全球近500家企业、政府机构和非营利性组织进行分析，发现成功者除具备极高的智商以外，卓越的表现也与情商有着密切的关系。在一个以15家全球企业，如IBM、百事可乐及富豪汽车等数百名高层主管为对象的研究中发现，平凡领导人和顶尖领导人的差异，主要是来自情绪智能。

卓越的领导者在一系列的情绪智能，如影响力、团队领导、政治意识、自信和成就动机上，均有较优越的表现。情商对领导人特别重要，是因为领导的精髓在于使他人更有效地做好工作。一个领导人的卓越之处，在很大程度上表现于他的情商。

这就是为什么人们不是推举一些特别聪明的人做领导，而是推举一些能关心别人、与人关系融洽的人做领导的原因。相比较之下，情商高的人更能为众人办事，也更能发挥群体的积极性。

情商对于普通者同样如此。许多人在校时成绩很好，毕业后却碌碌无为。他们经常抱怨与人难以相处，得不到上司的赏识，在生活中处处碰壁，有些人甚至心态失衡而走上歧途，究其原因也是情商低。而一些在校时成绩平平，被认为智商一般甚至低能的学生，毕业后却如鱼得水，成为独占鳌头的领导者。他们能适应周围环境，抓住机遇。更重要的是，他们善于把握和调整自己的情绪，善于把握和适应领导者的愿望和要求，善于处理自己周围的人事关系，因而他们成功了。

我们如果想要成功，就要努力成为一名高情商的人。那时你要成功有谁能阻挡呢？

◆ 超越智商

你的人生正如一辆全速行驶的列车，而你的情商为它提供足够的动力，决定它前行的方向。一个人事业上的成功，需要有正确的思想和理念的指引。真正具有建设性的精神力量，蕴藏在左右一生命运的情商中。每时每刻的精神行为，会对命运产生决定性的影响。情商高的人生活更有效率，更易获得满足，更能运用自己的智能获取丰硕的成果。反之，不能驾驭自己情感的人，内心激烈的冲突，削弱了他们本应集中于工作的实际能力和思考能力。

1936年9月7日，世界台球冠军争夺赛在纽约举行。路易斯·福克斯的得分一路遥遥领先，只要再得几分便可稳拿冠军了，就在这个时候，他发现一只苍蝇落在主球上了，他挥手将苍蝇赶走了。可是，当他俯身击球的时候，那只苍蝇又飞回到主球上，他在观众的笑声中再一次起身驱赶苍蝇。这只讨厌的苍蝇破坏了他的情绪，而且更为糟糕的是，苍蝇好像是有意跟他作对，他一回到球台，它就又飞回到主球上来，引得周围的观众哈哈大笑。

路易斯·福克斯的情绪恶劣到了极点，他终于失去了理智，愤怒地用球杆去击打苍蝇，球杆碰到了主球，裁判判他击球，他因此失去了一轮机会。路易斯·福克斯方寸大乱，连连失利，而他的对手约翰·迪瑞则愈战愈勇，终于赶上并超过了他，最后拿走了桂冠。第二天早上，人们在河里发现了路易斯·福克斯的尸体，他投河自杀了！

处于情绪低潮当中的人们，容易迁怒周遭所有的人、事、物，这是自然而然的。情绪的控制，有待智慧的提升，而这种"智慧"的提升则是情商的提升。

有一个孩子，他的老师认为他是"一个愚笨的、昏庸的蠢货"。

这个孩子常在石板上画画，他到处观察，倾听每个人说话，他常提出一些"不可能的问题"，但不肯说出他懂得什么，甚至在处罚的威胁下也不肯，孩子们称他为"笨蛋"，他的成绩也经常是全班最后一名。

这个孩子就是托马斯·爱迪生。当你阅读爱迪生的传记时，你会受到巨大的鼓舞。爱迪生上小学的全部时间不超过3个月，他的老师和同学都异口同声地说：他太笨了。

情商的高低，可以决定一个人的其他能力，包括智能能否发挥到极致，从而决定他有多大的成就。情商比智商更重要，如果说智商更多地被用来预测一个人的学业成绩的话，那么，情商则能被用于预测一个人能否取得事业上的成功。优异的学业成绩，并不意味着你在生活和事业中能获得成功。成功不仅取决于个人的谋略才智，在很大程度上还取决于他正确处理个人的情感与别人情感之间关系的能力，也就是自我管理和调节人际关系的能力。

达尔文在他的日记中说："教师、家长都认为我是平庸无奇的儿童，智力也比一般人低下。"但他成了伟大的科学家。

爱因斯坦在1955年的一封信中写道："我的弱点是智力不好，特别苦于记单词和课文。"但他成为世界级的科学大师。

洪堡上学时的成绩也不好，一次演讲中他说道："我曾经相信，我的家庭教师再怎样让我努力学习，我也达不到一般人的智力水平。"可是，20多年后他却成为杰出的植物学家、地理学家和政治家。

凯文·米勒小时候学习成绩不好，高中毕业时靠着体育方面的才能，才勉强进入芝加哥大学学习。许多年后，在他公开的日记中有这样的记述："老师和父亲都认为我是一个笨拙的儿童，我自己也认为，其他孩子在智力方面比我强。"可是，凯文·米勒经过多年的努力，却成为美国著名的洛兹企业集团的总裁。

现代研究已经证实，情商在人生的成功中起着决定性作用，智商只有与情商联袂登台，才能淋漓尽致地发挥作用。在许多领域卓有成就的人当中，有相当一部分人，在学校里被认为智商并不太高，但他们充分地发挥了他们的情商，最后获得了成功。

◆ 卓越从情商开始

某著名大学一学生，在实习时因为一时冲动而"乱刀"砍死同班同学，作案现场的楼梯到处都是血迹，惨不忍睹。据报道，该同学在学校时就与班里的同学关系紧张。他砍死另一名男生的理由也很荒唐：他所追求的一名女生成为被害者的女友——妒火中烧令他走向了罪恶的深渊……

类似的案件不绝于耳，是什么导致天之骄子成为杀人的罪犯？难道他不够聪明？显然不是，他们欠缺的正是卓越的情商。

与社会交往能力差、性格孤僻的高智商者相比，那些能够敏锐了解他人情绪、善于控制自己情绪的人，更可能找到自己想要的工作，也更可能取得成功。情商为人们开辟了一条事业成功的新途径，它使人们摆脱了过去只讲智商所造成的无可奈何的宿命论态度。

心理学家认为，情绪特征是生活的动力，可以让智商发挥更大的效应。所以，情商是影响个人健康、情感、人生成功及人际关系的重要因素。

有些人在潜力、学历、机会各方面都相当，后来的际遇却大相径庭，这便很难用智商来解释。曾有人追踪调查 1940 年哈佛的 95 位学生中年时的成就（相对于今天，当时能够上哈佛的人比上不了哈佛的人，差异要大得多），发现以薪水、生产力、本行业位阶来说，在校考试成绩最高的不见得成就最高，对生活、人际关系、家庭、爱情的满意程度也不是最高的。

另有人针对背景较差的 450 位男孩子作同样的调查，他们多来自移民家庭，其中 2/3 的家庭依赖社会救济，住的是有名的贫民窟，有 1/3 的智商低于 90。研究同样发现智商与其成就不成比例，譬如说智商低于 80 的人里，7% 失业 10 年以上，智商超过 100 的人同样有 7% 失业 10 年以上。就一个四十几岁的中年人来说，智商与其当时的社会经济地位有一定的关系，但影响更大的是儿童时期处理挫折、控制情绪、与人相处的能力。

另外一项研究的对象是 1981 年伊利诺伊州某中学 81 位毕业演说代表与致词代表学生。这些人的平均智商是全校之冠，他们上大学后成就都不错，但到近 30 岁时表现却平平。中学毕业 10 年后，只有 1/4 在本行中达到同年龄的最高阶层，很多人的表现甚至远远不如原来一般的同学。

波士顿大学教育系教授凯伦·阿诺曾参与上述研究，她指出："我想这些学生可归类为尽职的一群，他们知道如何在正规体制中有良好的表现，但也和其他人一样必须经历一番努力。所以当你碰到一个毕业致词代表，惟一能预测的是他的考试成绩很不错，但我们无从知道他适应生命顺逆的能力如何。"

有一件发人深省的事情，一位心理学家应邀为一个学校的中学生作职业指导。对于成绩全是 A（优秀）的学生，心理学家说：你最好坚持学术研究，做个教授。当然做律师，或者到华尔街工作也可以。

对于成绩全是 C（及格）的学生，心理学家说：天啊！你一定要做好准备，你将会成为美国总统（前任美国总统小布什和他的竞争对手都是这样的"C等生"）。

对于马上要退学的学生，心理学家说：你还没成为世界首富吗？能不能卖给我一些你的公司的股票呢？

不过即使是笨蛋，如果情商比别人高明，职场上的表现也必然略胜一筹。诸多证据显示，情商较高的人在人生各个领域都较占优势，成功的机会比较大。此外，情感能力较佳的人通常对生活较满意，较能维持积极的人生态度。

在现代社会中生存，智商不再统治人的生活，情商开始主宰我们的命运，因为卓越从情商开始。

·第2课·

认识自我：成功从我开始

一、主动自我认知

◆ 坦然面对自己的缺陷

卡丝·黛莉天生有一副优美动听的歌喉，但却长着一口难看的暴牙。有一回，她报名参加歌唱比赛。上台后，由于她只顾掩饰她的暴牙，观众和评委都感到很好笑，她理所当然地失败了。

"你肯定会成功，"有位评委到后台找到她，很认真地告诉她，"你音乐潜质很好，但必须忘掉你的暴牙。"

之后，卡丝·黛莉开始反思自己，慢慢走出了暴牙的阴影。后来，她在一次全国性大赛中，以极富个性化的歌唱才华倾倒了观众和评委，美国乐坛一位著名的歌唱家就此诞生。她的暴牙也因此同她的名字一样有名，许多歌迷还夸她有一口漂亮的暴牙呢。

许多人有来自身体或外貌的缺陷，遗憾的是我们常常会试图掩饰它，而不是用难得的勇气来面对我们的缺陷。

海伦·凯勒是位全世界都知道的盲人作家，她是如何站在信念的天平上的呢？换句话说，当她的生理和生存开始面临不幸的时候，她是如何成大事的呢？

海伦刚出生时，是个正常的婴孩，能看，能听，也会咿呀学语。可是，一场疾病使她变得既盲又聋又哑——那时她才19个月大。

生理的剧变，令小海伦性情大变，稍不顺心，她便会乱敲乱打，野蛮地用双手抓食物塞入口里。若被试图纠正，她就会在地上打滚乱嚷乱叫，简直是个十恶不赦的"小暴君"。父母在绝望之余，只好将她送至波士顿的一所盲人学校，特别聘请一位老师照顾她。

所幸的是，小海伦在黑暗的悲剧中遇到了一位伟大的光明天使——安妮·沙莉文女士。沙莉文也是位有着不幸经历的女性。她10岁时和弟弟两人一起被送进麻省孤儿院，在孤儿院的悲惨生活中长大。由于房间紧缺，幼小的姐弟俩只好住进放置尸体的太平间。在卫生条件极差又贫困的环境中，幼小的弟弟6个月后就夭折了。她也在14岁时得了眼疾，几乎失明。后来，她被送到帕金斯盲人学校学习凸字和指语法。

既聋又哑且盲的少女，初次领悟到语言的喜悦时，那种令人感动的情景实在难以描述。海伦曾写道："在我初次领悟到语言存在的那天晚上，我躺在床上，兴奋不已，那是我第一次希望天亮——我想再没有其他人可以感觉到我当时的喜悦吧。"

就是这位失明的海伦，凭着触觉——指尖去代替眼和耳学会了与外界沟通。她10岁多一点时，名字就已传遍全美，成为残疾人士的模范——一位真正的由弱而强的人。

1893年5月8日，是海伦最开心的一天，这也是电话发明者贝尔博士值得纪念的一日。贝尔博士在这一日成立了他那著名的国际聋人教育基金会，而为会址奠基的正是13岁的小海伦。

海伦·凯勒也曾经彷徨痛苦过，但她终究是位不平凡的女性，因为她已能够坦然面对不幸的遭遇，缺陷已不再是她关注的焦点。

小海伦成名后，并未因此而自满，她继续孜孜不倦地接受教育。1900年，这个20岁的残疾女孩学会了指语法、凸字及发声，并通过这些手段获得超过常人的知识，进入了哈佛大学莱德克利芙学院学习。她说出的第一句话是："我已经不是哑巴了！"她发觉自己的努力没有白费，兴奋异常，不断地重复说："我已经不是哑巴了！"4年后，她作为世界上第一个受到大学教育的盲聋哑人，以优异的成绩毕业。海伦不仅学会了说话，还学会了用打字机著书和写稿。

坦然面对自己缺陷的人是强者，也是智者，他们摒弃了不必要的自欺欺人，选择从容与毫不畏惧的态度，于是幸运才会降临到他们的身上。

高情商的人能将自己有限的天赋发挥到极致，罗斯福就是一个典型的例子。奥利弗·万德尔·劳尔姆斯认为罗斯福"智力一般，但极具人格魅力"。罗斯福之所以能当上美国总统，带领美国走出经济萧条，在第二次世界大战中成为真正的赢家，与他积极乐观的性格有着极大的关系。

罗斯福其貌不扬，在智力上也没有过人之处，因此他小时候是个怯懦的孩子。当他在课堂上被叫起来背诵时，总是一副大难临头的样子，呼吸急促，嘴唇颤抖，声音含糊不清，听到老师让他坐下，简直如获大赦。通常，像他这种先天禀赋较差的孩子大多是敏感多疑、落落寡欢的。但罗斯福却不甘做一个生活的失败者，他没有因为同学的嘲笑而失去勇气，当他在公众面前双唇发抖时，他总是暗中激励自己，咬紧牙关，尽力克服这一毛病。

罗斯福无疑是一个了解自己、敢于面对现实的人，他坦然承认自己的种种缺陷，承认自己不勇敢、不好看，也不比别人聪明，但他并不因此而消沉、自卑，凡是他意识到的缺点他都尽力克服，用行动证明先天的缺陷并不能阻碍他走向成功。他深知作为一个总统，在公众心目中的形象有多么重要，他学会了在说话时改变口型来修饰自己的暴牙。

罗斯福用他的勇敢与才华征服了世界，从此历史上多了一位自信而从容的伟人，少了一个自卑、颓丧的少年。

◆ 接受不完美的自我

俗话说"金无足赤，人无完人"，每个生命个体都不可能是完美无瑕的。如果我们抱着寻找完美的自己的态度，那生活将会一团糟。

下面这个例子是美国心理学家纳撒尼雨·布兰登的亲身经历：

在很多年前，正值花样年华的洛蕾丝无意中读了他的一本书，找他来进行心理治疗。洛蕾丝有一副天使般的面孔，可骂起街来却粗俗不堪，她曾吸毒、卖淫。

布兰登说，我讨厌她所做的一切，可我又喜欢她，不仅因为她的外表相当漂亮，而且因为我确信在堕落的外衣下她是个出色的人。起初，我用催眠术使她回忆她在初中是个什么样的女孩子，当时她很聪明，学习成绩优秀；她在体育上比男孩强，招惹来一些人的讽刺挖苦，连她哥哥也怨恨她。

她于是力图在各个方面都表现得超人一等，一旦发现自己在某些方面并不完美甚至跟别人还有较大差距时，她又走向另一个极端，无限夸大了这些不完美之处，并把自己的长处也放弃了。

布兰登费了很大力气让她明白，每个人都是长短互济，并不是完美的整体，应该学会欣赏自己的不完美之美。

一年半后，洛蕾丝考取洛杉矶大学学习写作，几年后成为一名记者，并结了婚。10年后的一天，布兰登和她在大街上邂逅相遇，布兰登几乎认不出她了：衣着高贵，神态自若，生气勃勃，丝毫不见过去的创伤。

一些总感到自己不如人的人都是没有看到自己长处的人，老爱拿自己之短比别人之长。要知道，事实上你的一些缺陷却有可能成就你。

有一个10岁的小男孩，在一次车祸中失去了左臂，但是他很想学柔道。

最终，小男孩拜一位日本柔道大师做了师傅，开始学习柔道。他学得不错，可是练了3个月，师傅只教了他一招，小男孩有点弄不懂了。

他终于忍不住问师傅："我是不是应该再学学其他招术？"

师傅回答说："不错，你的确只会一招，但你只需要会这一招就够了。"

小男孩并不是很明白，但他很相信师傅，于是就继续照着练了下去。

几个月后，师傅第一次带小男孩去参加比赛。小男孩自己都没有想到居然轻轻松松地赢了前两轮。第三轮稍稍有点艰难，但对手还是很快就变得有些急躁，连连进攻，小男孩敏捷地施展出自己的那一招，又赢了。就这样，小男孩迷迷糊糊地进入了决赛。

决赛的对手比小男孩高大、强壮许多，也似乎更有经验。开始，小男孩显得有点招架不住，裁判担心小男孩会受伤，就叫了暂停，还打算就此终止比赛。然而师傅不答应，坚持说："继续比赛！"

比赛重新开始后，对手放松了戒备，小男孩立刻使出他的那招，制服了对手，由此赢了比赛，得了冠军。

回家的路上，小男孩和师傅一起回顾每场比赛的每一个细节，小男孩鼓起勇气道出了心里的疑问："师傅，我怎么就凭一招就赢得了冠军？"

师傅答道："有两个原因：第一，你几乎完全掌握了柔道中最难的一招；第二，就我所知，对付这一招惟一的办法是抓住你的左臂。这样，你左臂的缺失反而成了你最大的优势。"

有的时候，人的某方面缺陷未必就是劣势，只要善加利用，或者扬长避短，劣势也会转化成优势。

在这方面，伊笛丝的经历或许对每个人都有所启示。

伊笛丝从小就特别敏感而腼腆，她的身体一直太胖，而她的一张脸使她看起来比实际还胖得多。伊笛丝有一个很古板的母亲，她认为把衣服弄得漂亮是一件很愚蠢的事情，她总是对伊笛丝说："宽衣好穿，窄衣易破。"母亲也总是这样来帮伊笛丝穿衣服。伊笛丝从来不和其他的孩子一起做室外活动，甚至不上体育课。她非常害羞，觉得自己和其他人都"不一样"，完全不讨人喜欢。

长大之后，伊笛丝嫁给一个比她大好几岁的男人，可是她并没有改变。她丈夫一家人都很好，对她充满信心。伊笛丝尽最大的努力要像他们一样，可是她做不到。他们为了使伊笛丝开朗而做的每一件事情，都只会令她更退缩到她的壳里去。伊笛丝变得紧张不安，躲开了所有的朋友，情形坏到她甚至怕听到门铃响。伊笛丝知道自己是一个失败者，又怕她的丈夫会发现这一点。所以每次他们出现在公共场合的时候，她假装很开心，结果常常做得太过分，事后，伊笛丝又会为这个难过好几天。最后不开心到使她觉得再活下去也没有什么意义了，伊笛丝开始想自杀。

后来，是什么改变了这个不快乐的女人的生活呢？只是一句随口说出的话。

一句随口说出的话，改变了伊笛丝的整个生活。有一天，伊笛丝的婆婆正在谈她怎么教养她的几个孩子，她说："不管事情怎么样，我总会要求他们保持本色。"

"保持本色！"就是这句话！在一刹那间，伊笛丝才发现自己之所以那么苦恼，就是因为她一直在试着让自己适合于一个并不适合自己的模式。

伊笛丝后来回忆道："在一夜之间我整个改变了。我开始保持本色，我试着研究我自己的个性、自己的优点，尽我所能去学色彩和服饰方面的知识，尽量以适合我的方式去穿衣服，主动地去交朋友。我参加了一个社团组织——起先是一个很小的社团——他们让我参加活动，使我吓坏了。可是我每发一次言，就增加一点勇气。今天我所有的快乐，是我从来没有想到可能得到的。在教养我自己的孩子时，我也总是把我从痛苦的经验中所学到的教给他们：'不管事情怎么样，总要保持本色。'"

我们也许无法选择自己的家庭出身和自己的外形，但我们始终有一样别人无法剥夺的东西，那是上天赐予每个子民公平的礼物——你可以选择用怎样的心情来对待生活中的一切。

◆ 喜欢现在的自我

时常有人说："讨厌死自己的性格了！"类似的声音不绝于耳。我们都要学会爱自己，只有懂得爱自己的人才会有人爱，否则，一个对自己都不珍视的人又怎么能得到大家的尊重与关爱呢?

一位挑水夫,有两个水桶,分别吊在扁担的两头,其中一个有裂缝,另一个则完好无缺。在每趟水挑到家后,完好无缺的桶总能将满满一桶水从溪边送到主人家中,但是有裂缝的桶子到达主人家时,只剩下半桶水。

两年来,挑水夫就这样每天挑一桶半的水到主人家。当然,"好桶"对自己能够送满整桶水感到很自豪。"破桶"则对于自己的缺陷则非常羞愧,它为只能负起一半责任,感到很难过。

饱尝了两年失败的苦楚,"破桶"终于忍不住,在小溪旁对挑水夫说:"我很惭愧,必须向你道歉。"

"为什么呢?"挑水夫问道,"你为什么觉得惭愧?"

"过去两年,因为水从我这边一路地漏,我只能送半桶水到你主人家。我的缺陷,使你做了全部的工作,却只收到一半的成果。""破桶"说。

挑水夫却对它说:"我们往主人家走的路上,你可以留意路旁盛开的花朵。"

果真,他们走在山坡上,"破桶"眼前一亮,看到缤纷的花朵开满路的一旁,沐浴在温暖的阳光之下。这景象使"破桶"开心了很多,但是,走到小路的尽头,它又难受了,因为一半的水又在路上漏掉了!"破桶"再次向挑水夫道歉。挑水夫温和地说:"你有没有注意到小路两旁,只有你的那一边有花,好桶的那一边却没有开花呢?我明白你有缺陷,因此我善加利用,在你那边的路旁撒了花种,每回我从溪边回来,你就替我一路浇了花!两年来,这些美丽的花朵装饰了主人的餐桌。如果你不是这个样子,主人的桌上也没有这么好看的花朵了!"

喜欢自己,因为你是你今生的惟一;善待自己,你将获得对自己的认同和理解;爱自己,为使自己能更好地给予他人。

意大利戏剧家皮兰德楼说:"我们每个人身上都拥有一个完整的世界,在每个人身上这个世界都是你自己的惟一。"

无论现在的你情况如何糟糕,你首先要明确的是:你很出色,你必须爱现在的你,否则将无法超越眼下的成就。

每个生命都是造物主的恩赐,得到上帝平等的关爱。然而我们自己何苦总跟自己过不去呢?从现在开始,放弃与自我搏斗,走出自我攻击的怪圈,先爱自己再爱他人。

二、自我认知的途径

◆ 反省助你破译自我魔镜

爱因斯坦小时候是个十分贪玩的孩子,他的母亲常常为此忧心忡忡,再三的告诫对他来讲如同耳边风。到6岁的那年秋天,一天上午,父亲将正要去玩的爱因斯坦拦住,并给他讲了一个故事,正是这个故事改变了爱因斯坦的一生。

"昨天,"爱因斯坦的父亲说,"我和咱们的邻居杰克大叔去清扫南边工厂的一个大烟囱。那烟囱只有蹬踏梯才能上去。你杰克大叔在前面,我在后面扶着扶手,一阶一阶地终于爬上去了。下来时,你杰克大叔仍旧走在前面,我还是跟在他的后面。后来钻出烟囱,人们发现了一个奇怪的事情:你杰克大叔的后背、脸上都被烟囱里的烟灰蹭黑了,而我身上竟连一点烟灰也没有。"

爱因斯坦的父亲继续微笑着说:"我看见你杰克大叔的模样,心想我肯定和他一样,脸脏得像个小丑,于是到附近的小河里去洗了又洗。而你杰克大叔呢,他看我钻出烟囱时干干净净的,就以为他也和我一样干净,于是就只草草洗了洗手就大模大样上街了。结果,街上的人都笑痛了肚子,还以为你杰克大叔是个疯子呢。"爱因斯坦听罢,忍不住和父亲一起大笑起来。父亲笑完了,郑重地对他说:"其实,谁也不能做你的镜子,只有自己才是自己的镜子。拿别人做镜子,白痴也会把自己照成天才的。"

爱因斯坦听了,顿时满脸愧色。从那以后,爱因斯坦逐渐离开了那群顽皮的孩子,他时时用自己做镜子来审视和映照自己,终于映照出了他生命的独特光辉。

自己的那面镜子就是"反省",或者称为"自省"。

人的很多迷惑和苦难都是不自知的结果。比如人类的眼睛演化的结果是只能朝外看,看得见别人身上的瑕疵,却看不到自己身上的斑点。为了看见自己,人类发明了镜子,但镜子只能照出人的外貌,却看不见人的内心。要看见更真实的自己,我们就要利用一面能照出内在自我的魔镜——内省。

林肯诚恳地说过:"我相信自己绝不至于老到不能说话时,仍能大言不惭。"他随时愿意承认自己的错误,使他赢得了共事者的尊敬和亲善。当他在南北战争中对葛兰脱将军的挺进方向判断错误时,立刻写信说:"我现在想私下向你承认,你对了,我错了。"

一位教授曾经说:"如果我对一件事情的处理方法不奏效,那么我相信我必定还有许多东西还未学会。可能我需要求助于别人或是事情的后续发展会告诉我如何解决。不管如何，我首先得肯承认自己的错误，然后才能找到答案。"

的确，肯反省的人，才有自我超越的可能。

中外历史上许多杰出的人物都曾进行深入、细致、全面的自我分析。孔子的学生曾参说："吾日三省吾身，为人谋而不忠乎？与朋友交而不信乎？传不习乎？"只有进行自省，才能了解自己，对自己进行正确的认知和评价。也只有这样，才能扬长避短，驾驭情绪，让自己的人生道路少些坎坷，多些收获。

20世纪80年代初，艾科卡励精图治，把克莱斯勒公司从颓势中解救出来，创造了"反败为胜"的神话。分析家认为，其中关键的一条，就是整个管理层痛定思痛，及时调整发展战略，坚忍不拔，共同努力所致。

上任不久，针对公司不景气状况，艾科卡发起了一场"反思周"活动。周末，公司的许多上层管理人员来到户外，他们聚集在疗养所里，彻底地反省自己。疗养所清幽的环境可以让每个人都静下心来，彻底地思考所犯的错误。一位管理人员回忆说："每个人都感到强烈的不安，大家把公司的生意看得很重，希望自己能为它的振兴效力，并为它自豪。"

"反思周"归来，公司又派出25名管理人员外出取经，学习人家如何增加企业凝聚力，提高职员素质的经验。同时，解雇一些不懂行、不称职的管理人员。这样做，意味着公司精简机构，避免了派系之间不协调。艾科卡本人意识到，自己对下属发指令性命令是不对的，他主动地下放管理权。

自我省察不仅仅是对自己的缺点的勇于正视，它还包括对自己的优点和潜能的重新发现。

认识了自己，你就是一座金矿，你就能够在自己的人生中展现出应有的风采。认识了自我，你就成功了一半。

勇士称号不仅属于手执长矛、面对困难所向无敌的人，而且属于敢于用锋利的解剖刀解剖自己、改造自己，使自己得到升华和超越的人。

自省是自我动机与行为的审视与反思，用以克服自身缺陷，以达到心理上的健康完善。它是自我净化心灵的一种手段，情商高的人最善于通过自省来了解自我。

自省是现实的，是积极有为的心理，是人格上的自我认知、调节和完善。自省同自满、自傲、自负相对立，也根本不同于自悔、自卑这种消极病态的心理。

从心理上看，自省所寻求的是健康积极的情感、坚强的意志和成熟的个性。它要求消除自卑、自满、自私和自弃，消除愤怒等消极情绪，增强自尊、自信、自主和自强，培养良好的心理品质。

自省者审视自我，使个性心理健康完善，摆脱低级情趣，克服病态畸形，净化心灵。自省有助于强者人格的完善和良好心理品质的培养，同时也成为强者的特征之一。

强者在自省中认识自我，在自省中超越自我。自省是促使强者塑造良好心理品质的内在动力。

自我省察对每一个人来说都是严峻的。要做到真正认识自己，客观而中肯地评价自己，常常比正确地认识和评价别人要困难得多。能够自省自察的人，是有大智大勇的人。

哲学家亚里士多德认为，对自己的了解不仅是最困难的事情，而且也是对人最残酷的事情。

自省不是要找到自己的不足来打击自信心，而是通过这样的方式来改进并完善自己。曾国藩一生坚持写"自省日记"，每天记下自己做了哪些事，哪些做得不好、哪些做得出色，他用这样的自省方式来激励自己不断向目标迈进。

圣人也罢，伟人也罢，他们都会自省，我们何不也用这种方法来认识自己呢？

◆ 从他人的眼中看自己

唐朝著名大臣魏徵的死讯传到李世民耳中时，李世民痛哭流涕地说，"朕失去了一面镜子"。他人是我们的一面人生之镜，因为自我认识的时候难免带有个人主观色彩，这样的评价就会有失偏颇。苏东坡有句诗叫做"不识庐山真面目，只缘身在此山中"，用在情商上面就是关于自我认识的局限性的问题。人之所以"不识庐山真面目"——不能正确、准确、精确识别自己，就是因为当局者迷。如何借助"旁观者清"的力量来剖析自己，是完善自我认识所必需的。

苏东坡与佛印禅师是很好的朋友。有一天，他和佛印禅师一起坐禅。

苏东坡说："大师，你看我坐在这里像什么？"

"看来像一尊佛。"佛印说。

苏东坡讥笑着说："但我看你倒像一堆牛粪！"

苏东坡回到家后，满心得意地对苏小妹炫耀自己是如何占了佛印禅师的便宜。谁料苏小妹不仅没有赞同他的说法，反而说出这么一番话：

"因为自己是佛，看别人也会像佛；自己是牛粪，看别人也会像牛粪。"

了解周围经常与你接触的人对你的评价，是一个人了解自己的重要途径。你可以邀请父母或者其他经常与你在一起的人用一些形容词描述你的特点。

不过，他人对你的看法，是供你作参考的。有时候，我们会发现来自他人的破坏性批评会对你有不利的影响，这时就需要你认真分辨，小心"巴奴姆效应"，不要让一些错误的评价影响你对自己的信心。

心理学家把人们乐于接受一种概括性性格描述的现象称为"巴奴姆效应"。你平时所了解的所谓"星座"与性格的预测，乃至各种"算命"的解释也就是利用了这种效应。

"巴奴姆效应"一方面揭示了我们的认知心理特点，另一方面也迎合了我们认识自己的欲望。事实上，认识别人难，认识自己更难。

有一位漂亮的长发公主，自幼被巫婆关在一座高塔里，巫婆每天对她说："你的样子丑极了，见到你的人都会害怕。"公主相信了巫婆的话，怕被别人嘲笑，不敢逃走。直到有一天一位王子经过塔下，赞叹公主貌美如仙，并救出了她。

其实，囚禁公主的不是什么高塔，也不是什么巫婆，而是公主认为"自己很丑"的错误认识。我们或许也正被他人所蒙蔽，比如父母、老师说你笨，没有前途，你也就相信了，其实这不正如那位公主吗？

有一个发生在非洲某国的真实故事。那个国家的白人政府实施"种族隔离"政策，不允许黑人进入白人专用的公共场所。白人也不喜欢与黑人来往，认为他们是低贱的种族，避之唯恐不及。

有一天，一个长发的白人姑娘在沙滩上做日光浴，由于过度疲劳，她睡着了。当她醒来时，太阳已经下山了。此时，她觉得肚子饿，便走进沙滩附近的一家餐馆。

她推门而入，选了张靠窗的椅子坐下。她坐了约15分钟，没有侍者前来招待她。她看着那些招待员都忙着招待比她来得还迟的顾客，对她则不屑一顾，她顿时怒气满腔，想走向前去责问那些招待员。

当她站起身来，正想向前时，眼前有一面大镜子。她看着镜中的自己，眼泪不由夺眶而出。

原来，她已被太阳晒黑了。此时，她才真正体会到黑人被白人歧视的滋味！

那位白人姑娘能体会到被人歧视的滋味，在于通过"他人"的体验。尽管这个"他人"还是她自己，但由于身份的变换，使得她跳出了"当局者迷"的圈子，第一次真正意识到平时自己看不清的问题。

曾担任微软全球副总裁的李开复在给大学生的信中，讲述了这么一件事情：

我的下属中有一个"自觉心"明显不足的人：他虽然有一些能力，但是他自视甚高，总是对自己目前的职位不满意，随时随地自吹自擂，总是不满现状。前一段时间，他认为我不识才，没有重用他，决定离开我的组，并期望在微软其他组中另谋高就。但是，他最终发现，自己不但找不到更好的工作，公司里的同事也都对他颇有微词，认为他缺少自知之明，期望和现实相距太远。最近，他沮丧地离开了公司。接替他职位的人，是一个能力很强，而且很有"自觉心"的人。虽然这个人在上一个职位工作时不很成功，但他理解自己升迁太快，愿意自降一级来做这份工作，以便打好基础。他现在的确做得很出色。

李开复对他的下属的评价，如果该下属能够有幸看到，那么他也就借助了李开复的力量，达到"旁观者清"，以便认识自己。

许多人看不清自身的缺陷与自私自利的品德，但也有的人恰恰相反，他看不到自身的优势和优秀的品质。

有一个女孩总是怀疑自己的能力，情绪显得自卑和胆怯。

直到有一天她无意中听到别人评价她"很有能力，相当出色"，她这才恍然大悟，从此对自己多了一份自信。

在自我认识的时候，想做到客观、全面，就必须通过他人的眼睛观测自己，有则改之，无则加勉。但切忌不要完全依赖他人，陷入一个不够自信、没有主见的沼泽。

◆ **另一个旁观的自我**

对自己不恰当的分析或对自己的整个心理产生的错觉会引起心理和行为上的一系列的变化：或自高自大，目空一切；或自暴自弃，妄自菲薄。这对一个人的生存与发展极为不利，对学习、工作和生活也有很大的妨碍。一个人如若自高自大，就会使自己的发展停滞不前，甚至后退，而自暴自弃则永远失败。心理学家的研究表明，如果因为错误地评价自己而使自己的潜能得不到充分发挥，埋没了自己，那么就会处于自卑感和失败感控制之下。长此以往，就全变得胆小、退缩，形成消极的情绪和性格，最终导致心理疾病。所以，一个具有健康情绪的人，必须学会正确认识自己。

有一位老师，常常教导他的学生说：人贵有自知之明，做人就要做一个自知的人。唯有自知，方能知人。有个学生在课堂上提问道："请问老师，您是否知道您自己呢？"

"是呀，我是否知道我自己呢？"老师想，"嗯，我回去后一定要好好观察、思考、了解一下我自己的个性，我自己的心灵。"

回到家里，老师拿来一面镜子，仔细观察自己的容貌、表情，然后再来分析自己的个性。

首先，他看到了自己亮闪闪的秃顶。"嗯，不错，莎士比亚就有个亮闪闪的秃顶。"他想。

他看到了自己的鹰钩鼻。"嗯，英国大侦探福尔摩斯——世界级的聪明大师就有一个漂亮的鹰钩鼻。"他想。

他看到自己的大长脸。"嗨！大文豪苏轼就有一张大长脸。"他想。

他发现自己个子矮小。"哈哈！鲁迅个子矮小，我也同样矮小。"他想。

他发现自己具有一双大脚。"呀，卓别林就有一双大脚！"他想。于是，他终于有了"自知"之明。

"古今中外名人、伟人、聪明人的特点集于我一身，我是一个不同于一般的人，我将前途无量。"第二天，他对他的学生说。

尼采曾经说过："聪明的人只要能认识自己，便什么也不会失去。"正确认识自己，才能使自己充满自信，人生的航船不迷失方向。正确认识自己，才能正确确定人生的奋斗目标。只有有了正确的人生目标，并充满自信，为之奋斗终生，才能此生无憾。即使不成功，自己也会无怨无悔。

但是，精确地认识自己并不是一件容易的事情。人们常说：旁观者清。这是因为了解外界的事物需要的是观察力、推理能力和分析能力，这些属于智商范畴，并不太受情商的影响，只是经常被运气所左右。而认识自己，就需要较高的情商。人在开始准备了解自己之前，都对自己怀有各种期望，如果在了解自己的过程中，发现自己的能力不及自己的期望，自然会产生失望的情绪，从而低估自己的其他能力。相反的，如果在了解自己的过程中，发现自己的能力远远超出自己的期望，自然也会产生惊喜的情绪，从而高估了自己的其他能力。只有情商高的人，善于控制自己的情绪，才能在平和的心态中对自己进行精确地评估。

著名作家威廉·史泰隆在自述严重抑郁的心境时，有十分生动的描述："我感觉似乎有另一个自我与我相随，一个幽魂的旁观者心智清明如常，无动于衷，带着一丝好奇，旁观我的痛苦挣扎。"有些人在自我体察时，的确对激昂或困扰的情绪了然于胸，从自身的体验向旁迈开一步，仿佛另一个自我在半空中冷静旁观。

"我在愤怒面前不能自已了！"有人这样描述自己当时的情绪。

在这种场景中有两个我，一个身临其境怒火中烧的我，一个旁观的我。"旁观的我"以局外人的身份来观察自己，来评判自己的情绪。这个时候他与自己之间存在某种程度的距离，是以一种鸟瞰的方式来打量自己，与自我保持一定的距离，能够更清楚地了解那个潜在的我，了解自己真实的情绪。

每当你受到刺激需要发泄时，便可试着先强制自己冷静，然后在脑子里迅速地幻想出一个内心的旁观者。这个人可以是潜在的自我，也可以是另外一个人，想像他就在你旁边，他在注视着你的表演，看你如何发泄不满，而他的内心正在嘲笑你。这时你便会觉得自己的行为有多么的不理智，你就会重新审视自己的行为，从而懂得一个正确的处理办法。

纪伯伦在其作品里讲了一只狐狸觅食的故事——狐狸欣赏着自己在晨曦中的身影说："今天我要用一只骆驼做午餐！"整个上午，它奔波着，寻找骆驼。但当正午的太阳照在它的头顶时，它再次看了一眼自己的身影，于是说："一只老鼠也就够了。"狐狸之所以犯了两次截然不同的错误，与它选择"晨曦"和"正午的阳光"作为镜子有关。晨曦不负责任地拉长了它的身影，使它错误地认为自己就是万兽之王，并且力大无穷、无所不能，而正午的阳光又让它对着自己已缩小了的身影忍不住妄自菲薄。

不能很好地认识自己的人，千万别忘记了上帝为我们准备了另外一面镜子，这面镜子就是"反躬自省"四个字。它可以映射出落在心灵上的尘埃，提醒我们"时时勤拂拭"，认识真实的自己。

·第3课·

自信人生：从平凡走向卓越

一、自信的注解

◆ 自信的特点

自信的最大特点就是相信自己，相信自己的判断，相信自己的能力，无论是发现问题，还是解决问题。

英国一位年轻的建筑设计师，很幸运地被邀请参加了温泽市政府大厅的设计。他运用工程力学的知识，根据自己的经验，很巧妙地设计了只用一根柱子支撑大厅顶棚的方案。

一年后，市政府请权威人士进行验收时，对他设计的一根支柱提出了异议。他们认为，用一根柱子支撑天花板太危险了，要求他再多加几根柱子。

年轻的设计师十分自信，他说："只要用一根柱子便足以保证大厅的稳固。"他详细地通过计算和列举相关实例加以说明，拒绝了工程验收专家的建议。

他的固执惹恼了市政官员，年轻的设计师险些因此被送上法庭。

在万不得已的情况下，他只好在大厅四周增加了 4 根柱子。不过，这四根柱子全部都没有接触天花板，其间相隔了无法察觉的两毫米。

时光如梭，岁月更迭，一晃就是 300 年。

300 年的时间里，市政官员换了一批又一批，市政府大厅坚固如初。直到 20 世纪后期，市政府准备修缮大厅的顶棚时，才发现了这个秘密。

消息传出，世界各国的建筑师和游客慕名前来，观赏这几根神奇的柱子，并把这个市政大厅称作"嘲笑无知的建筑"。最为人们称奇的，是这位建筑师当年刻在中央圆柱顶端的一行字：

自信和真理只需要一根支柱。

这位年轻的设计师就是克里斯托·莱伊恩，一个很陌生的名字。如今，能够找到有关他的资料实在微乎其微了，但在仅存的一点资料中，记录了他当时说过的一句话："我很自信。至少 100 年后，当你们面对这根柱子时，只能哑口无言，甚至瞠目结舌。我要说明的是，你们看到的不是什么奇迹，而是我对自信的一点坚持。"

很多人对自信的理解仅仅局限于表面层次，认为自信就是认为自己能做所有的事情。一旦这种表层的自信被打破，就陷入了另一个极端—自卑的阴影中。这对培养自信是极为不利的。

其实自信是一种积极的心态，不仅包括对自己已有能力的信任，还包括对非能力的信任和潜能力的信任。

人们会由于对自己非能力的不自信，而导致对自己能力的不自信，认为自己窝囊，什么事情都不行，要避免这种晕轮效应的发生。

不相信自己，你就背叛了自己。

美国著名心理医生基恩博士常跟病人讲起他小时候经历过的一件触动心灵的事：

一天，几个白人小孩正在公园里玩，这时，一位卖氢气球的老人推着货车进了公园。白人小孩一窝蜂地跑了过去，每人买了一个，兴高采烈地追逐着放飞在天空中的色彩艳丽的氢气球。在公园的一个角落坐着一个黑人小孩，他羡慕地看着白人小孩在嬉戏，他不敢过去和他们一起玩，因为他很自卑。白人小孩的身影消失后，他才怯生生地走到老人的货车旁，用略带恳求的语气问道："您可以卖一个气球给我吗？"老人用慈祥的目光打量了他一下，温和地说："当然可以，你要一个什么颜色的？"小孩鼓起勇气回答："我要一个黑色的。"脸上写满沧桑的老人惊诧地看了看黑人小孩，旋即给了他一个黑色的氢气球。

黑人小孩开心地拿过气球，小手一松，黑色气球在微风中冉冉升起，在蓝天白云的映衬下形成了一道别样的风景。

老人一边眯着眼睛看气球上升，一边用手轻轻地拍了拍黑人小孩的后脑勺，说："记住，气球能不能升起，不在于它的颜色、形状，而在于气球内有没有充满氢气。一个人的命运不是因为种族、出身，关键是你的心中有没有自信。"那个黑小孩便是基恩博士自己。

传说，有个勤奋好学的木匠，一天去给法官修理椅子，他不但干得很认真、很仔细，还对法官坐的椅子进行了改装。有人问他其中原因，他解释说："我要让这把椅子经久耐用，直到我自己作为法官坐上这把椅子。"心想事成，这位木匠后来果真成了一名法官，坐上了这把椅子。

自信是人生不竭的动力，它能帮你战胜自卑和恐惧。

只有自信的人，才能让别人也信赖你。

◆ 自卑从何而来

自卑感是对自己的否定与怀疑，内容包罗万象，比如：家庭出身、社会地位、财富、名誉、相貌……

对自身的蔑视和残忍可以有不同的表现方式，自卑感便是最常见的对自我的憎恨，这是一种可怕的消极情绪。在生活中，很多人缺少某种能力，却认为他人都拥有那种能力，这是经常发生的事。情商不高者则会因此感到自卑，与自己过不去，轻视自己，这也是许多悲剧的根源所在。低情商者常常希望像他人那样去生活，买相同的衣服、相同的家具，像他人一样说话、做事。情商不高者常常将自我置于别人的人格之下，鞭打自己的灵魂，批判自己，无限夸大别人的能力。这种夸大又反衬出自己的渺小，这是伤害自我的致命武器。情商不高者常着常会觉得自己的人格极不完善，有各种各样的缺点和不足，而别人却完美无瑕。

把自己的能力看得过低，这是情商不高的一种表现。

自卑情绪其实每个人都有，但如果一味任其发展，成为主宰我们的情绪，那就彻底失败了。

十几年前，他从一个仅有30多万人口的北方小城考进了北京的一所大学。上学的第一天，与他邻桌的女同学第一句话就问他："你从哪里来？"而这个问题正是他最忌讳的，因为在他的逻辑里，出生于小城，就意味着小家子气，没见过世面，肯定被那些来自大城市的同学瞧不起。

就因为这个女同学的问话，使他一个学期都不敢和同班的女同学说话，以致一个学期结束的时候，很多同班的女同学都不认识他！

很长一段时间，自卑的阴影都占据着他的心灵，最明显的体现就是每次照相，他都要下意识地戴上一个大墨镜，以掩饰自己的内心。

20年前，她也在北京的一所大学里上学。

大部分日子，她也都在疑心、自卑中度过。她疑心同学们会在暗地里嘲笑她，嫌她肥胖的样子太难看。

她不敢穿裙子，不敢上体育课。大学结束的时候，她差点儿毕不了业，不是因为功课太差，而是因为她不敢参加体育长跑测试。老师说："只要你跑了，不管多慢，都算你及格。"可她就是不跑。她想跟老师解释，她不是在抗拒，而是因为恐慌：自己肥胖的身体跑起步来一定非常的愚笨，一定会遭到同学们的嘲笑。可是，她连向老师解释的勇气也没有，茫然不知所措，只能傻乎乎地跟着老师走。老师回家做饭去了，她也跟着。最后老师烦了，勉强算她及格。

在曾经播出的一个电视晚会上，她对他说："要是那时候我们是同学，可能是永远不会说话的两个人。你会认为，人家是北京城里的姑娘，怎么会瞧得起我呢？而我则会想，人家长得那么帅，怎么会瞧得上我呢？"

他，现在是电视台著名节目主持人，经常对着全国几亿电视观众侃侃而谈，他主持节目给人印象最深的特点就是从容自信。

她，现在也是电视台著名节目主持人，而且是第一个完全依靠才气而丝毫没有凭借外貌走上主持人岗位的。

原来他们也会自卑。

原来自卑是可以彻底摆脱的。

一味地自卑可能把我们推向失败的无尽深渊，其实更多的时候，自卑完全没有必要，因为它们可能来自于我们对自身优势的忽视。诺贝尔奖是世界许多学科的最高奖项，荣获诺贝尔奖的人都是在某一领域有卓越贡献的人。诺贝尔奖包括文学、哲学、医学、经济、和平等奖项，它来源于瑞典的一个名叫诺贝尔的人。他是一名成功的商人，也是多才多艺的科学家，但终其一生他对自己感到很失望，自卑之心充斥心间，因为他会说"我是个很无用的人"。其实，这一切只不过是诺贝尔自己的妄自菲薄而已。

法国作家大仲马在成名之前穷困潦倒。有一次，大仲马到巴黎去拜访他父亲的一位老朋友，想请他帮忙找份差事。那位老伯问他："你有什么特长吗？"

"我没有什么特殊的技能。"大仲马非常诚实地说。

"你地理学得怎么样？"

"只有一点了解而已。"

"化学呢？或者文学？"

"也不懂。"

"那么你对法律了解吗？"

"很抱歉，我什么也不会。"

大仲马感到非常窘迫，直到现在他才发现自己的无知。他正准备告辞，老伯对他说："把你的住址留下吧。"

大仲马写下了自己的住址。老伯眼睛一亮："你还是有一样长处，你的名字写得很好啊！"

像大仲马这样一位享誉世界的大作家，也曾认为自己一无所长，然而那位老伯还是发现了他一个小小的长处——名字写得很好。大文豪也曾感慨自己对文学一无所知，妄自菲薄是没有任何益处的自我贬低。其实每个人身上都有闪光点，不管这个优点是多么微不足道，但它毕竟是个优点。名字写得好，为什么不能把字也写好？字写好了，为什么不试试把文章写好呢？一个人只要以肯定的态度看待自己，再小的优点也会像一粒种子那样生根发芽，最后结出自信的硕果。

◆ 自信是成功的基石

信心使人充满前进的动力，它可以改变险恶的现状，达到令人满意的结果。充满信心的人永远站立不倒，他们是真正的强者。透过百万富豪成功的经历，我们可以感受到：信念的力量在成功者的足迹中起着决定性的作用，要想事业有成，无坚不摧的理想和信念是不可或缺的。

军队的战斗力在很大程度上取决于士兵们对统帅的敬仰和信心，如果统帅抱着怀疑、犹豫的态度，全军便要混乱。据说拿破仑亲率军队作战时，同样一支军队，有拿破仑的率领战斗力便会增强一倍。拿破仑的自信，使他的军队所向披靡。

有一次，一个法兰西士兵骑马为拿破仑送来一份战报。因为路上赶得太匆忙，士兵的马跌了一跤，死掉了。拿破仑立刻下马，叫士兵骑上自己的坐骑火速赶回前线。这士兵看看那匹雄壮的坐骑及它的宽厚的马鞍，不觉脱口说："不，将军，对于我一个平常的士兵，这坐骑是太高贵、太好了。"拿破仑回答说："世界上没有一样东西，是法兰西士兵所不配享有的！"

自卑自贱的观念，往往是不思进取、自甘平庸的主要原因。世上有很多像这个法国士兵一样的人，他们以为自己的地位太低微，别人所有的种种幸福是不属于他们的、他们是不配享有的；以为他们是不能与那些伟大人物相提并论的；以为世界上最好的东西，不是他们这一辈子所应享有的；以为生活中的一切快乐都是留给一些命运的宠儿来享受的，他们当然就不会有出人头地的想法了。许多人本来可以做大事、立大业，但实际上竟做着小事、过着平庸的生活，原因就在于他们没有坚定的信心。

正如英国的罗伯脱·希里尔所说的："对自己有信心，是所有其他信心当中最重要的部分。缺少了它，整个生命都会瘫痪。"

信心不仅能使一个白手起家的人成为巨富，甚至使一个演员在风云变幻的政坛上大获成功。美国第40届总统——罗纳德·里根就是有幸掌握这个诀窍的人物。

从22岁到54岁，罗纳德·里根从电台体育播音员到好莱坞电影明星，整个青年到中年的岁月都陷在文艺圈内，对于从政完全是陌生的，更没有什么经验可谈。这一现实，几乎成为里根涉足政坛的一大拦路虎。然而，当机会来临，共和党内保守派和一些富豪竭力怂恿他竞选加州州长时，里根毅然决定放弃大半辈子赖以为生的影视职业，决心开辟人生的新领域。

有两件事情对于里根的竞选影响颇大。

一是他受聘担任通用电气公司的电视节目主持人。为办好这个遍布全美各地的大型联合企业的电视节目，通过电视宣传、改变普遍存在的生产情绪低落的状况，里根不得不用心良苦，花大量时间蹲守在各个分厂，同工人和管理人员广泛接触。这使得他有大量机会认识社会各界人士，全面了解社会的政治、经济情况。人们什么话都对他说，从工厂生产、职工收入、社会福利到政府与企业的关系、税收政策等。

里根把这些话题吸收消化后，并通过节目主持人身份反映出来，立刻引起了强烈的共鸣。为此，该公司一位董事长曾意味深长地对里根说："认真总结一下这方面的经验体会，然后身体力行地去做，将来必有收获。"这番话无疑为里根产生弃影从政的信心埋下了种子。

另一件事发生在他加入共和党后，为帮助保守派头目竞选议员，募集资金，他利用演员身份在电视上发表了一篇题为《可供选择的时代》的演讲。因其出色的表演才能，大获成功，演说后立即募集了100万美元，以后又陆续收到了约60万美元。《纽约时报》称之为美国竞选史上筹款最多的一篇演说。里根一夜之间成为共和党保守派心目中的代言人，引起了操纵政坛的幕后人物的注意。

这时候传来令里根更为振奋的消息，里根在好莱坞的好友乔治·墨菲，这个地道的电影明星与担任过肯尼迪和约翰逊总统新闻秘书的老牌政治家塞林格竞选加州议员。在政治实力悬殊巨大的情况下，乔治·墨菲凭着38年的舞台经验，唤起了早已熟悉他形象的老观众的巨大热情，意外地大获全胜……

里根演员出身的背景，无疑为他的竞选形象与极富感染力的演讲增添无穷的魅力。

然而这一切在里根对手、多年来一直连任加州州长的老政治家布朗的眼中，却只不过是"二流戏子"的滑稽表演。他认为无论里根的外部形象怎样光辉，其政治形象毕竟还只是一个稚嫩的婴儿。于是他抓住这点，以毫无政坛工作经验为由进行攻击。殊不知里根却顺水推舟，干脆扮演一个淳朴无华、诚实热心的"平民政治家"。里根固然没有从政的经历，但有从政经历的布朗恰恰有更多的失误，给人留下了把柄，让里根得以成就辉煌。

二者形象对照是如此鲜明，里根再一次超越了障碍。帮助他越过障碍的正是障碍本身——没有政治资本就是一笔最好的大资本。

自信是可以跨越自卑的，是战胜自卑的有力武器。它不是无望、无助、无奈，以及对生命的伤感、悲愤和苍凉，而是充满进取心，体现着生命中主动、积极、明亮的旋律，是生命的亮点。

自信体验是人生光明、甘甜和美妙的一面，自信给予人的是生命的希望和对未来美好的憧憬。人类社会能从茹毛饮血，发展到电子时代，从燧人氏的钻木取火，发展到利用核能发电，就是凭借自信的力量。没有自信，人类将一事无成；没有自信，个人将毫无价值。

自信源于自尊，自尊是人的高级需要。人与动物的根本差异就在于人能在自我意识的支配下，将人的低级需要向高级需要的满足延伸。

有了充足的自信就有了向前冲的力量，那么本来充满着不可能的事情也可能因此俯首称臣。但是这种自信的力量是不会主动送上门的，要得到它，就要靠自己去寻找，去发现。

二、怀有自信的心态

◆ 自信就是有激情地做事

激情源于对人生的热爱，源于内在的信心，源于对自己所坚持的目标的执着。

劳伦斯在创业之初，全部家当只有一台靠分期付款赊来的爆米花机，价值50美元。第二次世界大战结束后，劳伦斯做生意赚了点钱，便决定从事地皮生意。如果说这是劳伦斯的成功目标，那么，这一目标的确定，就是基于他对自己的市场需求预测充满信心。

当时，在美国从事地皮生意的人并不多，因为战后人们一般都比较穷，买地皮修房子、建商店、盖厂房的人很少，地皮的价格也很低。当亲朋好友听说劳伦斯要做地皮生意，异口同声地反对。

而劳伦斯却坚持己见，他认为反对他的人目光短浅。他认为虽然连年的战争使美国的经济很不景气，但美国是战胜国，它的经济会很快进入大发展时期。到那时买地皮的人一定会增多，地皮的价格会暴涨。

于是，劳伦斯用手头的全部资金再加一部分贷款在市郊买下很大的一片荒地。这片土地由于地势低洼，不适宜耕种，所以很少有人问津。可是劳伦斯亲自观察了之后，还是决定买下了这片荒地。他的预测是，美国经济会很快繁荣，城市人口会日益增多，市区将会不断扩大，必然向郊区延伸。在不远的将来，这片土地一定会变成黄金地段。

后来的事实正如劳伦斯所料。不出 3 年，城市人口剧增，市区迅速发展，大马路一直修到劳伦斯买的土地的边上。这时，人们才发现，这片土地周围风景宜人，是人们夏日避暑的好地方。于是，这片土地价格倍增，许多商人竞相出高价购买。但劳伦斯不为眼前的利益所惑，他还有更长远的打算。后来，劳伦斯在自己这片土地上盖起了一座汽车旅馆，命名为"假日旅馆"。由于它的地理位置好，舒适方便，开业后，顾客盈门，生意非常兴隆。从此以后，劳伦斯的生意越做越大，他的假日旅馆逐步遍及世界各地。

那些充满信心，并满怀激情地去做事的人，总是深受人们的敬佩，他们的态度与行动有时甚至是令人敬畏的。

乔·史密斯的高中时代是在田纳西州的温彻斯特度过的，他内心里经常梦想着有朝一日要成为一家大公司的首脑。虽然这只是一名 17 岁男孩的梦想，但却是其人生目标的萌芽。

进入耶鲁大学后不久，他的兴趣就从经营一般企业转移到研究、评断公司财务之上。大学二年级时，他的父母由于生活拮据而无法再继续供他念书，迫使他陷入了选择该休学就业还是该半工半读的窘况。要作这个决定非常困难，但因为乔有自己的梦想，因此他很快就作出了决定：无论如何都要坚持到毕业。最后他也做到了。他不但每学期都取得了优异的成绩，而且还利用奖学金及一份兼职工作解决了学费和伙食费的问题。三年后，除获得经济学学士的学位外，同时还获得著名的路德奖学金，并取得全国优等生俱乐部耶鲁分会会长的头衔，以极其优异的成绩毕业。以后的两年，他前往英国牛津大学攻读硕士。此行对于他将来从事财务经营有很大的影响。

乔回到美国后，便与一名叫田纳西的女子结婚。随后，他前往纽约，正式开始追求自己的目标。他的起步是一家颇具规模的证券公司，他在公司里的职务是投资咨询部办事员。

不久，朋友告诉他有一家公司正在征聘年轻上进的财务经理。这家公司的名称是美国地理勘察公司，是一家石油勘探公司。乔听说之后，便前往应聘，因为他认为这家公司可让他进一步学到许多有关财务经营方面的东西。于是他进了这家公司，一干就是4年。4年之后，虽然这家公司业务非常稳定，而且他的表现也不错，但是他觉得能学的也学得差不多了，又开始怀念起老本行。于是，一咬牙，他又回到早先的那家证券公司工作并等待机会。最后，机会终于被他等到了，一名资深职员即将退休，这个人拥有八个相当有实力的客户，欲以5万美元出让。

这对乔来说是相当大的赌注，5万美元相当于他的全部财产，若此举失败，他将变得一贫如洗；而且这些客户顶下来之后，能不能留住还是问题。这时乔再一次面对重大抉择。最后，他一心想自立门户的雄心战胜了一切，他接下了这8名客户，并且立即一一前往拜访，十分坦率而且诚挚地向他们说明自己的理想与计划。客户们皆被他的热情与直率所感动，他们一致认为从未见过如此充满激情的人，都表示愿意留下观察一段时间。当时，乔才28岁。

两年的岁月很快就过去了，乔几乎每天都在为员工薪金及管理费用忙得焦头烂额，有时候，他连自己的薪金都拿不出来。两年期间，公司便是在这种拮据的情形下惨淡经营着，虽然如此，公司要求的服务品质并未降低，反而愈来愈高。熬到第三年，终于苦尽甘来，公司业务开始蒸蒸日上，客户也有显著增加，乔自立的梦想终于实现在现实生活中。

现在，他已经是一家投资咨询公司的总裁，拥有将近1亿美元的效益，并兼任某大型互助银行的常务董事及数家公司董事。于是，一名17岁高中生的梦想在不到40岁便实现了。

有些成功人士在接受访谈时，都会谈到当初自己创业时的艰难，但再艰苦的岁月均被高涨的热情所征服，他们说真不懂当时怎么会有那股激情做事，但不可否认正是这股激情让他们的人生与众不同。

富有激情的人，总给人一种自信的感觉，他们让他人感到了一种力量。反之，一个内心总是被自卑占据的人，做起事情来又如何能展示出过人的激情与自信呢？

◆ **勇于负责任的人是自信的**

一个以割草打工的男孩致电询问陈太太："您需要割草吗？"

陈太太回答："不需要，我已经有割草工了。"

男孩又说："我会把您花丛中的杂草拔掉。"

陈太太回答："这个活儿我的割草工也做了。"

男孩又说："您院子里的草和走道的四周，我会帮您割整齐。"

陈太太说："我的割草工也做了。谢谢，但是我不想更换割草工。"

男孩挂断了电话，室友问男孩："你不就是在陈太太那里当割草工吗，打这个电话干什么？"

男孩说："我只想知道，自己做得有多棒！"

割草男孩是在向我们昭示一个关于责任心的道理，他要用这种特殊的方式来检验自己是否已经尽到责任。

有些习惯推托责任的人，其实他的内心是自卑的，因为他觉得自己没有承担责任的勇气，更怕没有承担责任的能力。

相反，一个勇于负责的人是自信的，他深信依靠自己的判断能找准方向，他也相信借自己的行动能力可以挽狂澜于既倒。总之，他对自己负责任的能力是深信不疑的。

早先，英格兰有个阿尔弗雷德国王，他很精明，而且富有正义感，是英国历史上最杰出的国王之一。直到今天，几百年过去了，这位被称为阿尔弗雷德大帝的国王依然广为人知。

在阿尔弗雷德统治英格兰的时候，国家的局势纷繁动乱，凶悍的丹麦人侵入英格兰。丹麦人跨海西征，侵略者如潮水涌入英格兰。丹麦人剽悍而又勇猛，在很长的时间里，他们几乎战无不胜。如果英格兰再无法抵挡，他们的国家就将被征服。

后来，经过几次战役，阿尔弗雷德国王带领的英格兰军溃败了。包括阿尔弗雷德国王在内的所有人，都只能各自想办法逃走。阿尔弗雷德化装为一个牧羊人独自脱身，他在森林和沼泽之间逃亡。

几天盲目地游荡之后，他终于找到一间伐木工人的小屋。又冷又饿的阿尔弗雷德敲开门，恳求伐木工的妻子给他点儿东西吃，并要求借宿一夜。

女人看着这位穿着破衣烂衫的男人，并不知道他是谁。"进来吧，"她说，"炉子上烤着的蛋糕，你帮我看着，我会给你饭吃的。现在我到外面挤奶去，你看好蛋糕，等我回来，千万不要把蛋糕烤煳了。"

阿尔弗雷德彬彬有礼地谢了她，在火炉旁坐下。他极力想把注意力集中到蛋糕上，但是很快那些烦心事就充满了他的心。该如何收拢溃败的士兵？重整旗鼓后又怎么去和丹麦人交战？阿尔弗雷德越考虑，就越觉得绝望，他渐渐认为再战斗下去也没用了，他专心思考自己的这些问题，忘记了身处伐木工的屋子里，也忘了饥饿的肚子，忘了炉上烤着的蛋糕。

女人过一会儿回来了，她看见小屋里到处是烟，蛋糕成了一团焦炭。阿尔弗雷德在炉边坐着，他盯着炉火，压根儿没注意到蛋糕焦了。

"懒家伙，废物！"女人怒吼道，"看看你做了什么。你想要吃的，但是却袖手旁观！好了，现在谁都别想吃饭了！"阿尔弗雷德羞愧地低下头。这时伐木工回到家里，一进门他就注意到在炉边坐着的陌生人。"闭上你的嘴！"他对老婆说，"知道你骂的是什么人吗？他就是我们伟大的阿尔弗雷德国王！"

女人惊呆了，她急忙跪在国王面前，请求国王原谅她的粗鲁。

但是国王很明智，他请女人站了起来。他说："你应该责备我，因为我答应替你照看蛋糕，但是蛋糕却煳了，我应当受到惩罚。不管谁做事情，无论事情大小都要负责到底。这次我做得不好，但是这种事情不会再发生了，做好国王是我的责任。"

那天晚上阿尔弗雷德国王吃没吃晚饭呢？故事没有告诉我们，但是不久之后，阿尔费雷德王就重整军队，把丹麦人从英格兰赶了出去。

一个勇于负责任的人是充满自信的，同时他也会带给别人信心。责任感是个崇高而沉重的概念，一个毫无责任感的人会到处碰壁，也别指望得到他人的敬重。责任虽然会令我们感到像个"重负"一样的沉重，但人生本来就是一场负重旅行。没有责任的重量，生命就会如失重的鹅毛般漫天飞舞。

责任感不仅是一个人能力的体现，也是成熟的象征，更是自信的标志。

◆ **不做社交"含羞草"**

含羞草有一个特点：每当人们触碰到它的时候，它会把自己紧紧地包裹起来，于是我们会把一些人腼腆的性格叫"害羞"。

羞涩一度是完全褒义的词汇，尤其是用在女性身上。有一首歌名叫《羞答答的玫瑰静悄悄地开》，它的流传程度从某种意义上可以看出我们对羞涩的认同。

浪漫的新月派诗人徐志摩曾写过一首名叫《沙扬拉娜》的小诗，诗中把羞涩描绘得极富韵味：

像一朵水莲花，

不胜凉风的娇羞。

然而羞涩或许能在男女相处时打动对方，却很难在人际交往与事业上取得成就，从某种程度上来讲甚至是个障碍。不过羞涩是可以克服的。

羞怯、羞涩是人们常说的对人对事难为情的心理活动的表露。在美国有 40% 的成年人有羞怯表情，在日本 60% 的人为自己害羞，在我国则几乎所有的人都有羞怯的时候，连宋代大诗人苏轼也曾有过"归来羞涩对妻子"的尴尬场面。心理学家认为，羞怯心理并不都是消极的，适度的羞怯心理是维护人们自尊自重的重要条件。有人调查表明，羞怯的人能体谅人，比较可靠，容易成为知心朋友，他们对爱情比较忠诚。女性适度的羞怯，可以使之更显得温柔和富有魅力。

羞怯心理是非常多见的，发展到严重的程度，会表现为手足失措，被称为社会交往恐惧感或社会交往紧张感。这样的人很多，在各种年龄、各种职业中都有，而且数量还在不断增多。但是，在不同的人身上羞怯的表现各有不同。比如回避生人，比如在公众场所说话就紧张，还有诸如考试紧张感、体育活动紧张感、约会紧张感、公厕紧张感等等。当然羞怯心理对青少年来说更为普遍。美国俄亥俄州立大学的一项统计结果表明，97% 的学生认为公开演说是世界上两件最可怕的事情之一（另一件是核武器）。

现代社会，若想取得个人成就，就必须要依托大量的人脉来支持自己，以及适当地自我表现，但这些梦想的要求都与羞涩背道而驰。

不做社交的"含羞草"就是要对自己充满信心，勇于表现自己的才华，并能和不同职业、身份、年龄、性别、种族的人进行无障碍地沟通。人脉的重要性不言而喻，而广交朋友的第一步是先要摆脱羞涩，勇敢地和任何人谈论任何适宜的话题。

1960 年 10 月的一天，在报社办公室里那张工作人员任务单前，戴维·科宁斯简直不敢相信自己的眼睛，反复把那一行字看了几遍：

科宁斯——采访埃莉诺·罗斯福。

这不是非分之想吧？科宁斯成为报社成员才几个月，还是一个新手呢，怎么会给他如此重要的任务？科宁斯拔腿去找责任编辑。

责任编辑停住手中的活，冲科宁斯一笑："没错，我们很欣赏你采访那位海伍德教授的表现，所以派给你这个重要任务。后天只管把采访报道送到我办公室来就是了，祝你好运，小伙子！"

"祝你好运"，说得轻巧，科宁斯觉得自己即将面对的是前总统夫人，她不但曾和富兰克林·罗斯福共度春秋，而且有过不凡之举，而科宁斯觉得自己只是个毫无名气的毛头小伙子。

科宁斯急匆匆地奔进图书馆，寻找所需要的资料。科宁斯认真地将要提的问题依次排序，力图使其中至少有一个不同于她以前回答过的问题。最后，科宁斯终于成竹在胸，对即将开始的采访甚至有点迫不及待了。

采访是在一间布置得格外别致典雅的房中进行的。当科宁斯进去时，这位75岁的老太太已经坐在那里等着他了。一看见科宁斯，她马上起身与他握手，她那魁梧的身躯、敏锐的目光、慈祥的笑容给人以不可磨灭的印象。科宁斯在她旁边落座以后，便率先抛出一个自认为别具一格的问题："请问夫人，在您会晤过的人中，您发觉哪一位最有趣？"

这个问题提得好极了，而且科宁斯早就预估了一下答案：无论她回答的是她的丈夫罗斯福，还是丘吉尔、海伦·凯勒等，科宁斯都能就她选择的人物接二连三地提出问题。

罗斯福夫人莞尔一笑："戴维·科宁斯。"

科宁斯不敢相信自己的耳朵：选中我，开什么玩笑？

"呃，夫人，"他终于挤出一句话来，"我不明白您的意思。"

"和一个陌生人会晤并开始交往，这是生活中最令人感兴趣的部分。"她非常感慨地说，"我小时候总是羞羞答答的，有时甚至到了凡事都缩手缩脚的地步，把自己封闭到一个小天地中。后来我强迫自己欢迎他人进入自己的世界，强迫自己走向生活，终于体会到广交新友是多么使人精神振奋。"

科宁斯对罗斯福夫人一个小时的采访转眼结束了。她在一开始就使他感到轻松自如，整个过程中，他无拘无束，十分满意。

这篇采访报道见报后获得全美学生新闻报道奖。然而科宁斯最重要的收获是：罗斯福夫人教给他的人生哲学——广交新友，走向生活。多年来，这一直是科宁斯的座右铭。

摒弃羞涩的社交态度，同时也应让自己充满信心地自我表现。一些人总以为工作时多一份勤奋就等于多一份成功的可能，然而如果不敢表现自己的才干，那么再多的苦干最后也只能为自己赢得"劳动模范"的称号。

毛遂自荐的故事在历史上很有名。

毛遂是赵国平原君的门客，一日平原君要到楚国去说服楚王出兵救赵，要在门客中挑选20名随从，要求文武全才。挑来挑去只挑了19人，还差一名。这时毛遂出来自荐，他说："公子看我能不能凑个数啊？"

平原君不识此人，以为他没有什么才能，就说："我听说具有才能的人，不管到什么地方，他的才能就像锥子放在口袋中一样，锥尖马上会扎破口袋露出来。如今先生在我这里待了3年，我竟不知道你，看来你没有什么本事，跟我去有什么用呢？"

毛遂答道："公子您一直没有把我放在口袋里，我的才能怎么能像锥子一样露出来呢？"平原君于是同意让毛遂陪同自己去楚国。在那里，他凭借自己的机智和勇敢，说服了楚王出兵救赵国。平原君被毛遂的才能折服，从此把毛遂奉为上等门客。

毛遂在恰当的时机将自己推销出去，获得了主人的常识。

赢得机会、赢得人脉先从不做社交"含羞草"开始，要知道，在人际交往中落落大方总比"犹抱琵琶半遮面"要成功得多。

◆ 拿出一点勇气来行动

在马伦哥战役的前夕，拿破仑坐在营帐里，凝视着面前摊开的一张意大利地图。他把四枚钉子按在地图上，一边挪动钉子，一边思考着。

过了一会儿，他自言自语地说："现在一切都好了，我要在这里抓住他！"

"抓住谁？"身旁的一个军官问道。

"梅拉斯，奥地利的老狐狸，他要从热那亚回来，路过都灵，回攻亚历山大里亚。我要过河，在塞尔维亚平原迎着他，就在这儿打败他。"拿破仑的手指向马伦哥。

但是，马伦哥战役打响后，法军受到敌军强有力的抵抗，只剩招架之功，拿破仑精心筹措的胜利眼看就要成为泡影。

正在法军败退之际，拿破仑手下的将领德撒带着大队骑兵驰过田野，停在拿破仑站着的山坡附近。队伍中有一个小鼓手，他是德撒在巴黎街头收留的流浪儿，在埃及和奥地利战役中一直在法军中作战。

当军队站住时，拿破仑朝小鼓手喊道："击退兵鼓。"

这个孩子却没有动。

"小流浪汉，击退兵鼓！"

孩子拿着鼓向前走了几步，朗声说道："啊，大人，我不知道怎么击退兵鼓，德撒从来没有教过我。但是我会敲进军鼓，是的，我可以敲进军鼓，敲得让死人都排起队来。我在金字塔敲过它，在泰泊河敲过它，在罗地桥也敲过它。啊，大人，在这里我可以也敲进军鼓么？"

拿破仑无可奈何地转向德撒："我们吃败仗了，现在可怎么办呢？"

"怎么办？打败他们！要赢得胜利还来得及。来，小鼓手，敲进军鼓，像在泰泊河和罗地桥一样地敲吧！"

不一会儿，队伍跟着德撒的剑光，随着小鼓手猛烈的鼓声，向奥地利军队横扫而去，他们不惜流血牺牲，敌人被打得节节败退。德撒在敌人的第一排子弹中就倒下了，但是队伍并没有动摇。当炮火消散时，人们看到那个小流浪儿走在队伍的最前面，笔直地前进，仍旧敲着激昂的进军鼓。他越过死人和伤员，越过营垒和战壕。他的脚步从容不迫，鼓声激昂有力，他以自己勇敢无畏的精神开辟了胜利的道路。

总有一些缺乏自信的人，在前进的道路上踌躇不前，拿不出一点行动的勇气。在他们看来，那些事儿是经年累月的，不是一个简单的行动就能改变的。其实，不去做又怎知不可能呢？

从前，有一户人家的花园中摆着一块大石头，宽度大约有40厘米，高度有10厘米。到花园的人，不小心就会碰到那一块大石头，不是跌倒就是擦伤。儿子问："爸爸，那块讨厌的石头，为什么不把它挖走？"

爸爸回答说："那块石头从你爷爷时代起，就一直'生'在那儿。它的体积那么大，不知道要挖到什么时候。与其挖这块石头，还不如走路小心一点，还可以训练你的反应能力。"

过了几年，这块大石头留到下一代，当时的儿子已娶了媳妇，当了爸爸。有一天媳妇气愤地说："孩子他爸，花园那块大石头，我越看越不顺眼，改天请人搬走好了。"

丈夫回答："算了吧！那块大石头很重的，可以搬走的话在我小时候就搬走了，哪会让它留到现在啊？"

媳妇心底非常不是滋味，因为那块石头不知道让她跌倒多少次了。第二天一早，媳妇带着锄头和一桶水，将整桶水倒在大石头的四周。她下定决心，即使是花上三天三夜的工夫也要把这块石头撬出来搬走。但谁都没想到，几分钟以后她就已经把石头撬松并挖了起来。看看大小，这块石头并没有想象的那么大，之前家人都是被那个巨大的外表蒙骗了。

许多难题也许也正像这块巨石一样，表面看起来很沉重，难以解决，其实并非如此，有可能只是个不堪一击的"纸老虎"。

某医院五官科诊室里同时来了两位病人——卡拉特和莫斯里，都是鼻子不舒服。在等待化验结果期间，卡拉特说，如果是癌，立即去旅行。莫斯里也如此表示。结果出来了，卡拉特得的是鼻癌，莫斯里长的是鼻息肉。卡拉特留下了一张告别人生的计划表离开了医院，莫斯里却住了下来。卡拉特的计划是：去一趟埃及和希腊，以金字塔为背景拍一张照片，在希腊参观一下苏格拉底雕像；读完莎士比亚的所有作品；力争成为哈佛大学的一名学生；写一本书……凡此种种，共20条。

他在这张生命的清单后面这样写道：我的一生有很多梦想，有的实现了，有的由于种种原因，没有实现。现在上帝给我的时间不多了，为了不遗憾地离开这个世界，我打算用生命的最后几年去实现剩下的这20个愿望。卡拉特辞掉了公司的职务，去了埃及和希腊。第二年，他又以惊人的毅力和韧性通过了自学考试，成为哈佛大学哲学系的一名学生。现在卡拉特正在实现他出一本书的夙愿。

有一天，莫斯里在报上看到卡拉特写的一篇有关生命的散文，于是打电话去问卡拉特的病情。卡拉特说："我真的无法想象，要不是这场病，我的生命该是多么的糟糕。是它提醒了我，去做自己想做的事，去实现自己想去实现的梦想。现在我才体味到什么是真正的生命和人生。你生活得也挺好吧？"

莫斯里没有回答。因为在医院时说的去埃及和希腊的事，他早因患的不是癌症而放到脑后去了。

美国著名成功学大师马克·杰弗逊说："一次行动足以显示一个人的弱点和优点是什么，能够及时提醒此人找到人生的突破口。"毫无疑问，那些成大事者都是善于行动的大师。

去过清华大学的人一定会注意到日晷上面的几个字——行胜于言。就是这简简单单的四个字，激励了一代又一代清华人奋勇向前，迈向辉煌。

这就是行动的哲学。

某日语学习班报名时，来了一位老者。

"给孩子报名？"登记小姐问。"不，给自己。"老人回答。小姐愕然，屋里那些年轻人也愕然。老人解释："儿子在日本找了个媳妇，他们每次回来，说话都叽叽咕咕，我挺着急，想听懂他们的话。""您今年高寿？"小姐问。"68岁。""您想听懂他们的话，最少要学两年。可您那时已70岁了！"老人笑吟吟地反问："姑娘，你以为我如果不学，两年后就是66岁吗？"

言毕，众皆无语，姑娘更是在眨巴着大眼睛，似乎在思索着什么……

是的，这位老人学与不学，两年以后都是70岁，差别是一个可能开心地在和儿媳交谈，一个依然像木偶一样在旁边呆立。

行动永远不会太晚，只怕你没有勇气。

多一点行动的勇气，就会多一分收获的可能。

三、构筑自信的方法

◆ 不要妄自菲薄

至少有95%的人，其生活多多少少受到自卑感之害而妄自菲薄，数百万不能成功与幸福的人，也受到自卑的严重阻碍。

自卑感之所以会影响我们的生活，并不是由于我们在技术上或知识上不如人，而是由于我们有不如人的感觉。

不如人的感觉，产生的原因只有一种：我们不用自己的"尺度"来判断自己，而用某些人的"标准"来衡量自己。我们这样做，毫无疑问只会带来低人一等的感觉。因为我们假设应该以某些人的"标准"来向他们看齐，我们就会产生忧虑、觉得不如人，因而下个结论说我们本身有毛病，然后这个愚昧推理过程的逻辑结论是：我们没有"价值"，我们不配得到成功与快乐。

在一次讨论会上，一位著名的演说家没讲一句开场白，手里却高举着一张20美元的钞票。面对会议室里的200个人，他问："谁要这20美元？"场内一只只手举了起来。

他接着说："我打算把这20美元送给你们中的一位，但在这之前，请允许我做一件事。"他说着将钞票揉成一团，然后问："谁还要？"仍有人举起手来。

他又说："那么，假如我这样做又会怎么样呢？"他把钞票扔到地上，又踏上一只脚，并且用脚碾它。而后他拾起钞票，钞票已变得又脏又皱。

"现在谁还要？"还是有人举起手来。

"朋友们，无论我如何对待那张钞票，你们还是想要它，因为它并没贬值，它依旧值20美元。人生路上，我们会无数次被自己的决定或碰到的逆境击倒、欺凌甚至碾得粉身碎骨，我们觉得自己似乎一文不值。但无论发生什么，或将要发生什么，在上帝的眼中，你们永远不会丧失价值。在他看来，不论肮脏或洁净，衣着齐整或不齐整，你们依然是无价之宝。"

雷切尔·卡林说："很多失败者恰恰犯一个相同的错误，他们对自身具有的宝藏视而不见，反而拼命去羡慕别人，模仿别人。殊不知，成功其实就是自信地走你自己的路。"

生存在现代社会里，要把自己经营得好，第一项必备的绝技就是要相信自己。

著名作家杏林子有本《现代寓言》，里面有个故事很好。

有一只兔子长了三只耳朵，因而在同伴中备受嘲讽戏弄，大家都说他是怪物，不肯跟他玩。为此，三耳兔很是悲伤，时常暗自哭泣。

有一天，他终于作了决定，把那一只多出来的耳朵忍痛割掉了。于是，他就和大家一模一样，也不再遭受排挤，他感到快乐极了。

时隔不久，他因为游玩而进入另一片森林。天啊！那边的兔子竟然全部都是三只耳朵，跟他以前一样！但由于他已少了一只耳朵，所以，这里的兔子都嫌弃他，不理他，他只好快快地离开了。从此，他领悟到一个真理：只要和别人不一样的，就是错！

这个寓言提醒了人们，对很多事情太多担心，让自己经常处于不快乐之中皆起因于自我认知的不足。

前些年的一部电影《宋氏三姐妹》讲述宋家三姐妹霭龄、庆龄与美龄的故事，姑且不论其历史真实性与批判性如何，倒是三姐妹的一句话令人感到相当震撼。她们说："我们将来一定要做一个不平凡的人。"试想，这是个多么伟大的理想啊！

的确，每个人对生活的品质都有不同的期望，你是否也有些期望呢？而这些期望的实现就有赖于你的自信，相信自己是对的，它可以让你在险恶的环境中胜出。

有一个美国医生，他以善做面部整形手术闻名遐迩。他创造了许多奇迹，经整形把许多丑陋的人变成漂亮的人。他发现，某些接受手术的人，虽然为他们做的整形手术很成功，但仍找他抱怨，说他们在手术后还是不漂亮，说手术没什么成效，他们自感面貌依旧。

于是，这位医生悟到这样一条道理：美与丑，并不在于一个人的本来面貌如何，而在于他是如何看待自己的。

一个人如果妄自菲薄，那他就不会变成一个美人。同样，如果他不觉得自己聪明，那他就成不了聪明人。

妄自菲薄是无济于事的，何不昂头挺胸，对自己充满信心呢？

◆ 经营你的优势

世上没有一个人是全才的，但也没有一个人是一无是处的，他总会有一两样特殊的才能。这一两样"特殊的才能"经营得好便会带来成就与信心，但倘若选择错了方向，那么结果会很令人遗憾。

鼯鼠掌握了五种技能：飞翔、游泳、攀树、掘洞和奔跑，他为此感到非常自豪：在动物世界里，有谁像我这样多才多艺？雄鹰飞得高，但他会游泳、掘洞、攀树、会奔跑吗？老虎跑得快，但他会飞翔、攀树、掘洞吗？海豚是游泳能手，但他会其他四种技能吗？鼯鼠把自己和各种动物都比了个遍，越比越觉得自己的本领高，越比越觉得自己了不起。在他看来，老虎当兽中之王，雄鹰为鸟中之王，都是徒有虚名而已。真正的动物首领，非他莫属。

然而，人们还是把他与老鼠并列，划入啮齿目，还将他与弱小动物排在一起，归为松鼠科。鼯鼠为此愤愤不平：胡闹，胡闹！老鼠、松鼠算什么东西？我可是动物中的通才、全才啊！

有一天，鼯鼠正在向几只老鼠炫耀自己的五种技能，突然，一只老虎出现在他面前："小兄弟，你在说什么？"

鼯鼠吓得魂飞魄散，撒腿就跑。但是，他用尽力气跑了半天，老虎几步就追上来了。没办法，他慌忙爬上一棵树，这时，一只金钱豹又蹿了过来，三下两下就蹿上了树顶。情急之中，鼯鼠张开四肢飞到空中。但是，他的"翅膀"并不能像鸟一样扇动，只能滑翔。一只雄鹰轻轻扇了两下翅膀，眼看就要抓住他。无路可走的鼯鼠"扑通"一声钻进水里。他想喘口气，一只水獭已箭一般地向他扑来。鼯鼠狼狈地爬上岸，伸出利爪掘洞藏身。水獭跟踪追来，没费吹灰之力，就扒开了他的洞穴，把他抓在手中。

"兄弟，我想领教领教，你还有什么招数吗？"水獭讥讽地问。

鼹鼠浑身像筛糠一样颤抖不止，后悔不迭地说："拥有一身平庸的本领，不如掌握一件过硬的技巧啊！"

对大部分人来说，如果一进入社会就善于利用自己的精力，不让它消耗在一些毫无意义的事情上，那么就有成功的希望。但是，很多人却偏偏喜欢东学一点、西学一点，尽管忙碌了一生却往往没有什么专长，结果到头来什么事情也没做成，更谈不上有什么强项。

如果你想成为一个令众人叹服的领袖，成为一个才识过人、无人可及的人物，就一定要排除大脑中许多杂乱无绪的念头。如果你想在一个重要的方面取得伟大的成就，那么就要大胆地举起剪刀，把所有微不足道的、平凡无奇的、毫无把握的愿望完全"剪去"，即使是那些已有眉目的事情，也必须忍痛"剪掉"。然后，找出自己擅长的事，努力在这方面下工夫。

大文豪马克·吐温曾经经商。第一次他从事打字机的投资，因受人欺骗，赔进去19万美元；第二次办出版公司，因为是外行不懂经营，又赔了近10万美元。这两回不仅把自己多年用心血换来的稿费赔了个精光，还欠了一屁股债。马克·吐温的妻子奥莉姬深知丈夫没有经商的本事，却有文学上的天赋，便帮助他鼓起勇气，振作精神，重走创作之路。终于，马克·吐温很快摆脱了失败的痛苦，在文学创作上建立了辉煌的业绩。

有一只小鸟儿很羡慕游手好闲、养尊处优的家鸡。"为什么我每天都要在天空中飞翔，只有筋疲力尽的时候才能落在枝头上休息一会儿，而那群家鸡却什么也不用做，只是每天吃虫和睡觉，无忧无虑的，多好啊！"于是，有一天它自动放弃飞翔，加入到了家鸡的行列。

它原本是一只能够飞得很高很高、唱得很美很美的鸟儿，但为了博得家鸡的好感，它不得不深藏起自己的本领。即使偶尔"飞翔"，也只是像家鸡一样拖着翅膀贴着地面瞎扑腾；而当歌唱时，也是像家鸡一样拿捏着嗓子喔喔乱叫。久而久之，它也就忘记了自己的飞翔和歌唱，变成了一只地地道道的家鸡。

有一天，鸟儿所在的家鸡群碰到了一只凶恶的狐狸。所有的家鸡都不再快乐，而是四散逃窜，但这是徒劳的，没有一只鸡能够逃出狐狸的利爪。在生死存亡关头，鸟儿想到了以前飞翔的能力，可这时它却无论如何也不能像过去那样利箭似的冲上蓝天，只是掠出去不过一丈远，便像块石头一样重重地摔在了地上。狐狸一脸狞笑，一步步走向受伤的鸟儿……

当被狐狸咬断脖子时，鸟儿悔恨交加地说："我真不该为了贪图一时的安逸而放弃自由的飞翔啊！"

世界上无数的失败者之所以没有成功，主要不是因为他们才干不够，而是因为他们不能集中精力、不能全力以赴地去做自己擅长的工作，他们把自己的大好精力东浪费一点、西消耗一些，而他们自己竟然还从未觉悟到这一问题。如果把心中的那些杂念——剪掉，使生命中的所有养料都集中到一个方面，那么他们将来一定会惊讶于自己的事业树上竟然能够结出那么美丽丰硕的果实！

人生的诀窍就是经营自己的优势。这是因为经营自己的优势能给你的人生增值，经营自己的短处会使你的人生贬值。富兰克林说："宝贝放错了地方便是废物。"在人生的坐标系里，一个人如果站错了位置——用他的短处而不是优势来谋生的话，那将是非常艰难甚至可怕的，就像如果让武大郎去做投篮高手，他可能会在永久的卑微和失意中沉沦。

因此，对一技之长保持兴趣相当重要，即使它不怎么高雅入流，但可能是你改变命运的一大财富。选择职业同样也是这个道理，你不需要考虑这个职业能给你带来多少钱，能不能使你成名，重要的是，你应该选择最能使你全力以赴、最能使你的品格和长处得到充分发挥的职业，把自己安排在合适的位置上，经营出有声有色的人生。

◆ 皮格马利翁效应

在20世纪40年代，美国费城的一个深夜，有一家酒店突然起火。当时258名旅客多数正在酣睡，那些还没有睡的人们，看到旅馆所有的房间已被滚滚浓烟笼罩。他们拨了火警电话，然后一边救火，一边等着火警救援。尽管消防队员赶来了，但求生的本能，还是使许多人开窗从高楼跳下，一个个躯体直挺挺地砸在户外的人行道上，发出恐怖而沉闷的响声，然后归于寂然。

这时，有一个姑娘和跳下楼的游客一样，也站在七楼的一个窗口，看到背后的熊熊火光。只见她镇静地看了看窗下，大声高喊着："我希望活着，我希望活着！"然后纵身跃下……

奇迹发生了，她成了几百人中的惟一一名幸存者。而且这个姑娘空中跃下的惊人一瞬被过路的大学者阿诺德抓拍了下来，定格在历史写真的胶片里，供更多活着的人们回味……

那个幸运的小姑娘也许并不知道什么是皮格马利翁效应，但她在关键时刻却用它救了自己的生命。

走进美国航天基地的人，会看到一根大圆柱上镌刻着这样的文字："If you can dream it, you can do it." 这句话可译为："如果你能想到，你就一定能做到。"

想得到，就做得到。一个心存梦想的人便是一个自我期待的人。

古希腊有一则寓言：一个塞浦路斯雕刻师，名字叫做皮格马利翁。他倾注了毕生的心血，废寝忘食、夜以继日地工作，用象牙雕刻了一尊爱神雕像。

这尊雕像经过他的艰辛雕琢，因而显得神韵兼备、超凡脱俗。他爱上了这尊雕像，逐渐相思成疾，憔悴不堪，最终奄奄一息。

最后，他一再恳求维纳斯给这尊雕像以生命，维纳斯为他的痴迷所感动，终于同意了他的请求。他如愿以偿，和有了生命的雕像结了婚。

皮格马利翁的故事一直被人们传诵至今，足见其对后人生活态度影响之深。心理学家还从这个故事中演绎出一个新的名词：皮格马利翁效应。在自我塑造的过程中，每个人都是自己的"皮格马利翁"，而在塑造的心理动机上，自我期待起了关键的推动作用。

情商理论认为：自我期待是自我激励的根本源泉。一个人只有有所期待，才会在实际行动中对自己进行激励。一旦这种期待消失了，自我激励也就不复存在。

自我激励，犹如生命美丽的翅膀。海伦说："当你感到激励自己的力量推动你去翱翔时，你是不应该爬行的。"

皮格马利翁效应对人们的激励来源于一种叫做"暗示"的力量，存在主义哲学家萨特说："你想成为什么，你就会成为什么。"

美国有两位心理学家公开宣称，他们发明了一种绝对正确的智能测验方式。

为了证实他们的研究成果，他们选择了一所小学的一个班级，帮全班的小学生做了一次测验，并于隔日批改试卷后，公布了该班 5 位天才儿童的姓名。

经过 20 年之后，进行追踪研究的学者专家发现，这 5 名天才儿童长大后，在社会都有极为卓越的成就。这项发现马上引起教育界的重视，他们请求那两位心理学家公布当年测验的试卷，弄清其中的奥秘所在。

那两位已是满头白发的心理学家，在众人面前取出一只布满尘埃、封条完整的箱子，打开箱盖后，告诉在场的专家及记者：

"当年的试卷就在这里，我们完全没有批改，只不过是随便抽出了 5 个名字，将名字公布。不是我们的测验准确，而是这 5 个孩子的心意正确，再加上父母、师长、社会大众给予他们的协助，使得他们成为真正的天才。"

美国每年有 45 万以上的非婚生婴儿出生，有 150 万以上的少年由于各种犯罪而进入管教所。其实，这些人的悲剧在许多情况下都是可以避免的。如果他们的父母学会了如何适当地应用暗示，或者儿女被教以如何有效地应用精神上的自我暗示，那么，这些年轻人就能受到激励去突破那些不可违背的标准，他们会懂得如何用明智的办法去抵消和排斥他们同伴的令人讨厌的暗示。澳大利亚昆士兰省图屋姆巴市的拉尔夫·魏卜纳的情况就是这样。

那是午夜 1 点 30 分。在医院的一间小屋里，两位女护士正在拉尔夫身旁守夜。在头天下午 4 点半钟时，一个紧急电话打到他的家里，要他的家人赶到医院来。当他们到了拉尔夫的床边时，他已处于昏迷状态，这是严重心脏病发作的结果。那一家人现在都待在外面走廊上，每个人都呈现出特殊的样子，有的在担心，有的在祈祷。

在这灯光暗淡的病房里，两位女护士焦急地工作着——每人各抓住拉尔夫的一只手腕，力图摸到脉搏的跳动。因为拉尔夫在这整整 6 个小时内都未能脱离昏迷状态。医生已经做了他觉得他所能做的一切事情，然后离开这个病房给其他病人看病去了。

拉尔夫不能动弹、谈话或抚摸任何东西，然而，他能听到护士们的声音。在昏迷的那些时间里，他能相当清楚地思考。他听到一位护士激动地说：

"他停止呼吸了！你能摸到脉搏的跳动吗？"

"没有。"

他一再听到如下的问题和回答："现在你能摸到脉搏的跳动吗？""没有。"

"我很好，"他想，"但我必须告诉他们，无论如何我必须告诉他们。"

同时他对护士们这样近于愚蠢的关切又觉得很有趣。他不断地想："我的身体良好，并非即将死亡。但是，我怎么能告诉他们这一点呢？"

于是他记起了他所学过的自我激励的语句：如果你相信你能够做这件事，你就能完成它。他试图睁开眼睛，但失败了，他的眼睑不肯听他的命令。事实上，他什么也感觉不到。然而他仍努力地睁开双眼，直到最后他听到这句话："我看见一只眼睛在动，他仍然活着！"

"我并不感觉到害怕，"拉尔夫后来说，"我仍然认为那是多么有趣啊！一位护士不停地向我叫道：'魏卜纳先生，你听到了吗？……'对这个问题我要以闪动我的眼睑来作答，告诉他们我很好，我仍然在世。"

这种情况持续了一段相当长的时间，直到拉尔夫不断努力睁开了一只眼睛，接着又睁开另一只眼睛。恰好这时候，医生回来了。医生和护士们以精湛的技术、坚强的毅力，使他起死回生了。当拉尔夫处在死亡边缘时，他记起了他从情商训练学习班所学到的自动暗示，正是这个自动暗示拯救了他。

好好利用皮格马利翁效应，我们或许也会如他一样心想事成。暗示的力量之大，几乎所有人都有所体会。

有一位学习优秀的高中生，他的梦想是万众瞩目的清华大学。他虽然知道梦想的遥远，但总在内心告诉自己一定能实现。他的方法是每天在清晨醒来时对自己说："今天要为清华的生活努力学习。"而晚间入眠时则告诉自己说："真好，今天为清华的梦想做了许多努力。"就是靠着这样一种不可思议的暗示，他从普通到优秀，再到终于实现了"清华梦"，这中间起作用的就是皮格马利翁效应，而且是起到了至关重要的"暗示目标"作用。如果我们愿意，每个人都可以成为自己的皮革马利翁。

◆ 积极地自我暗示

心理暗示是我们日常生活中最常见的心理现象，它是人或环境以非常自然的方式向个体发出信息，个体无意中接受这种信息，从而作出相应的反应的一种心理现象。暗示是一种被主观意愿肯定了的假设，不一定有根据，但由于主观上已经肯定了它的存在，心理上便竭力趋于结果的内容。心理学家巴甫洛夫认为：暗示是人类最简单、最典型的条件反射。

暗示分为自暗示与他暗示两种。自暗示是指自己接受某种观念，对自己的心理施加某种影响，使情绪与意志发生作用。例如，有的人早晨在上班前或出去办事前照照镜子、整整衣服、理理头发。有的人从镜子里看到自己脸色不太好看，并且觉得眼皮浮肿，恰巧昨晚睡眠又不好，这时马上有不快的感觉，觉得自己精神欠佳，身体似乎也不舒服起来。这就是对健康不利的消极自我暗示的作用。而有的人则不是这样，当在镜子里看到自己脸色不好，由于睡眠不好而精神有些不振，眼圈发黑时，马上用理智控制自己的紧张情绪，并且暗示自己：到户外活动活动，做做操，呼吸一下新鲜空气就会没事的。于是精神振作起来，高高兴兴投入到工作中了。

1960年，哈佛大学的罗森塔尔博士曾在加州一所学校做过一个著名的实验。新学年开始时，罗森塔尔博士让校长把三位教师叫进办公室，对他们说："根据你们过去的教学表现，你们是本校最优秀的老师。因此，我们特意挑选了100名全校最聪明的学生组成三个班请你们来教。这些学生的智商比其他孩子都高，希望你们能让他们取得更好的成绩。"三位老师都高兴地表示一定尽力。校长又叮嘱他们，对待这些孩子，要像平常一样，不要让孩子或孩子的家长知道他们是被特意挑选出来的。老师们都答应了。一年之后，这三个班的学生成绩果然排在整个学校的前列。这时，校长告诉了老师真相：这些学生并不是被刻意选出的最优秀的学生，只不过是随机抽调的最普通的学生。老师们没想到会是这样，都认为自己的教学水平确实高。这时校长又告诉了他们另一个真相，那就是，他们也不是被特意挑选出的全校最优秀的教师，也不过是随机抽调的普通老师罢了。

暗示能让人上天堂下地狱，关键在于我们的选择。有的人总爱泄自己的气：我肯定不行，我这次考试估计又要挂了，我觉得这次谈判可能失败……

积极的暗示通常是这样：我变年轻了，我比从前工作更出色了，我这次考试可以通过……

无独有偶，美国心理学家凯文也做过一个相似的实验。他请一位教师在化学课上向学生们介绍一位中年男子和他的新发明："这是来自德国的化学家伯格尔曼博士，他正在试验一种化学药物。这种药物无色无味，挥发性极强，吸入这种气体对身体有保健作用。不过它有一个缺点，就是刚吸入的头几分钟会让人感到头晕。"

博士拿出一瓶液体，打开瓶盖后拿到每位学生面前晃了一下，然后用德文对学生们说话，教师翻译说："觉得头晕的同学请举手。"

不少学生举起了手。

实验结束后，学生们才知道，其实那是一个心理实验，所谓的化学药物不过是一瓶自来水。

一个总会给自己积极暗示的人更易接近成功，一个总会暗自否定自己的人则无疑要走向挫折与失败。因为你的大脑倘若只接收一个信息：我会失败，我能力有限……那结果也只能是失败。

生活中我们也会时常遇到通过暗示来达到某种目的的情况。

心理学专业的大学生吉利找了一份课余工作，帮独居的魏莲老太太做一些家务。吉利为人十分热诚，做事认真负责，深得老太太的信赖。一天晚上，老太太敲响了吉利的门：

"吉利，很抱歉这么晚来打扰你。我的安眠药吃完了，怎么也睡不着，不知你身边有没有？"

吉利从不吃安眠药，但他不愿让老太太失望，突然灵机一动，就对她说："上星期我的朋友从法国回来，正好送给我一盒新出的特效安眠药，我这就找出来。你先回去吧，我找到后给你送去。"

老太太走后，吉利找出一粒保健维生素胶囊送到老太太那里，他对老太太说："这就是那种法国安眠药，你吃了它很快就能入睡，而且睡得特别香！"

老太太高高兴兴地服下了那颗"特效安眠药"。

第二天，她对吉利说："你的安眠药效果好极了！我吃了它不到5分钟就睡着了，这真是我有生以来睡得最香的一觉。你能不能再给我一些？"

没办法，吉利只好继续让她服用维生素丸，直到服完一整盒。事情过去一年多之后，老太太还常常念叨吉利给她的"特效安眠药"。

吉利不愧是心理学专业的高材生，用一颗维生素丸就让老太太进入了梦乡。这其实就是心理暗示的作用，由于老太太平时对吉利十分信赖，因此丝毫不怀疑吉利给她的"特效安眠药"，在强烈的心理暗示影响下，产生了服用安眠药之后才有的效果。

心理暗示对于我们的生活如此重要。因此，每天清晨不妨去告诉自己今天会有个好心情；每当有重大选择和决定的时候，暗示自己的选择和决策是明智的。

选择积极的自我暗示，等于选择幸福生活，选择与成功人生为伴。让我们每个人都用心享用它所带来的魔术般奇迹。

◆ 不让坏情绪影响你的自信心

一个对自己相貌没有自信的人，会觉得做事没底气儿；一个刚刚经历挫折的人，对成功的目标会敢想不敢做；一个时常遭受别人否定的人，对自己拥有的能力会产生深深的怀疑。所有的这一切皆因为它们所带来的坏情绪，从而导致失去自信心。

因为，一个被不良情绪主宰的人，在行动之时缺乏理性的判断，一般会产生再一次的失败，这将深深影响到他的自信心。

她是一个奇丑无比的女人。据说，她刚生下来的时候，连医生都吓得大叫起来。长大后，谁见了她都说她是这个世界上最丑的女人了，连亲戚都避着她，大人小孩没有一个愿意接近她的，更不要说去爱她了。

在她的记忆里，只有母亲一个人没有嫌弃过她，可是母亲在她15岁那年就得病死了。她一生惟一能做的事，就是整日躲在母亲自己开辟的那个不大的花园里摆弄那些花草。

直到有一天，人们惊讶地发现，她的花园里开出了很多漂亮的花，比上电视的那些名贵花卉还要漂亮许多。于是，有人要买她的花，可是她不卖，因为她不相信他们真的喜欢那些花。

不久，邻居从报上得知省里要举办花卉大赛，有丰厚奖金，便急着来告诉她，劝说她去参赛，并且断言她一定能够获大奖。

她很固执，不肯参赛，但后来还是有人说动了她。当她带着她的花出现在比赛现场的时候，几乎所有人都惊呆了，那些花太漂亮了！而这个女人的脸上也散发着动人的光彩。女人鼓起勇气微笑着把花赠送给观众，那一刻她觉得自己快乐极了。在人们的盛赞中，她已经忘记了自己丑陋的脸……

一个人关于失败的体验会深深地烙在脑海中，经久不衰、历久弥新。因此有人说："我们通常容易回忆起幸福和成功的喜悦，但却能在第一时间记忆起伤心的往事。"

一个大学毕业不久，却接连遭受用人单位的拒绝和解聘的男孩，在经历那么多的挫折之后，他一度怀疑自己是否一无是处。他开始降低自己对工作的要求——他感到他已不能胜任职位较高的工作，他对新工作已失去信心和激情，连一份简单的工作都干不好，他不得不被迫辞职。但是这一次他没有立刻投入到找工作的大军中，而是与他的密友认真分析了几次失败的求职与工作经历，得出的结论居然是：由于第一次的一点挫折而造成了情绪的困扰，进而影响以后做事的信心。调整心情后，他觉得信心大振，对前途感到一种从未有过的信心。许多遭遇挫折的人会对自己的形象不加注意，甚至蓄意毁坏，这只会令我们更加颓废。

有一次，一名意志消沉的经理前去寻求美国著名成功学家拿破仑·希尔的帮助，他因为合伙人的破产而变得一无所有。拿破仑·希尔于是要求他站在厚窗帘的前面，并且告诉他："你将看到这世上惟一能使你重获信心并且克服困境的人。"藏在窗帘后面的其实是一面镜子，因此，当拿破仑·希尔将这块窗帘揭开，出现在经理面前的不是别人，正是他自己。

经理用手摸摸自己长满胡须的脸孔，对着镜子里的人从头到脚打量了几分钟，不禁陷入了沉思，过了一会儿便向拿破仑·希尔道谢后离去。

几个月后，那位经理再度现身在拿破仑·希尔面前，但他已非当时颓唐的失意者，而是从头到脚打扮一新，看起来精神焕发、信心十足的样子。他告诉拿破仑·希尔："那一天我离开你的办公室时还只是一个流浪汉。我对着镜子找到了我的自信。现在我找到了一份薪水不错的工作，我确信自己从前的成功肯定还会降临。"

沃尔特·迪斯尼当年被报社主编以缺乏创意的理由开除，建立迪斯尼乐园前也曾破产好几次。

爱因斯坦4岁才会说话，7岁才会认字，老师给他的评语是："反应迟钝，不合群，满脑袋不切实际的幻想。"他曾遭到退学的命运。

牛顿在小学的成绩一团糟，曾被老师和同学称为"呆子"。

这些成功的人并不在意别人对他们的讥讽和否定，而是坚持了下来。而很多人却因为他人无谓的评价而消沉下去，并不去真正深刻地剖析自己，使自身的价值不幸地埋没在他人的批评中。

戴高乐说："眼睛所看着的地方，就是你会到达的地方。惟有伟大的人才能成就伟大的事，他们之所以伟大，是因为决心要做出伟大的事。"而伟大的人之所以有要做出伟大的事的决心，就是他们在评价自己的时候能够不受他人的影响，更不会因为情绪的影响而丧失自信心。

◆ 多肯定自己的成绩

为什么不多肯定自己一点呢？我们过去的教育一直是要我们做个谦谦君子，但过度地谦虚只会耽误自己的前程。影响我们才能的发挥，好端端的机会就这样从身边溜走。

人们不敢肯定自己的成绩，原因可能有多种，比如：过去的失败经历让我们觉得自己不够成功；身边的人的评价，尤其亲友的否定会让我们倍加沮丧；周围的人很优秀，出于比较的压力，往往会得出自己不够出色的结论……

无论是何种的妄自菲薄，最终受到影响的还是我们本身。过多的自我否定会带来恶劣的情绪，诸如自卑、焦虑、自闭等。

自信能够给人以满足感，产生满意、快乐、积极的情绪，可以化渺小为伟大，化腐朽为神奇。

著名的女作家三毛曾经是一位特别自卑的人，并最终导致了严重的自闭症，对世界充满失望，也不敢肯定自己的成绩。

1948年，三毛随父母去台湾，当时她6岁，刚上小学，对太浅的语文课不感兴趣，却特别爱读《国语日报》、《东方少年人》、《学友》等报刊。她有时还偷读鲁迅、冰心、郁达夫、巴金、老舍等人的"禁书"，对鲁迅的《风筝》感动得了不得。

小学五年级时，她迷上了《红楼梦》。在中学里，她因沉迷于《水浒传》、《今古传奇》、《复活》、《死魂灵》、《猎人笔记》、《莎士比亚全集》等"闲书"而不能自拔。以致初二第一次月考，她4门课不及格，数学更是常得零分。初中二年级第二学期，因为怕留级，她决心暂不看闲书，跟每位老师都合作，凡课都听，凡书都背，甚至数学习题也一道道死背下来。这样她的数学考试竟一连得了6个满分，引起了数学老师的怀疑，就拿初二的难题考她，她当然不会做。数学老师即用墨汁将她的两个眼睛画成两个零鸭蛋，并令她罚站和绕操场一周来羞辱她。这严重地损伤了她的自尊心，回家后她饭也不吃，躺在床上蒙着被子大哭。第二天她痛苦地去上学，第三天去上学的时候，她站在校门口，感到一阵晕眩，数学老师阴沉的脸和手拿沾满浓浓墨汁的大毛笔在眼前晃来晃去，耳边轰响着同学们的哄堂大笑。她双眼顿时变得异常沉重，不敢进校门。

从那天起，她开始逃学。她不愿让父母知道，还是背着书包，每天按时离家，但是她去的不是学校，而是六张犁公墓，静静地读自己喜欢的书，让这个世界上最使她感到安全的死人与自己做伴。从此，她把自己和外面的热闹世界分开，患了医学上所说的"自闭症"。

这个数学老师如此残暴地摧毁了三毛的自尊与自信，使她成了一个"轨外"的孩子。好在父母疼爱她，理解她，当他们了解真相后，即为她办了退学手续，自此，她"锁进都是书的墙壁……没年没月没儿童节"的世界里。她甚至不与姐弟说话，不与全家人共餐，因为他们成绩优异，而自己无能，她曾因此自卑地割腕自杀，但为父母所救。

然而，三毛毕竟是坚强的，她最终走出了灰暗的岁月，成为一名热爱生活的自由作家。

大发明家爱迪生还在上小学的时候，一次手工课上，老师要求学生把家庭作业拿出来展示。每个孩子都拿出了像模像样的作品，只有爱迪生拿出了一把歪歪扭扭的木头小板凳。老师看了非常失望，对爱迪生说："只要你能找出比这更烂的板凳，我就不给你零分。"

爱迪生从桌子里拿出了两个更加歪歪扭扭的木头小板凳，说："这是我开始做的两个，我想以后我能做得更好些。"

正是这个手工课差点得零分的爱迪生，用自己的一双巧手和智慧的大脑发明了无数神奇的机器，彻底改变了人们的生活。是什么使爱迪生有如此大的进步呢？是自信心。虽然第三把小板凳仍然是不像样的作品，但是爱迪生从中看到了自己的进步，从而坚信自己将来可以做得更好。

心理学有一个著名的实验，受试者在心中默念：千万不要想象粉色的带斑点的大象，这时受试者的大脑中就会出现粉色的带斑点的大象的形象。在一次足球比赛中，最后进行点球大战，一个世界级的足球名将竟然把球踢出了门外。教练问他为什么会失败？他说他满脑子想的就是千万别把球踢出门外。

人们越是盯住自己担忧的事情，就越容易出错，既而影响自己的信心。

要想取得卓越的成就，就要先从肯定自己的成绩开始。习惯自我肯定的人总是比习惯自我否定的人更容易接近成功。

·第4课·

自我管理：掌握自己的命运之舵

一、控制自我的必要

◆ 情绪是种"传染病"

某公司董事长为了重整公司内务，表示自己将早到晚归，并针对员工上班迟到的问题下了一道命令：以后谁迟到，就扣谁的奖金！可是偏偏在这一命令生效的第一天，董事长就由于上班途中闯红灯被扣住了，不仅挨了罚，而且自己"首先"迟到了。他一肚子无明火不知道朝谁发，正在办公室里生闷气时，恰好一名主管向他请示工作，董事长便把一肚子无明火朝主管发，这名主管被骂得一头雾水。主管带着一肚子火回到部门，秘书来请示问题，主管又把秘书当作了出气筒。秘书不知道为什么挨了一顿骂，把一股恶劣情绪带回家，这时她儿子扑进怀里撒娇，秘书把儿子往旁边一推，喋喋不休地责骂起儿子来。儿子受了委屈，只能向更弱者发火，正好这时小猫在旁边撒娇，儿子便狠狠踢了小猫一脚。这就是"踢猫效应"。

如果你还觉得情绪只是你个人的事，那可是大错特错了，因为情绪确实是种"传染病"。你的正面情绪，如热情、开心等可带给人们同样的欢欣鼓舞；反之，你绷着一张脸，或怒发冲冠，那受到影响的除了你自己的身心之外，还有他人。

俄亥俄州大学社会心理生理学家约翰·卡西波指出，人们之间的情绪会互相感染，看到别人表达的情感，会引发自己产生相同的情绪，尽管你并未意识到在模仿对方的表情。这种情绪的鼓动、传递与协调，无时无刻不在进行，人际关系互动的顺利与否，便取决于这种情绪的协调。

越战初期，一个排的美国士兵在一处稻田与越军激战，这时，突然出现了六个和尚，他们排成一列走过田埂，毫不理会猛烈的炮火，十分镇定地一步步穿过战场。

美国兵大卫·布西回忆道："这群和尚目不斜视地笔直走过去，奇怪的是竟然没有人向他们射击。他们走过去以后，我突然觉得毫无战斗情绪，至少那一天是如此。其他人一定也有同样的感觉，因为大家不约而同停了下来，就这样休兵一天。"

这些和尚的处变不惊，竟浇熄了激战正酣的士兵的战火，这正显示人际关系的一个基本定理：情绪会互相感染。

良好的情绪会带给周围人无尽的欢乐。如果我们仔细回想一下，一定能够想得到许多因良好情绪而感染我们的例子。比如某小区的物业人员总是真诚、友善地和你道一句："你好！""再见！"之类的话语，你可能本来因忙碌而觉得心烦，但一听到他人的问候、看到他人的笑脸，你的内心也会绽放出一枝花来。许多经常来往的人会互相影响，也是基于这样的道理。但如果是坏情绪的传染，有时会带来毁灭性的灾难。

这一点读过《三国演义》的人都会了解，张飞的命运以及蜀国的前程都受到过"情绪"的影响。

张飞得知关羽被东吴杀害后，陷入了极度悲痛之中，他"旦夕号泣，血湿衣襟"。刘、关、张桃园结义，手足之情极为深厚，如今兄长被害，张飞的悲痛也算是一种正常的情绪反应。但他在悲痛之中丧失了起码的理智，任由此种不利情绪发展，并深深感染了刘备，不仅给自己招来杀身之祸，也极大地损害了三人为之奋斗的事业。刘备得知关羽为东吴所害，悲愤之下准备出兵伐吴，赵云向刘备分析当时的形势："国贼乃曹操，非孙权也。今曹丕篡汉，神人共怒，陛下可早图关中……若舍魏以伐吴，兵势一交，岂能骤解……汉贼之仇，公也；兄弟之仇，私也。愿以天下为重。"赵云所主张的先公后私，就是一种理智的选择。若听任自己情绪的指挥，当然要先为关羽报仇雪恨；若从光复汉室的大局着想，则应以伐魏为先。刘备在诸葛亮的苦劝之下，好不容易"心中稍回"，却被张飞无休止的号哭弄得又起伐吴之心。

张飞痛失兄长，恨不得立刻到东吴杀个血流成河，他"每日望南切齿睁目怒恨"。由于报仇心切，一腔怨怒无处发泄，在不知不觉之间把怒气出到了自己人头上，"帐上帐下，但有犯者即鞭挞之；多有鞭死者"，他的情绪失控到了杀自己人出气的地步，并传染给身边的每一个人。

张飞的情绪失控，不仅使自己，也使刘备在理智与情绪的抗衡中败下阵来，冲动地做出了出兵东吴的错误决定，结果使蜀汉的力量在这场战争中大大削弱，为蜀汉的衰落埋下了伏笔。

当一个人的怨恨到了丧失理智的地步时，他去伤害别人或被别人伤害也就在情理之中了。张飞向手下将士发出了"限三日内制办白旗白甲，三军披孝伐吴"的命令，根本不考虑手下能否在那么短的期限内完成任务。当部将范疆、张达为此感到犯难时，张飞不由分说，将二人"缚于树上，各鞭背五十"，"打得二人满口出血"，还威胁道："来日俱要完备！若违了限，即杀汝二人示众！"

刘备得知张飞鞭挞部属之事，曾告诫他这是"取祸之道"，说明刘备也认识到了张飞丧失理智背后隐藏的危险。然而张飞仍不警醒，不给别人留任何退路，连"兔子急了也咬人"的道理都忘到了脑后。最后，范疆、张达无法可想，只好拼个鱼死网破，趁张飞醉酒，潜入帐中将其刺死。

由于张飞不善于控制自己的负面情绪，尽管他有勇猛、豪爽、忠义之名，却不受部属的拥戴。作为一员大将，没有战死沙场，却死于自己人之手，这的确是负面情绪酿成悲剧的一个典型例子。

情绪的感染通常是很难察觉的，这种交流往往细微到几乎无法察觉。专家做过一个简单的实验，请两个实验者写出当时的心情，然后请他们相对静坐等候研究人员到来。

两分钟后，研究人员来了，请他们再写出自己的心情。这两个实验者是经过特别挑选的，一个极善于表达情感，一个则是喜怒不形于色。实验结果，后者的情绪总是会受前者感染，每一次都是如此。

这种神奇的传递是如何发生的？

人们会在无意识中模仿他人的情感表现，诸如表情、手势、语调及其他非语言的形式，从而在心中重塑自己的情绪。这有点像导演所倡导的表演逼真法，要演员回忆产生某种强烈情感时的表情动作，以便重新唤起同样的情感。

同样，你听同一首歌，在家听的感受与到演唱会现场去听，结果肯定是大相径庭，因为你在现场情绪受到了感染。

认识到情绪这种特殊的"传染病"，我们就要重视它，并积极利用正面情绪，克制、舒缓负面情绪，这样才能拥有赢得成功的品质。

与其一天到晚怨天怨地，说自己多么不幸福，不如从改变自己的情绪个性来改变命运。

没有人是天生注定要不幸福的，除非你自己关起心门，拒绝幸福之神来访。

千万不可做个喜怒无常的人，让自己的心理状态完全被情绪左右，那样伤害的不只是别人，你自己也会因此失去拥有幸福的机会。

一个周末的傍晚，凯勒在后阳台上整理白天拿出来曝晒的旧书，正巧看见与他相隔一条防火巷的邻居在阳台上洗碗。邻居动作十分利落，水声与碗盘声铿锵作响，像发自她内心深处的不平与埋怨。这时候，她丈夫竟从客厅端来一杯热茶，双手捧到她面前。

这感人的画面，差点使人落泪。

为了不惊扰他们，凯勒轻手轻脚地收起书本往屋里走。正要转身时，听到那天生与幸福无缘的女人回赠那同样无缘幸福的男人："别在这里假好心啦！"

丈夫低着头又把那杯茶端回屋里。那杯热茶一定在瞬间冷却了，像他的心。

邻居继续洗碗，边洗边抱怨："端茶来给我喝？少惹我生气就行了。我真是苦命啊！早知道结婚要这么做牛做马，不如出家算了。"凯勒想，以后丈夫绝不会再自找没趣了吧。

也许妻子需要的不是一杯热茶，而是来分担她的家务。但是，在丈夫对她献殷勤的时候，实在没有必要把情绪发泄到对方身上，这样只会让事态往更坏的方向发展，而自己的负担也不会因此而有半点的减轻。

◆ 情绪化将扼杀你的幸福

一时的情绪化，常常是你自身幸福的杀手。

众所周知《红楼梦》里的泪人儿林妹妹就是个极端情绪化的人。她多愁善感的个性使得她忽喜忽悲，一会儿涕泪纵横，一会儿又满腹欢喜，这让她原本就柔弱的身体更加憔悴。身体的不适也会令她伤春悲秋，如此循环往复竟造成了最终的悲剧。也许就是因其过分情绪化的表现掐断了她通往幸福的道路，因为王夫人等是不会让一个情绪多变的人来接掌贾府的，必然是选择性情老成持重的薛宝钗。林妹妹的多愁善感甚至掩盖了她技压群芳的才华，在面临"择媳"的事件上，她不是输给了宝钗，而是输给了自己的情绪化。

反之，一个会控制自己情绪的人即使面对困境，也依然会获得幸福。

1939年，德国军队占领了波兰首都华沙，此时，卡亚和他的女友迪娜正在筹办婚礼。卡亚做梦都没想到，他和其他犹太人一样，在光天化日之下被纳粹推上卡车运走，关进了集中营。卡亚陷入了极度的恐惧和悲伤之中，在不断的摧残和折磨中，他的情绪极其不稳定，精神遭受着痛苦的煎熬。

一同被关押的一位犹太老人对他说："孩子，你只有活下去，才能与你的未婚妻团聚。记住，要活下去。"卡亚冷静下来，他下定决心，无论日子多么艰难，一定要保持积极的精神和情绪。

所有被关在集中营的犹太人，他们每天的食物只有一块面包和一碗汤。许多人在饥饿和严酷刑罚的双重折磨下精神失常，有的甚至被折磨致死。卡亚努力控制和调适着自己的情绪，把恐惧、愤怒、悲观、屈辱等抛之脑后，虽然他的身体骨瘦如柴，但精神状态却很好。

5年后，集中营里的人数由原来的4000人减少到不足400人。纳粹将剩余的犹太人用脚镣铁链连成一长串，在冰天雪地的隆冬季节，将他们赶往另一个集中营。许多人忍受不了长期的苦役和饥饿，最后死于茫茫雪原之上。在这人间炼狱中，卡亚奇迹般地活下来。他不断地鼓舞自己，靠着坚韧的意志力，维持着衰弱的生命。

1945年，盟军攻克了集中营，解救了这些饱经苦难、劫后余生的犹太人。卡亚活着离开了集中营，而那位给他忠告的老人，却没有熬到这一天。

若干年后，卡亚把他在集中营的经历写成一本书。他在前言中写道："如果没有那位老者的忠告，如果放任恐惧、悲伤、绝望的情绪在我的心间弥漫，很难想象，我还能活着出来。"

是卡亚自己救了自己，是他用积极乐观的情绪救了自己。

与卡亚不同的是，总有许多人不停地抱怨命运的不公，自己付出了辛劳的汗水，得到的却是失败和痛苦。究其原因，是因为他们不会调节自己的情绪。

过度的情绪化除了带给人不快乐的情绪，更多的则是与成功无缘。情绪化会让你周围的人认为你喜怒无常，不敢委以重任或信赖你，因为你显得不够成熟。情绪化还会让你丧失判断力，冲动之下说出错话，做出错误的决定。

总之，如果你想获得生活的幸福与美满，或者事业的成功与辉煌，那么你就要避免情绪化。

◆ **控制自我是能力的体现**

20世纪60年代早期的美国，有一位很有才华、曾经做过大学校长的人，竞选美国中西部某州的议会议员。此人资历很高，又精明能干、博学多识，非常有希望赢得选举的胜利。

但是，一个很小的谎言散布开来：3年前，在该州首府举行的一次教育大会上，他跟一位年轻的女教师"有那么一点暧昧的行为"。这其实是一个弥天大谎，而这位候选人不能控制自己的情绪，他对此感到非常愤怒，并尽力想要为自己辩解。

由于按捺不住对这一恶毒谣言的怒火，在以后的每次集会中，他都要站起来极力澄清事实，证明自己的清白。

其实，大部分选民根本没有听到或过多地注意这件事，但是，现在人们却越来越相信有那么一回事了。公众们振振有辞地反问："如果你真是无辜的，为什么要为自己百般狡辩呢？"

如此火上加油，这位候选人的情绪变得更坏，他气急败坏、声嘶力竭地在各种场合为自己辩解，以此谴责谣言的传播者。然而，这更使人们对谣言确信不疑。最悲哀的是，连他的太太也开始相信谣言了，夫妻之间的亲密关系消失殆尽。

最后，他在选举中败北，从此一蹶不振。

控制自我情绪是一种重要的能力，也是一种难能可贵的艺术。一个不懂得控制自我的人，只会任由情绪的发展，使自己有如一头失控的野兽，一旦不小心闯到熙熙攘攘的人群中，则会伤人伤己。

人是群居的动物，不可能总是一个人独处，因此，一旦情绪失控，必将波及他人。控制自我绝对是种必须具备的能力。

传说中有一个"仇恨袋"，谁越对它施力，它就胀得越大，以至最后堵死我们生存的空间。你打我一拳，我必定想方设法还你两脚，即使是好汉不吃眼前亏，也必当日后补上——大多数人都会这样想。这样做只能使对抗升级而无助于解决问题，更不论是谁对谁错了。

1754年，身为上校的华盛顿率领部下驻防亚历山卓。当时正值弗吉尼亚州议会选举议员，有一个名叫威廉·佩恩的人反对华盛顿所支持的候选人。据说，华盛顿与佩恩就选举问题展开激烈争论，说了一些冒犯佩恩的话。佩恩火冒三丈，一拳将华盛顿打倒在地。当华盛顿的部下跑上来要教训佩恩时，华盛顿急忙阻止了他们，并劝说他们返回营地。

第二天一早，华盛顿就托人带给佩恩一张便条，约他到一家小酒馆见面。佩恩料定必有一场决斗，做好准备后赶到酒馆。令他惊讶的是，等候他的不是手枪而是美酒。

华盛顿站起身来，伸出手迎接他。华盛顿说："佩恩先生，昨天确实是我不对，我不可以那样说，不过你已然采取行动挽回了面子。如果你认为到此可以解决的话，请握住我的手，让我们交个朋友。"从此以后，佩恩成为华盛顿的一个狂热崇拜者。

我们在钦佩伟人的同时，也要认识到控制自我的重要性。许多伟人之所以能够名垂千古，与他们的从容豁达、宠辱不惊有很大的关系。而芸芸众生也许更多的是任由情绪的发泄，没有利用好控制自我的作用。

新的一届竞选又开始了，一位准备参加参议员竞选的候选人向自己的参谋讨教如　何获得多数人的选票。

其中一个参谋说："我可以教你些方法。但是我们要先定一个规则，如果你违反我教给你的方法，要罚款 10 元。"

候选人说："行，没问题。"

"那我们从现在就开始。"

"行，就现在开始。"

"我教你的第一个方法是：无论人家说你什么坏话，你都得忍受。无论人家怎么损你、骂你、指责你、批评你，你都不许发怒。"

"这个容易，人家批评我，说我坏话，正好给我敲个警钟，我不会记在心上。"候选人轻松地答应。

"你能这么认为最好。我希望你能记住这个戒条，要知道，这是我教给你的规则当中最重要的一条。不过，像你这种愚蠢的人，不知道什么时候才能记住。"

"什么！你居然说我……"候选人气急败坏地说。

"拿来，10 块钱！"

虽然脸上的愤怒还没退去，但是候选人明白，自己确实是违反规则了。他无奈地把钱递给参谋，说："好吧，这次是我错了，你继续说其他的方法。"

"这条规则最重要，其余的规则也差不多。"

"你这个骗子……"

"对不起，又是 10 块钱。"参谋摊手道。

"你赚这 20 块钱也太简单了。"

"就是啊，你赶快拿出来，你自己答应的，你如果不给我，我就让你臭名远扬。"

"你真是只狡猾的狐狸。"

"又 10 块钱，对不起，拿来。"

"呀，又是一次，好了，我以后不再发脾气了！"

"算了吧，我并不是真要你的钱，你出身那么贫寒，父亲也因不还人家钱而声誉不佳!"

"你这个讨厌的恶棍。怎么可以侮辱我家人!"

"看到了吧,又是10块钱,这回可不让你抵赖了。"

看到候选人垂头丧气的样子,参谋说:"现在你总该知道了吧,克制自己的愤怒,控制情绪并不容易,你要随时留心,时时在意。10块钱倒是小事,要是你每发一次脾气就丢掉一张选票,那损失可就大了。"

一个成功的人必定是有良好控制能力的人,控制自我不是说不发泄情绪,也不是不发脾气,过度压抑会适得其反。良好的控制自我就是不要凡事都情绪化,任由情绪发展,而是要适度控制,这是一种能力的体现。

二、管理自我情绪的方法

◆ 学会制怒

曾有智者说过人性中最大的两个弱点是愤怒与欲望。的确,在所有的负面情绪中愤怒是最激烈的一种,并且也是影响最大的一种。愤怒的情绪除了能伤害他人外,更多的反作用力会指向自己。

1943年,第二次世界大战中著名将领巴顿在去战后医院探访时,发现一名士兵蹲在帐篷附近的一个箱子上,显然没有受伤,巴顿问他为什么住院,他回答说:"我觉得受不了了。"医生解释说他得了"急躁型中度精神病",这是第三次住院了。巴顿听罢大怒,多少天积累起来的火气一下子发泄出来,他痛骂了那个士兵,用手套打他的脸,并大吼道:"我绝不允许这样的胆小鬼躲藏在这里,他的行为已经损坏了我们的声誉!"说完气愤地离开……第二次来,又见一名未受伤的士兵住在医院里,顿时变脸,问:"什么病?"士兵哆嗦着答道:"我有精神病,能听到炮弹飞过,但听不到它爆炸。"巴顿勃然大怒,骂道:"你个胆小鬼!"接着打他耳光:"你是集团军的耻辱,你要马上回去参加战斗,但这太便宜你了,你应该被枪毙,说着抽着手枪在他眼前晃动……"很快巴顿的行为传到艾森豪威尔耳中,他说:"看来巴顿已经达到顶峰了……"

狂躁易怒的性格,使本有前途的巴顿无法再进一步。面对有心理障碍的士兵,他不是认真了解情况,加以鼓励,而是大打出手,完全失去了一个指挥官应有的风度修养，破坏了自己在人们心目中的形象，因此失去了晋升的机会，"遗憾"之余，让人想起了一句话：性格决定命运。

当我们生气的时候要冷静下来确实有点难度，但如果不控制怒气，只会损失过多。看过著名影片《勇敢的心》的人们一定记得片中的一段关于英格兰国王临终前的景象：由苏菲·玛索饰演的王妃因求情也未能救下华莱士，而对老国王心怀恼恨，在国王不能行动也不能说话之际，靠在他的身边，轻轻地说了一句话，就将老国王置于死地。那么王妃说的是什么呢？她只是平静地报复他，说了她怀的孩子是华莱士的，而非王子的。国王一命呜呼是由于愤怒的情绪。有人会以为这是影片，所以会夸张一点以突出戏剧效果。然而，现实生活中，古今中外皆有相似的例子，三国中的周瑜就是这么一位被活活气死的人。

三国时期东吴都督周瑜，有勇有谋，自从跟随孙策打天下，南征北战，为东吴立下汗马功劳。但周瑜心胸狭窄，嫉贤妒能，也因此毁了自己的一生。

孙刘联合抗曹时，周瑜想烧毁曹营，因为没有东风而急得病倒了。诸葛亮去看望周瑜，一句话就说中了他的心事："万事俱备，只欠东风。"后来诸葛亮借东风，周瑜才火烧曹营。周瑜觉得诸葛亮的才能比自己高，下决心要除掉他，于是派人去杀诸葛亮，谁知诸葛亮早已洞悉了他的意图，已经安全地离开了。周瑜气得险些跌倒在地，此为一气。

周瑜为了将荆州夺回来，将刘备骗去娶亲，诸葛亮给赵云三条锦囊妙计。结果周瑜、孙权是"赔了夫人又折兵"，气得周瑜昏死过去。周瑜本来箭疮未愈，因气愤而复发，经众人抢救才醒过来，大叫道："诸葛亮，我绝不罢休！"此为二气。

周瑜佯装替刘备攻打西川，要求刘备在其路过时准备粮草前去慰问，意在伺机杀了他。诸葛亮看穿了周瑜的计策，将计就计，布下四路大军，在吴军到来后将其团团围住。士兵们高喊："活捉周瑜！"而探马来报，说刘备、孔明正在军营中饮酒，周瑜气得口吐鲜血，仰天长叹道："既生瑜，何生亮！"说罢又连吐数口鲜血而死，年仅 36 岁。

愤怒是一种很难控制的情绪，正因为难以控制，所以很容易酿成大祸，甚至丢掉性命。正如培根所说："愤怒，就像地雷，碰到任何东西都一同毁灭。"还是让我们以平和的心境来对待生活中繁杂的事情吧。小心别伤害了自己，只有平静才是生活的真谛。莎士比亚说："不要因为你的敌人燃起一把火，你就把自己烧死。"当你的感情胜过理智时，你将成为感情的奴隶；只有战胜自己的感情，你才能真正获得自由。

如果你不注意培养自己忍耐、心平气和的性情，培养交往中必需的情商，遇到一丝火星就暴跳如雷，情绪失控，就会把你的人缘全都炸掉。

大凡脾气暴躁的人，都有一点心胸狭隘。因为真正"有容乃大"的气魄是不会随便动怒的。

古时有一个妇人，特别喜欢为一些琐碎的小事生气。她也知道自己这样不好，便去求一位高僧为自己谈禅说道，开阔心胸。

高僧听了她的讲述，一言不发地把她领到一座禅房中，落锁而去。

妇人气得跳脚大骂。骂了许久，高僧也不理会。妇人又开始哀求，高僧仍置若罔闻。妇人终于沉默了。高僧来到门外，问她："你还生气吗？"

妇人说："我只为我自己生气，我怎么会到这地方来受这份罪。"

"连自己都不原谅的人怎么能心如止水？"高僧拂袖而去。过了一会儿，高僧又问她："还生气吗？"

"不生气了。"妇人说。

"为什么？"

"气也没有办法呀。"

"你的气并未消逝，还压在心里，爆发后将会更加剧烈。"高僧又离开了。

高僧第三次来到门前，妇人告诉他："我不生气了，因为不值得气。"

"还知道值不值得，可见心中还有衡量，还是有气根。"高僧笑道。

当高僧的身影迎着夕阳立在门外时，妇人问高僧："大师，什么是气？"

高僧将手中的茶水倾洒于地。妇人视之良久，顿悟，叩谢而去。

真正的成功者都是生活的智者，而非处处得理不饶人的强者。钢至强则易折，水至柔所以能克钢。

学会制怒是让自己心态平和最关键的一步，只有情商较低的人才会不懂控制怒火，成为怒气伤害的对象。对于怒火要学会自我疏导，而非一味克己忍让，只有让它用一个合适的渠道发泄才会不至伤人伤己。

情商的高低与人们对自我情绪的管理能力有莫大的关系，它将决定一个人成就的大小。

◆ 克制冲动

人们形容某些幼稚的行为举动，常会用"冲动"来说明。也有些不负责任的人，在做了错事之后不敢承担责任，用"一时冲动"来替自己辩解。人要想在竞争激烈的环境中有所作为，必须学会克制住冲动，否则会一发不可收拾，后果也许令我们难以承受。

古代有个尤翁，他开了个典当铺。

有一个年底，他忽然听到门外有一片喧闹声。

他出门一看，原来门外有位穷邻居。站柜台的伙计就对尤翁说："他将衣服押了钱，空手来取，不给他，他就破口大骂。有这样不讲理的人吗？"

门外那个穷邻居仍然是气势汹汹，不仅不肯离开，反而坐在当铺门口。

尤翁见此情景，从容地对那个穷邻居说："我明白你的意图，不过是为了度年关。这种小事，值得一争吗？"于是，他命店员找出邻居的典当之物，衣服蚊帐共有四五件。

尤翁指着棉袄说："这件衣服抗寒不能少。"又指着长袍说："这件给你拜年用。其他的东西不急用，就留在这里吧。"

那位穷邻居拿到两件衣服，不好意思闹下去，于是只好离开了。

当天夜里，这个穷汉竟然死在别人的家里。

原来，此人同那家人打了一年多的官司，因为负债过多，不想活了，于是就先服了毒药。他知道尤翁家富有，想敲诈一笔，结果尤翁没吃他那一套，没傻乎乎地当了他的发泄对象，他于是就转移到了另外一家。

事后有人问尤翁，为什么能够事先知情而容忍他。尤翁回答说："凡无理挑衅的人，一定有所依仗。如果在小事上不忍耐，那么灾祸立刻就会到来了。"

人们听了这话都很佩服尤翁的见识。

控制自己的冲动是件非常不容易的事情，因为我们每个人的心中都存在着理智与感情的斗争。

为情所动时，不要有所行动，否则你会将事情搞得一团糟。人在不能自制时，会举止失常；激情总会使人丧失理智。此时应去咨询不为此情所动的第三方，因为当局者迷，旁观者清。当谨慎之人察觉到情绪冲动时，会即刻控制并使其消退，避免因热血沸腾而鲁莽行事。短暂的爆发会使人不能自拔，甚至名誉扫地，更糟糕的则可能丢掉性命。

这是一个在印度广为流传的故事。一次，一对英国殖民地官员夫妇在家中举办丰盛的宴会。地点设在他们宽敞的餐厅里，那儿铺着明亮的大理石地板，房顶吊着不加任何修饰的椽子，出口处是一扇通向走廊的玻璃门。客人中有当地的陆军军官、政府官员及其夫人，另外还有一名美国的自然学家。

午餐中，一位年轻女士同一位上校进行了激烈的辩论。这位女士的观点是如今的妇女已经有所进步，不再像以前那样，一见到老鼠就从椅子上跳起来。可上校却认为妇女们没有什么改变，他说："不论碰到任何危险，妇女们总是一声尖叫，然后惊慌失措。而男士们碰到相同情形时，虽也有类似的感觉，但他们却多了一点勇气，能够适时地控制自己，冷静对待。可见，男士的这点勇气是很重要的。"

那位美国学者没有加入这次辩论，他默默地坐在一旁，仔细观察着在座的每一位。这时，他发现女主人露出奇怪的表情，两眼直视前方，显得十分紧张。很快，她招手叫来身后的一位男仆，对其一番耳语。仆人的双眼露出惊恐之色，他很快离开了房间。

除了这位美国学者，没有其他客人发现这一细节，当然也就没有其他人看到那位仆人把一碗牛奶放在门外的走廊上。

美国学者突然一惊。在印度，地上放一碗牛奶只代表一个意思，即引诱一条蛇。也就是说，这间房子里肯定有一条毒蛇。他首先抬头看屋顶，那里是毒蛇经常出没的地方，可现在那儿光秃秃的，什么也没有；再看餐厅的四个角，前三个角落都空空如也，第四个角落也站满了仆人，正忙着上菜下菜；现在只剩下最后一个地方他还没看了，那就是坐满客人的餐桌下面。

美国学者的第一反应便是要向后跳出去，同时警告其他人。但他转念一想，这样肯定就会惊动桌下的毒蛇，而受惊的毒蛇很容易咬人。于是他一动不动，迅速地向大家说了一段话，语气十分严肃，以至于大家都安静了下来。

"我想试一试在座诸位的控制力有多大：我从1数到300，这会花去5分钟，这段时间里，谁都不能动一下，否则就罚他50个卢比。预备，开始！"

美国学者不急不缓地数着数，餐桌上的20个人，全都像雕像一样一动不动。当数到288时，他终于看见一条眼镜蛇向门外的牛奶爬去。他飞快地跑过去，把通向走廊的门一下子关上。蛇被关在了外面，室内立即发出一片尖叫。

"上校，事实证实了你的观点。"男主人这时叹道，"正是一个男人，刚才给我们做出了从容镇定的榜样。"

"且慢！"美国学者说，然后转身朝向女主人，"温兹女士，你是怎么发现屋里有条蛇的呢？"

女主人脸上露出一抹浅浅的微笑："因为它从我的脚背上爬了过去。"

我们平时无论工作、生活都要尽力保持理性，用理智代替情感，客观的分析才会有助于找到问题的答案与真相，否则在冲动情绪下只会丧失敏锐的判断力，最终作出令我们抱憾的决定。

有一对年轻的夫妇，妻子因为难产死去了，孩子活了下来。丈夫一个人既要工作又要照顾孩子，有些忙不过来，可是找不到合适的保姆照看孩子，于是他训练了一只狗，那只狗既听话又聪明，可以帮他照看孩子。

有一天，丈夫要外出，像往日一样让狗照看孩子。他去了离家很远的地方，所以当晚没有赶回家。第二天一大早他急忙忙往家里赶，狗听到主人的声音摇着尾巴出来迎接，他发现狗满口是血，打开房门一看，屋里也到处是血，孩子居然不在床上……他全身的血一下子都涌到头上，心想一定是狗的兽性大发，把孩子吃掉了，盛怒之下，拿起刀来把狗杀死了。

就在他悲愤交加的时候，突然听到孩子的声音，只见孩子从床下爬了出来，丈夫感到很奇怪。他再仔细看了看狗的尸体，这才发现狗后腿上有一大块肉没有了，而屋门的后面还有一只狼的尸体。原来是狗救了小主人，却被主人误杀了。

丈夫在一刀带来的痛快之后，很快就尝到了痛苦的滋味。他痛失爱犬，而所有的结局全由那冲动的一刀所致，这不能不说是件很遗憾的事。

在遇到一些情况时，我们需要的是冷静，而非冲动。我们也许该在冲动之前先重温下祖先留下来的宝贵思想——三思而后行。永远不要让自己的嘴巴和手脚跑得比大脑快，能克制住冲动的人才会具有成功的品质。

◆ 告别忧郁

有人说忧郁如一杯酒，越品越爱它；也有人说忧郁之于男女是不同的，一个和忧郁搭边的女人没有人愿意接近她，一旦换作了男人，那将完全是另外一番风景。其实，真正的忧郁没有人喜欢，试想你会愿意经年累月和一个动不动就唉声叹气、长吁短叹的人在一起吗？谁都不会拒绝一个能给自己带来快乐的人，常常忧郁的人只会令我们望而却步。

某机关一个小公务员一直过着安分守己的日子。有一天，他忽然得到通知，一位从未听说过的远房亲戚在国外死去，临终指定他为遗产继承人。

那是一个价值万金的珠宝商店。小公务员欣喜若狂，开始忙碌着为出国做种种准备。待到一切就绪，即将动身时，他又得到通知，一场大火烧毁了那个商店，珠宝也丧失殆尽。

小公务员空欢喜一场，重返机关上班。他似乎变了一个人，整日愁眉不展，逢人便诉说自己的不幸。

"那可是一笔很大的财产啊，我一辈子的薪水还不及它的零头呢。"他说。

"你不是和从前一样，什么也没有丢失吗？"他的一个同事问道。

"这么一大笔财产，竟说什么也没有失去！"小公务员心疼得叫起来。

"在一个你从未到过的地方，有一个你从未见过的商店遭了火灾，这与你有什么关系呢？"这个人看得很开。

不久以后，小公务员死于忧郁症。

忧郁的来源多种多样，有可能是为已失去的事物或人而忧郁，也有可能是为得不到的东西而懊恼。忧郁的人多半比较情绪化，多愁善感，常常让人捉摸不定。

过度的忧郁会使人丧失对生活的热情，甚至产生轻生的念头。著名演员张国荣，多才多艺但却英年早逝，令我们为之扼腕叹息。他生前的好友、合作过的人员，提到他时都称赞他演技佳、歌也好，人品自不必说，唯遗憾的是有点忧郁。这种忧郁随着外部环境的刺激而日益加深，直到2003年从24楼的纵身一跃，从此让"4月1日"愚人节也染上了一些忧郁的色彩。

由美国医学协会发起的一项对10余个国家和地区约3.8万人的调查显示，有5%的人患有抑郁症，抑郁症发病率最高的年龄段在25～30岁之间，其中女性的比例明显高于男性。来自美国的资料显示，抑郁症病人中有2/3的人曾有自杀念头，其中有10%～15%的人最终自杀；所有自杀者中有70%的人有抑郁症状。

生性敏感、感情细腻的人容易因为患得患失而感染上忧郁症，忧郁症就像一束盛开的罂粟，看着美丽，然而一旦上瘾，危害极大。无数才华横溢的人，就因为患有忧郁症，最后走上了结束自己生命的道路。忧郁症的危害在于它的隐蔽性、潜伏性，因此不为我们所重视。但忧郁如同能导致发霉的细菌一样，日复一日、年复一年地啃噬我们的心灵，将所有的美好、快乐、希望都咬掉，徒留悲伤、灰心、绝望。

告别忧郁吧，何不拥抱美好，将心交给太阳来照耀呢？

◆ 不必沮丧

沮丧与忧郁一样都是人类情绪中的隐藏杀手，如果说忧郁是一种气质，那么沮丧则是一种心情，过度的沮丧同样会导致人丧失生活热忱。《老人与海》的作者海明威就是因为沮丧而自杀。

以创作中篇小说《老人与海》荣获 1954 年诺贝尔文学奖的美国著名作家欧内斯特·海明威的生活经历中，充满了紧张与压力，他的内心承受着剧烈的痛苦和复杂纷呈的变化。他企图利用各种各样的方式摆脱和逃避沮丧的情绪，如不停歇地旅行冒险，寻求各种刺激性生活等。他在身体上企求生存，而在心理上却渴望死亡。小说《老人与海》的主人公桑提亚哥在海上与鲨鱼搏斗的经历与内心活动诠释了这一矛盾的心态。

桑提亚哥连续 84 天在海上一条鱼也未捕到。第 85 天出海，经历了三天两夜的搏斗，终于捕到一条巨大肥硕的大马林鱼，归途中却不断遭到鲨鱼的袭击。为不使马林鱼被鲨鱼吃掉，老人奋力还击，凭着超人的勇气和力量，一次次把凶残的鲨鱼击退，但最终船上的马林鱼还是只剩下一副骨架。尽管老人成功了，但"你尽可能把他消灭掉，可就是打不败他"，老人这一内心独白，简直是海明威一生的写照。作家诺曼·迈勒鲁入木三分地剖析道："海明威这种漂泊不定的生活之真正的根源，是他的一生都在跟沮丧、恐惧和自杀的念头作斗争。他的内心世界犹如一场噩梦。他的夜晚是在同死神的搏斗中度过的。"

为挣脱焦虑与沮丧的罗网，海明威寻求女人与烈酒的刺激，他跟许多女人有过关系，结过许多次婚，搬过许多次家；饮酒从红葡萄酒到威士忌，最后到伏特加，都无济于事。他像只被凶恶老雕穷追不舍的猎物，被追得走投无路、无处躲匿。在 1961 年夏天的一天，海明威终因沮丧的困扰而用子弹结束了其顽强拼搏的一生。

除此之外，过多时间处在沮丧的情绪中，甚至会影响你的心脏。

美国俄亥州立大学的一项研究报告指出，无论男人或女人，心情沮丧与心脏病有关系，但男人因心脏病死亡的几率较高。

另一项研究报告也证明心脏病与沮丧有关，但这项研究首次显示，沮丧的妇女死于心脏病的机会并不比不沮丧的妇女多。

这项报告的作者说，他们发现，沮丧的妇女较不沮丧的妇女罹患心脏病与其他心脏疾病的机会多 73%，但因心脏病死亡的机会并未增加。沮丧的男子较不沮丧的男子罹患心脏病的机会多 71%，因心脏病死亡的机会多 2.34 倍。

研究说："目前尚不清楚为何女性沮丧与冠状动脉心脏病有关，但却不一定会死亡。"

沮丧与心脏病之间显然有许多关联，包括沮丧的人更可能会有高血压的危险，也可能有更多心悸的问题等。

在遭到挫折的时候，人们通常都会看起来无精打采，对自己的形象也不关心，而这就更加加重了晦暗的心情。或许我们可以向下面这位赵小姐学习一下。

赵小姐毕业于国内首屈一指的清华大学，学的是较热门的电子专业。毕业后在强手如林的 IBM 工作。在这样的环境中特别容易产生无形的压力，因为对手个个都很强大，不容忽视。她平时也是一位不怎么打扮的人，因为觉得做研发的人与人交往较少，似乎没有妆点自己的必要。但是她的这一生活哲学在一次工作失误后有了 180 度大转弯。某个项目由于她的一个疏忽而出现了错误，上司要求她重做一遍，她显得特别沮丧，一连几天都灰头土脸。直到某日她的一位朋友说："你何必天天不开心呢？事已至此，还不如换个样子，换种心情去上班！让自己高兴，让别人看着也高兴。"在这位朋友的建议下，她换了个发型，到商场买了一套时尚的女装，甚至化了妆。等一切效果出来时，她吓了一跳，原来自己也不是"灰姑娘"，而是美丽、自信、优雅的女性！换了漂亮的衣服，再加上色彩亮丽的妆容，使她沮丧的心转向了阳光。同事们都惊讶于她的改变，当然收获更大的还是赵小姐本人，因为她重拾了自信与好心情。

台湾罗兰女士说："人人都有柔软的时候，只看他有没有方法使自己平安度过这阵心绪上的低潮。假如你有力量、够坚强，就会发现总有峰回路转的时候。"

沮丧使我们的内心是灰色的，看不到明媚的阳光，并容易产生自责心理，认为一切完全是由于自己的失误而造成，或埋怨自己没有把握好机会。其实，与其花时间浪费在让自己不高兴上，还不如放弃沮丧，把精力用在可以改变的事情上。让我们的心快乐起来，我们的身体才会跟着快乐。

◆ 拒绝自卑

不知你是否相信，每个人的心中都住着一个邪恶的"神"，它的名字叫自卑。貌美如花的女子会忧虑自己没有足够的聪明，虽然她确实聪颖，但时常听别人说漂亮的女人没大脑，不禁会对自己的能力产生怀疑；富可敌国的大商家，有可能为自己那鲜为人知的身世而自卑……总之，每个人都会因为自己内心的"邪恶之神"而痛苦，有认为自己不漂亮的，也有抱怨没能力赚大钱的，更有为自己没受过良好教育而自卑的……

有的是先天的，无法改变的——外表、家庭；也有的是后天自寻烦恼的——没学历、不聪明……一句话，自卑人人都有，原因却迥异。

　　自卑的人总是习惯于拿自己的短处和别人的长处相比，结果越比越觉得不如别人，形成自卑心理。内心的自卑，对一个人的成长与发展是不利的，因而，如果你发现自己有自卑心理，就要用理性的态度坚决把它铲除掉。

　　你可以从下面这个寓言中得到启发。

　　上帝想和人类玩一个捉迷藏的游戏。

　　上帝想把一种叫做"自卑"的东西藏在人身上，于是他和天使们商量："你们给我出个主意，我该把它放在人的哪个部位最为隐秘。"

　　有的天使回答说，藏在人们的眼睛里；有的说，藏在人们的牙缝里；有的说就藏在人们的腋窝里。

　　但一个聪明的天使笑着说："上面这些地方，人们都很容易找到，他们马上会把自卑还给上帝。您最好把它藏在人们的心里，那里是他们最后才能想到的地方。"

　　"邪恶之神"就是这样住进了我们每个人的心里，动不动在关键时刻和我们作对。

　　获诺贝尔化学奖的法国科学家维克多·格林尼亚是一位从自卑走向成功的人。格林尼亚出生于一个百万富翁的之家，从小过着优裕的生活，养成了游手好闲、摆阔逞强、盛气凌人的浪荡公子恶习。仗着自己长相英俊，他挥金如土，任意玩弄女人。但有一次，一直春风得意的格林尼亚遭到了重大打击。一次午宴上，他对一位从巴黎来的美貌女伯爵一见倾心，像见了其他漂亮女人一样，追上前去，但只听到一句冷冰冰的话："……请站远一点，我最讨厌被花花公子挡住视线！"女伯爵的冷漠和讥讽，第一次使他在众人面前羞愧难当。突然间，他发现自己是那样渺小，那样被人厌弃，一种油然而生的自卑感使他感到无地自容。

　　他满含耻辱地离开了家，只身一人来到里昂。在那里，他隐姓埋名，发奋求学，进入里昂大学插班就读。他断绝一切社交活动，整天泡在图书馆和实验室里。这样的钻研精神赢得了有机化学权威菲利普·巴尔教授的器重。在名师的指点和他自己的长期努力下，格林尼亚发明了"格式试剂"，发表了两百多篇学术论文，被瑞典皇家科学院授予1912年度诺贝尔化学奖。

　　自卑的人随处皆是，有的被"邪恶之神"所打倒，但也有许多人从自卑中超越自己，走向成功。法国伟大的启蒙思想家、文学家卢梭，曾为自己是孤儿，从小就流落街头而自卑；存在主义大师、作家萨特，两岁丧父，一眼斜视，一眼失明，失去亲人与身体的残疾使他产生极重的自卑；法国第一帝国皇帝、政治家、军事家拿破仑年轻时曾为自己的矮小和家庭贫困而自卑；美国总统林肯出身农庄，9岁丧母，只受一年学校教育就下田劳动，他也曾深深为自己的身世而自卑；日本著名企业家松下幸之助，4岁家败，9岁辍学谋生，11岁亡父，他也一度陷于自卑中。

但凡自卑者，总是一味轻视自己，总感到自己这也不行，那也不行，什么也比不上别人。这种情绪一旦占据心头，结果是对什么都不感兴趣，忧虑、烦恼、焦虑纷至沓来。倘若遇到一点困难或者挫折，更是长吁短叹、消沉绝望，那些光明、美丽的希望似乎都与自己断绝了关系。这与现代人应该具备的自信的气质和宽广的胸怀是格格不入的，必须引起人们的警觉。

事实上，自卑只是一种徒然的自我折磨，因为它不会给人以激励，不会给人以力量，反而会摧残人的身心，盗走人的骨气。容忍它的存在实在是百害而无一利。著名新闻出版家邹韬奋在《自觉与自贱》一文中明确指出："若自觉有所短而存在自贱的心理，便是自甘居于卑劣的地位，所得的结果只能是颓废。"

有句话说："天下无人不自卑。无论圣人贤士、富豪王者，抑或贫农寒士、贩夫走卒，在孩提时代的潜意识里，都是充满自卑感的。"但你若想成大事，就必须战胜自卑感。

一位父亲带着儿子去参观凡·高故居，在看过那张小木床及那双裂了口的皮鞋之后，儿子问父亲："凡·高不是位百万富翁吗？"父亲答："凡·高是位连妻子都没娶上的穷人。"

第二年，这位父亲带儿子去丹麦，在安徒生的故居前，儿子又问："爸爸，安徒生不是住在皇宫里吗？"父亲答："安徒生是位鞋匠的儿子，他就住在这栋阁楼里。"

这位父亲是一个水手，他每年往来于大西洋各个港口，儿子叫伊东布拉格，是美国历史上第一位获普利策奖的黑人记者。

20年后，在回忆童年时，伊东布拉格说："那时我们家很穷，父母都靠出苦力为生。有很长一段时间，我一直认为像我们这样地位卑微的黑人是不可能有什么出息的。好在父亲让我认识了凡·高和安徒生，这两个人告诉我，上帝没有轻看卑微。"

无论是穷人还是富人，面临的成功机遇总是相同的，只要你不懈地奋斗，一定能够实现理想，从而达到成功。

想要成功，就必须拒绝自卑，而这需要足够的勇气和毅力，相信自己只要有这个念头，就已经向成功迈进了一步。

◆ 不再恐惧

恐惧是人类最大的敌人。不安、忧虑、嫉妒、愤怒、胆怯等，都是恐惧的表现。恐惧剥夺人的幸福与能力，使人变为懦夫；恐惧使人失败，使人流于卑贱；恐惧比什么东西都可怕。

恐惧能摧残一个人的意志和生命。它能影响人的胃、损伤害人的修养、减少人的生理与精神的活力，进而破坏人的身体健康；它能打破人的希望、消退人的意志，使人的心力"衰弱"。

一个美国电气工人，在一个周围布满高压电器设备的工作台上工作。他虽然采取了各种必要的安全措施来预防触电，但心里始终有一种恐惧，害怕遭高压电击而送命。有一天他在工作台上碰到了一根电线，立即倒地而死，身上表现出触电致死者的一切症状：身体皱缩起来，皮肤变成了紫红色与紫蓝色。但是，验尸的时候却发现了一个惊人的事实：当那个不幸的工人触及电线的时候，电线中并没有电流通过，电闸也没有合上——他是被自己害怕触电的自我暗示杀死的。

前苏联也曾报道过类似的事例：有一个人被无意中关进了冷藏车。第二天早上，人们打开冷藏车，发现他已被冻死在里面，身体呈现出冻死时的状态。但是奇怪的是，冷藏车的冷冻机并没有打开制冷，车中的温度同外面的温度差不多，依这种温度是绝对不可能冻死人的。大概这位死者被关进冷藏车之后，就不断地担心自己要被冻死，这种意识对他的身心发生了影响，他就真被冻死了。

一个成年人可能会因为过度恐惧而死亡，或者得了恐惧症。一位女士因为总是害怕鬼而导致晚上不敢独自睡觉；房间的门后不能挂衣服，因为她能想象出那是一个鬼站在那里，甚至连他的模样都想得逼真；大白天一个人逛商场，不敢在无人陪同的情况下去洗手间……

过度恐惧就是一种病症，需要多一点勇气战胜怯懦。有时候一个成年人的胆量甚至不及一个小女孩。

在美国19世纪50年代，有一天，黑人家里的一个10岁的小女孩被母亲遣到磨坊里向种植园主索要50美分。

园主放下自己的工作，看着那黑人小女孩敬而远之地站在那里，便问道："你有什么事情吗？"黑人小女孩没有移动脚步，怯怯地回答说："我妈妈说想要50美分。"

园主用一种可怕的声音和斥责的脸色回答："我绝不给你！你快滚回家去吧，不然我用锁锁住你。"说完继续做自己的工作。

过了一会儿，他抬头看到黑人小女孩仍然站在那儿不走，便掀起一块桶板向她挥舞道："如果你再不滚开的话，我就用这桶板教训你。好吧，趁现在我还……"话未说完，那黑人小女孩突然像箭一样冲到他前面，毫无恐惧地扬起脸来，用尽全身气力向他大喊："我妈妈需要 50 美分！"

慢慢地，园主将桶板放了下来，手伸向口袋里摸出 50 美分给了那黑人小女孩。她一把抓过钱去，便像小鹿一样推门跑了，留下园主目瞪口呆地站在那儿回顾这奇怪的经历——一个黑人小女孩竟然毫无恐惧地面对自己，并且镇住了自己。在这之前，整个种植园里的黑人们似乎还从未敢想过。

要想战胜恐惧，最好的方法与最佳的人选还在我们自己身上，指望别人的帮助是无用的。走出恐惧的荒漠最终凭借的总是我们自身的力量与决心。

克服恐惧看起来非常困难，但改变却在一念之间。其实，生活中有很多恐惧和担心完全是由我们内心里想象出来的，想要驱除它必须在潜意识里彻底根除它。

拿出一点勇气与行动给自己，就当是脱掉"胆小鬼"的帽子吧。告别恐惧的心理，才能爆破发出强烈而持久的创造力，否则我们将在极度恐慌中度过一年又一年，终无所成。

·第5课·

自我激励：把握人生机遇的关键点

一、自我激励的作用

◆ 自我激励就是给自己一个希望

一位弹奏三弦琴的盲人，渴望在有生之年看看世界，但是遍访名医，都说没有办法。有一日，这位民间艺人碰见一个道士，道士对他说："我给你一个保证治好眼睛的药方，不过，你得弹断一千根弦，方可打开这张药方。在这之前，不能生效的。"

于是这位琴师带了一个也是双目失明的小徒弟游走四方，尽心尽意地以弹唱为生。一年又一年过去了，在他弹断了第一千根弦的时候，这位民间艺人迫不及待地将那张一直藏在怀里的药方拿了出来，请明眼的人代他看看上面写着的是什么药材，好医治他的眼睛。

明眼人接过药方来一看，说："这是一张白纸嘛，并没有写一个字。"那位琴师听了，潸然泪下，突然明白了道士那"一千根弦"背后的意义。就是这一个"希望"，支持他尽情地弹下去，53年他就如此活了下来。

这位老了的盲眼艺人，没有把这故事的真相告诉他的徒儿。他将这张白纸郑重地交给了他那也是渴望能够重见光明的弟子，对他说："我这里有一张保证治好你眼睛的药方，不过，你得弹断一千根弦才能打开这张纸。现在你可以去收徒弟了，去吧，去游走四方，尽情地弹唱，直到那一千根琴弦断光，就有了答案。"

希望是人生的方向，是心中一盏不灭的明灯，是我们前进的动力。面对恐惧时，希望使人从容淡定；面对挫折危险时，希望让人获得巨大的能量。

有个叫布罗迪的英国教师，在整理阁楼上的旧物时，发现了一叠练习册，它们是皮特金中学 B（2）班 51 位孩子的春季作文，题目叫《未来我是……》。他本以为这些东西在德军空袭伦敦时被炸飞了，没想到它们竟安然地躺在自己家里，并且一躺就是 25 年。

布罗迪随手翻了几页，很快被孩子们千奇百怪的自我设计迷住了。比如：有个叫杰克的学生说，未来的他是海军大臣，因为有一次他在海中游泳，喝了 3 升海水，都没被淹死；还有一个叫亨瑞的说，自己将来必定是法国的总统，因为他能背出 25 个法国城市的名字，而同班的其他同学最多的只能背出 7 个；最让人称奇的，是一个叫戴维的盲学生，他认为，将来他必定是英国的一个内阁大臣，因为在英国还没有一个盲人进入过内阁。总之，31 个孩子都在作文中描绘了自己的未来。有当驯狗师的；有当领航员的；有做王妃的……五花八门，应有尽有。

布罗迪读着这些作文，突然有一种冲动——何不把这些本子重新发到同学们手中，让他们看看现在的自己是否实现了 25 年前的梦想。当地一家报纸得知他这一想法，为他发了一则启事。没几天，书信向布罗迪飞来。他们中间有商人、学者及政府官员，更多的是没有身份的人，他们都表示，很想知道儿时的梦想，并且很想得到那本作文簿，布罗迪按地址一一给他们寄去。

一年后，布罗迪身边仅剩下一个作文本没人索要。他想，这个叫戴维的人也许死了。毕竟 25 年了，25 年间是什么事都会发生的。

就在布罗迪准备把这个本子送给一家私人收藏馆时，他收到内阁教育大臣布伦克特的一封信。他在信中说，那个叫戴维的就是我，感谢您还为我们保存着儿时的梦想。不过我已经不需要那个本子了，因为从那时起，我的梦想就一直在我的脑子里，我没有一天放弃过。25 年过去了，可以说我已经实现了那个梦想。今天，我还想通过这封信告诉我其他的 30 位同学，只要不让年轻时的梦想随岁月飘逝，成功总有一天会出现在你的面前。

布伦克特的这封信后来被发表在《太阳报》上，因为他作为英国第一位盲人大臣，用自己的行动证明了一个真理：假如谁能把 15 岁时想当总统的愿望保持 25 年，那么他现在一定已经是总统了。

希望就是如此给人信念与信心。相反，一个毫无希望的人会把自己的生活过得十分惨淡。

一个身患绝症的中年妇女，遇到了一位名满天下的名医。她特别希望能够得到他的免费医治——因为她实在拿不出钱来支付高昂的手术费与医药费。

让我们看看她是如何说服那名医生的吧。

妇女：“医生，我希望您能为我治病，而且我相信您肯定能治好我的病。”

医生：“不错，太太。我的医术是很好，不过您也得花一笔不少的医疗金。”

妇女：“那您就不能免费为我治疗吗？要知道我已经身无分文。”

医生：“你没有钱，还打算请最好的医生？！能给我一个理由吗？”

妇女：“因为我还想去巴黎旅游，这需要一个好身体，就这些。”

医生：“好吧。我从来只为心中存有希望的患者医治。”

希望是春天的一抹绿色、一株绿苗、一朵粉色花朵……它让我们感受到生活的美好，让我们热爱生活。

希望激励我们向着一切美好前行。排除路上的一切障碍，心中长存希望，是自我激励的一个好方法。

◆ 为我们自己喝彩

总有一些人爱挑自己的毛病，也专拣自己的短处来放大，这样的人不是严于律己，而是不够爱自己，在人生的跑道上不懂得自己给自己加油。不会欣赏自己的人，也得不到命运的垂青。

有一则英国寓言说：有一天，一个国王独自到花园里散步，使他万分诧异的是，花园里所有的花草树木都枯萎了，园中一片荒凉。后来国王了解到，橡树由于没有松树那么高大挺拔，因此轻生厌世死了；松树又因自己不能像葡萄那样结许多果子，也死了；葡萄哀叹自己终日匍匐在架上，不能直立，不能像桃树那样开出美丽可爱的花朵，于是也死了；牵牛花也病倒了，因为它叹息自己没有紫丁香那样的芬芳。其余的植物也都垂头丧气，没精打采，只有最细小的心安草在茂盛地生长。

国王问道：“小小的心安草啊，别的植物全都枯萎了，为什么你这小草这么勇敢乐观，毫不沮丧呢？”

小草回答说：“国王啊，我一点也不灰心失望。因为我知道，如果国王您想要一棵橡树，或者一棵松树、一丛葡萄、一株桃树、一株牵牛花、一棵紫丁香，等等，您就会叫园丁把它们种上，而我知道您希望于我的就是要我安心做小小的心安草。”

无论我们是一棵无人知道的小草，还是一株参天大树，何时何地都别忘了为我们自己喝彩。

人生来就需要得到鼓励和赞扬。许多人做出了成绩，往往期待着别人来赞许。其实光靠别人的赞许还是不够的，何况别人的赞许会受到各种外在条件的制约，难以符合你的实际情况或满足你真正的期盼。要保护自己的自信心和成功信念，不妨花些时间，恰当地给自己一些奖励。

有一位美国作家，他是靠为报社写稿维持生活的。他给自己定了一个目标，每周必须完成两万字。达到了这一目标，就去附近的餐馆饱餐一顿作为奖赏；超过了这一目标，还可以安排自己去海滨度周末。于是，在海滨的沙滩上，常常可以见到他自得其乐的身影。

作家劳伦斯·彼德曾经这样评价一些著名歌手：为什么许多名噪一时的歌手最后以悲剧结束一生？究其原因，就是因为，在舞台上他们永远需要观众的掌声来肯定自己。但是由于他们从来不曾听到过来自自己的掌声，所以一旦下台，进入自己的卧室时，便会备觉凄凉，觉得听众把自己抛弃了。他的这一剖析，确实非常深刻，也值得深省。

与之相反的是，一些名垂千古的人都不持自我否定的态度，他们对自己只有打气而拒绝泄气。英国诗人华兹华斯毫不怀疑自己在历史上的地位，他预见到自己将来的名声。凯撒一次在船上遭遇暴风雨，艄公非常担心，凯撒说："担心什么？你是和凯撒在一起。"

命运给我们在社会上安排了一个位置，为了不让我们在到达这个位置之前就跌倒，它让我们要对未来充满希望。正是由于这个原因，那些雄心勃勃的人都带有强烈的自信色彩，甚至到了让人难以容忍的地步，但这却是让他继续向前的动力。一个人的自信正预示着他将来的大有作为。

德国著名哲学家谢林曾经说过："一个人如果能意识到自己是什么样的人，那么，他很快就会知道自己应该成为什么样的人。但他首先得在思想上相信自己的重要，很快，在现实生活中，他也会觉得自己很重要。"对一个人来说，重要的是相信自己的能力，如果做到这一点，那么他很快就会拥有巨大的力量。

◆ 做最好的自己

有些人想做大事，却胸无大志，对自己的要求永远是"还好"就可以了。这样的人肯定会有很多局限性而难有大的突破和进展。实际上，凡是对自我无严明要求的人，都会给自己找退缩之路。

在古希腊，有同村的两个人，为了比高低，打赌看谁走得离家最远，于是同时却不同道地骑着马出发了。

一个人走了 13 天之后，心想："我还是停下来吧，因为我已经走了很远了，他肯定没有我走得远。"于是，他停了下来，休息了几天，准备返回，并且终于回到家，重新开始他的农耕生活。

而另外一个人却走了 7 年都没回来，人们都以为这个傻瓜为了一场没有必要的打赌而丢了性命。

有一天，一群浩浩荡荡的大军向村里开来，村里的人不知发生了什么大事。当队伍临近时，突然有一个人惊喜地叫道："那不是克尔威逊吗？"只见消失了 7 年的克尔威逊已经成了军中统帅。

他下马后，向村里人致意，然后说："鲁尔呢？我要谢谢他，因为那个打赌让我有了今天。"鲁尔羞愧地说："祝贺你，好伙伴。我至今还是农夫！"

有多少不成功的人就是因为他们根本就不想成功。

也有许多颓废者，常常对他人说："得过且过，过一把瘾吧！""只要不饿肚子就行了！""只要不被撤职就够了！"

对前途和生活的要求低到不能再低的地步，怎么能够获得更高境界的成就？

雷纳斯·格利需先生说，做事若想达到最优境地，就得有远大的眼光和热诚的心意。

大音乐家奥里·布尔与他的提琴的故事，实在是我们最好的榜样。这位名震全球的音乐家一演奏起他的曲目，听众们就会惊叹不止。可是他们不知道他所下的苦心。当他还只有 8 岁时，常常深夜起床，拿出一只红色小提琴，奏起他日思夜想的歌曲，直到长大成人，从没离开过它。他奏出的优美婉转的歌声，真不知倾倒了多少听众，使他们像被飓风吹动的草木一般，跟着乐声舞动起来；又不知使多少听众受到了极大的感化，养成优雅的性格。它的声音好像微风送出的一阵阵花香，使无数听众忘了一切烦恼辛劳，如登仙境。

做最好的自己就是要不甘于眼下的状态，力求通过奋斗、努力来达到更卓越的成功，改写我们人生的历史。

人生在世就短暂的几十载，试想到了生命尽头的那一日，我们会不会因为总是得过且过而感到后悔？

与其等到将来的某日感慨没有后悔药，何不现在就要求自己时刻展现最好的自我？

二、为自己的人生绘上夺目的色彩

◆ 生命因为有梦想而丰满

梦想越高，人生就越丰富，达成的成就也就越卓绝；梦想越低，人生奋斗力便越差。这就是惯常说的："期望值越高，达成期望的动力越大。"

把你的梦想提升起来。它不应该退缩在一个不恰当的位置。接受梦想的牵引吧！

一个梦想大的人，即使实际做起来没有达到最终目标，可他实际达到的目标可能比梦想小的人的最终目标还大。

生命正是因为有了多姿多彩的梦想而显得丰富、饱满。

美国纽约州的一个小镇上住着这样一个女人。

她从小就梦想成为最著名的演员。18 岁时，在一家舞蹈学校学习三个月后，她母亲收到了学校的来信："众所周知，我校曾经培养出许多在美国甚至在全世界著名的演员，但是我们从没见过哪个学生的天赋和才能比你的女儿还差，她不再是我校的学生了。"

被退学后的两年，她一直靠干零活谋生。工作之余她申请参加排练。排练没有报酬，只有节目公演了才能得到报酬。但是她参加排练的每个节目都不能公演。

两年以后，她得了肺炎。住院三周以后，医生告诉她，她以后可能再也不能行走了，她的双腿已经开始萎缩了。她带着演员梦和病残的腿，回家休养。

她始终相信自己有一天能够重新走路。经过两年的痛苦磨炼，无数次的摔倒，她终于能够走路了。又过了 18 年——整整 18 年！她还是没有成为她梦想的演员。

在她已经 40 岁的时候，她终于获得了一次扮演一个电视角色的机会。这个角色对她非常合适，她成功了。在艾森豪威尔就任美国总统的就职典礼上，有2900 万人从电视上看到了她的表演；英国女王伊丽莎白二世加冕时，有 3300 万人欣赏了她的表演……到了 1953 年，看过她表演的人超过了 4000 万。

这就是露茜丽·鲍尔的电视专辑。观众看到的不是她早年因病致残的跛腿和一脸的沧桑，而是一位杰出的女演员的天才，一位不言放弃的人，一位战胜了一切困苦而终于取得成就的大人物。

心中充满梦想的人从不会产生悲观厌世的念头，他们更不会有空去想怎么消遣无聊的岁月。因为在他们看来，时间只怕不够实现梦想，哪里有那么多可以虚度的年华呢？

　　一个有了梦想的人，会感到有股强大的力量推着自己不断前进，而促使他们为自己的将来作精心的设计。从没听过任何一个有卓越成就的人是个毫无梦想、毫无计划的人，人生不相信误打误撞。

　　1976 年的冬天，19 岁的迈克尔在休斯敦一家实验室里工作，他希望自己将来从事音乐创作。写歌词不是迈克尔的专长，他找到善写歌词的凡内芮，同她一起创作。凡内芮了解到迈克尔对音乐的执著以及目前不知从何入手的迷茫，她决定帮助他实现梦想。她问迈克尔：

　　"想象你五年后的生活是什么样子？"

　　迈克尔沉思了几分钟告诉她："第一，五年后，我希望能有一张很受欢迎的唱片在市场上。第二，我能住在一个很有音乐氛围的地方，能天天与世界一流的乐师一起工作。"

　　凡内芮接着他的话说："我们现在把这个目标倒算回来。如果第五年，你有一张唱片在市场上，那么第四年你一定要跟一家唱片公司签约。

　　"第三年你一定要有一个完整的作品，可以拿给很多唱片公司听。

　　"第二年你一定要有很棒的作品开始录音了。

　　"第一年你一定要把你所有要准备录音的作品全部编曲，排练好。

　　"第六个月你就要把那些没有完成的作品修改好，然后让自己可以逐一筛选。

　　"第一个月你就要把目前这几首曲子完工。

　　"现在的第一个礼拜你就要先列出一张清单，排出哪些曲子需要修改，哪些需要完工。

　　"好了，现在我们不就已经知道你下个星期一要做什么了吗？"凡内芮一口气说完。

　　"你说你五年后，要生活在一个很有音乐氛围的地方，然后与一流的乐师一起工作，对吗？"她补充说，"如果，第五年你已经与这些人一起工作，那么第四年你应该有自己的一个工作室或录音室。第三年，你可能得先跟这个圈子里的人在一起工作。第二年，你应该搬到纽约或是洛杉矶去住了。"

　　凡内芮的五年规划体系让迈克尔很受益。次年（1977 年）他便辞掉了令许多人羡慕的太空总署的工作，离开了休斯敦，搬到洛杉矶。大约在第六个年头的1983 年，一位当红歌手诞生了——迈克尔的唱片专辑在北美年畅销几千万张，他一天 24 小时都与顶尖的音乐高手在一起工作。

　　一个有着梦想的人会无比坚定、坚强，面对逆境从不恐惧。

◆ 没有目标的人生一片荒芜

许多人分不清梦想与目标的区别，将它们混为一谈，认为都属于自己的愿望。其实，梦想是一个长期的希望，也较为宏大；目标则是具体的，多为可以在近期内达到的成就。

梦想令一个人崇高，目标使一个人有行动力和冲动。没有目标的人生终将一片荒芜，陷落在无所事事中。目标总是会激励我们前行，而不在乎脚下的阻力有多大。

1950 年，弗洛伦丝·查德威克因成为第一个成功横渡英吉利海峡的女性而闻名于世。两年后，她从卡德林那岛出发游向加利福尼亚海滩，梦想再创一项前无古人的纪录。

那天，海面浓雾弥漫，海水冰冷刺骨。在游了漫长的 16 个小时之后，她的嘴唇已冻得发紫，全身筋疲力尽而且一阵阵战栗。她抬头眺望远方，只见眼前雾霭茫茫，仿佛陆地离她还十分遥远。

"现在还看不到海岸，看来这次无法游完全程了。"她这样想着，身体立刻就瘫软下来，甚至连再划一下水的力气都没有了。

"把我拖上去吧！"她对陪伴着她的小艇上的人说。

"咬咬牙，再坚持一下。只剩 1 英里远了。"艇上的人鼓励她。

"别骗我。如果只剩 1 英里，我就应该能看到海岸。把我拖上去，快，把我拖上去！"

于是，浑身瑟瑟发抖的查德威克被拖上了小艇。

小艇开足马力向前驶去。就在她裹紧毛毯喝了一杯热汤的工夫，褐色的海岸线就从浓雾中显现出来，她甚至都能隐隐约约地看到海滩上欢呼等待她的人群。

此时查德威克才知道，艇上的人并没有骗她，她距成功确确实实只有 1 英里！她仰天长叹，懊悔自己没能咬咬牙再坚持一下。

事后，当她在接受采访时说："我发现真正阻挡我成功的不是疲劳，也不是冰冷刺骨的海水，而是我看不到岸。"

弗洛伦丝的"海岸"是她心中的目标，而就是由于目标的错失让她遗憾地上岸了。任何一个会为自己规划的高情商人士，都不会让他们的人生如无头苍蝇般没有目标。

伊丽莎白·沃德说："一个只要具有明确目标的人，对生活便有了多大的把握啊！从此，一个人有了生活的意义，他的声音、衣着、表情和行动一下子就会变得让人刮目相看。我想，在大街上我一眼就能认出那些忙碌充实、自食其力的妇女。她们焕发出一种强烈的自尊自信意识，这是破旧的驼毛大衣所不能掩盖的，也不是精美的丝质女帽可以证明的，甚至病体也不能夺走因此带来的熠熠光彩。"

而一个不知道自己将驶向何处的水手，从来不会一帆风顺，更不会到达目的地。

"即使是最弱小的生命，"美国著名人文学家卡莱尔说，"一旦把全部精力集中到一个目标上也会有所成就；而最强大的生命如果把精力分散开来，最后也将一事无成。水珠不断地滴下来，可以把最坚硬的岩石滴穿；湍急的河流一路滔滔地流淌过去，身后却没有留下任何痕迹。"

"我小的时候总觉得可以杀死人的是雷，"美国得克萨斯州一位睿智的牧师基廷说，"但是，长大以后才知道是闪电。所以，我下决心要使自己以后像闪电一样，而不要成为虚张声势的雷声。"

老阿爸带着自己的3个儿子去草原打猎。父子4人来到草原上，这时老阿爸给3个儿子提出了一个问题。

"你们看到了什么，孩子们？"

老大回答说："我看到了我们手中的猎枪，在草原上奔跑的野兔，还有一望无际的草原。"

老阿爸摇摇头说："不对。"

老二回答说："我看到了阿爸、哥哥、弟弟、猎枪，野兔，还有茫茫无际的草原。"

老阿爸又摇摇头说；"不对。"

而老三回答说："我只看到了野兔。"

这时老阿爸才说："你答对了。"

人生就如同一次航行，时而宁静，时而波涛汹涌。向哪个方向前进，如何走出黑暗而没有边的困顿，这一切全靠为你指明道路的航灯——目标。

◆ 热忱是追求成功人生的不竭动力

每个人都希望取得卓越的成就，但有些人一提到自己的梦想却毫无热忱，长此下去怕很难有大的突破。

热忱是来自于人内心的一股力量，它促使你不断前进。

热忱是点燃事业的火种，是每个卓越人士具备的品质。美国著名人寿保险推销员弗兰克·帕克，就是凭借着热忱创造了事业的辉煌。

最初，帕克是一名职业棒球运动员，但被球队开除了，原因是动作无力，没有激情。这让他遭受到了一次很大的打击。球队经理对帕克说："你这样对职业没有热忱，不配做一名棒球职业运动员。无论你到哪里做任何事情，若不能打起精神来，你永远都不可能有出路。"

朋友又给帕克介绍了一个新的球队。在到达新球队的第一天，帕克作出了一生最重大的转变，他决定要做美国最有热情的职业棒球运动员。在球场上，帕克就像装了马达一样，强力地击出高球，把接球人的手臂都震木了。

有一次，帕克像坦克一样高速冲入三垒，对方的三垒手被帕克强烈的气势给镇住了，竟然忘记了去接球，帕克赢得了胜利。热忱给帕克带来了意想不到的结果，他的球技好得出乎他的想象。更重要的是，由于帕克的热忱感染了其他的队员，大家也变得激情四溢。最终，球队取得了前所未有的佳绩。

当地的报纸对帕克大加赞扬："那位新加入进来的球员，无疑是一个霹雳球手，全队的人受到他的影响都充满了活力，他们赢了，这是本赛季最精彩的一场比赛。"

帕克由于对工作和球队的热忱，他的薪水由刚入队的500美元提高到约4000美元，是原来的8倍多。在以后的几年里，凭着这一股热情，帕克的薪水又增加了约50倍。

后来由于腿部受伤，帕克离开了心爱的棒球，来到一家著名的人寿保险公司当保险助理，但整整一年都没有一点业绩。帕克又迸发了像当年打棒球一样的对工作的热忱，很快他就成了人寿保险界的推销明星。后来他就一直从事这个职业，做得很不错。

帕克在回顾他的职业生涯时深有感触地说："我从事推销30年了，见过许多人，由于对工作保持着热忱的态度，他们的收效成倍地增加；我也见过另一些人，由于缺乏热忱而走投无路。我深信热忱的态度是成功推销的最重要因素。"

每个人心上都有热忱的种子，但许多人由于对生活感知的麻木，渐渐地将其隐藏在心中的某个角落。热忱是追求卓越人生的不竭动力，并且还可以传染给你身边的人。

一位受邀演讲的人，原本预定只演讲45分钟，后来却足足讲了两个小时还欲罢不能。演讲结束时，在场的1万名听众起立鼓掌达5分钟之久。

到底是什么精彩的演说内容，得到这么热烈的回响？

他演说的内容，还不及他演说的方式重要。听众是被演说者的热忱感动，大多数的人们根本记不清楚他说了些什么。

法国英雄圣女贞德凭着一柄圣剑和一面圣旗，外加她对自己使命坚定不移的信念，为法国的部队注入了即使国王和大臣也无法提供的热忱。

正是她的热忱，扫除了前进道路上的一切阻碍。

一旦缺乏热忱，军队将无法克敌制胜，艺术品将无法流传后世；一旦缺乏热忱，人类就不会创造出震撼人心的音乐，不会建造出令人难忘的宫殿，不能产生驯服自然界的各种强悍的力量，不能用诗歌去打动心灵，不能用无私崇高的奉献去感动这个世界。

也正是因为热忱，伽利略才举起了他的望远镜，最终让整个世界都拜倒在他的脚下；哥伦布才克服了艰难险阻，领略了巴哈马群岛清新的晨风。

用心挖掘你的热忱吧，如果连自己都打动不了，又如何让别人喜爱你？命运之神也只会眷顾热爱它，对它抱有极大热忱的人。

◆ 何不再努力一次

许多对未来抱有很大信心的人，在努力奋斗的道路上失败了，却不深省为何遭遇挫折。更多的失败不是来源于自身能力的欠缺，而是缺少再努力一次的勇气。有时候，成功和失败就只相差这一次。

谁都知道凡尔纳是一位世界闻名的法国科幻小说作家，但很少有人知道，凡尔纳为了发表他的第一部作品，曾经遭受过多么大的挫折！

这里记录的，就是凡尔纳当时的一段令人难忘的经历：

1863 年冬天的一个上午，凡尔纳刚吃过早饭，正准备到邮局去，突然听到一阵敲门声。凡尔纳开门一看，原来是一个邮政工人。工人把一包鼓囊囊的邮件递到了凡尔纳的手里。一看到这样的邮件，凡尔纳就预感到不妙。自从他几个月前把他的第一部科幻小说《气球上的五星期》寄到各出版社后，收到这样的邮件已经 14 次了。他怀着忐忑不安的心情拆开一看，上面写道："凡尔纳先生：尊稿经我们审读后，不拟刊用，特此奉还。某某出版社。"每看到这样的退稿信，凡尔纳都是心里一阵绞痛。这次是第 15 次了，还是未被采用。

凡尔纳此时已深知，那些出版社的"老爷"们是如何看不起无名作者。他愤怒地发誓，从此再也不写了。他拿起手稿向壁炉走去，准备把这些稿子付之一炬。

凡尔纳的妻子赶过来，一把抢过手稿紧紧抱在胸前。此时的凡尔纳余怒未息，说什么也要把稿子烧掉。他妻子急中生智，以满怀关切的感情安慰丈夫："亲爱的，不要灰心，再试一次吧，也许这次能交上好运的。"听了这句话以后，凡尔纳抢夺手稿的手，慢慢放下了。他沉默了好一会儿，然后接受了妻子的劝告，又抱起这一大包手稿到第 16 家出版社去碰运气。

这次没有落空，读完手稿后，这家出版社立即决定出版此书，并与凡尔纳签订了 20 年的出书合同。

没有他妻子的疏导，没有"再努力一次"的勇气，我们也许根本无法读到凡尔纳笔下那些脍炙人口的科幻故事，人类就会失去一份极其珍贵的精神财富。

成功往往就在于多坚持一次，多走一步。

在美国首都华盛顿的一块岩石上立着一个标牌。标牌告诉后来的登山者：那里曾经是一个女登山者死去的地方。

当时，女登山者正在寻觅的庇护所"登山小屋"只距自己 100 步而已，如果能够撑 100 步，她就能活下去。成功与失败时常只有一墙之隔，如果我们一遇到挫折就退缩放弃，那么只能去追逐失败的尾巴了。

懂得自我激励的人，总会在暂时失败后很快反省，找出问题背后的原因，然后告诉自己，轻易放弃是弱者的行为，一定要再努力一次，因为成功已在前面向我们招手。

◆ 执著于你的信念

一些失败的人总是不断更改他的人生信仰和理想，一会儿要做工程师，一会儿想做公务员，有时又觉得当律师也不错。人的精力是有限的，在不同的梦想之间来回徘徊，只会让你一无所获。

成功的人都是执著于信念的人。

罗杰·罗尔斯是纽约历史上第一位黑人州长，在他就职的记者招待会上，罗尔斯对自己的奋斗史只字不提，只说了一个非常陌生的名字——皮尔·保罗。后来人们才知道这是他小学的一位校长。

罗尔斯出生在一个异常贫困的地方，住的是著名的贫民窟。

罗尔斯上小学时，正值美国嬉皮士流行，这儿的穷学生比"迷惘的一代"还要无所事事，他们旷课、斗殴，甚至砸烂教室的黑板。当罗尔斯从窗台跳下，伸着小手走向讲台时，校长说，我一看你修长的小拇指就知道，将来你是纽约州的州长。当时罗尔斯大吃一惊，因为长这么大，只有奶奶让他振奋过一次，说他可以成为5吨重的小船的船长。罗尔斯记下了校长的话并且相信了它。从那天起，纽约州长就像一面旗帜，他的衣服不再沾满泥土，他说话时也不再夹杂污言秽语，他开始挺直腰杆走路，他成了班主席。在以后的40多年间，他没有一天不按州长的身份要求自己。51岁那年，他真的成了州长。

在他的就职演说中有这么一段话："信念值多少钱？信念是不值钱的，它有时甚至是一个善意的欺骗，然而你一旦坚持下去，它就会迅速升值。"

有人说成功的人生都是相似的，不成功的人生则各有各的失败之处。信念是人生的明灯，指引我们向一个个人生目标迈进。让我们来看一个小男孩的故事。

男孩的父母希望自己的儿子能成为一位体面的医生，可是男孩读到高中便被计算机迷住了，整天鼓捣着一台现在看来十分落后的苹果机，他把计算机的主板拆下又装上。

男孩的父母很伤心，告诉他，他应该用功念书，否则根本无法立足社会。可是，男孩说："有朝一日我会开一家公司。"父母根本不相信，还是千方百计按自己的意愿培养男孩，希望他能成为一位医生。

不久，男孩终于按照父母的意愿考入了一所医科大学，可是他只对电脑感兴趣。在第一学期，他从零售商处买来降价处理的IBM个人电脑，在宿舍里改装升级后卖给同学。他组装的电脑性能优良，而且价格便宜。不久，他的电脑不但在学校里走俏，而且连附近的法律师务所和许多小企业也纷纷来购买。

第一个学期快要结束的时候，他告诉父母，他要退学。父母坚决不同意，只允许他利用假期推销电脑，并且警告他，如果一个夏季销售不好，就必须放弃电脑。可是，男孩的电脑生意就在这个夏季突飞猛进，仅用了一个月的时间，他就完成了18万美元的销售额。

他的计划成功了，父母很遗憾地同意他退学。

他组建了自己的公司，打出了自己的品牌。在很短的时间内，他良好的业绩引起投资家的关注。第二年，公司顺利地发行了股票，他拥有了1800万美元的资金，那年他才23岁。

10年后，他创下了类似于比尔·盖茨般的神话，拥有资产达43亿美元。他就是美国戴尔公司总裁迈克尔·戴尔。

比尔·盖茨曾亲自飞赴他的住所向他祝贺，并对他说："我们都坚持自己的信念，并且对这一行业富有激情。"

成功的人懂得何时坚持、何时放弃，失败的人却刚好相反。

约在一个半世纪以前，一艘英国商船沉没于马六甲海域，这艘从广州驶出的船上载满古老中国的丝绸、瓷器及珍宝。

一位名叫鲍尔的人偶然从相关资料上获此信息，便下决心打捞这艘沉船。他在深黑的海底摸索了漫长的 8 年，探寻了 70 多平方公里的海域，终于找到了海底的宝物。

然而耗资是巨大的，工作刚进行了 30 天，就用去几万元，两位最初的合伙人认定无望而离去。之后没有一个合伙人能坚持得更久，其中有一位鲍尔的好友，几次加入又几次离去，并一次次劝说鲍尔放弃这"疯子"般的念头。

事后鲍尔说他其实一直有放弃的念头，每次精疲力竭地从海底潜回时他都想永远不再下去了，他甚至怀疑早年的记载有误，而且8年来他已耗尽巨资债台高筑，但他终于坚持到了成功的这一天。

正如前面的罗尔斯所说，信念本身并不值钱，但你只需对它充满执著的态度，那么它发挥的作用将是无穷无尽的，一定会让坚信它的每个人都受益一生。

◆ 机遇每天都会降临

人们通常会抱怨自己运气不好，总没有合适的机遇让自己发迹。其实，机遇曾叩响过每个人的门，却很少有人开门迎接它。

许多人总以为机遇与金钱、权力相伴，却忘记了机遇最会乔装改变自己。

20 世纪 20 年代有一位著名的体育播音员，名叫格兰汉姆·麦克奈米，当时无线广播事业羽翼未丰。麦克奈米很年轻，是一个没有名气的歌手，找不到工作。有一天，他接到一个电话，要他前往纽约市刑事法庭履行陪审员义务。

在休庭时，他看见有人在街对面的建筑物上悬挂标语。标语上只有 4 个没有意义的字母——仅此而已。他很好奇，就走上前去问悬挂标语的工人那些字母是什么意思。原来这 4 个字母是一家广播电台的代码。他对广播电台一无所知，但认为广播电台很可能需要一位歌手。没过多久，他就来到一间小办公室里，与电台经理交谈起来。经理摇头说他们不需要歌手。麦克奈米虽然遭到善意的回绝，但他趁机问了一些问题，知道了广播事业的运行机制。经理见他对这一行业确实有兴趣，对麦克奈米说："你愿不愿意看看广播电台是什么样的？"

此时此刻，麦克奈米满怀热情，好运随之而来。他们围着电台转了一圈，经理若有所思地说麦克奈米有一副好嗓子，电台正需要一个播音员，让麦克奈米不妨试一试音。10分钟后，麦克奈米试完了音。又过了10分钟，麦克奈米被电台聘用了。于是，他步入了广播事业的行列中，并取得了令人瞩目的成就。

看到那4个没有意义的字母的人不止麦克奈米，但却只有他一人推开了机遇的大门。

法国的罗曼·罗兰说："人生往往有些决定终身的瞬间，好似电灯在大都市的夜里突然亮起来一样，永恒的火焰在昏黑的灵魂中燃着了。只要一颗灵魂中跳出一点火星，就能把灵火带给那个期待着的灵魂。"这句话里，灵魂中跳出的那点"火星"，就是当人面对机遇时如何选择的问题。

"上帝"本来将机遇平等地赐予了每一个人，人人都是"上帝"的孩子，然而，并不是每个人都能把握机遇，获得机遇的青睐。"上帝"从不将机遇白白送给任何一个人，获得机遇都需要付出成本。所不同的是，有的人付出了高成本，有的人付出了低成本。

在奥斯维辛集中营，一个犹太人对他的儿子说："现在我们惟一的财富就是智慧，当别人说1加1等于2的时候，你应该想到大于2。"纳粹在奥斯维辛毒死536724人，父子俩却活了下来。

1946年，他们来到美国，在休斯敦做铜器生意。一天，父亲问儿子一磅铜的价格是多少？儿子答35美分。父亲说："对，整个得克萨斯州都知道每磅铜的价格是35美分，但作为犹太人的儿子，你应该说35美元。你试着把一磅铜做成门把看看。"

20年后，父亲死了，儿子独自经营铜器店。他做过铜鼓，做过瑞士钟表上的簧片，做过奥运会的奖牌。他曾把一磅铜卖到3500美元，这时他已是麦考尔公司的董事长。

然而，真正使他扬名的，是纽约州的一堆垃圾。

1974年，美国政府为清理给自由女神像翻新扔下的废料，向社会广泛招标。但好几个月过去，没人应标。正在法国旅行的他听说后，立即飞往纽约，看过自由女神像下堆积如山的铜块、螺丝和木料，未提任何条件，当即就签了字。

纽约许多运输公司对他的这一愚蠢的举动暗自发笑。因为在纽约州，垃圾处理有严格的规定，弄不好会受到环保组织的起诉。就在一些人要看这个得克萨斯人的笑话时，他开始组织工人对废料进行分类。他让人把废铜熔化，铸成小自由女神像；他把木头等加工成底座；废铅、废铝做成纽约广场的钥匙。最后，他甚至把从自由女神身上扫下的灰尘都包装起来，出售给花店。不到 3 个月的时间，他让这堆废料变成了 350 万美元的现金，每磅铜的价格整整翻了 1 万倍。

机遇，从来不会丢失，你错过了，却被别人把握了。

事实上，你不需要把握所有的机遇，如果 10 个机遇你可以把握到 1 个，你就已经很成功了。

爱因斯坦说：机遇偏爱那些有所准备的头脑。人生要把握机遇，必须在机遇来临前，多去尝试，若没有心理准备，即使再好的机遇也会溜掉。当那只伟大的苹果遭遇伟人牛顿，便产生了万有引力定律。但假使有一只苹果砸在没有思考准备的脑袋上，也同样无济于事。机遇一旦失去，便难以找回。

常常听到有些人抱怨命运女神忽略了他，总以为自己碰不上好机遇，能够利用的机遇太少，因而把工作和生活上的一切不顺心的事，都归结为机遇少。

其实，机遇对每一个人都是公平的，不存在厚此薄彼的问题，这就像阳光雨露会播撒到大地上的每一块地方一样，关键是你面对机遇究竟能不能真正把握住。

在能够把握机遇并且充分地利用机遇的人那里，机遇时刻都存在着，他们对机遇就像有经验的船夫利用风一样，两者之间似乎有一种默契；而在对机遇毫无知觉也不会很好地利用的人那里，即使机遇来到眼前，他也不能及时地抓住，常常让机遇白白地失去。

如果你在失败者的队伍中询问其失败的原因，他们中的大多数人将会说：我们之所以失败，是因为没有机遇，没有人帮助、提拔。他们会说，优秀的人太多了，高等的职位已被别人占据，一切好的机遇都已被别人捷足先登。

能够成功的人却不会如此推诿。他们默默地工作，从不怨天尤人。他们稳扎稳打，不指望别人的帮助，他们依靠的是自己。

亚历山大在一次胜仗之后，有人问他："假如有机遇，你想不想把第二个城堡攻下来？"

"什么？机遇？不！我从不等待机遇，我会去制造机遇！"

因为机遇每天都会降临，但降临的时候希望你不是在睡梦中。

·第6课·

识别他人：利用他人情绪管理他人

一、识别他人情绪的意义

◆ 知彼方能影响他人

情商是一种影响力，但影响他人是建立在了解他人的基础之上的。

我们只有在知晓他人的真实意图和一些个性的情况下，才能在做事时收到圆满效果，达成我们的心愿。

英国女王伊丽莎白访问日本，有一项活动是访问 NHK 广播电台。当时 NHK 派出的接待人是该公司的常务董事野村中夫。他接到这个重大任务之后，便开始搜集有关女王的一切资料并且进行仔细研究，以便在初次见面的时候引起女王的注意而给女王留下深刻的印象。

于是，他开始绞尽脑汁在礼物上寻求突破点，可是一直都没有发现更好的办法。偶然之间，他有了一个新的发现，英国女王的爱犬是一种长毛狗，灵感就从这里来了。他马上跑到服装店特制了一条绣有女王爱犬图样的领带……

在迎接女王那天，他特意打上了这条领带。果然，女王一眼便注意到了这条领带，微笑着走过来和他握手。野村中夫用这种无形的礼物打动了女王，当然这所有的一切均来自于他对女王的了解。

没有了解"对手"的战役，注定要失败而归的，如果并不清楚他人心理的话，高情商的人绝不会贸然出击的。

陈平在当初投奔汉王刘邦的时候，曾发生过一宗险事：那是春夏之交的时节。一天中午，天空灰蒙蒙的，碧绿的田野一片静寂。这时，从楚王项羽的军营里走出一个人，身穿将军服，佩带一把宝剑，警戒地四下看着，顺着田间小路，急匆匆地向黄河岸边赶去。这个人就是陈平。他偷渡黄河去投奔汉王刘邦。

陈平赶到河边，轻声叫来一艘渡船。只见船上有四五个人，都是粗蛮大汉，脸上露出凶相。当时陈平已觉察到，上这条船有些不妙，但又没别的去路。他担心误了时间，楚兵会很快追赶上来，只好上了船。

船只慢慢离开了岸，陈平总算松了口气，但他敏锐地观察到，船上这几个人窃窃私语，相互递着眼色，流露出不怀好意的举动。

"看来是个大官，偷跑出来的。"

"估计他怀里一定有不少珍宝和钱，嘿嘿。"

坐在舱内的陈平听到船尾两个人这样低声议论，并发出阴险的笑声时，不禁有些紧张。心想："他们要谋财害命！我虽然身上没有什么财物和珍宝，我只是独自一人，只有一把剑，肯定斗不过他们。如何安全地摆脱危险的困境呢？"

这时船到了河中央时，速度明显地减缓了。

"他们要下手了，怎么办？"陈平在上船时已考虑了一计策。

他从船内站起来，走出船舱说："舱内好闷热啊！热得我都快要出汗了。"

陈平边说边佯装若无其事地摘下宝剑，脱掉大衣，倚放在船舷上，并帮他们摇船。这一举动，出乎他们的预料，使他们一时不知道该怎么办才好。陈平很用力地摇船。过了一会儿，他又说："天闷热，看来要来一场大雨了。"说着，又脱下一件上衣，放在那件外衣之上。过了一会儿，再脱下一件。最后，他索性脱光了上衣，赤着身子，帮他们摇船。

船上那几个人，看见陈平没有什么财物可图，就此打消了谋害他的念头，很快把船划到对岸了。

陈平在这样的情况下，以他一介文士的身份，不论是向船家极力辩解还是凭一时血气之勇拔剑与船家展开搏斗，恐怕都难以逃脱被船家杀害的结局。陈平能在间不容发的紧张瞬间想出办法，不露声色地把危机消解于无形，不愧为刘邦手下的一大谋士。

陈平的脱险得益于他出色的观察，以及机智的方法。有句话叫做"知己知彼，百战不殆"。这句话用在任何场合都合适。

我们只有清楚对手的地位、身份、个性等之后，才能够"对症下药"，这是找到解决问题方法的关键因素，也唯有如此我们才有获胜的可能。

◆ 角色转换与情绪表现

每个人都有许多不同的角色，每个人都有许多张不同的面孔，在生活中，我们不可避免地要扮演许多不同的角色。这也是为什么我们在不同的人眼中形象也不同的缘故。

在面对不同的人与事的时候，人们都有着与之相对应的情绪和心理表现。所以，要了解他人的时候，必须充分发挥自己的情商，理解他们承担的每一个角色之间的关系，并且对此作出准确的判断。

比如说，一个女性通常情况下同时可以是母亲、妻子和家庭主妇。她还可以有自己的职业角色，此外她还可以扮演女儿、阿姨等角色，而每一个角色在不同的场景中又可以分化出许多新的角色，比如说，一个当医生的母亲，对于自己的孩子来说，还可以是家庭教师，体贴入微的女性朋友，亲密的玩伴，给他们带来安慰，理解和体谅的人，决策者等。

从一个角色转换到另一个角色并不总是一件容易的事情。比如说，一位先生晚上在家里照料生病的父母，而第二天早上他必须到工作单位上班。但是对于他来说，一下子从做儿子的角色转换到职业经理等角色是很困难的，因为他的心里时刻都在惦记着自己的父母。

这样的情况对于许多男性来说都很相似。有时候男性在工作中暗自积累了许多怨气和愤懑，在公司里可能由于手头的任务忙不完而忽略了自己的情感。而到了晚上，他的太太最好表现得体贴入微，因为她先生还没有办法完全从职业角色中转换出来，一个小小的刺激都可能酿成很大的家庭矛盾。

通常人们所承担的各种角色不都是可以被清楚地加以区分的，有的角色相互之间可能会有重叠的地方。但是每一个角色的要求都是不同的。一种言行举止对于某一种角色而言可能很得体，而对于另一种角色来说则可能不再合适。如果不能很好地把握分寸，那么情况就会变得令人尴尬。

设想一下：在家里抚摸一下孩子的头发是一件很平常的事情，但是如果你在公司里依然如此的话，情况就会变得很尴尬，但愿你不要那么做。

在人们平时所承担的各种角色中，隐藏着许多特定的感觉和需求，接下来请看下面这些例子：

——那些整天对别人的事情指手画脚的人，他们的意图是什么呢？通常说来，他们希望通过自己的表现得到其他人的肯定和表扬，他们觉得这样做可以使别人显得很渺小，却可以使自己感觉很了不起。

这一类人总是会把自己放在第一位，他们需要通过这种"自以为是"的行为方式，把自己的意愿强加给其他人。

——那些整天无休止的抱怨者，他们心里可能对于现实世界十分不满，并且希望自己看待事物的角度和视野，能够得到其他人的认同。

如果遇到不同的意见，那么他们会觉得这再一次证实了自己对于外部世界的看法（这些看法在别人的眼中可能完全是偏见）。这些人在平日里多半会意志消沉，总是希望别人能够拉自己一把。因此，他们在寻找"精神上的同盟者"。

——那些总是觉得自己对别人有所亏欠的人，他们总是追求尽善尽美，总是希望能够达到所有人的要求，但这是不可能的。因此这一类人总是疲于奔命，永远为了那些"不可能完成的任务"而辛勤努力。

在这些不同类型者的不同举止中，包含着许多不同的心理需求。如果你想了解他们的心理情绪，那么你就得积极有效地应对类似的情况。

一位正在读 MBA 的女老板，对同学说她的脾气特别暴躁，一点小事就怒发冲冠。她的同学听后，只是微笑着问她："你通常是对谁大发雷霆呢？""我的下属啊！"女老板非常不解地回答，对方这才给了答案："问题就出在这里，不是说你的脾气不好。如果真如此，那么你为何不会在市长面前发火呢？"

女老板听了也恍然大悟，声称感谢他的指点。

亚历山大大帝骑马旅行到俄国西部。一天，他来到一家乡镇小客栈。为进一步了解民情，他决定徒步旅行。当他穿着没有任何标志的平纹布衣走到一个三岔路口时，记不清回客栈的路了。

亚历山大无意中看见有个军人站在一家旅馆门口，于是他走上去问道："朋友，你能告诉我去客栈的路吗？"

那军人叼着一只大烟斗，头一扭，高傲地把这个身着平纹布衣的旅行者上下打量一番，傲慢地答道："朝右走！"

"谢谢！"大帝又问道，"请问离客栈还有多远！"

"一英里。"那军人生硬地说，并瞥了陌生人一眼。

大帝抽身道别，刚走出几步又停住了，回来微笑着说："请原谅，我可以再问你一个问题吗？如果你允许我问的话，请问你的军衔是什么？"

军人猛吸了一口烟说："猜嘛。"

大帝风趣地说："中尉？"

那烟鬼的嘴唇动了一下，意思是说不止中尉。

"上尉？"

烟鬼摆出一副很了不起的样子说：

"还要高些。"

"那么，你是少校？"

"是的！"他高傲地回答。

于是，大帝敬佩地向他敬了礼。

少校转过身来摆出对下级说话的高贵神气，问道："假如你不介意，请问你是什么官？"

大帝乐呵呵地回答："你猜！"

"中尉？"

大帝摇头说："不是。"

"上尉？"

"也不是！"

少校走近仔细看了看说："那么你也是少校？"

大帝静静地说："继续猜！"

少校取下烟斗，那副高贵的神气一下子消失了。他用十分尊敬的语气低声说："那么，你是部长或将军？"

"快猜着了。"大帝说。

"殿……殿下是陆军元帅吗？"少校结结巴巴地说。

大帝说："我的少校，再猜一次吧！"

"皇帝陛下！"少校的烟斗从手中一下掉到了地上，猛地跪在大帝面前，忙不迭地喊道，"陛下，饶恕我！陛下，饶恕我！"

"饶你什么？朋友。"大帝笑着说，"你没伤害我，我向你问路，你告诉了我，我还应该谢谢你呢！"

这位少校的情绪转变其实与上面那位读 MBA 的女老板一样，因为他们所面对的对象不同，表现的心理与情绪也截然相反。

我们想客观而全面地认识一个人，就必须注意到他们的不同角色转换，以及转变之后的变化。

二、识人有术

◆ 移情换位

所谓移情，顾名思义就是转移你的感情；换位，就是对问题进行换位思考，不能只以自己的经验来解决问题。因为一旦缺少换位思考，得出的结论特别容易带有偏见，过于武断地想当然肯定会使问题越来越糟。

约翰有一个年仅16岁却劣迹斑斑的女儿：抽烟、酗酒、乱交男朋友……这一切令约翰夫妇伤透了脑筋。他们不知问题究竟出在了哪儿，感到无从下手。约翰想管教这位16岁的女儿，然而她却总是神出鬼没，有时竟然一连几天不回家。

机会终于来了。一天老约翰在房内亲眼看到楼下的女儿回来了，但是她似乎挑衅般地与送她回来的男孩亲吻！约翰气得暴跳如雷，打算给约瑟芬一点颜色看看。

当这位在父母眼中已一无是处的女孩走进房门时，她看到了父亲因为愤怒而发抖的模样，他几乎是用咆哮着的声音对她吼了起来："你怎么能如此放肆？要知道我和你妈妈那么辛苦把你养大……"但约瑟芬显然并不想买账，她头也不回地往自己的房间走去，随着"砰"的一声，约翰夫妇被挡在了门外。

伤心的约翰夫人，小心翼翼地对丈夫说："约翰，我们也许并不爱约瑟芬。""什么？不爱她为何还要如此管教她？否则，早放任她游荡了。""是这样的，"约翰夫人说，"我们从来未进行换位思考。我们也许都太自私了，我们一味地教训她，从不考虑她的感受，或许她正为这个恼火呢。"经过约翰夫人这么一说，约翰仿佛看到了希望。他赶快到女儿的房间，第一件事是为刚才的态度道歉。

奇迹出现了，约瑟芬第一次痛哭流涕地说："我原来以为你们对我很失望，而且也不打算再教我什么了……"

是移情换位让约瑟芬父女重新获得默契与温暖。

许多事都有完美的解决方案，甚至许多矛盾与误解也同样可以化解，而移情换位就是一种和谐的方法。

陈翊是一名预备役警官，他曾遇到过一件精彩的事例。

有一次陈翊离开单位去培训学校接受培训。当时他乘坐地铁回家，车上遇到一个酒气冲天的壮硕男子，脸色阴沉沉地仿佛要打架滋事。

这个人一上车来就跌跌撞撞，只见他高声咒骂，把一个怀抱婴儿的妇女撞得跌倒在地，一对老夫妇吓得奔逃到车厢另一端，一车人屏息着不敢出声，都很害怕。

醉汉又继续冲撞别人，但因醉得太厉害而失去理智，紧紧抓住车厢正中央一根铁柱子，大吼一声想将它连根拔起。

陈翊每天练8个小时擒拿术，技术已经非常娴熟，这时他觉得应该站出来干预，以免其他人无辜受伤。此时，其他乘客都不敢动弹，陈翊霍地站了起来。

醉汉一看见他便吼道："好啊，老兄正想和你切磋一下呢？"接着便作势准备出击。

就在此时，突然有人发出一声洪亮而且愉快的声音："嗨！"

那仿佛是好友久别重逢的欣喜，醉汉惊奇地转过身，只见一个年约 70 岁，身着休闲服的矮小老人。老人满脸笑容地对醉汉招了招手说："你过来一下！"

醉汉大踏步地走过去，怒道："凭什么要我跟你说话？"

陈翊目不转睛地注意醉汉的动作，准备情况不对时立刻冲过去。

"你喝的是什么酒？"老人眼睛充满笑意地望着醉汉。

"我喝清酒，关你什么事？"醉汉依旧大吼大叫。

"太好了！太好了！"老人热切地说，"我也喜欢清酒。每天晚上我都和太太温一小瓶清酒，拿到花园，坐在木板凳上……"

接着，老人又说起他家屋后花园的柿子树，然后老人愉快地问他："你一定也有个不错的太太吧！"

"不，她过世了……"醉汉哽咽地开始说起他的悲伤故事，如何失去妻子、家庭和工作，如何感到自惭形秽。

老人鼓励醉汉把所有的心事都说出来，只见醉汉斜倚在椅子上，头几乎是埋在老人怀里。

陈翊后来曾对朋友讲："这件事对我的触动太大了，要知道当时我以为必须要靠拳头来解决。后来看到那老人机智而温暖的表现，真的让我自己觉得很惭愧。"

显然，老人的情商很高，他了解同情与认可的妙用，而这是武力所不能达到的效果。

他用一种认同的态度来体认醉汉的心情，并最终浇灭他心中的怒火。

同样的问题有多种解决的方法，但随着方法的不同，结局也可能不尽相同，因此我们何不选择比较舒缓而完美的移情换位呢？

◆ 看准对方身份再移情

移情的妙用在生活中屡见不鲜，移情就是一种换位，将自身投射到别人身上再重新思考、判断事情。

不过，移情要想到位、奏效，还需要了解对方的身份，先看准再移情方能产生巨大的能量。

在美国经济大萧条时期，有一位 17 岁的姑娘好不容易才找到一份在高级珠宝店当售货员的工作。在圣诞节的前一天，店里来了一位 30 岁左右的贫民顾客，他衣衫褴褛，一脸的悲哀、愤怒，他用一种不可企及的目光盯着那些高级首饰。

姑娘要去接电话，一不小心，把一个碟子碰翻，6 枚精美绝伦的金戒指落到地上，她慌忙捡起其中的 5 枚，但第 6 枚怎么也找不着。这时，她看到那个 30 岁左右的男子正向门口走去，顿时，她醒悟到了戒指在哪儿。

当男子的手将要触及门柄时，姑娘柔声叫道："对不起，先生！"

那男子转过身来，两人相视无言，足足有一分钟。

"什么事？"

他问，脸上的肌肉在抽搐。

姑娘一时竟不知说些什么。

"什么事？"他再次问道。

"先生，这是我第一次工作，现在找个工作很难，是不是？"

姑娘神色黯然地说。

男子长久地审视着她，终于，一丝柔和的微笑浮现在他脸上。

"是的，的确如此。"他回答，"但是我能肯定，你在这里会干得不错。"

停了一下，他向前一步，把手伸给她：

"我可以为您祝福吗？"

他转过身，慢慢走向门口。

姑娘目送他的身影消失在门外，转身走向柜台，把手中握着的第六枚金戒指放回了原处。

这位姑娘成功地要回了青年男子偷拾的第六枚金戒指的关键，是在尊重谅解对方的前提下，以"同是天涯沦落人"凄苦的言语得到对方的真切同情。这一份"同是天涯沦落人"的感情就是移情。对方虽是流浪汉，但此时握有打破她饭碗的金戒指，极有可能使她也沦为"流浪汉"。因此，"这是我第一次工作，现在找个工作很难"，这句真诚朴实的表白，却饱含着惧怕失去工作的痛苦之情，也饱含着恳请对方怜悯的求助之意，终于感动了对方。对方也巧妙地交还了戒指。试想，如果姑娘怒骂，甚至叫来警察，也可能找回戒指，但姑娘的"饭碗"保得住吗？

这名虽然才 17 岁的小姑娘，却拥有过人的情商，让一场可能升级的"危险"消解得无影无踪。

移情的妙用无所不在，它不仅令人们的人际关系和谐，也能让我们在具体的工作中获取良好的成绩。

陈文的母亲是一个对品牌很忠诚的人，比如她习惯用某个牌子的洗发水就会认定它是最佳的。但一次安利公司的销售员却运用移情成功地把产品卖给了她。让我们来看一下他们的对话。

母亲（以下简称"母"）：太贵了，你们的产品。

安利（以下简称"安"）：我想，您可能还不是很了解安利的特点，我可以为您解释一下。

母：嗯，我倒想知道有什么不同的。

安：安利产品的最大特点就是环保，无毒无害。拿我们平常吃的蔬菜瓜果来说吧，尤其是西红柿，咱们都习惯连皮吃。可是现在西红柿都施农药，单拿水洗不干净，用普通的洗涤灵也很难清干净，这些化学合成的东西吃进去对身体更加不好。而安利的洗涤灵配方是无毒无害的，又很容易漂洗干净，带皮吃黄瓜、苹果什么的尽可以放心。

母：我用普通洗涤灵多冲冲也就行了。

安：呵呵，看您家的布置很精细雅致，您一定是个很注重生活品质的人吧。那些普通洗涤灵中的化学物质对皮肤很不好，如果再长时间浸泡在水中冲洗，对手伤得更是厉害，而且洗蔬菜水果的时候，戴那种塑胶手套也不是很方便，安利产品对皮肤的刺激比较小，再加上很容易冲洗干净，即使冬天，手不会被洗得红红的。

母：那你们那个洗衣液呢？

安：洗衣液的特点也在于环保，刺激小，但是绝对不会有损去污力。有的洗衣粉比较烧手，但是安利的比较温和，手洗、机洗都可以，而且含有一定的柔软成分，如果不是特别敏感的材料，一般不用再加柔软剂。

母：可是你们的产品确实太贵了，我平常用的只要几块钱就可以，也没觉得用着有什么不好啊。再说了，即使安利的产品真如你所说的那么好，那也还是贵。谁不说自己卖的东西好啊？

安：其实是这样的，我给您算一算，安利可能确实是要稍微贵一点，但是绝没有贵得那么离谱。我们这一大瓶洗涤灵是需要先稀释后使用的，因此普通家庭大概可以用一年半左右，普通的洗涤灵一般两个多月就要换一瓶。洗衣液每次也只要很少量就可以达到很好的去污效果，只要这个专用瓶盖（出示了一个小瓶盖）

的三分之二就可以了，因此这一大瓶一般用一年左右也没问题，可普通洗衣粉要洗同样的衣服大概一个月就用完一袋了，另外还要单买衣物柔软剂。这样算下来的话，安利并没有贵太多，您只要稍微多花一点钱，就可以保证使用环保产品，保证您全家人的健康生活，同时无刺激的配方也使您手部的皮肤免受伤害。从长远想想吧，如果您和家人经年累月都生活在充满化学残留物质的环境中，那对身体是多大的隐患啊。

安利的这名推销员因不知不觉中使用了移情，从陈文母亲的需要角度出发，因此打动了她，让一位固执的母亲改变了保持多年的观点。

要移情，必须先看准对方身份，再揣摩心思，再加上合适的话语，一定可以获得理想效果。

◆ 听得懂"弦外之音"

沟通的成败往往与情商的高低有直接关系，因为一个不会听"弦外之音"的人，不会是个沟通高手。听他人的言外之意属于识别他人情绪的范畴。

王坤准备借助于好友赵广的路子做笔生意，可就在他将一笔巨款交给赵广的第二天，赵广暴病身亡。王坤立刻陷入了两难境地：若开口追款，太刺激赵广的未亡人；若不提此事，自己的局面又难以支撑。

帮忙料理完后事，王坤是这样对赵夫人说的："真没想到赵哥走得这么早，我们的合作才开始呢。这样吧嫂子，赵哥的那些关系户你也认识，你就出面把这笔生意继续做下去吧！需要我跑腿的时候尽管说，吃苦花力气的事情我不怕。你看困难大吗？"

赵妻见他虽然表面上并不是要追款，但实际上并非如此，因为王坤的言外之意是：只能是跑腿花力气，却不熟悉那些门路。

于是赵妻反过来安慰他道："这次出事让你的生意受损失了，我也没法干下去，你还是把钱拿回去再找机会吧。"

赵妻是个非常聪慧的人，她很明白王坤的意思。这样也避免了他们的尴尬与可能上升的矛盾。

但并不是所有人都能如此，一些不能准确抓住他人言语中信息的人，有时还会惨遭失败。

沈万三是明朝初年江浙一带有名的大富翁。他原名沈富，俗称万三，万三者，万户之中三秀，所以又称三秀，作为巨富的别号。

沈万三竭力向刚刚建立的明王朝表示自己的忠诚，拼命地向新政府输银纳粮，讨好朱元璋，想给他留个好印象。

朱元璋于是下令要沈万三出钱修金陵的城墙。沈万三负责的是从洪武门到西门一段，占金陵城墙总工程量的三分之一。可沈万三不仅按质量提前完了工，而且还提出由他出钱犒劳士兵。

沈万三这样做，本来也是想讨好朱元璋，但没想到弄巧成拙。朱元璋一听，当即火了，他说："朕有百万雄师，你犒劳得了吗？"

沈万三没听出朱的弦外之音，面对如此诘难，他居然毫无难色，表示：

"即使如此，我依旧可以犒赏每位将士银子一两。"

朱元璋听了大吃一惊。在与张士诚、陈友谅、方国珍等武装割据集团争夺天下时，朱元璋就曾经由于江南豪富支持敌对势力而吃尽苦头。现在虽已建国，但国强不如民富，这使朱元璋感到无法忍受。如今沈竟然僭越，想代天子犒赏三军，仗着富有将手伸向军队，更使朱元璋火冒三丈。

但他没马上表露出怒意，只是沉默了一下，冷言道：

"军队朕自会犒赏，这事你就不必操心了。"

朱元璋决意治治沈的骄横之气。

一天，沈万三又来大献殷勤，朱元璋给了他一文钱。

朱元璋说："这一文钱是朕的本钱，你给我去放债。只以一个月作为期限，第二日起至第三十日止，每天取一对合。"

所谓"对合"是指利息与本钱相等。也就是说，朱元璋要求每天利息为百分之百，而且是利滚利。

沈万三虽然浑身珠光宝气，但腹中空空，财力有余，智慧不足。他心想，这有何难！第二天本利2文，第三天4文，第四天才8文。区区小数，何足挂齿？于是沈万三非常高兴地接受了任务。

可是，他回家仔细一算，不由得傻眼了，虽然到第十天本利总共也不过512文，可到第二十天就变成了524288文，而到第三十天也就是最后一天，总数竟高达536870912文。要交出5亿多文钱，沈万三只能倾家荡产了。

后来，沈万三果然倾家荡产，朱元璋下令将沈家庞大的财产全部抄没后，又下旨将沈全家流放到云南。

沈万三的悲剧恰恰是由他听不懂皇帝言外之意的结果，一味地奉承，但显然马屁拍错了地方，而且也没能领会朱元璋的意思，最后只有败北。

听得懂"弦外之音"是为人处世的必要本领，也是一种交往之技，更是我们情商的体现，因为它直接关系到我们人际关系的好坏和做事的成败。

◆ 无声语言要看懂

了解他人的身体语言，是洞察他人情绪的重要方法和技巧，掌握这种技巧，就能够准确有效、迅速快捷地判断出对方的情绪。

人的心理常常被比喻为演戏的舞台，倘若把灯光照到的地方当成人的意识焦点，那些焦点的背后就是光线照射不到的"黑暗地带"，也就是人类的深层心理区域。

如果不能探索到这个黑暗的地方，就无法真正了解对方的心理，要洞察对方的深层心理，就有必要了解语言之外的情绪表现。

这些情绪表现，通常会通过一些非语言的信息传达出来，比如姿态、动作、表情、服饰、语调等，如果无法识别这些非语言的情绪，就无法理解他人的真实意图，当然也就无法成功地与人交流。

实际上，很多不快和冲突，都是由于当事人没有注意或准确判断对方的心理和情绪造成的。因此，识别对方的情绪，从对方的行为、姿态、表情、服饰等方面，看出对方的内心情感和欲望，这是一种高情商的表现，是建立良好人际关系的基础。

文字并不是人类最基本的表达和沟通方式，来自身体的语言才是人类最常用最基本的表达和沟通方式。

理解和掌握身体语言，意味着在交谈的过程中，能够充分了解对方通过身体动作，有意或者无意之间向外传达的信息。

经验丰富的家长，很容易就可以察觉出自己的孩子有没有说谎，就如同《格林童话》中那个故事一样：匹诺曹的鼻子，在他说谎的时候会变长。

当孩子费尽心机编造故事情节时，他的身体和眼神就已经出卖了他。这种情况下，真正说话的不是他的嘴巴，而是他的身体。

人们在向他人传递信息的时候，可借助各种辅助手段来表达。诸如语言、声调、手势、眼神、面部表情……

而像手势和面部表情等都属于"无声语言"，有人形容他人"口是心非"，也就是说嘴巴表达的可以随意改变，而无声的语言依然会泄露你心中的秘密。

尼克松卷入水门事件后，在一次接受记者采访时，出现了摸弄脸颊、下巴等动作。而在水门事件爆发前，尼克松从未有过这种动作，心理学家法斯特教授据此认为，尼克松这次肯定脱离不了干系。

脸部表情在反映一个人的情绪中占有很重要的地位，它是鉴别情绪的主要标志。当然一个人的内心世界不只是从脸部表现出来，当人们努力抑制脸部表情的变化时，他的身体其他部位会在无意中泄露真情。

例如，一个人用微笑的面容去掩饰对对方的愤怒时，他那紧握的拳头，僵硬的肢体，明白无误地告诉了对方他的真实情绪。

摸自己身体这种"自我接触"，在心理学上可以解释为"自我安慰"。为了弥补自身的弱点或掩饰某种情绪，人们往往会无意识地做出种种自我接触的动作。尼克松的自我接触，就是由于证据确凿，不自觉地将其恐惧心理流露了出来。

自我接触的基本意义多为内心不安、紧张过度、恐惧等。人在精神上受到伤害或产生紧张情绪时，便会不由自主做出种种举动，触摸自己的身体，如抚摸、抓、捏等。比如，一个人不断地把两只手的手指交叉在一起，那就是他内心紧张不安的一种客观折射。

摊开双手，是许多人要表示真诚与公开的一个姿势。意大利人毫无拘束地使用这种姿态，当他们受挫时，便将摊开的手放在胸前，做出"你要我怎么办呢"的姿态。

而耸肩的姿态也随着张手和手掌朝上而来，演员常常用到这个姿势，不只是表现情绪，即使在演员说话前，也能显示这个角色的开放个性。

注意一下小孩，当他们对自己所完成的事感到骄傲时，便会坦率地将他的手显露出来，但是，当他们有罪恶感，或对一个情况产生怀疑时，便会将手藏在口袋中或背后。

与开放接纳的姿势相对的，是一种保护自己身体，隐藏个人情绪，对抗欺侮的姿态。

此类无声语言还有很多，需要有心人的细心发现与运用。

看懂他人脸色再说话办事很重要，察言观色是成功必备的技能，而"观色"则是解析无声语言的能力。

韩非子曾说："向君主进谏，最忌讳的便是当面触犯。"

春秋时代的齐国宰相管仲深明这个道理，所以在进谏时总是察言观色，等到适当的时机再从旁进谏。但是有一次，他稍不小心，还是触到齐桓公的"逆鳞"。

当管仲审核国家预算支用的情况，发现宴客费用居然高达三分之二，其他部门的经费只有三分之一，难怪会捉襟见肘、效率不高。他认为这太浪费，此风断不可长。于是，管仲立刻去找桓公，当着众臣的面说："大王，必须要裁减执行费用，不能如此奢侈……"

话未说完，没想到齐桓公面色大变，语气激动地反驳说："你为什么也要这样说呢？想想看，就是因为款待那些宾客稍微隆重了些，其目的是使他们有宾至如归的感觉，他们回国后才会大力地替我国宣传；如果怠慢那些宾客，他们一定会不高兴，回国后就大肆说我国的坏话。粮食能够生产出来，物品也能制造出来，又何必要节省呢？要知道，君主最重视的是声誉啊！"

"是！是！主公圣明。"管仲不再强争，即刻退下。

如果换作是一个忠义顽强好辩的人士，继续抗争下去，可以想象会有什么后果。管仲的聪明之处在于他善于察言观色。他从齐桓公的脸色和语气中察觉到此时齐桓公心情不佳，不会接受劝谏，自己应做到该进则进、该退则退、当止则止，于是他不再继续损害君主的尊严，而是在后来的工作中慢慢影响齐桓公，使问题逐步加以改善。

熟悉和了解身体的语言，可以使你更加清楚地表达自己的意图。在人际交流中，一方面，你要把自己的意思通过身体语言表达出来，而另一方面，需要能够清楚地了解别人通过身体语言所表达的信息，并且作出回应。

萨米·莫歇是著名的哑剧演员，他曾经对身体语言作了这样的表述：在英语中"body"意味着"身体"，"somebody"表示"某人"，这说明一个人只有通过身体的语言才能与别人交流，因为身体会"说话"。而"somebody"的反义词"nobody"，可以被理解为"没有人"，这说明离开了身体也就没有语言，信息也就无法相互传递。

◆ "阅读"他人的眼睛

著名作家爱默生如此形容过我们的双眸："眼睛如同我们的舌头一样能表达，只是它的优势不需要任何词典，就能被全世界理解。"

为什么有那么多的人注意他人的眼神，就是因为它是"心灵的窗户"，我们可以通过它窥见一个人的内心世界。

　　伊丽娜是某外企公司人事部经理，被邀请参加一个世界著名公司的人际关系培训班结业典礼。伊丽娜打算在了解公司讲师的素质后再决定自己是否参加培训。

　　坐在前排右边，看着那些结业的人用被强化训练出来的积极热情的语言，振奋地表达自己的体会。那位主讲老师的脸上始终挂着一个定格的笑容，但是伊丽娜总感到有什么使她困惑，无法捉摸那笑容的背后，到底是真诚还是客套，无法相信那张脸的诚意，更无法被那个标准的肌肉造型的笑容感染。典礼结束时，伊丽娜走向那位讲师做自我介绍，在他们握手的一刹那间，伊丽娜与他的眼睛直视，伊丽娜这才明白：原来困扰我的是他那双眼睛。

　　伊丽娜形容那双眼睛："看起来阴冷、高深莫测、虚实不定。那双眼睛对我并没有兴趣，它只是漠然地在我身上扫了一遍。这双眼睛与他的笑脸是那么不和谐，这双眼睛里没有一丝笑意和温暖。我的困惑终于解除了，原来他的笑是强化培训出来的职业笑容。他的心中并没有笑，这些全都通过眼睛表现出来。眼睛是心灵的窗口，一个只有脸上微笑，心灵没有微笑的人能是一个优秀的人际关系讲师吗？他阴郁的眼神似乎在向我宣示：'我的主人是个非常虚伪的人，他的内心没有善良的阳光。'"伊丽娜最终没有参加这个公司的培训班。

　　我们常说"眼睛是心灵的窗户"。的确是这样，眼睛同人们的思想感情有很大关系。当一个人对某个人或某样东西发生兴趣时，他的眼睛肯定会有一系列的复杂活动，如视线转移、瞳孔变化等等。这一系列复杂的活动，一般说来都能准确地反映出这个人当时的心情。老练的便衣警察能在人流如潮的商店中，准确地看出谁是扒手，谁是流氓，凭的就是对眼睛的观察。一般顾客的眼睛，往往只注意商品，而小偷或流氓的眼睛，却总在顾客的口袋或女人的身上巡视。

　　在人类的活动中，用眼睛来表达的方式和内容如此丰富、含蓄、微妙、广泛，眼神的力量远远超出我们用语言可以表达的内容。美国身体语言专家福斯特在他的书《身体语言》中写道："尽管我们身体的所有部分都在传递信息，但眼睛是最重要的，它在传送最微妙的信息。"每天人们都是用目光默默无声地互通信息，目光在面对面的沟通交流中起着重大的作用，它决定着你能否有效地与对方交流。一个不能运用目光沟通的人不会是个高效的交流者。

　　《法制日报》曾报道了这样一条消息：美国加利福尼亚州一位叫拉尔的警察吃了官司，原因是有7名女同事向法庭投诉，说拉尔的眼睛不停地盯着她们，使她们感到不舒服，拉尔自己辩护说，他从未调戏女同事或触摸过她们。但加利福尼亚州上诉法庭判定，拉尔的恼人及骇人的凝视习惯是淫亵的，拉尔应被革职。

假设一个善良的人，突然在一条僻静的小路上遇上了持刀抢劫的强盗，他们眼神的互换就很有趣。一开始，强盗悠闲地横在路上，眼睛望着手中玩弄的刀，为的是引起对方对凶器的重视。嘴上说："把钱留下！"行人很害怕，眼睛也不敢直视强盗，嘴上不断说些好话，想唤起强盗的同情心。同时，也会不时用眼角瞥一眼强盗，看他的态度是否有了变化。强盗则被行人的话激怒了，开始用凶狠的目光盯住行人，并威胁着行人赶快把钱交出来。行人此时不敢再看强盗一眼，浑身哆嗦着把钱放在地上。这时，行人的心情非常矛盾，是反抗，还是自认倒霉？他的眼睛会不停地眨动，反映他内心的剧烈活动。强盗则以为行人被吓坏了，于是极尽侮辱谩骂之能事，甚至要行人脱下衣服。行人终于忍无可忍，猛然抬头，直视强盗，猛地扑了上去，打掉强盗手中的刀。此时，形势大变了。行人的目光严厉地盯着强盗，而强盗则被突如其来的打击弄糊涂了，看看行人，看看自己，似乎不相信这是真的，等他确信了眼前的这一切时，开始恐惧地望着对方，以便保护自己。

在这一幕中，行人的眼睛行为依次是：偷偷瞥视，这是被动的防卫性行为；不敢看强盗，这是恐惧的回避；到最后严厉地盯住强盗，则是被迫的反击行为。而强盗则是：先不看行人，表示自信和藐视的派头；再劫住行人，这是攻击性极强的行为；被还击后的惊恐眼神则是心里恐惧和本能防卫的流露。从这里我们不难看出，眼睛的变化是能真实反映人的内心剧变过程的。

眼神的交流有时显得更含蓄也更间接、隐蔽，一个眼神通常能代替千言万语。生活中常会听："你骗我！你看着我的眼睛说话！"这也是常见的电影台词，因为说谎的人通常不敢与人直视或眼神游移不定。一般的交流会有以下几种目光注视：

一是公务注视，一般用于洽谈、磋商等场合，注视的位置在对方的双眼与额头之间的三角区域内。

二是社交注视，一般在社交场合，如舞会、酒会上使用。位置在对方的双眼与嘴唇之间的三角区域内。

三是亲密注视，一般在亲人之间、恋人之间、家庭成员等亲近人员之间使用，注视的位置在对方的双眼和胸部之间。

如果对对方的讲话感兴趣，就要用柔和友善的目光正视对方的眼区，内心充溢着爱慕、友善和敬意。

如果想要中断谈话，可以有意识将目光稍微转向他处。当对方说了幼稚或错误的话显得拘谨害羞时，不要马上转移自己的视线，相反，要继续用柔和理解的目光注视对方，否则，会被别人误解为你在嘲笑他。当双方缄默不语时，不要再看着对方，以免加剧尴尬局面，谈得很投入时，不要东张西望，否则别人认为你已听得厌烦了。

通过"阅读"他人的眼睛，能帮助我们看透对方的真实内心与实际想法，这是交际中不可或缺的能力与技巧。

◆ 穿衣识人

马克·吐温说服装塑造一个人，一个不修边幅的人是没有影响力的人；狄更斯也曾说无论你做什么都要注意你的仪表。

形象的重要性不言而喻，形象的概念与外延很大，不过服饰绝对是当中最重要的构成之一。

艾斯蒂·劳达是世界化妆品王国中的皇后。她拥有几十亿美元的化妆品王国，是世界化妆品领域的主要代表。但劳达出身贫穷，并没有受过多少教育。最初，她以推销叔叔制作的护肤膏起家。为了使自己的产品能够多销售一些，她不得不走街串巷。后来，她决定将产品定位于高档次上。可是，起初她的推销却没有什么效果。后来，她终于忍不住问一个拒绝购买产品的客户："请问，您为什么拒绝购买我的产品呢？是我的推销技巧有什么问题吗？"

那位女士道："不是技巧有问题，推销要什么技巧？如果我觉得你在展示技巧，我就会将你赶出去。是你的形象不好。你根本就是一个低档次的人，让我怎么相信你的产品就是高档次的？"这位女士的话明显带有对艾斯蒂·劳达轻视甚至污辱的成分，但聪明的劳达却兴奋异常，认为自己找到了问题的关键：那就是产品的高档次，首先在于推销人，也就是自己的高档次。她想，换成自己也会是这样，推销人员本身的档次不高，自己也确实会怀疑产品的质量和品味。于是，她决心对自己的形象进行精心改造、包装。她模仿富贵名门和上层妇女，像她们一样穿着打扮，模仿她们的举止。另外，她注意培养自己的自信，让整个人看上去魅力四射。慢慢地，越来越多的人买下了她推销的产品。从此，她一发不可收，直至建立化妆品王国……

和上面的那位女士一样，人们通常爱用眼睛来判断一切。不管你多么反感于

"以貌取人"，但这样的事时有发生。

衣服是人类的第二层皮肤，是人类个性的表现。我们与对方谈话，最先看到的就是对方的衣服。这种观点几乎已经被大家所承认。我们平时所看见的多姿多彩、形形色色的服装中包含着丰富的心理内涵和社会意义。

不论现代或古代，人们由于职业不同，服装也随之不同。此外，衣服的颜色和式样，也因为年龄不同有些区别。根据一般人的习惯来说，年轻人都喜欢穿着轻爽明快的服饰，上了年纪之后就喜欢色彩比较淡的衣服。

在美国一次形象设计的调查中，76%的人根据外表判断人，60%的人认为外表和服装反映了一个人的社会地位。毫无疑问，服装在视觉上传递出你所属的社会阶层的信息，它也能够帮助人们建立自己的社会地位。在大部分社交场所，你要想使自己看起来就属于这个阶层的人，就必须穿得像这个阶层的人。正因如此，很多豪华高贵的国际品牌的服装，虽然价格高得惊人，却不乏出手不眨眼的消费者。人们把优秀的服装与优质的人、不菲的收入、高贵的社会身份、一定的权威、高雅的文化品位等相关联，穿着出色、昂贵、好质地的服装就意味着事业上有卓越的成就。

◆ 聆听的魅力不可挡

拿破仑·彭纳派德是拿破仑的侄子，他与美女郁金妮·德伯女伯爵相爱并成婚。他的顾问们认为，她不过是一位不重要的西班牙伯爵的女儿。但拿破仑反驳说："那又怎么样？"她的青春、她的优雅、她的美貌、她的诱惑，使他充满了神仙般的幸福。"我已经喜欢了一位我所敬爱的女人，"他说道，"她不是一位我不了解的女人。"

拿破仑和他的新婚妻子拥有健康、财富、势力、美貌、名誉、爱情与信仰——一切幸福的条件。但是，他们婚姻没过多久，那炽热的圣火就熄灭了，直至化为灰烬。拿破仑可以使郁金妮成为皇后，他可以倾尽美丽法国的所有或献出他爱情的全部力量，甚至他皇位的势力，但他无法做到一点：使她停止喋喋不休。

出于嫉妒和多疑，郁金妮轻慢他的命令，甚至不许他有秘密的表示。正当他处理国事时，她闯入他的办公室，阻挠他最重要的讨论。她常常到她姐姐家抱怨她的丈夫。她拒绝他独处，永远怕他与别的妇人交往。抱怨、哭泣、喋喋不休，甚至恐吓，并强行进入他的书房，向他发怒、谩骂。拿破仑，这个法国的皇帝，纵然有许多富丽堂皇的宫殿，但却不能找到一个小橱，以让自己在那里定一下自己的心。

郁金妮与拿破仑的婚姻失败归于沟通的失败，可怜的是郁金妮并不知晓闭嘴的功效。沉默的聆听总是比不断地讲话更受人欢迎。

任何一个人都讨厌听别人啰嗦。人们发现在费了九牛二虎之力打算说服他人的时候，往往并不奏效，因为倾听者会认为你喋喋不休或你总想把意见强加给他。

卡耐基曾说过这么一个小事情：

"前几天，几个朋友邀我参加一场桥牌会。我本人不会打桥牌，另有一位漂亮的女子也不会打。我们正好有机会一同坐下来聊聊天。

"闲谈中，她提到她同她的丈夫最近刚从非洲旅行归来。'非洲！'我说，'多么有意思！去非洲看看是我的心愿，但我除在爱尔裘士停过24小时外，其他地方还没到过。告诉我，你去过野兽出没的乡间了吗？多么幸运啊！我真羡慕你！给我讲讲关于非洲的情形吧。'"这次谈话谈了45分钟。她没有问我到过世界上什么地方，看见过什么奇异东西。她好像并不想听我谈论我的旅行，她所需要的不过是一个专注的倾听者，倾听她讲述所到过的每一个迷人的地方。"

如果我们不注意倾听别人的谈话，而是喋喋不休地谈论我们自己，其结果别人就会躲避我们，背后嘲笑我们，轻视我们。

马可先采访过许多世界名流政要，他说许多人不能使人对他产生好印象，因为他们不注意倾听。"他们极关心他们自己要说什么，他们不打开耳朵……大人物们曾告诉我，他们喜欢善于倾听者比善于谈话者多。但能倾听的能力，好像比任何别种好性格都少见。"

不只是大人物，就连平常人也一样。正如《读者文摘》中有一篇文章所说的："许多人请医生，他们所要的，不过是一个倾听者。"

林肯曾在美国内战最黑暗的时候写信给在伊利诺伊州的一位朋友，说有事情与他讨论请他到华盛顿来。这位老朋友到白宫拜访，林肯同他谈了数小时关于宣布解放黑奴的问题。林肯将对这举动赞成及反对的理由都加以研究，然后才阅读这些信件及报纸文章。有的谴责他，因为不解放黑奴；有的谴责他，因为怕他要解放黑奴。谈论数小时以后，林肯与他的老朋友握手互道晚安，送他回伊利诺伊州，竟然没有征求他的意见。一直都是林肯在说，那好像是舒畅他的心境。"谈话之后他似稍感安适。"这位老朋友说。林肯没有要建议，他只要一位友善的、同情的倾听者，使他可以对他发泄苦闷。

善于倾听的人收获总是比他人多，除了获取他人的好感外，更重要的一点是可从他人的言语中获得重要的信息。

一个人在讲述自己的故事或他人时，总会难免加一点个人感情，这就为我们了解他人提供了一种便捷的方式。

有的人总是急于表现自己，不给对方说话的机会。作为人的天性，这种做法可以理解，但作为交往方式，这是很不明智的。法国哲学家罗西法古说："如果你想得到仇人，就表现得比你的朋友优越；如果你想得到朋友，就让你的朋友表现得比你优越。"

丽塔是纽约劳动保障部门人缘最好的人。但过去的情形不是这样的，她刚来的那几个月里，连一个朋友都没有。因为她话说得太多，她总是不厌其烦地讲自己的旅行经历、工作成绩、特长等等。

"我干得不错，并且为此自豪，"丽塔在卡耐基的课上说，"可是我的同事对我很冷淡。我希望他们都喜欢我、成为我的朋友。在听了卡耐基先生的一些建议后，我很少再谈自己，我以最大的耐心听同事说话。他们也需要把自己的成就告诉我。现在，我和他们在一起聊天的时候，我就让他们把他们生活中有趣的事告诉我，我学会了分享他们的快乐。至于我自己，只有在他们问我的时候我才说一说。"

也许你很愿意谈自己，但别人也是这样，因此你老是谈自己，别人就会不耐烦。其实仔细想一想，自己也没什么好谈的，因为你说得再多也不可能使自己变得更理想，反而给人留下唠唠叨叨的印象。如果你要赢得别人的喜爱，不妨鼓励对方多谈谈他自己。

只谈论自己的人，只为自己设想。而"只为自己设想的人"，哥伦比亚大学校长巴德勒博士说，"是无可救药的没有教养的人，无论他是如何爱教导。"

所以如果你希望成为一个善于谈话的人，就要做一个注意倾听的人。"要使人对你感兴趣，先使人感兴趣。"问别人喜欢回答的问题，鼓励他谈论他自己及他的成就。

不要忘记与你谈话的人，对他自己、他的需要、他的问题，比对你及你的问题要感兴趣 100 倍。

◆ **看看他是怎么"坐"的**

坐姿是心灵的暗示。从坐的方式、坐的姿态、坐的距离中，都可以窥见一个人真实的意思，了解一个人心理上的动向。

面对不同的对象，在不同的场合中，人们会有不同的坐姿表现。

如果你能获得与对方交谈的机会，那么你也就同时获得了进一步了解他的机会。下面告诉你几种了解对方的办法：

1. 根据坐姿洞察对方心理

人在交谈时的坐姿往往不自觉地暴露内心。请看下例：

互相侵入对方身体领域的程度愈大，这就表示两人之间的关系愈亲密。

坐在椅子上时，有许多人马上脚就交叠或扶住椅把。坐在椅子上马上将脚交叠的人，是不喜欢输给对方且有对抗意识的表现。女性坐在椅子里或客厅、办公室等地方，脚经常交叠的人也很多。

和上司或顾客谈生意时或会面时脚交叠的时候，会被对方视为骄傲的人，有损对方对自己的印象。

女性两肘靠在桌面上交叠时，同时又不断反复交叠后放下，放下之后又交叠时，是很关心对方男性的表示。在交谈之间，先将脚叠起来的人，是表示自己的优势。另一种脚稍微叠起一点点是表示心里的不安。

在杨子荣初见座山雕时，杨子荣凭着一双练就的侦察员的目光，看出座山雕架起二郎腿，端坐在老虎椅上，是为了表现居高临下的优势，用意是想探出杨子荣的来路和虚实。有着丰富斗争经验的杨子荣一开始就与座山雕在打一场心理仗。结果众所周知，杨子荣料敌于先，从坐姿看出座山雕的虚张声势，而后从容面对，取得了座山雕对他的信任，顺利地完成了打入敌人内部的任务。

2. 坐姿稳若泰山型与浅坐型

绝大多数的时候，我们都是处于"静坐"的状态，而非走动或站立。那么坐姿有何"天机"可以泄露呢？

凡是坐姿稳如泰山的人，在精神上大都处优势地位，或者是有意处于优势地位者，而居于劣势地位的人，大都采取可以立即站立的坐姿。这种随时都在保持浅坐姿态的人，是在潜意识中欲表现对他人的恭敬和洗耳恭听的缘故。

此外，由一个人的坐姿所表现的心理，也有许多种。例如，一坐下来立刻跷起二郎腿的人，大都深具戒心及不服输的对抗心理。东方女性一般都没有跷腿的习惯，因此，敢大胆跷起二郎腿的女人，表示对自己容貌颇具信心，也希望由此引起男人的注意。因此，这种女子自尊心极强，刻意卖弄风姿，虽然可比较随便与异性交往，但要赢得芳心或使其以心相许并非易事。

3.从坐的场所观察人

一般的情况下，宁可坐旁边而不坐正面的人，是要推测对方的心理。

坐在对方的正面时，是想使对方了解自己。此时的特征是敬意、哀怨、拒绝、观察、小心等。初次见面和在生意上与对方接触时，这种场面经常可以见到。所以请客时，把主宾请坐上位的礼貌，也是由此开始。

也有些人喜欢找靠近房间门处的座位坐下来。这种人的权力意识强烈，但同时另一方面也有谨慎之处。此时的特征含有警戒、小心和监视的意味。

4.忽视心理上的距离，往往是威胁与引诱的陷阱

有关"坐的距离"的另一种观察法，可由对方与自己的心理距离中看出端倪。假使自己与对方并无特别亲密的感情时，对方却侵入了自己的身体空间之际，就当警觉到对方可能会对自己施予威胁或引诱，或试图破坏传统人际关系的围墙。例如，被流氓纠缠上时，对方必定以死皮赖脸的姿态亦步亦趋，步步逼近。

警察也经常使用这种方式来审讯嫌疑犯，就是在审讯的过程中，不露声色地接近嫌疑犯，以侵犯对方身体空间的方式带给对方一种不安感，逼使其招供。

人际关系：用情商拓展人脉

一、人际关系决定你的成功指数

◆ 好人缘易产生幸福感

一个人拥有良好的人缘，他会备感幸福。工作得心应手，因为有别人配合，看到的是一张张微笑的脸；生活充满快乐，因为他时常感到满足。

相反，一个人缘不好的人内心会不时涌现孤独、失落感。

刘老板是黄老师多年的邻居，他的公司业务兴旺的时候，他的人缘非常差，因为他太不检点自己的举止了，他的汽车飞驰而过，吓得正在蹒跚而行的老人们躲避不迭，他的仆人遛狼狗的时候，那条高大的狼狗冲着小孩狂吠，吓得小孩哇哇大哭。刘老板哪天高兴了，他家喧闹的音乐彻夜不停，吵得四邻不得安宁。邻居们都巴不得刘老板早点搬走。但是听说他的生意越做越大了。

突然传说刘老板破产了，传言很快被证实了，因为街坊邻居们看到刘老板走在这条街上的身影。他开始主动和别人打招呼了，但是人们只是冷冷地冲他点点头，刘老板有些失落的样子。

有一天黄昏，刘老板遇见了黄老师，他们小时候是同学，但是交情也不太深，两人一路走着，随便聊几句家常，刘老板突然叹了一口气说，最近才发现自己在这条街的人缘很差，黄老师顺口答道："人在落魄时得罪了人，可以在得意的时候弥补；在得意的时候得罪了人，却不能在落魄时候弥补。"

刘老板听得入了神，不知在想些什么。

刘老板在街上走了一年，他的自信渐渐恢复了，听说他又重整旗鼓了。慢慢地看不见刘老板走路的身影，他又坐上了汽车。但是他的汽车不再开得飞快，他家的狼狗早就送人了，他时常和街坊聊几句天，人们也慢慢地主动和他打招呼了，刘老板的人缘变好了。

人缘好了，心情就好，心情一好看什么都顺畅。

赵丽是一名普通的出纳，平时看不出是什么原因常会见她微笑，时常挂在嘴上的笑容让她的邻居李唐感到不解。直到一个周末的上午，李唐看到赵丽背着一个偌大的背包准备出门。问赵丽后得知她把一些衣物要送给生活困难的人。那么遥远的路她决定骑车送过去，还买了一点水果顺便稍去。李唐不解地问："让他们自己来不就得了？"赵丽习惯性地笑笑："他们很忙的，周末做点事赚些钱不容易，来取要花费时间。再说，我也没有什么事。孩子们一看见我过去可开心了！"

李唐至此开始明白了，真诚帮助他人让她获得了到处受人欢迎的性格，而这一切令赵丽觉得自己特别幸福，因为有人需要她的关爱。

助人者人必敬之、助之，良好的人缘让你开展工作时如鱼得水。在遇到挫折时也会得到他人特别贴心的安慰、资助，这不是一个自私的人所能感受到的。

幸福感并不是来自于位高权重，也不会"小人得志"就轻易获得，拥有好人缘，幸福就在你身边。

◆ 人际关系佳者更接近成功

好莱坞有句流行语："成功不在于你会做什么，而在于你认识谁。"这是关于人际关系的作用再形象不过的说法了。

人脉的重要使得我们每个人都认同"多个朋友多条路"这样的说法。成功的必由之路是要经营人心，打理好人际关系。

清代乾隆年间，南昌城有一点心店主李沙庚，以货真价实赢得顾客满门。但其赚钱后便掺杂使假，对顾客也怠慢起来，生意日渐冷落。

一日，书画名家郑板桥来店进餐，李沙庚惊喜万分，恭请题写店名。郑板桥挥毫题定"李沙庚点心心店"六字，墨宝苍劲有力，引来众人观看，但还是无人进餐。原来"心"字少写了一点，李沙庚请求补写一点。

但郑板桥却说："没有错啊，你以前生意兴隆，是因为'心'有了这一点，而今生意清淡，正因为'心'少了这一点。"

李沙庚感悟，才知道经营人心的重要。从此以后，痛改前非，又一次赢得了人心，赢得了市场。

一个人事业上的成功，有人说80%靠人际关系，能否织就一张属于自己的人际关系网，这是情商高低的体现。

从来没有任何一个人的成就，是单打独斗的结果，如果没有背后强大的社会关系资源，个人能力再强也只有"望梦想兴叹"的份儿。

社会关系像煤炭、石油一样，是一种资源，而且是一种不仅可以再生，还可以成几何数量增长的资源。因此，社会关系对于人们来说是不可忽视的巨大财富。香港富豪陈玉书之所以成为"景泰蓝大王"，就在于很注重建立自己良好的关系网，并且凭此网身经百战，每次都能渡过难关。当年他初到香港时，凭自己的顽强奋斗站住了脚，但这与他的宏伟理想还相差甚远，为此他日夜苦思创业大计，不想一天的奇遇却彻底改变了他的命运，使他走上迅速发达之路。

1975 年的一天，陈玉书闲来无事，便带儿子去维多利亚公园游玩，碰巧遇到了熟人，经熟人介绍，认识了印尼驻港领事的妻子，更巧的是这位领事妻子与陈家颇有渊源，从此陈玉书便与领事一家结下了良好的关系，建立起了一张最奇妙的关系网。不用说这张网的效力是非常大的，因为它可以帮助陈玉书办别人不能办的事。在当时，得到一张印尼的商务签证很不容易，陈玉书就凭着与领事的关系，为那些办签证的人服务，从中收取服务费。第一次办成功时，陈玉书就得到了 5 万元的报酬，令他喜出望外。于是他干脆办了一家公司，正式对外营业，做起签证生意来。通过签证生意，他不仅赚到了钱，而且使他得以同各行各业的人打交道，尤其是与其中的不少商人建立起了朋友关系。利用这些朋友关系他又了解了不少商业行情，利用其中的机会进军大陆贸易，开辟了事业的新天地。

陈玉书的经历充分体现了"关系"对人生的巨大推动力。我们知道陈玉书利用与政府官员的关系取得了成功。在这方面，胡雪岩的经历恐怕更富有传奇色彩。

胡雪岩的成功与他巨大的关系网密不可分，其中对他帮助最大的是王有龄。

胡雪岩出身很低贱。经过多年的学习和磨炼，最后才成为浙江一家钱庄的伙计。本来这对于一个贫苦的年轻人，已是很不错的差事了。可是，胡雪岩天性爱结交朋友，他深知人际关系的重要。当然他也因此而丢掉了这份不错的差事——他把收来的钱资助了王有龄。

王有龄祖籍福建，父亲客死杭州，从此家中生活每况愈下。闲着没事，时常用闲逛打发时间。有一次被胡雪岩看见，从此就注意上了他。胡雪岩发现王有龄印堂发亮，方面大耳，生得一副官相，但身上的褂子却打上了补丁。心想，这人到底是什么身份呢？

有一天胡雪岩在路上碰到王有龄，见有机会，便力邀王有龄喝酒。酒过三巡，胡雪岩问道："王兄，我心里有个疙瘩。想请教你，我看你不像个愚庸之人，何以天天无所事事，不去做点事儿？"

王有龄叹息了一声道："什么事儿不要点本钱哪？"

胡雪岩道："一步步来吧，难道你想一口吃个大胖子？再说，不在本钱大小，有你一副好资质就可以了。"

王有龄见有人夸他，说的也是实在话，一来二去，就将自己的难处说了。原来，他父亲在世之时已经给他捐了个"盐运使"，只是父亲死后，家道中落，没有钱去打点上面的关系。所以至今仍然没有补缺。

谁知，上天有眼，胡雪岩这回还真的帮上了他。他将他从别处收来的500两银子，悉数借给了王有龄，叫他赶快北上进京去打点，好补上空缺。王有龄当然是感激不尽，揣了银票立即北上。

这时，太平天国的军队已经打下武昌、九江，直取金陵，王有龄北上，走到山东就碰到了他的故交何桂清。这何桂清之父原是王有龄家仆之子，因王有龄父亲见何桂清人很聪明，就命他与王有龄一起读书，后来两家各奔东西，断了音信，不想那何桂清以文章考取功名，很快就当上了官。在何桂清的帮助下，王有龄很快打通了关节。又恰好赶上何的同门师兄黄宗汉现放浙江巡抚。何桂清立刻修书一封，交与王有龄，叫他去打点黄宗汉，顺顺当当地当上了盐运使。

如前文所述，胡雪岩这番仗义，让他丢掉了在钱庄的差事。

没了职业，胡雪岩的家境日亦艰难，而且还不时地遭人白眼，从不服输的胡雪岩北上京师做了趟生意，谁知，时运不济，也没什么起色，回来后就更加举步维艰了。可以说只差一点就要以讨饭为生了。然而，就在这时，王有龄来到了他的身边。

饮水不忘掘井人。王有龄也算是个有良心的人，回来之后，听说胡雪岩为了他的前途，将钱庄的"伙计"职务都丢了，便觉心有惭愧。然而，当日分手时，胡雪岩并未将住所告知王有龄，王有龄几番重回旧地寻觅胡雪岩，却寻他不着。王有龄终日派人找寻，几经周折，才在杭州城里寻到了胡雪岩。

从此，胡雪岩因为得到王有龄的帮助而把生意做顺做大，并因此而结识了许多清朝官员，这所有的一切都为他的成功铺下了特别重要的一张人脉网。

所以说，情商高的人都知道人际关系对于成功的重要，并会积极寻求一种方法以创造出良好的人际关系。

二、营造和谐人际关系的策略

◆ 记住他人的名字

如果至今你还有"名字只是一个符号"的思想，那你或许需要更新一下观念了。只要我们稍微留心一下，便会发现有许多用他人名字命名的事物，从一幢大楼到一条马路；从一个实验室到一个行星，为什么会出现这样的现象呢？

有人说那是为了纪念和向某人感恩，但除此之外恐怕就是名字对于每个人的特殊性和重要性了。

安德鲁·卡内基被称为钢铁大王，但他自己对钢铁的制造懂得很少。他手下有好几百个人，都比他了解钢铁。

但是他知道怎样为人处世，这就是他发大财的原因。他小时候，就表现出组织才华。当他10岁的时候，发现人们把自己的姓名看得很重要。而他利用这项发现，去赢得别人的合作。例如，他孩提时代在苏格兰的时候，有一次抓到一只兔子，那是一只母兔。他很快发现多了一窝小兔子，但没有东西喂它们。可是他有一个很妙的想法。他对附近的孩子们说，如果他们找到足够的苜蓿和蒲公英，喂饱那些兔子，他就以他们的名字来给那些兔子命名。这个方法太灵验了，卡内基一直忘不了。好几年之后，他在商业界利用类似的方法，赚了好几百万元。例如，他希望把钢铁轨道卖给宾夕法尼亚铁路公司，而艾格·汤姆森正担任该公司的董事长。因此，安德鲁·卡内基在匹兹堡建立了一座巨大的钢铁工厂，取名为"艾格·汤姆森钢铁工厂"。当卡内基和乔治·普尔门为卧车生意而互相竞争的时候，这位钢铁大王又想起了那个关于兔子的经验。

卡内基控制的中央交通公司，正在跟普尔门所控制的那家公司争生意。双方都拼命想得到联合太平洋铁路公司的生意，你争我夺，大杀其价，以致毫无利润可言。卡内基和普尔门都到纽约去参加联合太平洋的董事会。有一天晚上，他们在圣尼可斯饭店碰头了，卡内基说："晚安，普尔门先生，我们岂不是在出自己的洋相吗？"

"你这句话怎么讲？"普尔门问道。

于是卡内基把他心中的话说出来—把他们两家公司合并起来。他把合作而不互相竞争的好处说得天花乱坠。普尔门倾听着，但是他并没有完全接受。最后他问："这个新公司要叫什么呢？"卡内基立即说："普尔门皇宫卧车公司。"

普尔门的眼睛一亮。"到我房间来，"他说，"我们来讨论一番。"这次讨论改写了美国工业史。

安德鲁·卡内基以能够叫出许多员工的名字为傲。他很得意地说，当他亲任主管的时候，他的钢铁厂未曾发生过罢工事件。

一般人对自己的名字比对地球上所有的名字之和还要感兴趣。记住人家的名字，而且很轻易地叫出来，等于给别人一个巧妙而有效的赞美。

每个人都有仅属于自己的名字，很多人终其一生只用一个名字，这是他生存与贡献的全部标志，因而人们对于名字的热衷是很常见的现象。

一名政治家所要学习的第一课是："记住选民的名字就是政治才能。记不住就是心不在焉。"著名的富兰克林·罗斯福总统就是一位如此出色的人。

克莱斯勒汽车公司为罗斯福先生制造了一辆特别的汽车，张伯伦及一位机械师将此车送交至白宫。

"当我到白宫访问的时候"，张伯伦先生回忆道，"总统非常愉快，他呼我的名字，使我感到非常安适，给我留下深刻印象的是，他对我要说明及告诉他的事项真切注意。这辆车设计完美，能完全用手驾驶，罗斯福对围观的那群人说：'我想这辆车非常奇妙，你只要按一下开关，即可开动，你可不费力地驾驶它。我以为这车极好——我不懂它是如何运转的。我真愿意有时间将它拆开，看看它是如何发动的。'"

"当罗斯福的许多朋友及同仁对这辆车表示羡慕时，他当着他们的面说：'张伯伦先生，我真感谢你，感谢你设计这车所费的时间、精力。这是一件杰出的工程！'他赞赏辐射器、特别反光镜、钟、特别照射灯、椅垫的式样、驾驶座位的位置和衣箱内有不同标记的特别衣框。换言之，他注意每件细微的事情，他了解这些有关我的情况是费了许多心思的。他特别注意让这些设备引起罗斯福夫人、劳工部长及他的秘书波金女士注意。他甚至还对老黑人侍者说：'乔治，你特别要好好地照顾这些衣箱。'"

"当驾驶课程完毕之后，总统转向我说：'好了，张伯伦先生，我想我回去工作了。'"

"我带了一位机械师到白宫去，他被介绍给罗斯福。他没有同总统谈话，而罗斯福只听到他的名字一次。他是一个怕羞的人，避在后面。但在离开我们以前，总统找寻这位机械师，与他握手，叫出他的名字，并谢谢他到华盛顿来。他的致谢绝非草率，的确是一种真诚，我能感觉得到。回到纽约数天之后，我接到罗斯福总统亲笔签名的照片，并附有简短的致谢信，再次对我给他的帮忙表示感激。他如何有时间这样做真令我感到奇妙无比！"

富兰克林·罗斯福知道一个最明显、最重要的得到好感的方法，就是记住别人的姓名，使别人觉得重要——但我们有多少人这么做呢？

名字能使人出众，使人独立。我们的要求和我们要传递的信息，都必须从我们的名字这里着手，这就使得名字特别的重要。

1898年的时候，纽约的洛克兰郡发生了一场悲剧。有个小孩已经死了，而在这特别的一天，邻人们正准备去参加葬礼。吉姆·法里走到马房，去拉他的马。地上积着雪，寒风凛冽。那匹马好几天没有运动了，当它被拉到水槽的时候，欢欣鼓舞起来，把两腿踢得高高的，结果吉姆·法里被踢死了。因此这个小小的石点镇，那个星期办了两个葬礼。

吉姆·法里留下了一个寡妇和三个孩子，以及几百块钱的保险金。

他的长子吉姆才只有10岁，为了家中的生活，就去一家砖厂做工，他把沙土倒入模子里，压成砖瓦，再拿到太阳下晒干，吉姆没有机会受更多的教育，可是他有爱尔兰人达观的性格，使人们自然地喜欢他，愿意跟他接近。他后来参政多年后，逐渐养成了一种善于记忆人们名字的特殊才能。

吉姆没有进过中学，可是到46岁时已有4个大学赠予他的荣誉学位。他当选为民主党全国委员会主席，担任过美国邮务总长。

有一次，有记者去采访吉姆先生，向他请教成功的秘诀。他简短地告诉记者："苦干！"记者显然对这个回答不满意，就再次请教。吉姆就让记者分析他成功的原因，记者说他知道吉姆能叫出一万个人的名字来。

吉姆对此进行了纠正，他说他大约可以叫出5万个人的名字。

卡耐基先生曾认真地请大家千万不要小瞧了这一点。这项能力，使法里先生帮助富兰克林·罗斯福进入了白宫。

在小吉姆·法里为一家石膏公司到处推销产品的那几年，在他身为石点镇上一名公务员的那几年间，他建立了一套记住别人姓名的方法。

开始的时候，只是一个非常简单的方法。每次他新认识一个人，就问清楚他的全名、他家的人口、他干什么行业，以及他的政治观点。他把这些资料全部记在脑海里，而第二次他又碰到那个人的时候，即使是在一年以后，他还是能够拍拍对方的肩膀，询问他的太太和孩子，以及他家后面的那些向日葵。难怪有一群拥护他的人！在罗斯福竞选总统的活动展开之前的几个月中，吉姆一天要写数百封信，分发给美国西部、西北部各州的熟人、朋友。而后，他乘上火车，在19天的旅途中，走遍美国20个州，经过12000里的行程。他除了坐火车外，还用其他交通工具，像轻便马车、汽车、轮船等。吉姆每到一个城镇，都去找熟人做一次极诚恳的谈话，接着再赶往他下一段的行程。当他回到东部时，立即给在各城镇的朋友每人一封信，请他们把曾经谈过话的客人名单寄来给他。那些不计其数的名单上的人，他们都得到吉姆·法里的信函，那些信都以"亲爱的比尔"或"亲爱的佐"开头，结尾总是签上"吉姆"。

记住他人的名字并不是件困难的事，只要求我们多留点心而已。但是它的效果却是非常显著的。

◆ 维护他人的自尊心

走进举世闻名的斯坦福大学是全世界莘莘学子的梦想，不过也许许多人并不了解这所学校的诞生居然和一起伤害自尊的事件有关。

在斯坦福大学诞生之前，哈佛的校长为一次伤害他人自尊的事，付出了很大的代价。

一对老夫妇，女的穿着一套褪色的条纹棉布衣服，而她的丈夫则穿着便宜的西装，也没有事先约好，就直接去拜访哈佛的校长。

校长的秘书在片刻间就断定这两个乡下人不可能与哈佛有业务来往。

老先生轻声地说："我们要见校长。"

秘书很礼貌地说："他整天都很忙！"

女士回答说："没关系，我们可以等。"

过了几个钟头，秘书一直不理他们，希望他们知难而退，自己走开。他们却一直等在那里。

秘书终于决定告知校长："也许他们跟您讲几句话就会走开。"

校长不耐烦地同意了。

校长很有尊严而且心不甘情不愿地面对这对夫妇。

女士告诉他："我们有一个儿子曾经在哈佛读过一年书，他很喜欢哈佛，他在哈佛的生活很快乐。但是去年，他出了意外而死亡。我丈夫和我想在校园里为他留一纪念物。"

校长并没有感动，反而觉得很可笑，粗声地说："夫人，我们不能为每一位曾读过哈佛而后死亡的人竖立雕像的。如果我们这样做，我们的校园看起来像墓园一样。"

女士说："不是，我们不是要竖立一座雕像，我们想要捐一栋大楼给哈佛。"

校长仔细地看了一下他们的条纹棉布衣服及粗布便宜西装，然后吐一口气说："你们知不知道建一栋大楼要花多少钱？我们学校的建筑物都超过 750 万美元。"

这时，女士沉默了。校长很高兴，总算可以把他们打发了。

这位女士转向她丈夫说："只要 750 万就可以建一座大楼？我们为什么不建一座大学来纪念我们的儿子？"

就这样，斯坦福夫妇离开了哈佛，到了加州，创立了斯坦福大学，以此来纪念他们的儿子。

这就是著名的斯坦福大学的来历。尊严是每个生命个体都必需的价值体现，人是与其他生物不同的高级动物，因而有受人尊重的需要。

著名的"马斯洛需求层次理论"也将尊严列入人的五项基本需求当中。

每一个生活在这个世界上的人都有尊严，这是他们生活下去的精神支柱，即使是乞丐也不例外。

吉姆曾经在流浪汉聚集的地下通道里遇到一个乞丐。那是一个二十来岁的年轻人。他衣衫破旧，抱着一把褪了色的旧吉他，唱着悲伤的歌曲。这样的情景，在这个城市每一天都可以见到。

"可以自食其力的人，却在这里乞求别人的施舍，他们为什么不觉得脸红？"想到这里，吉姆加快了脚步，向前走去。吉姆可不想为这样的人付出什么。忧伤的歌曲依然在吉姆的耳边萦绕，但是吉姆没有心情停住。

"先生，请等一等。"当吉姆走上台阶的时候，一个声音叫住了吉姆，吉姆知道是那个乞讨的人。

"别人不给钱就算了，还要追上来要钱！这样的人我是绝对不会给他钱的。"想到这里吉姆生气地对他说："对不起，我没有钱给你，我现在很忙，请不要打搅我。"

"您误会了，我想问这是您的东西吗？"当吉姆看到他手里的钱包的时候，这才发现，那正是自己的钱包，里面有整整一万美金，这些钱要是丢了，吉姆的工作就完了。

刹那间，吉姆感到了羞愧，是自己误会了这个乞丐。他并不是向吉姆讨要什么，而是归还吉姆丢失的钱包。

吉姆非常激动地接过了钱包，为了表示谢意，他从钱包里拿了一张 10 美元的纸币，然后对乞丐说："为了表示感谢，请接受我的一份心意！"

"先生，我是需要钱，但是我有自己的原则。"那个年轻的乞丐说道，"希望您今天有一个好心情，下次可要注意了。再见，先生。"说完，又回到了原先的地方，继续弹那把旧吉他。

原本觉得并不怎么样的吉他声突然变得如此的人性化，吉姆站在那里，感觉四周静悄悄的，只有悦耳的吉他声在耳边萦绕。

这就是乞丐的尊严。

传奇性的法国飞行员兼作家圣苏荷依写过："我没有权利去贬抑任何一个人的自尊。伤害人的自尊不啻为一种罪过。"

一位英明的领导者会遵行这个重要的规则。已故的德怀特·摩洛拥有调解激烈争执的非凡能力。他怎么做的呢？很简单，他只是小心翼翼地找出对方正确的地方，并对此加以赞扬，并积极地强调。他有一个很坚定的调解原则，那就是他从不指出任何人做错了事情。

会计师马歇·凯伦杰说：

"辞退别人有时也会烦恼，被人解雇更是令人伤神。我们的业务季节性很强，所以，旺季过后，我们得解雇许多人。我们这一行有句笑话：没有人喜欢挥动大刀。因此，大家都担心避之不及，只希望日子赶快过去就好。例行谈话通常是这样的：'请坐，汤姆先生。旺季已经过去了，我们已经没什么工作可以交给你做了。当然，你也清楚我们……'

"除非不得已，我绝不轻易解雇他人，而且会尽量婉转地告诉他：'汤姆先生，你一直做得很好（假如他真是不错）。上次我们要你去迪瓦克，那工作虽然很麻烦，而你处理得滴水不漏。我们很想告诉你，公司以你为荣，十分信任你，愿意永远支持你，希望你不要忘记这里的一切。'如此，被辞退的人感觉好过多了，至少不觉得被遗弃。他们知道，如果我们有工作的话，一定会继续留住他们的。要是等我们再需要他们的时候，他们也很乐意再投奔我们。"

没有一个人会甘心受到他人的羞辱，即使一个失败者也不愿意。我们没有人有资格去污辱别人的自尊，别人也不会接受，最终受到惩罚的将是羞辱者本人。

1922年，土耳其在经过长期的殖民统治之后，终于决定把希腊人逐出土耳其。

凯墨尔对他的士兵发表了一篇拿破仑式的演说，他说："你们的目的地是地中海。"于是近代史上最惨烈的一场战争展开了。最后土耳其获胜，而当希腊将领前往凯墨尔总部投降时，几乎所有土耳其人都对他们击败的敌人加以羞辱。

但凯墨尔丝毫没有显出胜利的傲气。"请坐，先生，"他说着并握住他们的手，"你们一定走累了。"然后，在讨论了投降的细节之后，他安慰他们失败的痛苦。他以军人对军人的口气说："战争这种东西，最好的人有时也会打败仗。"

凯墨尔即使是沉浸在胜利的极度兴奋中，仍能做到照顾手下败将的面子。这是多么可贵的一种行动！

一个让人尊敬的妙招：维护他人的自尊心。

◆ 以德报怨

电视剧中总爱出现一句"冤冤相报何时了"的台词，确实如此，过多的仇恨只会导致杀戮等悲剧的发生。

原谅他人的错误，会使对方获得心灵的解脱，自己也会因此而解脱心的枷锁。相反，如果死死盯住他人从前的过错，那么双方都将陷在痛苦的回忆中。

雨果曾说过：世界上最广阔的是海洋，比海洋更广阔的是天空，比天空更为广阔的是人的胸怀。

有两个男孩子，从小学到高中不仅在一个学校里，而且在同一个班里。俩人情同手足，终日相处形影不离。他俩都是独生子，很得家长的喜爱。

一个星期天的清晨，他俩相约到海边游泳。夏日的海滨，细细白沙柔软而蓬松，蓝蓝的海水不断地轻轻亲吻着他们的脚背，吸引他们恨不得一下子投向大海的怀抱中。这对年轻好胜的小伙子互相比赛着向深处游去。突然，风云骤变，阳光隐没在厚厚的云层里，那碧绿的海水顿时变得混沌黯黑。不一会儿，暴风雨便如同瀑布似的铺天盖地倾泻下来，狂怒的海水发出呼呼巨响。这两个小伙子在滔天的白浪中与危险苦苦地搏斗着，他们刚刚游在一起，就被一层巨浪分开了。他们高声喊叫着，竭力保持联系，同时，拼命往岸上游去。风越来越大，浪越来越高，海浪时而像无数隆起的小山，把他们抛向高空，时而又如凹下去的峡谷。使他们掉进无底的深渊。一个小伙子高声叫着同伴的名字，却怎么也不见回音。他心急如焚，拼命向同伴那里游去。人不见了！他不顾一切地喊叫着，寻找着，直到凶猛的巨浪把他打昏。

当他醒来时，发现自己躺在医院的病床上，他得到的第一个消息就是好友不幸溺水身亡。后来，他伤愈出院了，但他心中的忧患却日渐加剧。是他主动找好友去游泳的，是他没把好友抢救出来。他失魂落魄地终日在海边徘徊，向着一望无垠的大海轻轻呼唤着好友的名字，但是只有阵阵涛声作答。

他来到好友家里，请求伯母的宽恕。那失去独子的母亲悲痛欲绝，终日以泪洗面，无暇顾及他。他每次都怀着一颗负疚的心情悻悻而去。

这种痛苦的心绪一直伴随着他离开校门，走上社会；为亡友而产生的伤感也注满了他的心房，甚至在蜜月中也不时地影响到新婚的热烈气氛，这使新娘惊诧不解、思绪万千。她看到丈夫总爱在海边定睛伫立、神不守舍，便生气道："你总来海边，那你就去跟大海一起过日子吧！"一气之下，便离家而去，妻子的离去，使他陷进了更大的苦恼之中。

一天，有人轻轻地敲他的房门。一位妇人进来，轻吻了他的额头，亲切地说："孩子，还认得我吗？"他抬头一看，来的正是他亡友的母亲。"伯母，想不到是您来了！"他惊喜地扑上去。妇人亲切地抚摸着他的头发说："我的孩子，过去的事情就让它去过吧！我曾经对你也不够冷静，请你多多原谅！"说着，两行晶莹的泪水无声地流淌在她那苍白的面颊上。"伯母！我的好妈妈！"他再也忍不住了，痛悔和欢喜的泪水尽情地涌出。然而，这已不再是难过的泪水，而是互相谅解的热泪。她冷静了一下，说："我今天来，是想对你说，我从你身上看到我的孩子还活着。你为他倾注了自己的哀思，我从你的情感中感受到人性的欢乐。让我们互相谅解吧，让我们如同一家人那样互相体恤吧。我从你妻子那里了解了你的感情，我觉得你是可敬的。但是，我与你、她与你之间还缺乏谅解的精神；现在，我把她找来了，愿你们永远相互体谅，互敬互爱，白头偕老吧！"

从此，他心头的忧虑消除了，小夫妻俩和好如初，相亲相爱，他们还把亡友之母接来同住。

路易斯·密得说："也许在很久以前，有人伤害了你，而你却忘不了那件不愉快的往事，到现在还痛苦不堪，那就表示你还继续在接受那个伤害。其实你是很无辜的，你要了解到，你并不是世界上惟一有这种经验的人。赶快忘掉这不愉快的记忆，只有宽恕才能释放你自己，让你松一口气。"

曾经有三位前美军士兵站在华盛顿的越战纪念碑前，其中一个问道："你已经宽恕了那些抓你做俘虏的人吗？"第二个士兵回答："我永远不会宽恕他们。"

第三个士兵评论说："这样，你仍然是一个囚徒！"

对他人的过错耿耿于怀，意图报复的人，最后伤害的只会是自己。

一位画家在集市上卖画，不远处，前呼后拥地走来一位大臣的孩子，这位大臣在年轻时曾经把画家的父亲欺诈得心碎而死去。这孩子在画家的作品前流连忘返，并且选中了一幅，画家却匆匆地用一块布把它遮盖住，并声称这幅画不卖。

从此以后，这孩子因为心病而变得憔悴，最后，他父亲出面了，表示愿意付出一笔高价。可是，画家宁愿把这幅画挂在自己画室的墙上，也不愿意出售。他阴沉着脸坐在画前，自言自语地说："这就是我的报复。"

每天早晨，画家都要画一幅他信奉的神像，这是他表示信仰的惟一方式。

可是现在，他觉得这些神像与他以前画的神像日渐相异。

这使他苦恼不已，他不停地找原因。然而有一天，他惊恐地丢下手中的画，跳了起来：他刚画好的神像的眼睛，竟然是那大臣的眼睛，而嘴唇也是那么的酷似。

他把画撕碎，并且高喊："我的报复已经回报到我的头上来了！"

这个故事告诉我们，一个人若心存报复，自己所受的伤害会比对方更大。报复会把一个好端端的人驱向疯狂的边缘，报复还能把无罪推向无尽的深渊，而以德报怨将会感化他人从善。

战国时，梁国与楚国交界，两国在边境上各设界亭，亭卒们也都在各自的地界里种了西瓜。梁国的亭卒勤劳、锄草浇水，瓜秧长势喜人；而楚国的亭卒则疏于管理，结果瓜秧又瘦又弱，与对面瓜田的长势简直不能相比。楚国的人觉得失了面子，有一天乘着月色，偷跑进去把梁国亭卒的瓜秧全给扯断了。梁国人第二天发现后，气愤难平，报告给边县的县令宋就，说我们也过去把他们的瓜秧扯断好了！

宋就对他们说："这样做当然是很卑鄙的。我们明明不愿他们扯断我们的瓜秧，那么为什么反过来再扯断人家的瓜秧？别人不对，我们再跟着学，那就太狭隘了。你们听我的话，从今天起每天晚上去给他们的瓜秧浇水，让他们的瓜秧长得好，而且，你们这样做，一定不可以让他们知道。"梁国的人听了宋就的话觉得有道理，于是就照办了。楚国的人发现自己的瓜秧长势一天比一天好，仔细观察，发现每天早上地都被人浇过了。而且是梁国的人黑夜里悄悄为他们浇的。

楚国边县县令听到亭卒的报告后，感到十分惭愧又十分敬佩，于是把这件事报告了楚王。楚王听说后，也感于梁国人修睦边邻的诚心，特备重礼送给梁王，即表示自责，又以此酬谢。从此，两个敌国变成友好邻邦。

拿破仑在进军意大利后的一次战斗中夜间巡查岗哨，发现哨兵睡着了。拿破仑会怎么做？他在那里站了半小时，哨兵突然醒了，叩头请求饶命。拿破仑说："艰苦作战，可以谅解。但是一时的疏忽会断送全军。下次要注意了。"

伟人在对待别人的过失时，总以宽大为怀。人无完人，马会失前蹄，真诚的理解和慰藉是起死回生的良药。

对待他人的错误与伤害能够做到以德报怨，是心胸宽广的体现。宽恕他人错误的同时，也就等于让自己的心灵解脱。

◆ 信守你的诺言

人际交往中最忌讳开"空头支票"，一个言而无信的人不会得到人们的信赖。人们一旦对你失去信任感，便不会放心地将重任放在你身上，许多工作的开展也会因此而受阻。

杰弗逊有个好朋友，他们从小时候就认识了，也一直来往密切。他时常为杰弗逊推荐书籍，或者尽力为杰弗逊做事，被呼来唤去的，从无怨言。杰弗逊在他面前很随便，他则说杰弗逊穿成人衣服，却是个小孩。

那一年他搬家了，新年时他邀杰弗逊到他家做客，杰弗逊答应了。但是新年那天轮到杰弗逊在学校值班，上午杰弗逊打电话给他，他知道杰弗逊值班的事后，问杰弗逊还能不能去，杰弗逊回答说下午过去。

下午，一个同事到学校时看见杰弗逊要走，就说："我们打会儿网球再走吧！"杰弗逊有事，他说只玩一会儿，经不住他说，杰弗逊技痒，就玩了起来。光顾玩把时间忘了。杰弗逊从学校出来时，天快黑了，他只好回家了。

后来，杰弗逊一直想找机会向朋友解释，但是不知怎么搞的，拖了很长时间，时间长了就懒得再提这件事了。觉得反正不是外人，何必计较礼节呢。后来，就慢慢地忘了。

后来，杰弗逊有事求于朋友时再次想起了他，他在电话里对杰弗逊很冷淡，杰弗逊问原因，他说："问你自己吧。"

杰弗逊试着重提新年的事情，他说："像那样轻慢别人的话，你还能有救吗？"他气呼呼地说那天他和妻子推掉了所有的事情，仅仅为了杰弗逊的到来，就从早到晚地竖着耳朵听每一阵上楼的声音，但杰弗逊到底没去，而且之后连一个电话都没打。

他说得杰弗逊脸上不住发热。杰弗逊解释说，他从来没有把他当外人，他以为他们的距离很近，就把这件事很随便地处理了。那个朋友说杰弗逊是一个没有信用的人。为了让杰弗逊知道诺言这个很平常的词，他决定不再理杰弗逊。

因为失去朋友，杰弗逊才知道诺言的重要性。

不要开"空头支票"。"空头支票"不仅仅给他人增添无谓的麻烦，而且损害自己的名誉。华盛顿曾说："一定要信守诺言，不要去做力所不及的事情。"这位先贤告诫他人，因承担一些力所不及的工作或为哗众取宠而轻诺别人，结果却不能如约履行，是很容易失去他人信赖的。

因为当对方没有得到你的承诺时，他不会心存希望，更不会毫无价值地焦急等待，自然也不会有失望的经历。相反，你若承诺，无疑在他心里播种下希望，此时，他可能拒绝外界的其他诱惑，一心指望你的承诺能得以兑现，结果你很可能毁灭他已经制定的美好计划或者使他失去寻求其他外援的时机。

如此一来，别人因你不能信守诺言而不相信你了，也不愿再与你共事，那么，你只能去孤军奋战。有些人在生活或工作上经常不负责，许下各种承诺，而不能兑现承诺，结果给别人留下恶劣印象。如果承诺某种事，就必须办到，如果你办不到或不愿去办，就不要答应别人。

成功的人会注意承诺这个细节。他不会轻易去承诺某一件事，即使有把握，也不会轻易承诺。

古人说"一诺千金"，做人绝不能因为不信守诺言而失信于人。

早年，喜马拉雅山南麓很少有外国人涉足。后来，许多日本人到这里观光旅游，据说这是源于一位少年的诚信。

一天，几位日本摄影师请当地一位少年代买啤酒，这位少年为之跑了3个多小时。第二天，那个少年又自告奋勇地再替他们买啤酒。这次摄影师们给了他很多钱，但直到第三天下午那个少年还没回来。于是，摄影师们议论纷纷，都认为那个少年把钱骗走了。

第三天夜里，那个少年却敲开了摄影师的门。原来，他只购得4瓶啤酒，然后，他又翻了一座山，趟过一条河才购得另外6瓶，返回时摔坏了3瓶。他哭着拿着碎玻璃片，向摄影师交回零钱，在场的人无不动容。

这个故事使许多外国人深受感动。后来，到这儿的游客就越来越多……

诚信是做人的根本原则，也是一个人品行的反映，遵守诺言的人处处受到人们的敬重。我国古代俞伯牙和钟子期被奉为"知己"，关于他们的故事更是信守承诺的典范。

春秋时期，楚国的一个小村庄中的一个樵夫的家里，年轻的钟子期垂危，年迈的父母守着病榻。

"儿再不能对父母尽孝心了。儿死后，只请父母将儿埋在马安山那边的江边。"钟子期握着父亲的手说。

"儿啊，为什么一定是那里，那儿离家有20多里呀！"母亲流着泪问。

"为了守信、守约。"钟子期微弱的声音说，"父母知道，去年中秋，儿在那里遇到伯牙兄，临别时约定，今年中秋，伯牙兄要来我家，我说，到时候我去江边接他……不能活着去接，死了也要到江边，要信守诺言……"

"我儿，伯牙乃是晋国士大夫，去年是公事路过，今年怕是不能前来了。晋阳城到这里是几千里呀……"父亲说着抚摸儿子的手。

钟子期说的是去年中秋的事。晋国士大夫俞伯牙奉晋主之命外出办事。回晋时走水路，八月十五之夜船行到汉阳江口，就停泊在岸边。

俞伯牙在船上弹琴时发现有人偷偷欣赏，就把这人请到船上。这人就是青年樵夫钟子期。交谈中，俞伯牙发现钟子期对他珍贵的古瑶琴的来历十分了解，且对琴理十分精通，欣赏弹奏也十分内行。俞伯牙想着高山弹奏，钟子期就听出"巍巍乎志在高山"；想着江河弹奏，他就感叹"汤汤乎志在流水"。在这里遇到知音，俞伯牙激动异常，当时就同钟子期结为兄弟。两人谈心直到天亮，都觉得意犹未尽。

俞伯牙邀钟子期过些天到晋阳去，钟子期说："如果答应了贤兄，我就必须履行诺言。万一父母不允许我去，我岂不成了言而无信？我不敢随随便便答应了后来再失信……"

俞伯牙感叹后，决定明年来看望钟子期。

"仁兄明年什么时候来到？"钟子期问。"昨夜是十五，现在天亮了是十六。来年，我就是八月十五或十六来到，最晚不超过八月二十。爽约失信，我就不是君子。"俞伯牙说。

钟子期说："既然如此，来年的八月十五、十六，我就将在这里江边接你！"

一转眼，到了次年。俞伯牙算计了日子，向晋主告假。

晋主怀疑俞伯牙要另投别国，就迟迟没有答应。

俞伯牙想着上年的约定。再算算日子，心想，宁可丢官，绝不能爽约失信，于是，收拾好行装就启程了。

一路行来，陆路转水路，正好在八月十五日夜里，水手报告离马安山不远。俞伯牙依稀认得这就是去年停船遇见钟子期的地方。

俞伯牙心情激动地站立船头四处张望。可是，没有望见钟子期的身影。"去年是弹琴相遇，大约子期贤弟是在等我的琴声吧？"俞伯牙这样想着，就坐在船头弹奏起来。可是，从月在中天直弹到东方露红，并没有钟子期来迎接。

跟从的人有的知道俞伯牙到这里的目的，就说："大人，一年前的约会，谁还能记得？只有大人能不远数千里赶来，还一天都不晚。"

"我了解他。定是家中有不能脱身之事，我们去他家。"俞伯牙说着就起身。

走出十余里，俞伯牙迎面遇到一龙钟老者，在问路的交谈中知道他就是钟子期的父亲。俞伯牙向老人说明了来意。

老人流着眼泪向俞伯牙叙说了钟子期临终时的请求，最后说："你来的路上，离江边不远的新坟，那……那就是他……他在那里接你啊！"

俞伯牙闻言，大叫一声昏倒在地。

俞伯牙醒过来后，跟着钟父来到新坟之前，不禁放声痛哭。他将瑶琴取出，盘膝坐在坟前挥泪弹琴，泪水随着琴声就像泉涌一样。一曲弹完，俞伯牙双手举琴往坟前的祭台用力摔去，珍贵的瑶琴被摔得粉碎。

俞伯牙向坟墓喊道：

"贤弟啊，你接我，我来了。我来了！我来了……"

像钟子期这样临终不忘自己的许诺，死后还要"守约"，确实难得；像俞伯牙这样宁可丢官也要履行与朋友的约言，也确实难能可贵。后世传说他们可贵的故事，这也是一个原因吧。

遵守承诺为君子，诚信待人显人品。一个信守承诺的人，才是一个有人格魅力的人；而一个视承诺为儿戏的人，自然不会得到别人的信赖。孔子说："言而无信，不知其可也。"言而有信，是做人最基本的道德要求。向别人许下了诺言，就必须用行动去履行，因为诺言是一种不变的誓言，值得我们用一切去捍卫。我国流传千古的"高山流水"的故事，就是遵守承诺的典范！

◆ 亲和力是种难得的魅力

一个浑身上下透出亲和力的人，与一个整天板着脸的严肃之人相比，相信绝大多数人都会希望自己的交往对象是前者。

亲和力是一种难得的个人魅力，它能唤起人们的爱心，并使人愿意与之交往。

林肯，这位美国历史上伟大的总统之一，他的品行已成为后世的楷模，他是一位以亲切、宽容、悲天悯人著称的杰出领袖。

在林肯的故居里，挂着他的两张画像，一张有胡子，一张没有胡子。在画像旁边的墙上贴着一张纸，上面歪歪扭扭地写着：

亲爱的先生：

我是一个 11 岁的小女孩，非常希望您能当选美国总统，因此请您不要见怪我给您这样一位伟人写这封信。

如果您有一个和我一样的女儿，就请您代我向她问好。要是您不能给我回信，就请她给我写吧。我有四个哥哥，他们中有两人已决定投您的票。如果您能把胡子留起来，我就能让另外两个哥哥也选您。您的脸太瘦了，如果留起胡子就会更好看。所有女人都喜欢胡子，那时她们也会让她们的丈夫投您的票。这样，您一定会当选总统。

格雷西

1860 年 10 月 15 日

在收到小格雷西的信后，林肯立即回了一封信。

我亲爱的小妹妹：

收到你 15 日前的来信，非常高兴。我很难过，因为我没有女儿。我有三个儿子，一个 17 岁，一个 9 岁，一个 7 岁。我的家庭就是由他们和他们的妈妈组成的。关于胡子，我从来没有留过，如果我从现在起留胡子，你认为人们会不会觉得有点可笑？

忠实地祝愿你的

亚·林肯

次年 2 月，当选的林肯在前往白宫就职途中，特地在小女孩的小城韦斯特菲尔德车站停了下来。他对欢迎的人群说，"这里有我的一个小朋友，我的胡子就是为她留的。如果她在这儿，我要和她谈谈。她叫格雷西。"这时，小格雷西跑到林肯面前，林肯把她抱了起来，亲吻她的面颊。小格雷西高兴地抚摸他又浓又密的胡子。林肯对她笑着说："你看，我让它为你长出来了。"

亲和力让人萌发亲近的愿望，亲和力使得即使是陌生人也会"一见如故"。人们总是喜欢与谦和、温良的人交往，而不会心甘情愿地将自己置于一个威严与喜爱卖弄"权威"的人之下。

欧阳修是我国历史上著名的"唐宋八大家"之一，《醉翁亭记》是他作品中最为出色的文章之一。

欧阳修在滁州当太守时，经常去琅琊山游玩，与琅琊寺的住持和尚智仙谈诗论文，成了至交。智仙在山道旁盖了一座亭子，请欧阳修前去参加落成典礼，欧阳修将该亭命名为"醉翁亭"，并在亭子里写了一篇《醉翁亭记》。

晚上欧阳修回到府衙后，亲自将写好的文章抄写了六份，招呼两个衙役说："把我这篇文章分别贴到各个城门口去，一个城门贴一份。"

两个衙役接过文章一看，总共是六份，便问道："滁州只有四个城门，还剩两份贴到哪里去？""不是还有小东门和小西门吗？"欧阳修笑着说。"小城门平时是不开的。"衙役说。"那今天就把它们打开好了，让更多的人看到它。"

两个衙役似乎没有领会太守的意思，又问道："大人写的文章，为什么要贴到城门口去？"

"让过路人帮我改文章呀！"欧阳修整整衣冠，用手拍着两个衙役的肩膀说："人常说，一人才学浅，众人见识高。大家一定会把我的文章改得更好的，你们快快去贴吧！"

随后，欧阳修又派出六班锣鼓手，分别到各城门口，一并高喊："滁州太守欧阳修昨日写了篇《醉翁亭记》，现张贴在此，敬请黎民百姓、过往商贾、文武官吏都来修改……"

这样，整个滁州城一下子热闹起来，城里城外的人们都分别赶往六处城门去看太守的文章。边看边议论，有的说："这篇文章写得真好，文辞优美，意境又好，真是篇不可多得的文章啊！"有人说："太守写的文章，还要让老百姓帮他修改，真是古今少有的新鲜事！"欧阳修的谦虚和亲和让滁州的百姓很敬重他。

欧阳修坐在府衙内也特别兴奋，不停地派人去看有没有人出面修改文章，一直等到傍晚时分，才有一个打锣的公差领来一位五十开外的老人走进府衙。公差高声禀道："太守大人，琅琊山李氏老人前来帮您修改文章。"

欧阳修赶紧迎了出去，只见那老人头扎粗纱黄巾，脚穿布袜草鞋，肩上扛了一根挂着绳子的扁担,右手拿着一把斧子,看他那身装束,就知道是个砍柴的樵夫。欧阳修过去拉着老樵夫的手问道:"请问老人家,您今年多大岁数了?"

"不敢,不敢,小的今年59了。"老人忙不迭地说。

"这么说来,您是兄长了。请上坐!"欧阳修边说边让老人坐在太师椅上,然后毕恭毕敬地说:"烦请兄长指教,下官的那篇文章何处需要修改?"

那老人见欧阳修如此没有官架子,而是真诚寻问,于是放下手中的扁担、斧子,诚恳地说:"大人,不瞒您说,您的文章我听人读了,句句讲的是实情,就是开头太啰嗦了!"

欧阳修听罢,便从头背诵起自己的文章来:"滁州四面皆山也,东有乌龙山,西有大丰山,南有花山,北有白米山,其西南诸峰,林壑尤美……"

刚背到这里,老人挥手打断了他说:"停,大人,毛病就在这里。"

欧阳修顿然醒悟,赶忙说:"您的意思,是不必点出这些山的名字?"

老人笑了笑说:"正是,大人。不知太守上过琅琊山的南天门没有?站在南天门上,什么乌龙山、大丰山、花山、白米山,一转身子就全都看到了,四周都是山!"

欧阳修听了,连声说道:"言之有理!言之有理!滁州四面皆山。"

欧阳修沉思片刻,拿出文稿,把开头改成"环滁皆山也,其西南诸峰……"然后一句句地读给老人听。

老人满意地点点头说:"改得好!改得妙!这回一点也不啰嗦了。"

名人尚且如此,我们何苦总是一副严肃得让人不敢冒犯的样子呢?多一点亲和力,多一份迷人的个性,也就增一点与人交往成功的可能。

◆ 冷漠是人际交往的天敌

有人说人与人之间本来没有那么多的仇恨和误解,其中一大部分是由冷漠造成。没有一个人喜欢与无情冷漠的人交往,因为我们从他们那里既得不到快乐与安慰,也没有获得什么有利的建议。冷漠的人对别人不信任,总是爱怀疑他人。

一位建筑设计大师杰作无数,阅历丰富,但最大的遗憾就是正如人们批评的那样,把城市空间分割得支离破碎,楼房之间的绝对独立加速了都市人情的冷漠。过完70岁寿辰,大师意欲封笔,而在封笔之作中,他想打破传统的楼房设计形式,力求在住户之间开辟一条交流和交往的通道,使人们相互之间不再隔离而充满大家庭般的欢乐与温馨。

一位颇具胆识和超前意识的房地产商很赞同他的观点和理念，出巨资请他设计。果然不同凡响。

然而，大师的全新设计叫好不叫座。社会上炒得火热，市场反应却非常冷漠，乃至创出了楼市新低。

房地产商急了，急命市场调研。调研结果出来，让人非常吃惊：人们不肯掏钱买房的原因，是嫌这样的设计虽然令人耳目一新，但邻里之间交往多了，不利于处理相互间的关系；在这样的环境里活动空间大了，孩子们却不好看管；还有，空间一大，人员复杂，对防盗之类人人都担心的事十分不利……

大师听到反馈，心中痛惜不已：我只识图纸不识人，这是我一生中最大的败笔。

我们可以拆除隔断空间的砖墙，而谁又能拆除人与人之间坚厚的心墙呢？每个人在抱怨城市生活压力大的同时，又有谁想过自己也有责任？

如今在都市中，同一个小区的人可以见面不打招呼，有的是楼上楼下多年的邻居还未曾认识。也曾有报道，某个不幸的人死在家中，没有任何人知晓，直到尸体发出腐烂的臭味，才有人报警。

如今，我们在畅谈尊重隐私的时候，是不是也因此而丧失了原始的一份热心——许多人认为不打招呼是不想让邻里知晓太多的私事。

因冷漠而备感人际疏离的人越来越多，这不仅是人际交往的天敌，更是现代人孤独感、压抑感的来源之一。

在当今社会里，人们之间的交流越来越多地限于电话、电子邮件，而少了一份面对面的交流与沟通，于是一堵无形的心墙拉开了人与人之间的距离。

心墙不除，人心会因为缺少沟通而枯萎，人会变得忧郁、孤寂。爱是医治心灵创伤的灵药，爱是心灵得以健康生长的沃土。爱，以和谐为轴心，照射出温馨、甜美和幸福。爱把宽容、温暖和幸福带给了亲人、朋友、家庭、社会。无爱的社会太冰冷，无爱的荒原太寂寞。爱打破冷漠，让尘封已久的心重新温暖起来。

在与人交往时，将你的心窗打开，不要吝啬心中的爱，因为只有爱人者才会被人爱。当你陷入困境时，你才会得到爱心的关怀和帮助。

有两个重病患者同住在一间病房里。房子很小，只有一扇窗子可以看见外面的世界。其中一个病人的床靠着窗，他每天下午可以在床上坐一个小时。另外一个人则终日都得躺在床上。

靠窗的病人每次坐起来的时候，都会描绘窗外的景致给另一个人听。从窗口可以看到公园的湖，湖内有鸭子和天鹅，孩子们在那儿撒面包片，放模型船，年轻的恋人在树下携手散步，人们在绿草如茵的地方玩球嬉戏，顶上则是美丽的天空。

另一个人倾听着，享受着每一分钟。一个孩子差点跌到湖里，一个美丽的女孩穿着漂亮的夏装……室友的诉说几乎使他感觉到自己亲眼目睹了外面发生的一切。

在一个晴朗的午后，他心想：为什么睡在窗边的人可以独享外面的风景呢？为什么我没有这样的机会？心中觉得很不是滋味。他越是这么想，就越想换床位。这天夜里，他盯着天花板想着自己的心事，另一个人忽然惊醒了，拼命地咳嗽，一直想用手按铃叫护士进来。但这个人只是旁观而没有帮忙——他感到同伴的呼吸渐渐停止了。第二天早上，护士来时那人已经死去，他的尸体被静静地抬走了。

过了一段时间，这人开口问，他是否能换到靠窗户的那张床上。他们搬动他，将他换到了那张床上，他感到很满意。人们走后，他用肘撑起自己，吃力地往窗外望……

窗外只有一堵空白的墙。

如果这个人不起恶念，在晚上按铃帮助另一个人，他还可以听到美妙的窗外故事。可是现在一切都晚了，他看到的是什么呢？不仅是自己心灵的丑恶，还有窗外的白墙——一堵心灵的冷漠之墙。几天之后，他在自责和忧郁中死去。一个人只有心存美的意象，才能看到窗外的美景。

是这道冷漠的心墙让他显得渺小，透露出人性的卑劣。但冷漠并没有让他得到什么，除了内心的愧疚与无尽的悔恨，还有什么呢？

中篇

哈佛智商课

实践证明，人的智力不是一成不变的，任何人都可以通过科学的训练，激发出大脑潜在的能力，大幅地提高智商，数百倍地提高学习、工作效率！本篇提出了6种思维训练方案，特别针对想像力、集中力、逻辑能力、记忆力、灵感能力与感觉运动能力这几种最重要的大脑机能，进行实用有效的思维训练，帮助你激活沉睡的大脑，进入左右脑协同工作的最佳状态，全面提升你的大脑潜能和智力水平。

·第1课·

哈佛的智商课

成功者都是聪明的思考者

成功者和失败者解决问题时有很大的区别：成功者解决问题时会寻求更好的办法，失败者解决问题时不会尝试新的办法；成功者面对困难时会寻找对策，失败者面对困难时会逃避、退缩；成功者面对挫折时会总结经验教训，失败者面对挫折时只会懊悔、自责。成功者与失败者最根本的区别就在于成功者更善于思考。

成功者都是聪明的思考者，他们善用各种思考方法帮助自己解决问题，取得成功。首先，善于思考的人能够把握时机、抓住机会，他们能够审时度势，把握事情的发展方向，做出正确的判断；其次，善于思考的人遇到问题时不会惊慌失措，他们会积极思考，寻找解决问题的方法；再次，善于思考的人能够不断创新，寻找新的解决方法。总之，善于思考的人更容易取得成功。

机遇无处不在，但是有些人能够抓住机遇，取得成功，有些人则错失良机，只能等待失败。成功者之所以成功就是因为他抓住了被别人忽视了的机遇。

1950年，22岁的李嘉诚立志创业，他向亲友借了5万港元，加上自己的所有积蓄创办了长江塑胶厂。有一天，他在英文版《塑胶》杂志上看到一则消息：意大利某塑胶公司生产的塑胶花即将投放欧美市场。李嘉诚意识到战后人们的物质生活有很大的提高，塑胶花物美价廉，将有很大的市场，于是决意投产。经过7年的发展，长江塑胶厂成为世界上最大的塑胶花生产基地，李嘉诚也赢得了"塑胶花大王"的美誉。随着市场的发展变化，李嘉诚预料到塑胶花的市场已经饱和了，他决定急流勇退，转投生产塑胶玩具。果然两年后塑胶花严重滞销，而长江塑胶厂已经成为香港最大的塑胶玩具出口企业。

20世纪60年代中后期，香港出现金融危机和政治危机。香港的投资者和市民纷纷移民到其他国家，香港的地产价格暴跌，房地产公司纷纷倒闭，整个房地产市场死气沉沉。李嘉诚没有随波逐流，他坚定地看好香港的商业前景，于是做出大胆的决定——大量买入地皮和旧楼。果然，1970年以后，香港的经济开始复苏，大量当初离开香港的商家纷纷回流，房产价格随之飙升。李嘉诚把当初廉价购入的房产高价抛售，并且购买具有开发潜力的楼宇和地皮。1971年，李嘉诚创办了长江实业有限公司，成为香港最大的房地产商。1997年爆发亚洲金融危机，香港房地产公司陷入混乱状态，大肆抛售楼盘。李嘉诚再次低价购买大量房产，两年后房价回升时获得暴利。李嘉诚手上的资金暴增，使他成为名副其实的华人首富。

失败者遇到问题时找不到解决方法而只会坐以待毙，成功者善于思考，遇到问题时能换一个角度，结果能柳暗花明、绝处逢生。解决问题的方法并非只有一种，一条途径走不通，还可以选择其他途径。

成功者不但善于创新，而且善于学习和模仿。模仿并不是照搬，如果跟在别人后面亦步亦趋，是不会有什么收获的。成功者能够结合自己的实际情况，借鉴别人的成功经验。看到别人取得成功之后，他们会思考为什么别人能够取得成功，自己的优势和劣势是什么，用同样的方法是否也能成功。

腾讯QQ总裁马化腾最初在深圳的一家公司打工，一次偶然的机会，他接触了以色列人发明的一种聊天工具ICQ，聪明的马化腾立刻意识到这个东西可以成为"互联网寻呼机"。他在看到ICQ潜藏的巨大发展前景的同时，也发现了ICQ无法在中国迅速发展——缺少中国版本。于是马化腾找来几个朋友成立了一家公司，模仿ICQ开发出中国的在线即时通讯工具OICQ（又称QQ）。

如果只是简单的模仿，马化腾也不可能取得巨大的成功。当时中国冒出了一大批模仿ICQ的即时通讯软件，比如Picq，Oicq，OMMO，以及新浪的UC等等。但是只有腾讯的QQ实现了规模化发展，站稳了脚跟。到2006年，QQ注册用户达到5.49亿，活跃用户2.24亿，如此庞大的数据中蕴含了巨大的商机。在这个平台上，腾讯可以轻而易举地推广新的创意和业务。经过十几年的发展，腾讯已经初步完成面向在线生活产业模式的业务布局，构建了QQ，QQ.com，QQ游戏以及拍拍网4大网络平台，并且形成了规模巨大的网络社区，市场规模已经达到几百亿。有人将它的发展轨迹与美国的微软相提并论，并称腾讯将会是未来中国互联网的微软。

在追求成功的道路上必然会遇到各种问题，只有善于思考才能把这些问题化解掉。思考方法是成功者手中的利剑，他们能够灵活运用思考方法朝成功的方向努力，披荆斩棘，使问题迎刃而解。

真正的成功靠思考不靠运气

失败者总是为失败找借口，最常用到的借口就是"运气不好"。其实，真正的成功不是靠运气，而是靠正确的思考。好运气只能获得偶尔的成功，却不能保证长久的成功。如果总是抱着碰运气的心态，而不是积极地思考，寻找成功的方法，那么，你就永远都不能取得真正的成功。

有人说自己没成功是因为没遇到好的机会。事实上，他们不是没有遇到好机会，而是没有做好抓住机会的准备。机会只青睐那些有准备的人。善于思考的人、掌握思考方法和思考技巧的人更容易发现机会并抓住机会。

2003 年度福布斯中国富豪排行榜发布，网易创始人丁磊以 10.76 亿美元的身价位居榜首。他从一名穷学生到成为中国首富只用了 7 年时间，当被问到成功的秘诀时，他说："因为我在大学里学会了思考。"

丁磊觉得书本上的知识不一定要老师教才能学会。第二学期开始，每天的第一节课他都不去上。但是他又不得不做作业，于是他努力思考老师在上一节课讲了哪些内容，传达了哪些信息。在这个过程中，他掌握了非常重要的技巧，那就是思考的技巧。掌握这个技巧之后，他就完全可以自学了。他看书的速度非常快，而且一般从后往前看，遇到不懂的关键词就翻到前面找相关的解释。这样两三个星期就能掌握一门课的内容。

后来，Internet 进入中国之后，丁磊欣喜地发现思考的技巧对他来说是多么重要，因为当时没有一本书能够告诉大家 Internet 是怎么回事儿，里面的软件是什么以及其他相关的问题。很快，丁磊成为中国最早的一批上网用户。

1997 年，丁磊决定创办网易公司。他认为要想实现目标，除了勤奋之外，还要有积极进取和勇于创新的精神。他先做免费的个人主页空间，后来模仿 Hotmail 做免费的电子邮箱。网易很快成为中国最著名的门户网站之一，取得这一成就很重要的原因是它往昔免费服务的回报。1998 年，网易每天有 10 万人的访问量，这为网易赢得了 10 多万美元的广告销售额。

2000 年，网易股票在纳斯达克挂牌。但是时机不佳，当时科技股正在崩盘，网易的股价从第一天就开始节节下滑。2001 年 9 月，网易因财务问题被纳斯达克摘牌。丁磊对外界说，他希望靠在线游戏"西游记"、短信服务、股票点播，以及一个类似 MSN Explorer 的新产品来赢利。2002 年，网易首次实现盈利，并成为纳斯达克表现最优异的股票之一。

2003 年，网易发展为中国概念"明星"，网易创造了网络神话。对此，丁磊说："我已经 32 岁了，从意气风发的时期到了成熟思考的阶段。因此我的心情不会随股价的涨跌而变化，特别是我个人不会因为财富的多少而影响到我的未来生活、工作及思考问题的方式。"

真正有远见的人不会在意一时的得失，他们知道要想成就大事业必须经过风雨的考验。坚持正确的理念、深入的研究和正确的方法，时间一定会给你加倍的回报。

乳品企业的佼佼者蒙牛集团在其成立之初可谓一无所有，既没奶源又没有工厂，有的只是脱胎于伊利的由十几个人组成的团队，而且要面临强大的竞争对手的重重围困。

蒙牛管理层跳出先建工厂后建市场的窠臼，提出先建市场，再建工厂的战略，以"虚拟联合"的方式不断壮大。首先，蒙牛和一家经营管理不善的液态奶公司洽谈，蒙牛有市场没有工厂，这家公司有工厂没有市场，双方一拍即合，蒙牛顺利实现了贴牌生产。其次，蒙牛承包了一家濒临倒闭的冰激凌公司，蒙牛牌的冰激凌顺利上市。

为了扩大大陆市场，蒙牛开始向国际投资机构融资。随着摩根等投资银行的介入和在香港的上市，蒙牛的上市公司运行制度更加健全。摩根等国际投资银行之所以看中蒙牛，不只是因为蒙牛是中国乳业的龙头品牌，更加看中的是蒙牛的经营团队和完善的公司管理制度。

蒙牛的成功绝不是历史的偶然或单纯凭运气而成就的中国乳业史上的神话。可以说蒙牛的每一步发展都是认真思考、精心策划的结果。管理团队的策划、营销和品牌的建立是蒙牛取得成功的关键。

成功的投资者总是通过分析和总结市场的规律，找到战胜市场的方法。投资者完全可以在总结前人经验的基础上，摸索总结出适合自己的投资方法，从而让这些方法引导自己获得成功。

正确思考才能正确决策

正确决策是事业成功的关键，决策失误会给我们造成很大的损失。据美国兰德公司统计，世界上破产倒闭的大企业中有85%是企业家决策失误导致的。而决策失误往往又是因为没有正确思考，没有做出准确的判断。正确决策有赖于周密的思考，尤其是做出重大决策之前一定要谨慎思考。事事谨慎才能思考透彻，全面地辩证地看待问题才能避免做出错误的判断。

一些人把分析问题的过程和做决策的过程断然分开。他们认为，解决问题关心的是导致问题的原因和解决问题的办法，而做决策则主要关心的是就一个具体的议题做出决断。但是从分析的角度来看，两者之间没有本质的区别。分析问题是做决策的前提，做决策之前必须收集信息从而决定问题的原因和性质，然后考虑解决这一问题的可能的方案，评估选择某一方案或做出某一决策可能出现的结果。

科学的分析决策方法要谨慎严密的逻辑思路，如果不进行仔细的分析，就可能会顾此失彼，不能做出有利于全局的决策。

1993年，旭日升率先提出的"冰茶"这一概念在全国范围内迅速蔓延。该公司很快便建立了48个营销公司和200多个销售分公司，形成遍地开花的旭日升营销网络。1998年，旭日升的销售额达到了30亿元，在茶饮料市场中独领风骚。

在成绩面前，旭日升的决策者盲目追求发展速度，不计成本地追求销售额，忽视了对市场的深度开发和品牌的深层管理。有些分公司的经理与经销商达成协议，以最优惠的返利条件换取经销商的回款。在利益的驱动下，部分决策者甚至容许经销商销售过期产品。高层管理者对此漠不关心，对市场环境变化反应迟钝，他们关心的只是回款的多少。

当旭日升整个管理层都在追求高回款率的时候，康师傅、统一等多个大品牌的茶饮料迅速崛起。旭日升很快就退出了市场舞台。旭日升的陨落，一个重要的原因就是其决策者盲目追求规模经济，决策缺乏科学性、民主性和战略性。

遇事要分清事情的轻重缓急，坚持要事优先的原则。如果眉毛胡子一把抓，就会理不清头绪。在混乱的状态下，人们很容易情绪化，不能冷静地思考问题。只有客观冷静地思考问题，才能避免因为主观因素和情绪的影响做出错误的决策。作为决策者一定要保持镇定、理智，制订决策时要有严密的逻辑和程序，这样才可以有效地抑制决策者的情感、情绪对决策判断的影响，从而做出正确的决定。

当初，加藤信三刚刚升任为日本狮王牙刷厂的主管就面临着前任主管遗留下来的产品滞销的巨大压力。上任的第一天，他就接到董事会的决策议案：在3天内制订出一条从生产到销售的全面经营战略。加藤信三认真考虑之后认为制订这样的策略没有多少实际意义，关键要从牙刷的质量上寻找解决问题的办法。经过分析之后，他提出第一个需要完成的任务就是"改造牙刷的造型"。

原来，加藤信三每天早上用公司的牙刷刷牙的时候几乎都会牙龈出血。他准备向技术部门发一通牢骚，但是在通往技术部门的路上，他的脚步渐渐放慢了……加藤信三冷静下来之后，和同事一起想出不少解决牙龈出血的办法，比如改变刷毛的质地，改变牙刷的造型，改变刷毛的排列等。在试验过程中，加藤信三发现牙刷毛的顶端都被切割为锐利的直角。他灵光一闪，想到将直角改成圆角。经过多次试验，加藤信三把这一决策提交给了公司。董事会最终通过了这项决策，并投入资金，把全部牙刷毛的顶端改成圆角。改进后的狮王牌牙刷受到了顾客的广泛欢迎。为公司做出巨大贡献的加藤信三后来成为了公司的董事长。

做决策时要权衡利弊、认真筛选。把决策设计得完美周到当然是最好的，但是如果一味地追求完美的决策，就会坐失良机。正确的方法是仔细分析、认真思考，从多个被选方案中选择最佳的方案，尽量降低决策风险。

一个师傅带领3个弟子经过麦田，师傅让他们从中选择最大的麦穗，而且只有一次选择的机会。

大徒弟走进麦田之后很快就发现了一个很大的麦穗，他担心前面再也没有比这个更大的麦穗，就迫不及待地摘了下来。继续前进时，他发现前面的很多麦穗都比他摘的那个大，但是已经没有选择的机会了。他只能无可奈何地走出麦田。

二徒弟走进麦田看到很多的大麦穗，但是总也下不了摘取的决心。他觉得前面也许还有更大的，结果他走到了麦田的尽头才发现已经错过机会了，只能在麦田尽头摘了一个较大的麦穗。

三徒弟先把麦田分为3块，走过第一块的时候观察麦穗的长势、大小和分布规律，在经过中间那块麦田时他更专注于比较麦穗的大小，选择了一个最大的麦穗，然后出了麦田。经过观察和比较，他摘的麦穗未必是麦田中最大的，但是和最大的麦穗也相差无几。并且他既没有为错过前面的麦穗而悔恨，也没有为没摘取后面的麦穗而遗憾，他的选择是最明智的。

做决策时要谨慎小心，还要做最坏的打算。美国著名管理学家康拉德·特里普说："人们都说我是主动进攻型的经营者，但是恰恰在决策上我小心谨慎、十分保守。在做一项生意的时候，我永远先做最坏的打算。"

思考决定发展

无论是事情的发展还是事业的发展都需要思考来制订蓝图和发展规划。蓝图和规划设定成什么样，事情就会朝着那个方向发展。善于思考的人善于制订规划，有了好的规划必然会有好的发展前景。未来掌握在自己手中，今天的思考和规划决定了未来的发展和结局。比如一个人去旅行，出发前最好先设定好旅游路线，这样既能快速到达目的地，又能尽情欣赏美景。

规划决定事情的发展，发展则预示了未来。思路和规划就是一份行动指南，完美的思考会导致完美的结果，糟糕的思考则会导致糟糕的结果。比如建造一座大厦需要一个蓝图样本，建造过程需要参考这个蓝图。如果蓝图设计得好，就能建造出结实美观的大厦，如果蓝图设计得不好，在建造大厦的过程中就会遇到种种困难，不能建成一个合格的大厦。

很多人的职业生涯打不开局面往往是因为他们没有做好规划，从一开始就没有设定目标以及实现目标的步骤。他们只是随大流投身到热门的行业或者走一步算一步，没有长远的打算。职业生涯规划对一个人的成功有着至关重要的影响，越早做规划越容易获得成功。

软银集团董事长兼总裁孙正义 19 岁时还只是一个留学美国的穷学生。当他的父母无法负担他的学费的时候，他决定靠自己的双手养活自己，并且制订了一个 50 年的人生规划。

30 岁以前，要成就自己的事业，光宗耀祖！

40 岁以前，要拥有至少 1000 亿日元的资产！

50 岁之前，要做出一番惊天动地的伟业！

60 岁之前，事业成功！

70 岁之前，把事业交给下一任接班人！

开始时，孙正义也有过到餐馆打工的想法，但是他很快就放弃了这个想法。因为那样做离他的目标太远了，很难实现自己的人生规划。冥思苦想之后他决定向松下幸之助学习，通过发明创造敲开成功的大门。他强迫自己想出各种发明的点子，然后认真记录下来。一段时间之后，他整整记录了 250 页的各种设想。

经过仔细地筛选，最后孙正义选择把"多国语言翻译机"付诸生产，他认为这种产品能够带来很好的效益。他四处求助，组建了一个研究小组，产品设计出来之后，他拿到日本推销，顺利地把这项专利卖给了夏普公司，并且被委托继续研发法语、西班牙语等 7 种语言的翻译机。这笔生意让他赚了整整 200 万美元，当时他只有 20 岁。

孙正义还在上学的时候，就曾勾画了 40 个公司的雏形，并设计了一个 50 年创建公司的计划，他先模拟自己想成立的事业，分别编制出 10 年的预估损益平衡表、资产负债表、资金周转表，还依时序的不同，编出不同形态的公司组织图，做出沙盘推演。当时，孙正义还没有决定投身哪个行业。

毕业后，孙正义继续修改自己的事业规划，最后决定从事软件批发行业。1981 年，他创立了软件银行控股公司。事业初期并不顺利，但是孙正义负责任的态度为软银赢得了信誉基础。很快软银公司声名鹊起，软件推销业绩全日本第一。

1994 年，孙正义的软件银行公司上市，筹集到 1.4 亿美元。从此，软银集团开始大步腾飞，孙正义真的做出了一番惊天动地的伟业。

孙正义的成就追根溯源要归功于他在大学时期做的思考和规划。他制订了明确的目标，而且选对了实现目标的方向。他为实现目标做了细致的规划，为事业的发展做了周密的准备工作。

生活中，有些人做事纯粹跟着感觉走，不做调查，不了解市场行情变化，不做分析和预测就盲目投资，结果遭遇失败是在情理之中的。

2001 年，北京申奥成功，由此对城市绿化覆盖率提出了更高的要求。草坪开始供不应求，价格一度攀升到每平方米 20 元。到 2003 年，情况有所缓解，但是每平方米草坪的最高价仍可达到 15 元，毛利高达 80%。

原本开汽车维修店的毛老板认为这是个巨大的商机，于是筹集了 50 万元成立了一家规模为 20 公顷的草坪公司，开始培育草坪。

毛老板只看到了草坪的高利率，没有考虑经营草坪的其他因素。草坪耗水量很大，水资源的缺乏导致草坪难以保证高质量。市民对草坪的保护意识不强，践踏现象十分严重。此外，草坪的销售周期非常短，生长一年后就进入老化期，对病虫害的抵抗力也会下降。毛老板不得不投入大量资金购买化肥和农药，导致成本的增加。并且，2004 年，北京园林局降低了市区绿化总量中草坪的比例，提出 7 分树 3 分草的要求。结果草坪的价格很快就降至每平方米 6 元，销量也比上年同期缩减了 60%。

在重重困难面前，毛老板只好咬牙以每平方米 2 元的价格将草坪全部出售。毛老板投资失败的主要原因就在于他投身于一个新的行业之前没有仔细考虑就草率做了决定。

思考可以让人更理性、更全面地看待问题，更清楚地把握事情的发展方向。在理性思维的指导下，才不会做出盲目的选择。如果不思考就像没头的苍蝇一样四处乱撞，不利于事情的发展。可以说，你今天的思考决定了今后事业的发展和未来的命运。

任何难题的解决都有赖于思考

我们在生活中和事业发展中必然会遇到各种各样的难题，只有解决掉这些问题才能不断进步。有些人遇到问题就愁眉不展、逃避，逃避并不能解决问题，反而会使问题恶化。不敢面对问题只能使问题越积越多，越来越难以解决。其实，方法总比问题多，只要善于思考就能找到解决问题的方法。

很多人遇到问题后不知道该如何着手解决。要想解决问题，首先要进行仔细分析，弄清问题到底是什么。如果问题界定不准确，就会给问题的解决造成很大麻烦。确定问题之后要寻根究底，找到问题的根本原因，才能找到更好的解决问题的方法。有时我们为了解决问题忙得焦头烂额却还是不能达到满意的效果，主要原因在于我们没有找到问题的关键。

许多年前，美国华盛顿的杰斐逊纪念堂前的石头腐蚀得很厉害，引起游客的抱怨，这让维护人员大伤脑筋。按照常规的思路，最直接的解决办法就是换石头，但这样做花费实在太大了。

经过仔细观察，纪念堂的管理人员发现原因是清洁人员过于频繁地清洁石头。之所以需要过于频繁地清洁石头，是因为那些光临纪念堂的鸽子留下了粪便。为什么有那么多鸽子飞来呢？原来纪念堂里有大量蜘蛛供它们觅食。为什么会有这么多蜘蛛呢？原来蜘蛛在纪念堂的屋檐下结网可以捕捉到大量的飞蛾？为什么会有这么多飞蛾呢？原来飞蛾是被纪念堂的灯光吸引来的。

问题的根本原因找到了，管理人员采取了推迟开灯时间的办法。没有了灯光，飞蛾就不会来；没有了飞蛾，屋檐下的蜘蛛就渐渐少了；没有了蜘蛛，来觅食的鸽子也就没有了；没有了鸽子，自然也就没有了粪便。

找到问题的根源之后，问题就迎刃而解了。如果当初盲目地换掉石头，不但解决不了问题，而且还会花费一大笔开支。

开始思考应该只考虑与主题有关的事，排除主题之外的所有杂念，抑制遇到困难就想摆脱的想法。用重要感和紧迫感强化思维，让自己最大限度地集中思考。

但是过于紧张也不利于思考，因此还要学会放松，也许在放松的时候就会灵光乍现，想到解决方法。有时当局者迷，旁观者清，当局者用传统的方法解决不了的问题，旁观者可以从另一个角度提供新的思路。

柯特大饭店是美国加州圣地亚哥市的一家老牌饭店。随着客流量的增多，原先配套设计的电梯已经不够用了。于是，老板准备改建一个新式的电梯。他重金请来全国一流的建筑师和工程师，请他们一起商讨该如何增设电梯。建筑师和工程师按照常规模式进行思考，认为必须在每一层打一个大洞，然后安装新电梯。但是这样有几个弊端：第一，破坏建筑结构；第二，弄得尘土飞扬，影响宾馆的清洁卫生；第三，制造噪音，影响宾馆正常营业。

建筑师和工程师一筹莫展，找不到更好的解决问题的办法。这时一个清洁工说："我要是你们，就把电梯装在楼的外面。"工程师听后茅塞顿开，把电梯装在楼外面只需在每层开一扇门就行了。这个创造性的观念是近代建筑史上的伟大变革，此后就有了装在楼外的"观光电梯"。

有时我们会遇到巨大的难题，这些难题就像巨大的石头一样挡住前进的道路，无法一次性处理掉。这时，就要把困难的大问题分解成不同的阶段或不同的层次的小问题。看似无法解决的问题被分解后，解决起来就轻而易举了。分解问题的方法不但能帮助我们顺利地解决问题，而且可以减轻我们的心理压力。

1872 年，有"圆舞曲之王"美誉的约翰·施特劳斯到美国演出。当地有关团体提出了一个惊人的设想：由施特劳斯指挥一个有两万人参加演出的音乐会。这几乎是一个不可能完成的任务——正常的演出，一个指挥家指挥几百个人就很不容易了。

这个难题没有难倒施特劳斯，他想了想就答应了。演出那天，两万名演员齐聚一堂，施特劳斯气定神闲，指挥得非常出色，两万件乐器奏起优美的乐章，让人如痴如醉。原来施特劳斯运用了分解问题的方法，他自己担任总指挥，下面有100 个助理指挥，每个助理指挥负责指挥 200 名演员。总指挥的指挥棒动起来，助理指挥紧跟着动起来，两万件乐器一齐奏出和谐的乐曲。

聪明的人只为成功找方法，不为失败找借口。很多人之所以不成功，就因为他们在难题面前屈服，把困难放大，把自己看轻。只要积极思考，总能找到解决问题的方法。比尔·盖茨曾说："一个出色的员工，应该懂得，要想让客户再度选择你的商品，就应该去寻找一个让客户再度接受你的理由，任何产品遇到了你善于思索的大脑，都肯定能有办法让它和微软的 Windows 一样行销天下的。"

解决问题的方法不会凭空出现，只有不断思考，才能找到有效的解决方法。

洛克菲勒也曾经一再地告诫他的职员："请你们不要忘了思索，就像不要忘了吃饭一样。"所以只有勤于思考，才有希望解决难题。你只有通过思考不断解决难题，才有可能成功，也才会有意想不到的惊喜。

思考有方法，更有技巧

面对同一个问题，有的人很快就能想到解决办法，有的人却一筹莫展、陷入僵局。之所以有这种差别，是因为前者掌握了思考的方法和技巧，头脑更加灵活。要想成为一个高效的思考者，必须掌握思考的技巧。掌握多种思考的技巧，才能更快地找到更多的解决问题的方法。

所有思维技巧中最重要也最常用的一种就是发散思维，即打开思路，寻找多种解决问题的途径。发扬创新精神，走别人没走过的路，更有可能取得成功。因此，思考问题时不要被现有的条件局限住。如果摆在面前的两条路都不是你想要的，那么你可以开动脑筋选择第三条路。

思考问题的另一个重要技巧是将问题巧妙转换。有些问题用直接的方式去解决难度很大，甚至解决不了。如果将问题转换一下，看似困难的问题就变得容易多了。转换的内容包括问题的主体、类型、对象、焦点等等。问题转换是一种曲线解决问题的方式，转换的过程可以表述为：A问题实际上是B问题，要解决A问题，就是要解决B问题。

一家建筑设计院为某单位设计了几栋办公大楼。办公大楼盖好并投入使用之后，该单位发现各楼之间的连接路线不科学。由于各楼之间的员工往来频繁，在路上会耽误很多时间。于是单位要求设计院在各楼之间设计出最科学最节省时间的人行道。

根据这一要求，设计师们提出了很多方案，但都被否定了。正当大家一筹莫展的时候，一个设计师说："让行人自己决定吧！人们为了赶时间会选择最近的路，人们走的最多的路线一定是最便捷的路线。现在正值春天，我们在楼群的主要路线上种上草，人们走路时会在草地上留下明显的痕迹。根据痕迹设计的路线，一定是最方便最省时间的。"

众人拍手叫绝，这一方案立即被采用了。建筑设计院根据草地上的痕迹铺设的人行道果然很受欢迎。

聪明的设计师将问题主体进行了转换，铺设人行道本来是设计师的问题，经过转换就变成了行人的问题。行人自己的选择更能满足行人的需求。

任何问题都有一个关键点，这个关键点是矛盾的汇集处，只要找到这个关键点就能"牵一发而动全身"。解决了关键问题，其他问题就迎刃而解了。

1933 年 3 月 4 日，罗斯福宣誓就任美国第 32 任总统。当时正处于美国涉及范围最广的经济大萧条时期。美国银行出现了遍及全国的挤兑风波。几乎所有银行都被卷入挤兑风波中，不能正常营业。很多支票都无法兑现，人们对银行丧失了信心。一旦对银行丧失信心，挤兑就更加厉害，形成了恶性循环。严重的挤兑风波逼得银行喘不过气来。

针对这一问题，罗斯福上任第三天就发布了一条惊人的决定：全国银行休假 3 天。也就是说银行可以中止支付 3 天，从而为进行各种内部调整赢得了充分的时间。休假 3 天后，全美国银行总数 3/4 的 13500 家银行恢复了正常营业。银行系统的恢复带动了整个金融市场的复苏，交易所重新开始交易，纽约股票的价格上涨了 15%。

罗斯福的这一决断起到了立竿见影的效果，不仅避免了银行系统的整体瘫痪，而且带动了经济的整体复苏。抓住了银行的问题，就抓住了整个经济中最关键的问题。银行的问题解决了，人们就对金融恢复了信心。此后，罗斯福采取一系列措施进行调控，很快就解决了经济危机中所遇到的各种问题。

思考问题时要掌握得失的辩证法，要有大智慧，不要耍小聪明。有些人自认为很聪明，但是聪明反被聪明误，他们恰恰是被自己的聪明打败的。为了贪图小利而耍小聪明，最终会因小失大。有一句话叫"巧诈不如拙诚"，有时看似最笨的方法反而是最有效的。

鲁宗道是宋真宗的大臣。有一次，宋真宗有急事，派使者召见他。使者到了他家，发现他去外面喝酒了，等了好一会儿才回来。使者急着向皇上回话，于是和鲁宗道商量："如果皇上怪罪您来迟了，我该假托什么事来回答呢？"鲁宗道说："就以饮酒的实情相告吧。"使者说："这样皇上会降罪的。"鲁宗道回答："饮酒是人之常情，欺君则是为臣的大罪。"使者回去后如实禀告了宋真宗。

过了一会儿，鲁宗道才来，宋真宗责备他说："你私入酒家，是什么缘故呢？"鲁宗道回答说："臣家里贫困，没有酒器，正好有乡亲远道而来，我请他去酒家吃酒了。我去时换了便服，市人没有认识我的。"宋真宗虽然批评了他，但是认为他为人坦荡、诚实可靠，从此更加器重他了。

思考技巧有很多，但是在运用技巧的时候要遵循基本的原则，否则就会弄巧成拙。前任微软全球副总裁李开复先生对年轻人追求成功提出了不少好的见解，比如坚持诚信、正直的原则。要把好的思路和想法和别人分享，付出的越多，得到的就越多。

发散性思考法：无限拓宽你的思路

何谓发散性思考

有人曾做过这样的实验：在黑板上画一个圆圈，问大学生画的是什么？大学生回答很一致："这是一个圆。"同样的问题问幼儿园的小朋友，得到的答案却五花八门：有人说是"太阳"、有人说是"皮球"、有人说是"镜子"……大学生的答案当然正确，从抽象的角度看确实只是一个圆。但是，比起幼儿园的小朋友来，他们的答案是不是显得有些单调呆板呢？幼儿园的小朋友的那些丰富多彩的答案是不是更值得我们喝彩呢？

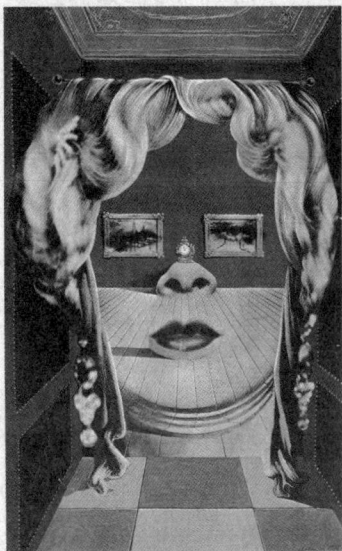

梅·维斯特头像之屋（超现实主义公寓）达利 水彩 芝加哥艺术院藏

达利的这幅画十分强调色彩的表意功能，它既可以被看做是屋子，也可以被看做是人头像。

心理学家认为，人类在 4 岁之前的大脑是最具有开发潜能的。随着年龄的增长、知识的增加，人的思维逐渐被束缚住了。人们思考问题的时候局限在常见的、已知的圈子里，不能想到更多的解决问题的方法。一旦现有的条件不能满足常规的解决问题的途径，人们就束手无策了。这就需要我们用发散性思考来开发思维空间。

所谓发散性思考，是指根据已有信息，从不同角度、不同方向进行思考，寻求多样性答案的一种思考方式。创新思维的学者托尼·巴赞指出发散性思考有两方面的含义，一方面是来自或连接到一个中心点的联想过程，另一方面是指思维的爆发。这种思考方法不受传统规则和方法的限制，要求我们遇到问题的时候尽可能地拓展思路。发散性思考的意义在于找出多种可能性。思路越广阔，想到的解决问题的方法就越多。我们可以从众多的可选项中找出最佳途径。

一个思想呆滞的人不可能在某个领域做出太大的成就，科学家的新发明、商人的新点子、艺术家的新创造大部分是通过发散性思考取得的。发散性思考要求我们思考问题的时候从一个问题出发探求多种不同的答案。美国著名的心理学家吉尔福特在研究创新思维的过程中指出，与创造力最相关的思维方法就是发散思维。吉尔福特认为，经由发散性思维表现于外的行为即代表个人的创造力。也就是说，你的思维越灵活，说明你的创造力越强。

有人曾请教爱因斯坦："你和普通人的区别在哪里？"爱因斯坦把普通人的思考比做一只在篮球表面爬行的甲虫，他们看到的世界是扁平的；而他自己的思考则像一只飞在空中的蜜蜂，他看到的世界是全方位的、立体的。

缺乏发散性思维的人总是想到一个思路之后就不再思考了，得到一个说得通的解释就不再去探索其他的解释了，这样就养成了懒惰的思维习惯。要想养成发散性思维的习惯，可以从发散性思维的3个特性入手进行训练。

首先，发散性思维具有流畅性，可以让你在很短的时间内产生大量的思路。

如果你的思维的流畅性很好，你的思路就如行云流水，创意迭出。心理学家克劳福德建议我们用属性列举法来训练思维的流畅性。简单的训练方法如下：

（1）用你能想到的所有定语形容某一个名词。

（2）想出一个故事的多个结局。

（3）给一个故事拟定多个标题。

（4）用给定的字组成尽可能多的词或用给定的词语组成尽可能多的句子。

其次，发散性思维具有变通性，非常灵活，可以让你自由驰骋。

变通性要求你重新解释信息，强调跨域转化，即用一种事物替换另一种事物，从一个类别跳转到另一个类别。转化的数目越多、速度越快，转化能力就越强。比如，针对"砖头有什么用途"这个问题，你回答"可以盖房子、可以垒一堵墙"，其实，这样的回答是把砖头限制在建筑材料这一个门类里了。如果回答说砖头可以用来做磨刀石，这就跳转到别的类别里了。

训练变通性可以提高人们触类旁通的能力。简单的训练方法如下：

（1）说出给定的定语能够描述的所有东西。

（2）对给定的一系列词按照一定的类别进行组合。比如蜜蜂、鹰、鱼、麻雀、船、飞机等，按照飞行的、游水的、凶猛的、活的等类别进行组合。

最后，发散性思维具有独特性，可以让你别出心裁地产生不同寻常的想法和见解。

独特性的意思是指这种思维方式是唯一的、非凡的、别人想不到的。独一无二的思维方式可以得到意想不到的结果。独特性建立在流畅性和变通性的基础之上，可以说流畅性和变通性是途径，独特性是结果。只有产生大量的、不同类别的思路，才能从中找到能够出奇制胜的创造性想法。

此外，发散性思考还要求我们敢于提出新观点和新理论。现成的、固定的答案是发散性思考的最大障碍，如果你敢于对现有的答案提出质疑，也许能够另辟蹊径找到更加便捷、更加有效的方法。例如，著名数学家华罗庚上中学的时候就曾经大胆地对权威理论提出质疑，结果他证明了一位数学教授的公式推导有误。

发散性思考对于创新有非常重要的意义，由它可以派生出很多具体的方法和技巧。一些研究者提出可以用组合发散法、辐射发散法、因果发散法、关系发散法、头脑风暴法和特性发散法这 6 个方法进行发散性思考。这些方法对解决日常生活中的问题非常有效，可以帮我们找到一些小窍门。

组合发散法

你玩过拼图游戏吗？一张图被分割成很多小块儿，你需要把那些小块儿拼凑起来，组合成一张完整的画面。我们的大脑在思考一个问题的时候，也是通过逻辑思维将与思考问题相关的各种因素组合起来，运用综合我们可以进行发明创造，运用分析我们可以全面地、完整地考虑一件事。

组合发散法，顾名思义就是将不同的事物组合起来，从而创造出新的事物的一种思考方法。发散的方向应该是全方位的，包括正向、逆向、纵向、横向，必要时还要进行三维立体思维、多维空间思维。

组合发散法是发散性思考法的一种，虽然强调发散，但是并不是没有原则地漫天撒网。就像玩拼图游戏一样，如果忽略事物之间的逻辑关系，就不能组合

经常玩拼图，可以很好地锻炼大脑的组合发散功能。

成一张完整的图。我们想到的事物必须属于一个系统，可以构成一张"图"。因此在进行组合发散的时候要考虑事物的价值，对事物进行选择。

"组合"并不是把两个事物生搬硬套地放在一起，而是按照事物之间的内在联系，把它们有机地结合起来，就像玩拼图游戏的时候，那些小块儿必须环环相扣才能展现出一张完整的画面。我们需要对组合对象进行深入研究，把握各个部分之间的联系，从中总结出规律，然后把它们综合起来。

组合发散法有两方面的意义，一方面可以帮助我们创造新事物，另一方面可以帮助我们全面地了解一件事情。

很多发明创造都运用了这种思考方法，把两种或多种事物组合起来就产生了一种新的事物。

现在市面上有各种各样的铅笔，人们使用起来非常方便。然而在最初的时候，人们是使用光秃秃的石墨写字的。石墨容易断，而且写字的人总是弄得满手黑。后来，德国纽伦堡的一位木匠把石墨和木条组合起来，形成了现代铅笔的雏形。1662年，弗雷德里克·施泰德勒根据这个原理开办了第一家铅笔工厂，他将细石墨放入带槽的木条，然后用另一根涂了胶的木条把石墨笔芯夹在中间，再将笔杆加工成圆柱形或者八棱柱形。

1858年，美国费城有一位名叫海曼·利普曼的画家对铅笔进行了又一次改进——在铅笔顶端粘上一块小橡皮，再用金属片把小橡皮固定在铅笔上。这是对组合发散的简单运用，然而就是这样一个简单的组合，海曼·利普曼却为此申请了一项专利，后来以55万美元的价格卖给了一家铅笔公司。

许多事物都可以根据一定的原则组合起来：不同功能的事物组合起来就具有了多种功能，比如手机和数码相机组合起来就成了有拍照功能的手机；不同材料可以进行组合，从而获得新的材料，比如诺贝尔把容易爆炸的液体硝化甘油和硅藻土组合起来发明了固体的易于运输的炸药；不同的颜色、声音、形状和味道可以进行组合，比如几种不同的酒混合在一起，形成口味独特的鸡尾酒；不同领域不同性能的事物之间的组合，比如台历和温度计的组合。

当我们考虑一个复杂问题的时候，常常有所遗漏，不可能面面俱到。运用组合发散法我们可以将问题拆分开，从各个角度详细分析之后再重新组合起来，这样我们就能得出一个客观的结论。

这种分析问题的方法适用于拥有多方意见的问题上。偏听偏信就会做出错误的结论——运用发散组合的思考方法，我们就能做出客观公正的评判。

辐射发散法

辐射发散法是指从一个中心点出发，向四面八方扩散，把中心点和各种事物联系起来，从而产生新的主意。这种思维方法是美国心理学家吉尔福特提出来的，要求思考者在寻找解决问题的方案时向更多的方向思考，从不同视角、不同侧面探索解决问题的方法。

顾名思义，这种思维方法就像自行车的辐条一样以车轴为中心向各个方向辐射。

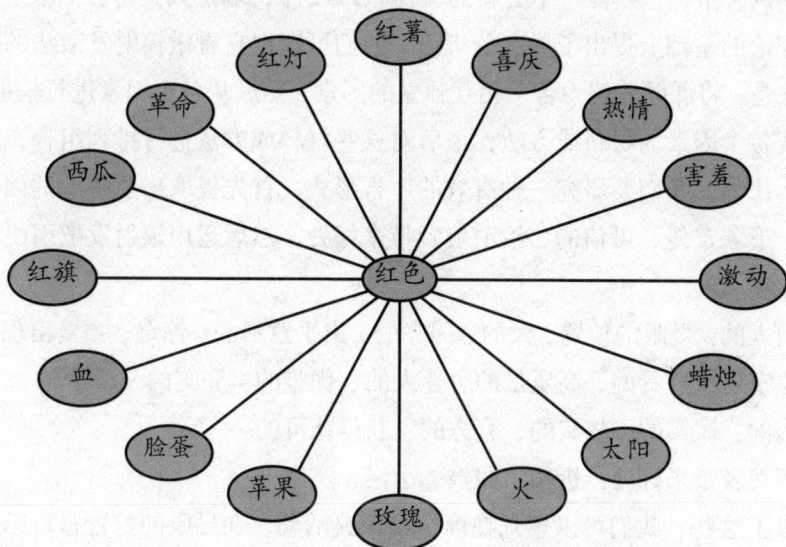

辐射发散法示意图

我们可以用辐射发散法扩展一项技术的应用领域，使它在更广阔的范围内发挥作用。比如，我们围绕"电"进行辐射发散，可以想到电灯、电扇、电视、电脑、电磁炉、电动机、电饭锅、电热毯等等。我们还可以把一项新技术作为辐射中心，将它与各种传统技术和常见事物结合起来，创造出新的技术。

运用辐射发散法思考，我们首先要确定一个中心点，即要有一个明确地需要解决的问题，然后围绕这个问题向各个方向做辐射状的积极思考，尽可能多地寻找解决方案。在思考过程中，我们要突破点、线、面的限制，多角度、多层次、多方位、多关系地思考，尽可能地拓展思维空间，不拘一格地提出新观念、新方法、新概念、新思想。除了在空间上向更宽、更广的方向进行辐射之外，我们还可以在时间上向纵深的方向进行辐射，不仅着眼于现在，还可以从历史的角度、未来的角度进行思考。

当我们需要对某个事物进行改造翻新的时候，可以以这个事物为中心，向四面八方辐射，与那些和本事物毫不相干的事物联系起来。这也是对辐射发散的一种应用。用这种方法想到的结果可能大多数是无意义的，甚至是荒唐的，但是这种思维模式可以帮助我们开阔思路，跳出常规的思考路径，有时可以使我们从中得到新颖的、有价值的方案。

事实上，我们创造的事物的新颖程度与两种事物的相关程度成反比，即越是不相关的两种事物，越能产生更新的事物。1942年，瑞士天文物理学家卜茨维基在这个理论的基础上提出了形态分析法，我们可以把它看做辐射发散法的一种。具体做法是：将课题分解为若干相互独立的因素，然后从各个因素进行辐射思考，找出实现各个因素的材料或方法，最后对这些材料或方法进行排列组合，找出最佳方案。比如，我们要研究一种有效的广告形式，首先提取出要考虑的因素：吸引人的、形象宣传、可信的、给消费者带来好处，然后运用辐射发散引出满足各因素的方法。

吸引人的：显眼的位置、大的、闪亮的、出乎意料的、惊奇、频繁出现的……

形象宣传：好看的、高质量的、迷人的、优雅的、完美的……

可信的：诚实的、权威的、官方的、获得认可的……

给消费者带来好处：折扣、回报、承诺、实惠……

由以上这些，我们可以想到在商场搞庆典活动，在显眼的位置张灯结彩达到吸引眼球的效果，并塑造良好的企业形象和产品形象；在活动现场举办由公证处公正的抽奖活动可以体现出权威性和诚实可信，并给消费者带来好处。

辐射的目的是获得尽可能多的备选答案，我们想到的思路越多，所产生的设想就会越新颖。通过辐射发散思考，我们能够得到很多设想，其中有新颖独特的想法，也有常规的想法，有优秀的创意，也有拙劣的创意，有操作性强的方案，也有不可行的方案。我们需要从中挑选出最合适、最有效、最便捷、最符合我们需要的解决问题的方案，因此在辐射发散之后，还要有一个筛选的过程。

这种思考方法在集体思考中的应用非常广泛，比如在各种创意征集活动中的应用。2008年奥运吉祥物"福娃"的创作的前期过程就是运用辐射发散思考的一个典型案例。

北京奥运会组委会从 2004 年 8 月 5 日开始向全世界征集奥运吉祥物，截至 12 月 1 日收到了上万件作品。其中有效参赛作品 662 件，中国内地作品 611 件，占总数的 92.3%，港澳台作品 12 件，占总数的 1.8%，国外作品 39 件，占总数的 5.9%。

参选作品收集上来之后，文化艺术领域里的专家学者对众多作品进行了评选，先从 662 件作品中挑选出了 56 件作品，然后由 10 名中外专家组成的推荐评选委员会进行评选，最后把大熊猫、老虎、龙、孙悟空、拨浪鼓和阿福作为吉祥物的修改方向。在此基础上，由评委会推荐成立的修改小组组长、著名艺术家韩美林完成了吉祥物方案的设计。

对于个人来说，在进行辐射发散思考的时候，最好先对自己的思考方向进行分类，然后沿着不同的方向进行思考，这种分类的方法比漫无目的地辐射更有系统性，可以得到更全面的辐射点。相反，也许可以想到很多方面，但是没有逻辑、没有系统，因此很容易忽略掉一些东西。

比如，我们在前面提出的问题：尽可能多地写出砖头的用途。你想到了多少种答案呢？你可能会想到盖房子、砌围墙、建桥梁、铺路、做棋子、当磨刀石、当画笔……如果先确定几个思考的方向，然后分别沿着每个方向进行辐射发散，就能够得到更多的答案了。我们可以把砖头的用途分为：建筑类、游戏类、生活类、艺术类、科学类等几个大的方向，如果想到一些无法归类的用途，则归入"其他类"。

建筑类：盖房子、砌围墙、建桥梁、铺路、垒灶台、垒烟囱……

游戏类：当棋子、当球门、当道具、做积木、丢砖游戏、气功表演、当多米诺骨牌……

生活类：当磨刀石、当板凳、当枕头、当秤砣、当垫脚石、堵烟囱、堵鼠洞、当锤子……

艺术类：当画笔、当绘画颜料、当雕塑原料、当乐器、做首饰……

科学类：航天研究材料、化学实验材料、测量压力和重力、做模具、做机器零件……

其他类：卖钱、自卫武器、爱情见证物、做标记……

显而易见，用这种分类的方法可以更加全面地分析问题。请用这种辐射发散的思考方法来思考这个问题：酒瓶的用途有哪些？首先确定你想从哪几个方面进行思考，然后填充在由那个方面想到的用途中。

1. ___

___

___

2. ___

___

___

3. ___

___

___

4. ___

___

5. ___

___

因果发散法

事物之间普遍存在着因果联系：下雨导致地面湿，"春种一粒粟"导致"秋收万担粮"，"勤奋学习"导致"考上好大学"，"助人为乐"导致"好人缘"……

我们举的这几个例子好像具有显而易见的因果关系。但是事实上无论是在自然界还是在人类社会，因果关系并不是如此清晰明了地一一对应的。一个原因可以导致多种结果，一个结果可能是由多种原因引起的。比如：下雨仅仅导致地面湿吗？还会带来别的结果吗？"地面湿"一定是下雨引起的吗？还有别的原因吗？请看下面的图示。

因果发散法就是让我们以事物发展的原因或结果为中心点，进行发散思考，从而找到导致某一现象的原因或者某一现象可能引起的结果。由果及因的发散思

```
                  ┌──────────────┐
          ┌──────→│  衣服不易晾干  │
          │       └──────────────┘
          │
          │       ┌──────────────┐
          │  ┌───→│   灌溉庄稼    │
┌────────┐│  │    └──────────────┘
│  下雨  │┼──┤
└────────┘│  │    ┌──────────────┐      ┌────────┐
          │  └───→│   出行不便    │      │  下雨  │
          │       └──────────────┘      └────────┘
          │                                   │
          │       ┌──────────────┐      ┌────────┐
          └──────→│    地面湿     │←─────│  下雪  │
                  └──────────────┘      └────────┘
                       ↑                      │
                       │              ┌────────┐
                       └──────────────│  洒水  │
                                      └────────┘
```

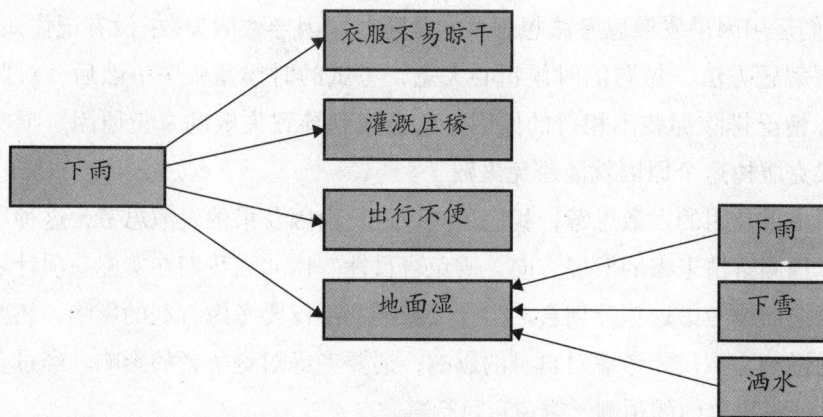

考在解决复杂问题的时候比较常见，只有找到问题的症结所在，才能找到解决问题的有效方案。比如，侦探在破案的时候就要以案发结果为中心点进行发散思考，由果溯因推断导致案件的可能原因，然后运用推理排除种种可能，剩下的一种可能就是答案了。

我们来看看下面这个小笑话。

有一次，福尔摩斯和华生去野营，他们在星空下搭起了帐篷，然后很快就睡着了。半夜，福尔摩斯把华生叫醒，对他说："抬头看看那些星星吧，然后把推论告诉我。"华生想了想说："宇宙中有千百万颗星星，即使只有少数恒星有行星环绕，也很可能有一些和地球相似的行星，在那些和地球相似的行星上很可能存在生命。"

福尔摩斯听完之后，说："现在我告诉你我的推论，我们的帐篷被人偷走了。"

同样是看到了星星，华生和福尔摩斯得到了不同的推论。在进行由果及因的时候，我们应该像福尔摩斯一样从实际出发，关注与生活密切相关的问题。

医生看病的时候也要弄清导致疾病的原因，才能确定相应的治疗方案，从而进行准确、可靠、快速、有效的治疗。同一种病症可能是多种原因引起的，比如同样是发热，可能是病原体引起的感染，可能是肿瘤或结核病引起的，还有可能是大手术后人体内组织重生引起的。医生常常询问病人一些问题，为的就是排除其他的可能性，确定引起疾病的原因，然后对症下药。

我们在处理生活中的问题的时候，同样可以采取这种由果及因的方法推导出引发某一现象的原因。这种思维方法还有助于我们总结失败的教训，比如考试失败了，我们运用因果发散思考法想想可能是哪些原因导致的失败：没有记住知识，没有掌握解题方法，做题的时候粗心大意，考试的时候紧张……然后，对照自己的实际情况排除那些不相符的原因，就会找到导致失败的真正原因。下次考试的时候克服掉这个原因就能避免失败了。

除了由果及因的发散思考，我们还应该进行由因及果的发散思考，这种思考方法可以预测事情未来的发展方向，避免盲目性。比如当我们在实施一项计划之前，就要全面地考虑这项计划会产生什么影响，不仅要考虑有利的影响，还要考虑不利的影响，不仅要考虑对自身的影响，还要考虑对竞争者的影响。经过多方发散，才能得出全面的预测，避免盲目行事。

我们得到一些新颖独特的解决问题的方案，这些方案具有可行性吗？会带来什么结果呢？这时就可以通过由因及果的发散思考法预测一下那些方案能否帮我们解决问题。当我们需要做出影响人生发展方向和前途的决定的时候，更要考虑这个决定会给自己造成哪些影响，然后权衡利弊做出明智的选择。

这是一种很实用的思考方法，当你为一件事犹豫不决的时候，就可以用由因及果的思考方法考查一下有哪些理由在支持你做或不做。比如：

一个南方女孩和一个北方男孩相爱了。有一天晚上，男孩向女孩求婚。女孩有点不知所措，她说："让我想想。"她回家后拿出一张纸，左边写上"不嫁"，右边写上"嫁"。在不嫁的那一栏，她写下：

（1）他工作不稳定，收入不高。

（2）南北方生活习惯差异大，将来会有麻烦。

（3）他学历不高。

（4）他家在农村。

（5）他有体弱多病的母亲和上学的妹妹，家庭重担由他一个人承担。

…………

在右边那一栏，她写下了一个字——爱。

她反复思索，把左边的理由一条条划去，把右边的理由一遍遍加深，于是她确定了自己的选择。

在训练发散思维的时候，我们可以设置一个事件，然后对这个事件可能引起的结果进行推测。这种由因及果的推测在实际操作中，往往能够引发新的创意。比如：

我们假设世界上没有老鼠，会出现什么结果呢？

世界上少了一种动物；可以减少粮食损失；不会发生鼠疫；孩子们不认识童话中出现的老鼠；猫和猫头鹰没有了食物可能会灭绝；生态平衡遭到破坏，可能会给自然界带来巨大的灾难……

如果人不需要睡眠会引发什么结果呢？

24小时营业场所增加；安眠药和床的销售量会降低；人们的知识会成倍增加；节约劳动力；能源消耗增加；人们会更加孤独寂寞；犯罪率会上升；会出现更多的游戏和娱乐设施供人们打发时间；工作时间会延长……

关系发散法

甲乙两个人为一件事发生了争执，他们来到寺院让一个德高望重的老和尚评理。甲来到老和尚面前说了自己的一番道理，老和尚听后说："你说得对。"接着，乙来到老和尚面前说了和甲的意见相反的另一番道理，老和尚听后说："你说得对。"站在一旁的小和尚说："师父，怎么两个人说的都对呢？要么甲对乙错，要么乙对甲错。"老和尚说："你说得对。"

也许你觉得老和尚的话自相矛盾，但是真的存在绝对的对与错吗？很多事并非只有一种解释。从甲与这件事的关系来看，甲说的是对的；从乙与这件事的关系来看，乙说的是对的；从小和尚与这件事的关系来看，小和尚说的也是对的。

我们所处的这个世界是一个多元的、复杂的世界，我们所做的每一件事都有利有弊，对与错、好与坏就像一股黑线和一股白线相互交织，有时甚至紧密得难以分开。我们在观察和解释事物的时候，应该避免单一和僵化的解释，那样只会导致偏执一词、钻牛角尖，看不到事情的全貌。

要想在这个世界上从容地生存发展，就要运用关系发散法来思考问题，即从宏观的角度充分分析事物所处的复杂关系，并从中寻找相应的思路，得出客观全面的结论。人们常用"八面玲珑"来形容那些善于为人处事的人，这个词形象地体现了关系发散法的好处。

关系发散的另外一层意思是从另一个角度重新理解和解释事物之间的关系。很多时候我们习惯了事物之间的某种关系，于是把这种关系看做是亘古不变的，从来不试图改变。事实上，只要你愿意，完全可以对事物的关系做出另一番解释。

在生活中，我们同样需要从不同的角度来解释两件事之间的关系。"塞翁失马，焉知非福"就是对关系发散的运用。"祸兮福之所倚，福兮祸之所伏"，丢了一匹马，并不仅仅给塞翁造成损失，有可能还会带来好处，虽然那好处没立刻显现出来，但是通过关系发散法塞翁预测到了可能的好处。

此外，关系发散法在数学题中的应用也很广泛。

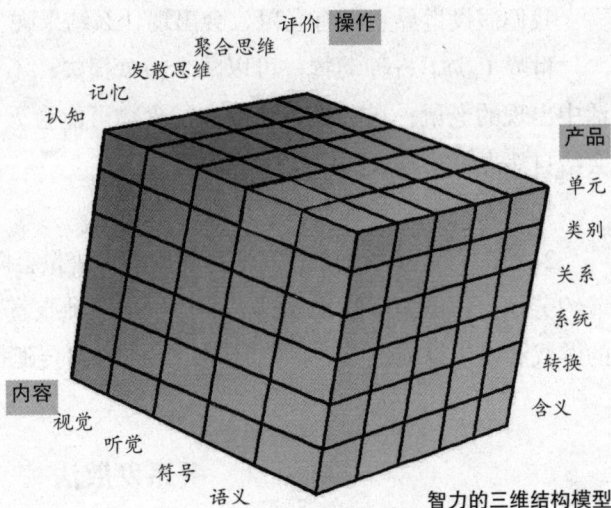

智力的三维结构模型

在一节思维培训课上，一个小学一年级的数学教师向思维培训师请教如何教孩子们练习发散思维。思维培训师在黑板上写了一道算术题：

2+3=？

然后，他说："这是小学一年级常见的计算题，只有唯一的答案，对就是对，错就是错。这会让孩子们养成寻找一个答案的思维习惯，导致思维的扁平化，遇到问题时缺乏寻找多种答案的意识和能力。虽然大部分数学题是一题一解的，但是我们可以运用关系发散法来改变出题的方式。"接着，他在黑板上写下了这道题：

5=？+？

那个数学老师一下子醒悟过来，显然学生在计算这道题的时候思维是发散的，而计算前一道题的时候思维却是封闭的。

思维培训师对等式两边的关系进行了发散处理，把已知变未知，把未知变已知，从由分求和到由和求分。有人把这种发散方法称为"分合发散"。曹冲称象的方法就是对分合发散的运用。

三国时，孙权送给曹操一头大象。曹操很高兴，问他的谋士们："谁有办法称一称它的重量？"有人说造一个巨型的秤，有人说把大象宰了切成块。这时曹冲说："我有办法。"他让众人跟他来到河边，叫人把大象牵到一条大船上，等船身稳定了，在船舷上齐水面的地方刻了一条线做标记。然后，他让人把大象牵到岸上，把岸边的石头一块一块地往船上装，船身就一点儿一点儿往下沉。等船身沉到刻的那条线时，曹冲就叫人停止装石头。接下来，大家都知道怎办了吧？称一称船上石头的就知道大象有多重了。

在这个例子中曹冲巧妙地把大象和石头联系起来，把难于称量的大象的重量分解为容易称量的石头的重量，使问题迎刃而解。与此类似的还有西汉时期的孙宝称徽子的故事。

一个农夫撞倒了卖徽子的小贩，徽子掉在地上全摔碎了。农夫愿意赔偿50个徽子的价钱，但是小贩坚持说他有300个徽子，二人僵持不下。这时，担任京兆尹的孙宝路过，他让人把地上的碎徽子收集起来称出重量，然后买来一个徽子称出一个徽子的重量，两数相除计算出徽子的个数。农夫和小贩都心服口服，农夫按照徽子的数目赔钱给了小贩。

这同样是对关系发散法的应用，孙宝同时考虑了整体与个体，数量与重量的关系。徽子虽然碎了，但总重量不会变，每个徽子的重量都差不多，用总重量除以单个徽子的重量，就得出了数量。

头脑风暴法

头脑风暴法是被誉为创造学之父的美国人亚历克·奥斯本提出来的，是一种激发集体智慧、提出创新设想、为一个特定问题找到解决方法的会议技巧。奥斯本曾这样表达头脑风暴的意义："让头脑卷起风暴，在智力激励中开展创造。"

美国北部常下暴雪，有一年雪下得特别大，冰雪积压在电线上导致很多电线被压断，严重影响了通讯。电讯公司想尽办法也没能解决这一问题。后来，电讯公司经理召集不同专业的技术人员举行了一次头脑风暴座谈会。

会议上，大家提出了不少奇思妙想：有人提议设计一种电线清雪机；有人提议提高电线温度使冰雪融化；有人提议使电线保持震动把积雪抖落。这些想法虽然不错，但是研究周期长，不能马上解决问题。还有人提出乘坐直升机用扫帚扫雪，这个想法虽然滑稽可笑，但是有一个工程师沿着这个思路继续思考，想到用直升机的螺旋桨将积雪扇落，他马上把这个想法提了出来。这个设想又引起其他与会者的联想，人们又想出七八条用飞机除雪的方案。

会后，专家对各种设想进行分类论证，一致认为用直升机除雪既简单又有效。现场试验之后，发现用直升机除雪真的很奏效。就这样，一个困扰电讯公司很久的难题在头脑风暴会议中得到了解决。

俗话说："三个臭皮匠，赛过诸葛亮。"当我们面对复杂的问题时，靠一个人冥思苦想很难解决问题，在会议上大家提出的想法可以互相激励，互相补充，从而产生出新创意和新方法。但是，并非所有的会议模式都能让人们打开思路、畅所欲言。奥斯本找到了一种能够实现信息刺激和信息增值的会议模式，在企业进行发明创造和合理化建议方面效果显著。他提出头脑风暴法之后，这种方法很快就在美国得到了推广，随后日本也相继效仿。

头脑风暴会议的意义在于集思广益，为了保证头脑风暴法发挥作用，奥斯本要求与会人员务必严格遵守 4 个原则。

第一，自由设想。与会者要解放思想、开拓思路，无拘无束地寻求解决问题的方案。鼓励与会者提出独特新颖的设想，因此与会者要畅所欲言，不要担心自己的想法是错误的、荒谬的、不可行的或者离经叛道的。

在平常的会议中，我们力求让自己提出的建议和想法符合逻辑，因为我们总希望自己的建议得到别人的认可，而不会提出一个连自己都不能自圆其说的想法，这就放过了很多潜在的解决问题的方法。头脑风暴会议就是要求我们天马行空地思考，无所顾忌地表达，让那些潜藏的方案显露出来。

第二，延迟评判。不要在会上对别人提出的设想进行评论，以免妨碍与会者畅所欲言。对设想的评判要在会后由专人负责处理。

在平常的会议中，大家总喜欢用批判的态度对待别人提出的一些想法，挑毛病是很容易的事，然而这种批判的态度使很多优秀的设想被扼杀在萌芽之中。比如，在美国电讯公司的会议中，当有人提出"乘坐直升机用扫帚扫雪"之后，如果有人说"这个想法太离谱了"，那么就不会有后面的"用螺旋桨除雪"的设想。

第三，追求数量。与会者要运用发散思维尽可能多地提出设想，数量越多就越有可能产生高水平的设想。

日本松下公司鼓励职工运用头脑风暴法提出改进技术、改进管理的新设想，在 1979 年一年内便产生了 17 万个新设想。公司从如此多的设想中选出优秀的、建设性的设想应用在设计和管理领域，使生产经营水平不断提高。

第四，引申综合。在别人提出设想之后，受到启发产生新的设想，或者把已有的两个或多个设想综合起来产生一个更完善的设想。

人们常常把合作的好处比做1+1＞2，英国戏剧家萧伯纳就曾说过："如果你有一种思想，我也有一种思想，我们彼此交流这种思想，我们每个人将各有两种思想。"头脑风暴法并不仅仅是把各自的想法罗列出来，它还有一个激荡的过程，一个想法催生另一个想法从而得到更多更好的想法。有交流、有发展才有创新。

头脑风暴的效果显而易见，因此在世界各国受到了普遍欢迎。并且各国在不断应用中对头脑风暴法进行了创新和发展，以适应不同团体的需要。在这里我们介绍美国、德国和日本的3种典型的头脑风暴法。

（1）美国的逆向头脑风暴法：这是美国热点公司对头脑风暴法的发展，其特点是不但不禁止批判，反而重视批判，旨在通过批判使设想更完善。这种方法与美国人那种自由、开放的性格相适应。需要注意的是要防止因为批判而导致大家不愿意提出荒谬的设想。

（2）德国的默写式头脑风暴法：这是德国学者鲁尔巴赫根据德国人惯于沉思和书面表达的特点而创造的会议方法。其特点是每次会议由6个人参加，每个人在5分钟之内提出3个设想，因此这种方法又叫"635法"。主持人宣布议题之后，发给每个人一张卡片，卡片上有3个编码，编码之间有一定的空余，为的是让别人填写新的设想。在第一个5分钟内每个人在卡片上填上3个设想，然后传给下一个人。在下一个5分钟内，大家从上一个人的设想中受到启发填上3个新的设想。这样传递半个小时之后，可以产生108个设想。

（3）日本的NBS头脑风暴法：这是日本广播公司对头脑风暴法的发展，是一种事务性较强的方法。具体做法是主持人在会议召开之前公布议题，并发给与会者一些卡片，要求每个人提5条以上设想，每一条设想写在一张卡片上。会议开始后，与会人员逐一出示自己的卡片并发言。当别人发言的时候听众如果产生了新的设想，就把设想写在备用的卡片上。发言完毕之后，主持人收集卡片并按内容分类，然后在会议中讨论、评价，选出解决问题的方法。

头脑风暴法作为一种激励集体进行创新思维的方法在企业和设计性团体中得到了广泛的应用。此外，这种方法在日常生活中也很实用，比如在学校，老师可以组织头脑风暴会议，让学生们讨论如何提高学习成绩，如何丰富课外生活等问题。家庭成员也可以召开小型的头脑风暴会议讨论如何度过周末，如何使晚餐更丰盛等问题。并且，在日常生活中的训练还可以逐渐提高我们的发散性思考的能力。

特性发散法

我国创造学者杜永平在《创新思维与创作技法》一书中提出了特性发散的思维方法，所谓特性发散是指用发散思维看待事物的特性，事物的每一个现象、每一种形态、每一个性质都可能给我们带来帮助，引发出不同的用途。

当年，李维斯和很多年轻人一样投入到了西部淘金的热潮之中。在前往西部的路途中，有一条大河挡住了人们的去路，人们纷纷向上游或下游绕道而行，也有人打道回府。李维斯对自己说："凡事的发生必有助于我。这是一次机会！"他想到了一个绝妙的创业主意——摆渡。很快，他就积累了一笔财富。

后来摆渡的生意十分冷淡，他决定继续前往西部淘金。到了西部，他发现那里气候干燥、水源奇缺，人们纷纷抱怨："谁给我一壶水喝，我情愿给他一块金币。"李维斯又告诉自己："凡事的发生必有助于我。这是一个机会！"他又看到了商机，做起了卖水的生意。渐渐地，卖水的人越来越多，没有利润可图了。

这时，他发现淘金者的衣服都是破破烂烂的，而西部到处都有废弃的帐篷。李维斯再次告诉自己："凡事的发生必有助于我。这是一次机会！"由此他又想到一个好主意——用那些废弃的帐篷缝制衣服。他缝成了世界上第一条牛仔裤！后来，李维斯终于成了举世闻名的"牛仔大王"。

在李维斯的事业发展过程中，他多次用到了特性发散的思维方法。大河可以挡住人们的去路，同时也给人们提供了摆渡的机会；干燥的气候导致人们口渴难耐，但是也给人们提供了卖水的机会；在淘金的过程中衣服被磨得破破烂烂，这给人们提供了一个发明结实衣服的机会。只有那些善于运用特性发散思考法的人，才能看到隐藏在现象背后的机会，从而利用机会制造商机。

当我们在思考一个问题的时候，要考虑思考对象的特性和思考对象与哪些别的因素有必然的联系，从中寻找解决问题的新途径。特性发散思考法还要求我们增加看问题的视角，找到思考对象的更多特性。下面这个例子也体现了对特性发散思考法的运用。

第二次世界大战结束后，战胜国决定成立一个处理世界事务的联合国。第一个问题就是购买可以建立联合国总部的土地，对刚成立的联合国来说，很难筹集大笔资金。美国石油大王洛克菲勒听说了这件事后，出资 870 万美元买下纽约的一块地皮，并无偿地捐赠给联合国。有人赞叹洛克菲勒的义举，有人对此表示无法理解。事实上，洛克菲勒另有打算。

随着联合国的作用越来越重要，周围的地价随即飙升起来。当初洛克菲勒在买下捐赠给联合国的那块地皮时，也买下了与其相连的许多地皮。没有人能够计算出洛克菲勒家族在后来获得了多少个 870 万美元。

洛克菲勒之所以敢进行大胆的投资，是因为他已经看到了潜在的好处。联合国购买土地作为联合国办公地址，这件事不是孤立的，必然会带来一系列其他的影响。运用特性发散法思考问题，可以帮我们预测隐藏在某一事件中的潜在机遇。所以，每当我们遇到一个新现象或发现一个新事物的时候就要问问自己：

它有什么用？它能用在什么地方？或者，我们可以向李维斯一样对自己说："凡事的发生必有助于我。这是一个机会！"

我们习惯于认为很多事跟自己没关系。"事不关己，高高挂起"是一种不良的思维习惯，那样做只能使我们的思路局限在已有的范围之内，得不到拓展。特性发散思考法就是要我们打破这种思维惯性，从任何看似与我们无关的事物中寻找可能存在的价值。为了强化特性发散思维，我们可以在平时进行这样的思考训练，比如：

温度计测量温度的特性在什么情况下有用？测量室内温度、生病后测量体温、出游之前考虑目的地的温度、农民考虑适合植物生长的温度、养殖场考虑适合动物生存的温度、衬衫厂商根据气温变化决定生产长袖还是短袖……

熟练掌握特性发散法，可以使更多的东西为我所用。比如，废纸盒可以用来放 CD，花哨的塑料包装可以用来制作精美的贺卡，饮料瓶可以当做花瓶……

·第3课·

水平思考法：突破常规的奇思异想

什么是水平思考法

甲从乙处借了一笔钱，如果无法偿还乙，就得去坐牢。乙是高利贷者，他想娶甲的女儿做老婆，姑娘誓死不从。乙对姑娘说了一个解决的办法："我从地上拣起一块白石子、一块黑石子，然后装进口袋由你来摸。如果你摸出的是白石子，你父亲的那笔债就一笔勾销；如果你摸出的是黑石子，那你就得和我结婚。"说完，他从地上捡起两块黑石子放进了口袋。然而，这个动作被姑娘看到了。

现在请你来回答：如果你是甲的女儿，你会怎么办？请开动你的脑筋，然后把你的想法写下来：＿＿＿＿＿＿＿＿＿＿

水平思考法的创始人爱德华·德·波诺博士在用这个故事解释何谓水平思考法时提出了这个问题，并且他得到了下面几种答案：

（1）姑娘拒绝摸石子。

（2）姑娘揭穿乙拣起两块黑石子的诡计。

（3）姑娘只好随便抓起一块黑石子，违心地同乙结婚。

很显然，上面的方法都不尽如人意。如果运用水平思考法——将考虑的焦点移向水平方向：由口袋中的石子移到地上的石子，则能巧妙地解决问题。

姑娘的眼光从口袋移到地面上，想到乙的两块石子是从地上捡起来的。于是，她伸手到口袋里抓起一块石子，在拿出口袋的一刹那，故意将其掉落在地上。这时，她对乙说："呀！我真不小心，把石子掉在地上了。看看你的口袋里剩下的那一块吧，就知道我抓的是什么颜色的石子了。"

姑娘利用水平思考法，将原本失意的局面扭转过来，取得了令人满意的效果。

1969 年 9 月下旬，世界各国的广告学家云集日本，参加世界广告大会。这次会议上引起人们最大反响的便是英国剑桥大学的爱德华·德·波诺博士的有关水平思考法的发言。

"水平思考法"已经被收入《牛津英文大辞典》，辞典中的解释是："以非正统的方式或者显然地非逻辑的方式寻求解决问题的办法。"对水平思考法最简单的描述是："你不能通过把同一个洞越挖越深来实现在不同的地方挖出不同的洞。"这里强调的是寻求看待事物的不同方法和路径。

这种显然的非逻辑的思维方式要求我们摆脱常规的思考路径。爱德华·德·波诺博士认为：当你为实现一个设想而进行思考的时候，很有必要摆脱一直被认为是正确的固有观念的束缚。因为当我们按照常规的固有观念进行思考时，很多可能性被忽略掉了。举例来说，按照人们的固有观念，水总是往低处流的，如果仅从这一观念出发，世界上就不会有能将水引向高处的吸虹管了。

运用"水平思考"时，我们移动到侧面路径上尝试不同的感知、不同的概念、不同的进入点。我们可以使用各种各样的方法，包括一系列的激发技巧，来使我们摆脱常规的思考路径。比如，创造性停顿、简单的焦点、挑战、其他的选择、概念扇、激发和移动、随意输入、地层、细丝技巧等等。在以后的篇章中，我们将一一介绍。

在水平思考中，我们致力于提出不同的看法。所有的看法都是正确的和相容的；每个不同的看法不是相互推导出来的，而是各自独立产生的。运用水平思考法我们可以从不同角度、不同侧面来看待一个问题，从与思考对象相关的、可能相关的、甚至不相关的任何事物中寻找解决问题的方法。常规逻辑关注的是"真相"和"是什么"，而水平思考就像感知一样，关注的是"可能性"和"可能是什么"。

水平思考和发散思考一样，试图寻找多种可能性，但是水平思考具有逻辑性和收敛集中的一面，它的意义在于通过系统地运用具体的技巧和工具来改变概念和感知，从而提出新的创意和概念。

Po 的含义

看看下面的几种说法：

（1）我去了一家书店，发现那里一本书都没有。

（2）报纸上说有一个男子拍照时拍不到身体。

（3）据说在国外出现过"太阳从西边出来"的景观。

（4）我的一个朋友连续 3 个月都不吃饭，但是依然很健康。

你是不是觉得这些说法很荒谬，认为这些事是根本不可能的。这些事确实不符合逻辑，但是真的没有可能性吗？设想一下，那家书店可能只办理邮购和网上订购业务，并不用把书放在书架上；拍照拍不到身体可能是照相机发生了故障，或者那名男子的身体被什么东西挡住了；太阳从西边出来可能是海市蜃楼，或者在日落的时候如果有一个比太阳降落得更快的参照物，人们就会产生太阳从西边升起的错觉；连续 3 个月不吃饭的人可能吃了某种营养素。

"Po"是爱德华·德·波诺博士发明的新单词，他把水平思考的整个概念全部集中在这个单词身上。水平思考是一种对事物情况各种可能性和假设的枚举，而"Po"正是源自英文单词 possibility（可能性）、suppose（假定）、poetry（诗歌）和 hypothesis（假设）中共有的字母组合"Po"。"Po"代表了一种没有固定形式的混沌状态。

众所周知，传统的逻辑思考注重判断和选择，非 Yes 即 No，不接受就拒绝。水平思考则强调概念重组和重新排列，以求获得新的创意和灵感。爱德华·德·波诺博士告诉我们：在 Yes 和 No 之外，还有一个 Po。他在著作中提到："水平思考所处理的是 Po，正如逻辑思考所处理的是 No 一样。"

在传统的思考模式下，人们很容易对一件事或一个观点进行批判。大多数人都有完美主义倾向，我们像园丁忙于清除杂草一样热衷于清除荒谬的、不可行的、混乱的假设，而不是寻找创造性、建设性的观点和方法。做出否定的判断比提出建设性的意见容易得多，我们很容易说出下面的话：

这样做是错的。

这样说是错的。

事实不是这样的。

你的建议是不可行的。

这种想法根本不符合逻辑。

在日常生活中，这些话时常充斥在我们的空间中。其实，这些批判性的话语会把一些好的建议一棒子打死。Po 突破了这种思考模式，它要求我们只关注可能性和假设，目的在于想出具有创造性和建设性的建议。下面我们通过一个案例来对比一下批判性的 No 思考法和建设性的 Po 思考法。

案例：用 Po 思考法开设一家独特的餐厅，你有哪些好的设想？

1.24 小时营业——全天任何时段都提供食物。

No：没有必要，那样只能造成人员和资金的浪费，尤其是后半夜的经营，肯定会赔钱的。

Po：餐厅不光可以提供食物，为什么不提供一些其他的服务呢？我们可以给人们提供一个除了家庭和工作单位之外的另一个空间。比如，给情侣们提供一个聊天的场所，给心情不好的人提供一个绝对私人的空间，给喜欢阅读的人提供一个小型的阅览室。此外，还可以在餐厅安装几台电脑，供人们上网。人们在餐厅停留的时间长了，自然会要吃点东西，说不定后半夜也会很火爆呢！

2. 绝对自助餐厅，采用类似自动售卖机的销售模式。

No：不可行，如果没人来买，饭菜就会变凉，甚至过期变坏。

Po：有两种可能，一种是为了防止饭菜变质，我们可以用那种常见的自动售货机销售不易变质的食物，比如饼干、面包、火腿；另一种是常见的有座位的餐厅模式，满足那些希望趁热吃的人，在正常的吃饭时间之内（早上 7:00 ~ 8:00，中午 12:00 ~ 1:00，下午 6:00 ~ 7:00）把刚出锅的饭菜放在售货机内，并在旁边放一台微波炉，如果有人嫌饭菜凉了可以加热。

3.DIY 餐厅——顾客自己做饭吃。

No：开什么玩笑？跑到餐厅去做饭，还不如自己在家里做呢！

Po：为什么不可以呢？我们可以请一位特级厨师教顾客做特色菜，恐怕会挤破了餐厅的门！另外还可以针对年轻人开设这样的业务，搞生日聚会或类似的庆祝活动的时候，他们可以自己做菜。

4. 男士止步餐厅——只招待女宾。

No：这样做生意岂不是少了一半？

Po：这叫做市场细分，方圆几百里的女士们都会到这里来体验一下这里的独特之处。我们专门经营对女性健康和美容有益的食品，并提供相关的咨询服务。如果男士不服气，我们还可以开一个"女士止步餐厅"。

5. 没有菜单，只提供你没吃过的食物。

No：不可能，哪有那么多种食物？

Po：谁敢说自己吃遍了世界上所有的食物？我们可以招聘一些有创意的厨师，他们可以对原料进行随意的组合，这样做的每道菜都会与上一道菜味道不同。我们还可以把不同的菜混合起来，比如把意大利面和韩国菜结合起来，把粤菜和川菜结合起来。不要担心难吃，我们卖的是新鲜感。

6.不收取食物的费用，而按时间收费。

No：不合理，吃得多，吃得快的人会把我们吃穷。

Po：我们只经营咖啡、牛奶、火腿、面包等比较廉价的食物，我们卖的是美妙的餐厅音乐和舒适的空间。因此，在餐厅坐得时间长的人应该付更多的钱。

需要注意的是 Po 出来的新想法一般都会有一些技术上的难度，但是这不是水平思考法关心的重点。思考时如果过多地考虑这些实际操作中的问题，反而会影响创意的发挥。Po 的任务就是大胆设想，自由地发挥想象力，把看似不可能变为有可能。

创造性停顿

如果你马不停蹄地赶往一个地方，你就会忽略路边的野花；如果你停下来欣赏一下路边的野花，你就能得到赏心悦目的回报。

如果你迅速驶过一个岔道口，你有可能错过一条捷径；如果你停下来看看路牌，你就能知道哪条路通往何方。

如果一条小河畅通无阻地流下去，它只能流经固定的路线；如果它暂时遭到堵塞，就会找到新的渠道，甚至流向一片新的水域。

思考也是一样，如果我们快速地顺畅地想下去，可能会忽略一些重要的事情；如果我们在思考的过程中暂停一下，可能会得到一个好的创意。

在日常生活中，我们已经掌握了一些思考模式和行为模式。在思考问题的时候，大脑按照常规来安排我们的思考，这个过程是流动性的，思维总是顺畅地进行，除非遇到难题或突发事件。创造性停顿就是让我们主动地在本来顺畅的思考过程中停顿一下，进行创造性努力。

停顿为的是创造性思考，在顺畅的思考过程中，我们总是会忽略一些看似不重要的问题，停顿可以让我们对那些问题进行有意识地关注，这样可能会在某一点上存在一个创意。比如：

——我要停下来针对这个问题好好想一下。

——这个观点可能会引发什么新创意呢？

——我们停下来想想看，是不是还有其他思路呢?

——这里可能会有潜在的机会。

那么，什么时候停顿呢？应该在哪里停顿呢？

创造性停顿不需要理由，它不是对任何事情做出的反应。如果刻意地寻找理由，你就只能在明显地需要停顿的地方停顿下来，反而会破坏创造性停顿的意义。在那些看似不需要停顿的地方停下来思考，往往能产生更好的效果，这样才能体现出创造性停顿的真正价值。思考者根据自己的意愿随时停顿下来，并不是因为突然有了灵感，而是一个有意识的过程。

我们的大多数思考都是被动的，比如满足某个要求、克服某个困难，都是在问题出现在我们面前之后，需要我们做出反应。创造性停顿是一种主动的思考习惯，强烈的创造性思考的动机使我们主动地关注思考的过程。这种思考法要求我们在思考过程中做一个短暂的停顿，对自己说："我要关注一下这个问题。"

需要注意的是你不能奢望每次停顿都能产生一个好的创意，这是一种"投资"，并不是每次投资都能带来回报，但是只要不断地努力，最终总能得到回报。如果不进行这种寻找创意的努力，就会失去产生创意的机会。它的作用类似于"六顶思考帽"中的绿色帽子思考法，我们不能强迫自己产生创意，但是我们可以强迫自己努力进行创造性思考。

创造性停顿的另一个重大意义在于培养创造性思考的习惯。人们为了培养创造性习惯，往往通过说教、劝诫、激励、榜样示范、奖励创造力带来的成果等方法。实际上，与其奖励创造力带来的成果，不如奖励创造力本身。创造性停顿是培养创造性态度和动力的最简单、最有效的方法。如果你想拥有创造力，就应该在思考过程中练习创造性的停顿，并养成一种思考习惯。

也许你会怀疑这样做会干扰正常的思考过程，正确地运用这种思考方法并不会对思考过程造成干扰，你只需要停下来快速地关注某件事物，并查看一下有没有其他的可能性。作为水平思考法的一部分，创造性停顿给我们寻找"侧面路径"提供了一个契机。我们要去某个陌生的地方，如果匆匆忙忙地赶往目的地可能会走入歧途，我们需要在中途停下来考察一下有没有更好的路线。

创造性停顿既适用于个人，也适用于团体。当你想停顿一下的时候，问问自己。比如：

——还有没有其他方法来解决这个问题？

——我们来看看还有没有别的可能性。

停顿的时间不能太长，个人只需要停顿 20 ~ 30 秒钟，团体只需要 2 分钟，然后继续原来的思考进程。

在进行这种训练之初，不要过分要求自己一定要想出什么结果。我们注重的是努力进行创造性思考的过程，而不是结果。如果每次停顿都努力寻找结果，你就会感到有负担，进而会讨厌这种思考模式。事实上，这种创造性停顿并没有要求我们一定要找到别的可能性——只要进行创造性停顿本身就够了。

想象一下自己走在一条乡间小路上，创造性停顿只是让你在前进的路途中停下来，关注一下自己所处的位置，看看周围是不是有别的路可走，如果有当然很好，如果没有也不必在意，回到自己原来的路径上就行了。

这看起来似乎很简单，其实并不容易做到，需要大量的练习才能养成创造性停顿的习惯。创造性停顿的习惯可以培养你的创造力，当你的创造性思考变得越来越熟练的时候，你就能发现停顿给你带来的好处。也许一个短暂的停顿就能让你开辟出另一条更好的思路。

简单的焦点

人们通常认为创造力的作用体现在解决问题和困难的领域。当我们遇到困难的时候，确实需要创造性思考。但是很多时候，如果我们确定一个思考的焦点，也能产生意想不到的结果。尤其是当我们把焦点集中在不同寻常的、不被人们关注的问题上的时候，不需要太多的创造性努力就能取得可观的成果。

很多科学家都是在别人不注意的领域取得了引人注目的成就。

诺贝尔物理学奖获得者李政道在一次很偶然的机会听了一个同事的演讲，从而知道了非线性方程有一种叫做孤子的解。他找到所有关于孤子的资料进行分析研究，发现所有人都在研究一维空间的孤子，但是在物理学上三维空间才具有普遍意义。他花了3个月时间研究三维空间的孤子，创建了新的孤子理论用来研究亚原子的问题。后来，他得意地说："我从一无所知一下子赶到别人的前面去了。"总结经验的时候，他说："要想赶上、超过别人，你一定要弄清楚哪些是别人不懂的。看准了这一点去研究才会有突破。"

李政道正是把焦点集中在别人都没有注意到的事物上，从而取得了成功。大家都不关注的事物几乎不存在竞争，因而很容易取得成就。

简单的焦点是一种非常有力的创造性工具，这种思考方法要求我们把注意力集中在任何事物上进行思考。

当你拿起水杯喝水的时候，试着把焦点集中在水杯的手柄上，想一想是不是有其他的设计方法能让你更方便地去拿水杯；当你打开某件商品的包装的时候，试着把焦点集中在这个过程中，想一想是不是可以设计一种方便人们打开的包装方法，或者设计一种更加环保的包装。

你可以把焦点集中在两个事物之间的关系上，比如铅笔和橡皮；你可以把焦点集中在某一事物的一个特性或功能上，比如牙刷的功能；你可以把焦点集中在一个过程中的某一步骤上，比如购买过程中的付款这个步骤……

简单的焦点和创造性停顿有相似之处，都要求我们主动地在不需要思考的地方进行思考。但是，二者也有明显的区别，创造性停顿是对思考过程中涉及到的某一点进行创造性地关注，而简单焦点是在生活中任意地选择一个新的焦点。首先，你可以先把可能的焦点列一个名单，以便将来进行关注。然后，针对某个焦点初步设想出一些方案和创意，如果你有了出色的想法，就要对其进行深入地分析和探讨。最后，确定一个焦点，把它当做真正需要解决的问题认真地做出创意。

和创造性停顿一样，简单的焦点思考法并不一定能给你马上带来创意，这是一种投资。寻找焦点的过程本身就很有价值，它可以让你变得善于寻找焦点。创造性思考的第一步就是选择焦点，而不是急着提出创意，因为有目的的思考才是最有效的。试想一下，8个具有创造性思考力却不善于集中焦点的人围坐在一起，他们能给我们带来什么？什么都不能带来，因为他们不知道在哪里发挥自己的创造性。具有创造性的人如果不能找到一个焦点，就像一个神射手不知道目标在哪里一样，他们的创造力会显得苍白无力。

我们可以把焦点分为两类：一般领域焦点和特定目的焦点。

一般领域焦点是经常被人们忽视的，然而却是非常重要的一种创造性焦点。一般领域焦点要求我们简单地定义出需要创意的一般领域。

这些领域并不存在明显的需要克服的困难，但是如果你把焦点集中在这些方面，问题就产生了。通过解决这些问题，也许会产生有用的创意。这就是我们在第一章中曾经提到的第三类需要解决的问题——为自己设置不寻常的问题。比如：

——在食品加工领域，你有什么好的想法？

——在电器领域，你有什么好的创意？

——关于钢笔的墨水，你能想到什么创意？

——关于钥匙的材质，你有什么好想法？

一般领域焦点就是提出这样一些思考的领域，既可以是宽泛的，也可以是狭义的。这种思考法并不指出思考的目的，也不需要解决已知的问题或者得到预期的效果，它只是要求我们在定义好的领域内进行创造性思考。

这样会不会导致无的放矢呢？不会的。第一，我们已经确定了一个目的，只是这个目的比较宽泛，即产生在某个领域内有用的想法。第二，我们可以对产生的主意进行检验，从中选择那些符合我们需要的想法。第三，我们可以把宽泛的焦点分解成几个子焦点，比如"在交通领域，你可以提出哪些创意"。这个焦点太宽泛了，我们可以把它分解成交通工具、交通管理、交通法规、交通设施等更细化的焦点。

特定目的焦点，顾名思义即人们所熟悉的具有明确的目的和预期结果的焦点。这种定义焦点的方法可以让我们明确地知道我们在寻找什么，需要达到什么结果。这种思考法可以分为以下几种方法：

（1）把焦点集中在如何朝着特定的方向改进。比如：

——我们需要一些如何降低成本的创意。

——我们需要一些提高收视率方面的创意。

（2）把焦点集中在如何解决某一问题或克服某一困难上。比如：

——我们应该怎样防止公交车上的偷窃行为？

——如何更快地处理交通事故？

（3）把焦点集中在如何完成某项任务上。比如：

——我们需要一种可以无限期使用的笔，有哪些途径可以完成这个任务？

——如何尽快把这些商品处理掉，你能想到什么办法呢？

（4）把焦点集中在发现某种潜在的机会上。比如：

——这几年是生育高峰期，这对我们来说有什么机会吗？

——网上购物越来越普及，我们从中可以得到什么机会吗？

特定目的焦点给我们指明了一个思考方向，不同的定义会指向不同的重点。我们在描述焦点时最好列出多个定义，从中选择一个最有价值的思考方向。在描述焦点的时候，我们还应该谨慎地措辞，避免模棱两可以及可能引起误解的表述。

挑战

这件事有没有其他的解决方法呢？创造性的挑战就是在承认现有的方法的前提下，考察其他的可能性。

创造性挑战不同于批判性挑战。批判性挑战以判断为前提，力图证明某件事是错的或是有缺陷的，然后寻找改变或改进的方法。创造性挑战不是对现有的方法提出批评或找出错误，而是对唯一性的挑战；并不是对现有的方法不满意，而是不满于把现有的方法当做唯一的方法。

创造性挑战拓展了创造力的运用范围。批判性挑战只能让我们挑战那些看起来有明显错误和不足的方法，如果现有方法没有什么错误或不足，我们就没有动力去寻找别的方法和选择。创造性挑战还能避免由批判引起的争论。当我们批判某种观点或方法的时候，往往会引起抵抗和争论，浪费时间和精力。创造性挑战不是为了否定现有的方法，而是为了寻找其他的可能性和选择。

人们习惯性地认为现有的方法就是最好的，没有必要再寻找别的方法。事实上现有的做事方法往往是由于各种偶然的原因形成的。比如，盘子是圆的，那是因为最初陶瓷工人需要在转轮上制作盘子。现在制作盘子已经不需要转轮了，对模子里的陶土进行压缩就可以制作出各种形状的盘子。

当我们遇到一个问题的时候，应该问问自己。比如：

——为什么我们一定要用这种方法？

你可能会得到这些答案。比如：

——这是一直以来最好的做事方法。

——我们试过其他的方法，权衡利弊之后，觉得还是保持现状比较好。

——这样做没有出问题，没有压力要求我们改变这种做法，所以还这样做。

有些理由也许合理，有些理由可能很糟糕。提出"为什么"并不是真的想找到现有方法存在的理由，而是提醒大家注意这不是惟一的方法，即使找不出理由我们也要寻找其他的方法。

过去一直这样做，所以现在还这样做，这体现了惯性思维对我们的控制，具体表现在 4 个方面。

（1）忽略的惯性。我们习惯性地按照某种方法做事。现在的方法没有出问题，没有给我们带来麻烦，所以我们想当然地认为应该这样做，而没有检查一下是不是还有其他的可能。

（2）受限的惯性。我们的做法受到外界需要的限制，为了满足别人的某些要求，我们很难改变现有的做法。

（3）自满的惯性。如果某种方法曾经发挥作用，我们就相信它永远是正确的；即使出现问题，我们也不会对它表示怀疑。

（4）时间序列惯性。任何事情都有一个不断发展的过程，在最初阶段出现了一些概念和结构，后出现的概念总要依附于先前的概念。事实上，出现新事物之后，我们有必要对先前的概念重新定义。

当事情发生变化之后，难道不应该有新的概念来适应改变之后的情况吗？水受冷结成冰，我们不再把冰叫做"水"，也不可能用对待水的方式来对待冰。当想法背后的概念限制我们思考的时候，我们仅仅挑战想法是不够的。比如：

——情况已经发生变化了，我们是不是应该对原来的概念进行调整。

——现在这个概念还有效吗？

此外，我们还要挑战导致我们以一定方式思考的其他因素，比如假设、边界、基本因素、避免因素、两极选择等等。我们要做的是先找出限制思考的因素，然后对它提出挑战。

（1）挑战假设。任何思考都是在一定的前提和假设下进行的，比如当我们思考如何安排周末活动的时候，我们假设周末有两天的休息时间。通过挑战假设，我们可以跳出固有的思维模式，请假可以使休息时间变长，加班可以使休息时间变短。

（2）挑战边界。任何思考都有一定的边界，我们总是在"合理"的范围内思考。首先我们要弄清限制思考的边界是什么，然后跳出边界寻找其他可能。

（3）挑战基本因素。看起来最正当、最不容置疑的基本因素也可以成为挑战的目标。比如房子一定要由钢筋和水泥来建造吗？用竹子行不行？房子一定要固定在一个位置吗？移动的房子怎么样？

（4）挑战避免因素。我们在思考过程中总是极力避免一些不好的东西，比如过度开支、浪费资源等等。这些是一定要避免的吗？可不可以不顾及这些因素呢？

（5）挑战两极选择。我们常常陷入非此即彼的两极选择的思考模式，比如"要么如愿以偿，要么前功尽弃"。难道没有第三种情况吗？可能一定程度上实现了愿望或者在某些方面实现了愿望。

明白了有必要寻找其他选择之后，我们就要探讨如何寻找其他解决问题的方法，具体的方法我们会在接下来详细介绍，这里给大家提供4种打开思路的方法。

（1）堵塞。假设现有的途径遭到堵塞，我们必须寻找别的出路。比如：

——如果不允许你用这种方法，你还能想到什么方法来解决这个问题呢？

（2）摆脱。有意识地摆脱已有的方法，我们的头脑就能更加自由地思考。

（3）放弃。主动放弃现有的做法，重新寻找出路。

（4）追根溯源。找到解决根本问题的其他方法。比如：

——为什么要把道路加宽？

——为了缓解交通拥堵。

——为什么要缓解交通拥堵？

——为了方便人们出行。

——为了方便人们出行，一定要把道路加宽吗？还有没有其他方法？

其他的选择

爱德华·德·波诺博士常常在他的著作中提到这样一个故事：为了能够赶上第二天的飞机，他设置了旅馆的闹钟。第二天早上闹钟响了，他试图关闭闹钟，但是即使他拔掉了闹钟的电源，闹钟还是在响。原来铃声来自另外一个闹钟，他忘记了自己设置了两个闹钟。

他想尽办法要关掉闹钟，他知道按照正常的步骤应该怎么关掉闹钟，但却没想到其他的可能。

在思考过程中我们需要停下来想一想。比如：

——还有其他的方法吗？

——有没有别的解决方案？

——是不是还有别的可能性？

寻找和创造更多的备选方案，这是进行创造性思考的最基础的一部分，但是并不容易做到。因为我们知道下一步应该怎么办，于是马上进入了下一步的思考和行动，从而忽视了其他的选择。这就像我们走在一条平坦、顺畅的道路上的时候，就会按照那条路的方向走下去，而不会考虑是不是有更近的路可走。

人们普遍认为不足和错误是寻找备选答案的唯一理由。当事情发展不存在障碍和问题的时候，我们很难停下来寻找其他的选择。一旦前面的道路遇到阻碍，我们才会有压力和需要寻找新的途径。传统的思考习惯显然限制了我们进行创造性思考，这也是我们一再强调在不存在问题的时候，我们需要主动给自己设置问题的原因。绿色思考帽、创造性停顿、简单的焦点、挑战惟一性都是在看似没有必要的情况下进行创造性思考。

首先，我们可以从已知的备选方案中进行选择。

我们买衣服的时候，先从众多款式中选择自己喜欢的一种，然后询问售货员那种款式都有哪些颜色，从中选择适合自己的颜色。我们需要做的只是从现有的备选方案中进行选择，这里不需要太多的创造性思考。

有两点需要注意，一是备选方案要全面，不能有疏漏。比如，在你看中的那款衣服中恰恰没有你想要的白色。在现实生活中，很多时候备选方案并没有摆在我们面前，而是需要我们主动地搜索。比如，如果不允许使用火柴，你能想到哪些方法来把火点燃呢？打火机、放大镜聚焦取火、化学反应生成火……还有其他的方法吗？我们需要在已有的经验中尽可能全面地搜寻备选方案。

另外一点需要注意的是我们可以对摆在面前的方案进行加工。比如，尽管饭店给我们提供了菜单，我们还是可以要求做一道菜单上没有的菜或者对某道菜的做法提出自己的要求，比如做某道菜的时候不要辣椒或者把两道菜拼在一起。

其次，在现有方案之外创造更多的方案。

生活中的问题非常复杂，很多问题都是开放而非封闭的，可能性的数量不像服装的款式和颜色那样固定，因而不能用"非此即彼"的方式来解决。这就要求我们发挥想象力、挑战概念、打破边界、引进新的因素等前面提到的方法来设计出新的方案。我们还可以用前面提到的"追本溯源"，即进一步提问的方法找到问题的关键。比如：

——我们要么给员工涨工资，要么不涨工资。

——为什么要给员工涨工资呢？问题的关键是什么？

——给员工提高待遇，增加福利。

——那么除了涨工资之外是不是还有其他的方案呢？

——还可以采用奖金制度或者实行更多的医疗保健福利。

也许我们创造的新方案并不合适或者不如现有方案完美，这时需要对现有方案和新方案进行比较，如果新方案没有明显的或更大的好处我们就弃而不用。作为创造性思考的一种训练方法，寻找备选答案的努力本身要比找到更好的方案更重要。这个问题我们一直在强调，如果不做这种努力，肯定不能找到更好的方案，如果我们付出了努力则有可能找到更好的方案。所以我们不但要寻找备选方案，而且要尽可能多地寻找备选方案。当你有很多选择的时候，那些优秀的、明显优于其他方案的选择就会显露出来，这会让你的决策变得更容易。

我们应该先在已知的范围内寻找备选方案，然后再创造新的备选方案，这是一个普遍性原则。如果不搜寻已有的可能方案就进行创造，可能精疲力竭创造出的结果早就已经摆在你面前了。

我们在寻找或创造备选方案的时候需要有一个出发点或者叫做固定点。这并不难理解，能解决问题的方案才有意义。我们可以从下面几个角度来设立固定点：

（1）目的：即所寻找的方案要解决的问题。比如：

——还有哪些方法可以解决这个问题？

——还有哪些途径可以达到这个目的？

（2）类别：同类事物或同类方法可以替代现有的事物或方法来满足我们的需要。比如：

——菜单上还有其他的甜食吗？

——这种小型的冰箱还有哪些其他的品牌？

（3）相似之处：感知上的相似之处。比如：

——还有这种风格的服装吗？

——外观与此相似的材料还有哪些？

（4）概念：围绕一个抽象概念来思考。比如：

——我们可以采取哪些措施增加员工的福利？

——这个问题的固定点是"福利"的概念。

固定点的意义在于指明思考的方向，避免无的放矢。因此对固定点的描述要尽量精确、具体，明确思考方向之后，我们的思考会更有效。为了使思路更开阔，我们可以尝试几个不同的固定点。

概念扇

如果让你把一封信送到河对岸去，那么，第一个出现在你脑子里的方法可能是找到一条船。如果没有船怎么办呢？难道没有别的办法可以到达你的目的地吗？

船只是帮你到达对岸的方法之一，我们可以把"到达对岸"作为一个固定点，由这个固定点我们可以想到别的备选方案，比如游到对岸去，或者架一座桥，或者乘热气球飘到对岸去。

接下来我们可以继续问："为什么要到河对岸去呢？""为了送一封信。"

现在我们可以把"送一封信"作为固定点进行思考，找到把信送到对岸去的其他途径。比如，绕过那条河，或者用箭把信射到对岸，或者用信鸽、邮局把信送过去。

我们还可以继续问："为什么要把信送到对岸去呢？""为了向对岸的人传递消息。"那么我们可以把"传递消息"作为一个固定点，思考其他可以传递消息的办法，比如打电话、发传真、发邮件。

在这个案例中我们用追本溯源的方法找到了3个层次的备选方案，每一个"为什么"都带出一个概念，也就是我们要解决的问题，这个问题成为想出其他方案的固定点。我们还可以对这个概念进一步追问，层层推进，引出最根本的问题，这样就形成了一个概念扇。

概念扇是一种完成型的思考模式，适合解决这样的问题。比如：

——我们如何完成这个任务？

——我们如何解决这个问题？

——我们如何实现这个目标？

概念扇有4个层次：目标、方向、概念和主意。上图中最右端的"传递信息"是我们要解决的根本问题，也就是我们的目标。由目标向后推导就引出了我们到达目标的方向，每一个方向都是引出更多备选概念的固定点。方向和概念的区别是相对的，方向是更为宽泛的概念。"送一封信"相对于"到达对岸"是一个方向，相对于"传递消息"来说则是一个概念。由概念再向后推导就引出了解决问题的具体办法，也就是"主意"。主意必须是具体的、可以直接付诸实践的。

这个推导过程类似于我们给别人指路的时候，先告诉别人某地的具体位置在哪里（目标），然后指明通往那个地方的方向和路径，最后建议别人选择某条路并指明具体的路线。

一般而言，要想制作一个概念扇，需要先设定一个目标，从目标出发推导找出多个概念，然后从概念出发推导出大量的主意。我们再来看一个例子，如果目标是增加利润，那么实现这个目标的途径是：

1. 降低成本

2. 增加销量

3. 走名牌路线

针对"降低成本"这个途径，我们可以引出以下概念：

1. 精简机构，降低人力资源成本

2. 增加科技含量，降低生产成本

3. 合理融资，降低投资成本

针对"增加销量"这个途径，我们可以引出以下概念：

1. 扩大生产规模

2. 开拓新市场

3. 降低价格

4. 制定营销策略

针对"走名牌路线"这个途径，我们可以想到以下概念：

1. 广告宣传

2. 公关策划

3. 提高产品质量

这样，我们就得到了 10 个备选概念。然后，我们可以把每一个概念当做一个固定点来寻找具体实施的主意。比如，针对"广告宣传"这个概念，我们可以想到哪些主意呢？

1. 在电视上做广告

2. 在报纸上做广告

3. 在杂志上做广告

4. 在网络上做广告

5. 做户外广告

6. 做店面广告

7. 做车贴广告

从其他的概念中我们同样可以找到很多主意。这时概念扇的好处已经显现出来了，它可以使每一条思路都很清晰，帮助我们全面地找到可能存在的备选方案。如果我们针对"如何增加利润"这个问题直接进行发散思考，就很有可能漏掉很多潜在的方案。

在具体的操作过程中，我们的大脑思维是跳跃性的，在制作概念扇的时候可能会突然想到一个主意。

概念扇强调的是行动，而不是分析，它可以给我们指明具体的解决问题的方法。需要注意的是，在我们寻找方向和概念的时候可能会遇到重复的问题。比如"走名牌路线"可以作为"增加销量"的一个概念。这时你应该在两个地方都放上这个概念，在不同位置的侧重点不同，会引发出不同的主意。

概念扇的意义在于它给我们提供了一个具有多个固定点的框架，每个固定点都可以引发很多备选方案。我们通常因为看到了某一个方案的价值才把它提出来，创造性的思考模式允许我们先提出备选方案，然后再寻找它的价值。

当我们面对一个概念，一时想不到如何把它付诸实践的主意的时候，可以用简单的焦点的方法集中精力寻找解决问题的方法。

最后，我们要对选出的方案进行评估。评估是一个判断性的思考过程。我们需要从以下几个方面进行考察：

这个方法是否具有可行性，可以运用到工作中吗？

这个主意有哪些好处，能够满足人们的哪些需要？

时间、金钱、人力、技术等资源能否保证这个方案顺利实施？

这个方法是否符合政策、议程、文化、规章制度等外部环境的要求？

概念

人类的思维通过概念、判断、推理等形式抽象地反映客观世界。其中概念是反映事物特有属性的思考形式，是进行判断和推理的基础。我们思考任何问题都离不开概念，可以说每时每刻都在运用概念。但是大多数时候我们根本没有意识到，概念是隐藏在事物之中的，只有把概念抽象出来之后，概念才会清晰地出现在我们的头脑中。

就像我们在前面所介绍的，抽取概念对创造性思考非常有用。我们可以把它作为一个固定点，从中找到更多的备选方案来实现这个概念。此外，我们还可以对一个概念进行创造性地改进，比如去除掉错误和缺点，使它的价值显现出来。当我们明确了概念的内涵、外延及价值之后，还可以根据需要改变概念，对概念发出挑战。

要想找到隐藏在事物后面的概念，我们可以对自己提出这样的问题。比如：

——这个主意体现了什么概念？

——这里存在一个什么样的概念？

现有的主意未必是最好的，让主意背后的概念显现出来有助于我们找到新的主意。养成退回到概念层次的习惯可以帮我们更有效地创造备选方案。

一个主意可以抽象出不同层次的概念，要想找到最有用的概念并不容易。比如：

——我们生产纯棉睡衣。

——我们生产睡衣。

——我们生产服装。

——我们生产人们需要的东西。

——我们是一家工厂。

这 5 个层次的概念一个比一个更宽泛，第一个具体地描述了生产的产品，从最后一个概念中我们却看不出生产的是什么东西。概念太窄会限制我们的思考范围，概念太宽则会让我们失去用力点。要想找到最有用的概念层次，我们只能凭借一种感觉，通过向上或向下扩展对概念进行多次定义来寻找最为合适的描述。

一般来说，一个概念可以用几个词或者一句话来描述。如果对概念进行特别详细地描述，也就失去了概念在水平思考中的意义了。

概念可以分为一般性的描述和定义。一般性的描述比较宽泛，往往适用于多个事物，定义则可以把一个事物和其他的事物区别开来。比如：

西瓜是夏天常见的一种水果。

这是一般性的描述"夏天常见的一种水果"还可以用来描述哈密瓜、桃等其他水果。

西瓜是圆形或椭圆形的大型果实，成熟的果实一般是红瓤黑子，水分多、味甜。

这是对西瓜果实的定义，它不能用来描述其他的水果。

我们没有必要陷入对不同层次概念的揣摩和判断之中，只需要找出各种可能的概念，然后挑选出看起来对自己最有用的概念。

大部分词语都是描述性的，比如"高的"、"合适的"、"充足的"、"有趣的"等等。"狂风暴雨"这个词描述了一种恶劣的天气。但是，在实际生活中，这些描述性的概念对我们的思考没有太大的意义，而功能性的概念对我们进行创造性思考更有意义。

我们可以根据不同的侧重点把功能性的概念分为目的概念、原理概念和价值概念 3 种类型。

1. 目的概念

人类的任何行动都带有一定的目的性。即使一个人躺在那里无所事事，他的行为也是有目的——他在休息。目的概念就是用一般性的概念术语来表述目的。

椅子的目的概念是：可以让人们坐在上面的一种坐具。

2. 原理概念

原理概念顾名思义就是描述事物的运作原理。一件事物或一个计划是怎样运作的？某种效果是如何实现的？某种目的是如何达到的？比如椅子是如何实现"让人们坐在上面"这个目的的？

椅子的原理概念是：具有能够稳定支撑的木质或铁质结构，有支撑面和靠背的坐具。

3. 价值概念

某件事物或某种做法有什么好处？这样做能给我们带来什么价值？价值概念就是在描述概念的时候体现出事物的价值。

椅子的价值概念是：可以让人们休息的一种坐具。

刚开始运用概念思考法的时候，你会感觉到很难确定有用的概念层次。和其他的思考方法一样，当你进行一段时间的训练之后，就会越来越能感觉到什么是有用的概念层次。我们没有办法"找到"合适的概念描述，除非你尝试多种不同的描述方法之后进行比较筛选。这就像我们对问题进行多种定义一样，进行多种描述才能保证我们找到最有效的一种描述，从而确定我们的思考范围。

确定一个概念之后，我们不仅可以在它的基础上进一步找出新的主意，而且可以挑战概念本身，对事物进行创造性地改变。当我们对概念扇中的各级概念进行这样的操作之后，就能得到更多的备选方案。

激发和移动

爱因斯坦曾进行过这样一个"思考试验"：他想象自己站在太阳表面，抓住一束太阳光，以光速在太空中旅行。他感觉自己在向宇宙边缘飞去，但是到达旅程尽头的时候却发现自己回到了出发点。在无限的宇宙中沿直线走，怎么可能回到原来的起点呢？

于是他在太阳上换了一个位置，抓住另一束光驶向宇宙的边缘，结果他再次回到了出发点。爱因斯坦并没有因为这种想法不合逻辑就草率地进行否定，而是依照这个设想进行推理：如果在宇宙中沿一个方向走，总能回到起点，说明宇宙以某种形式发生弯曲，并且存在一个边界。经过大量的试验和分析之后，他提出了 20 世纪天文学最伟大的发现：宇宙是弯曲的，并且是有限的。

爱因斯坦的伟大发现源于一个不合逻辑的设想，在这个疯狂的设想的激发之下他找到了合理的解释。在生活中很多人都有这样的经历，在与你所做的事不相关的另一个事物的激发下你想到了解决问题的好主意，这就是激发。

激发是神奇的思考工具，它是水平思考的最基本的一个方面。激发的意义在于脱离常规的思考路径，开发出新的思路。

常规的思考模式是在一定的理由支持之下，我们才能提出的某种说法。通过激发我们可以先提出某个说法，然后再寻找它的价值。激发思考不需要理由，你可以提出一个看似荒谬的说法，然后从中找出能够帮助你解决问题的有用的东西。你可以说出浮现在脑海中的任何事物，这类似于头脑风暴法的做法。

我们的每一个想法都要建立在前边的正确的想法之上，并根据一定的逻辑进行推导。这种垂直思考保证了最后的解决方案是有效的。在激发思考中，激发点凭空出现，没有任何理由和依据。当我们由此推导出一个方案时，并不能保证它是有效的。这需要事后对我们得到的方案进行逻辑分析，经过事后分析显现出来的价值和逐步推导得出的价值是一样有用的。

爱德华·德·波诺博士用单词 Po 来引出激发点，比如：

Po，知识是可以吃的。

Po，鲜花开在天花板上。

Po，我们可以在云中散步。

你可以从这几个例子中看出来，Po 出来的想法已经超出了常规假设的范围。假设有一定的前提和目的，再大胆的假设也力图达到合理。可是，激发通常显得不合理，而且你从中看不出这种想法能给我们带来什么好处。假设可以给我们指明一个思考方向，激发的意义在于把我们从常规的思考方向中拉出来，给我们提供获得创意的一个中介。由激发点得出的创意也许与激发点完全不同。"知识是可以吃的"这个激发点并不是让我们试着吃书，而是让我们从这个点出发联想到其他的思路，比如在面包和饼干上印字。

在化学试验中，一种稳定的物质在催化剂、加热等外界刺激作用下变成不稳定的化合物，最后变成一种新的稳定的物质。在思考中，激发的作用类似于此，通过引入不稳定性来促使我们达到新的稳定。

进行垂直思考时，我们处于一种稳定的状态，只能沿着一个方向前进，不会想到其他的途径。水平思考就是要求我们在思考模式之间进行转换和抄近路。

如何从主干道转移到侧面路径呢？这就需要激发技巧来发挥作用了。

如图所示，虚线箭头代表常规的思路；圆圈代表一个激发点，它存在于我们的常规思维模式之外，它可以使我们的思维跳出常规的思路；实线箭头显示了思路通过激发点从主干道"移动"到侧面路径的过程。

激发和移动是一个思考过程的两个步骤。无论激发点多么奇特，如果没有移动的过程，激发就不会发生任何作用，移动需要建立在激发的基础之上。把思路从激发点引到侧面路径的过程，这是为激发寻找理由的过程。

移动是从激发点向前移动到一个新的有用的主意。这是一种积极的思维过程，完全不同于判断。判断思维力图把我们的思路限制在经验的路径上，当出现不符合经验的想法时，它就会进行简单的否定，然后把我们的思路拉回主干道，判断不允许我们出现"在云中散步"这种无厘头的想法。移动的作用类似于六顶思考帽中的黄色思考帽，它从激发点中寻找积极的因素。我们可以把判断看做岩石的逻辑，把移动看做水的逻辑。岩石岿然不动，是静态的；水则是流动不定，是动态的。移动思考关心的不是一个想法的对错，而是这个想法可以把我们引到哪里去。下面两个图显示了判断和移动的区别：

其实移动并不神秘，我们前边提到的概念扇也是一个运用移动的过程。由主意移动到概念，再由概念移动到新的主意。在这里，移动是对激发的具体运用，把激发点和现实中的具体问题联系起来，赋予激发一定的价值和意义。

激发的出现

激发性的思考类似于爱因斯坦的"思考试验"。这种思考模式不是陈述"是什么"，也不是分析"为什么"，而是为了促使大脑"产生什么"。激发类似于假设，但比假设更疯狂。激发点可以是矛盾的、不符合逻辑的设想，我们很难用语言来描述它，爱德华·德·波诺博士用"Po"这个"反语言"的单词来引出激发点。

Po的功能类似于一顶思考帽，戴上它，你就可以大胆设想了，不用担心会遭到否定和质疑。如果你说："让我们想象一下，在云中散步这个主意怎么样？"别人一定会认为你在说疯话，并会花费大量时间和精力来攻击你。如果你说："Po，我们可以在云中散步。"大家立刻就能进入移动步骤，把这个想法向前推进。

很多人都有这样的体验，正当一筹莫展的时候，突然映入眼帘的某个东西或者突然发生的错误和困难给你带来灵感，于是你想到了一个奇妙的主意。这种情况的激发点是自动出现的，我们并没有为寻找激发点做努力，而是借助了周围本来存在的激发点。

1904年，美国在圣路易斯举办世界博览会。糕点师哈姆威在会场外卖薄饼，他的生意十分冷淡。相邻的摊位卖冰激凌，生意却很火爆。很快，盛冰激凌的托盘就用完了。哈姆威灵机一动，把自己的薄饼卷成圆锥状，提供给卖冰激凌的小贩，让他用来盛放冰激凌。没想到这种锥形冰激凌很受欢迎，成了世界博览会的"明星"。后来，便逐渐发展为今天的蛋卷冰激凌。

哈姆威的灵光乍现是受到偶然事情的激发产生的。冰激凌没有托盘了——他由此想到了自己的薄饼，为什么不能用薄饼做托盘呢？外在事物的激发使他在不经意间创造了一项发明。历史上还有很多这样的例子，尤其在科学试验和发明创造领域。不相关的事物的激发可以给我们打开另外一条思路，使我们获得新发现或解决问题的新方法。

荷兰科学家列文虎克是世界上第一个发现微生物的人。他没有受过正规教育和相关训练，只是热衷于用显微镜进行观察。有一天下雨，他想也许从雨滴里能看到什么东西。于是，他把雨滴放在显微镜下观察。结果，他惊讶地发现里面有细小的、像蛇一样蠕动的东西。他把它们叫做"可爱的小动物"。200多年之后，人们才知道原来列文虎克发现的微生物是细菌。

在这个例子中，雨滴是一个激发点。出现在列文虎克面前的雨滴是很平常的东西，正因为平常所以总是被人们忽略掉。在自然界，在我们的日常生活中，并不缺少奇迹，只是缺少发现。

我们可以根据自己的需要把一些陈述当做激发点对待，不管陈述本身是正确的，还是错误的。比如，当别人表达一个观点的时候，如果你运用判断性思考方式，只能做出或对或错的评价。但是，如果用激发性思考，你就可以把别人的观点看做一个激发点，也许可以从中找出有价值的东西。

在日本曾流行"一语亿金"的说法，意思是一句玩笑话能够给公司带来上亿元的收入。这个典故源于一次性照相机的发明。

有一天，日本富士公司销售部部长在察看仓库里堆积如山的胶卷时，对开发部部长说了一句玩笑话："你们为什么不在这些胶卷上装镜头与快门呢？"这句话给开发部部长带来了发明灵感，他便立即组织研究小组，围绕着这句话思考如何设计一种简易照相机。经过一段时间的研究，历经多次失败之后，他们终于把一般照相机所需要的几百个零件，减少到 26 个，成功地组装成了一次性照相机。这种简便的照相机受到消费者的热烈欢迎，很快就占领了日本市场，并迅速扩展到海外，给富士公司带来了十几亿元的盈利。

在生活中，我们本能地排斥那些荒谬的主意，很难把那些看似不可行的想法当做激发来对待。但是，既然我们知道激发是一种很好的创造性思考方法，就应该有意识地把任何主意都当做激发来对待。当你进行一段时间的这种训练之后，你就会发现自己的思考变得异常开阔。

无论是寻找激发点，还是把某个观点当做激发来对待，都不是主动地创造激发点。我们不仅可以对已经存在的事物做出激发性反应，还可以有意识地创造激发点，建立正式的激发。要想正式建立激发，就需要水平思考提供的系统性激发工具。这些工具和方法可以让激发过程建立在一定的逻辑基础之上，而不仅仅是陷入一种疯狂状态。

爱德华·德·波诺博士把建立正式激发的方法分为摆脱型激发、踏脚石激发和随意输入 3 种，在以后的章节里我们将逐一介绍。建立激发之后再运用系统性的移动方法，我们就可以在激发的基础上得到新的创意。

摆脱型激发

茶杯一定要有一个把手吗？

足球一定是圆球形的吗？

鸟儿一定要有翅膀吗？

电脑一定要有键盘和鼠标吗？

电灯一定要发光吗？

摆脱型激发就是让我们摆脱掉这些我们认为理所当然的事。首先，找出我们认为理所当然的事物，然后，把想当然的事物取消掉、否定掉、去除掉。以此作为一个激发点，我们可以开拓新的思考路径。比如：

茶杯一定要有一个把手吗？

Po，茶杯没有把手。

Po，茶杯有两个把手。

常见的茶杯一般都是一个把手，这样的设计确实很合理：有把手方便我们拿起茶杯，有一个把手就足够了。但是，现在我们要从这种"合理"的事物中摆脱出来。如果茶杯没有把手会怎么样呢？我们可以像使用碗一样使用茶杯，不用端起来，而是用勺子舀起杯里的水。这样是不是可以防止端起茶杯时把水洒出来，或者不小心把茶杯打碎呢？

我们再来看第二个激发点，什么时候需要两个把手的茶杯呢？当我们没力气端起茶杯的时候。也许你觉得好笑，谁没力气端起茶杯啊？想想几个月大的婴儿，他们用一只手拿不住奶瓶，如果奶瓶上有两个手柄就好多了。

足球一定是圆球形的吗？

Po，足球是方形的。

方形的足球确实不能在草坪上滚动，但是可以在冰上滑动。1879 年，加拿大蒙特利尔麦基尔大学的两个学生就设计了一种方形的冰上曲棍球。冰球除了方形的之外，还有圆盘形的。当然现在常见的冰球还是圆球形的，在冰上滚动很快，对于初学者来说很难掌握。初学者是不是可以先用方形的冰球进行练习呢？

鸟儿一定要有翅膀吗？

Po，鸟儿没有翅膀。

也许你会问：鸟儿没有翅膀怎么飞翔？请注意，我们只是通过这种设想引发出一个新思路，并不是真的要取消鸟的翅膀。我们很容易从鸟的翅膀想到飞机的翅膀，飞机必须是现在这个模样吗？可不可以不要翅膀呢？比如，直升机就只有螺旋桨，没有翅膀。此外，可不可以把飞机做成宇宙飞船的模样？

电脑一定要有键盘和鼠标吗？

Po，电脑没有键盘和鼠标。

这个激发也早已在实际中运用起来了，出现了触屏操作的电脑。这种设想并不是很实用，但是，我们可以对这个主意进行一些调整。比如，把这个主意应用于银行的自动取款机等不需要太复杂的操作的设备。

我想当然地认为电灯一定要能发光。

Po，电灯不会发光。

从这个激发点我们能想到什么呢？作家格拉斯在《关于写诗》中有一句话："把灯熄掉，以便看清灯泡。"是不是可以把灯泡当做挂在天花板上的装饰品？在白天，没有必要打开电灯，但是我们可以把灯泡做成彩色的或者具有艺术造型的装饰品，看上去也很赏心悦目。此外，如果电灯不发光，我们可以点上蜡烛。显而易见，烛光比灯光更有诗意，既适合两个人共进晚餐，也适合一个人独自思考问题。

我想当然地认为灯泡应该一直发光。

Po，灯泡一闪一闪地发光。

在一闪一闪的灯光下看书肯定不行，那么跳舞怎么样？闪动的灯光可以造成一种动态的效果，舞厅里的灯光也许就是出于这样一种设想。我们还可以设想灯光伴随着舞曲的节奏闪动，这样更能烘托舞厅里的热闹气氛。闪动的灯光非常引人注目，可以起到警示的作用。警车上的警灯就是这个主意的实际运用。大街上各种颜色的霓虹灯交替闪烁同样也是为了达到吸引人们眼球的目的。

茶杯有一个把手，足球是圆球形的，鸟是有翅膀的，电脑配有键盘和鼠标，电灯是要发光的，这些都是显而易见的特征。有时候，我们还需要寻找潜藏的想当然的事物。比如：

电灯在有电的时候才会发光。

Po，电灯在没电的时候也会发光。

这个激发点不错，但是怎么可能呢？我们来想想看什么东西发光不需要电：阳光、月光、荧光。我们是不是可以发明一种可以把太阳能转换成电的电灯？我们是不是可以在电灯表面涂上一层荧光粉，关掉电灯之后它也能发出微弱的光？

摆脱型激发虽然容易操作，但在运用移动的时候会遇到一定的困难。摆脱现有的方式可能只是堵塞一种可能性，我们只要环顾四周就能找到其他的可能性。这确实也可以帮我们开拓思路，但是由此找到的解决问题的办法往往并不具有创造性。比如，用蜡烛代替电灯，只是换了一种照明工具而已。有没有其他的思路呢？比如，当灯光不能起作用的时候，就可以不用灯光。汽车在浓雾天气即使开了雾灯也很难看清路况，这时完全应该放弃使用电灯。如果放弃照明工具，我们还可以选择其他的方式来了解周围的事物，比如雷达。

我们可以从任何想当然的事物中摆脱出来创造一个激发，也许那种技法看起来非常荒谬，但是通过移动技巧我们就能找到有价值的东西。在实际训练的过程中，你还可以把你认为想当然的事情写在纸条上，然后把这些纸条放在一个袋子里。你随机地抽取一张纸条，把上面描写的事情当做你要摆脱的对象。

很多看起来非常合理的方法和做事程序并不是非那样不可，但是长期以来我们已习惯了那种状态，从来没想过如果不那样行不行。摆脱型激发就是为我们创造了一个主动摆脱种种束缚的机会。

踏脚石激发

激发的意义在于开拓新的思路，产生新的主意。激发点应该与我们正在思考的问题无关。但是，人们倾向于带着主观愿望设立激发点，总是"选择"一个符合自己需要的激发点。这样反而会丧失激发的意义，并不能激发思考者的思考。在设定激发点的时候，你不应该事先知道某个激发点会把你带到哪儿去。

在实际训练中，你会发现有时不能成功地对激发点进行移动——这很正常，你提出的激发点应该至少有 40% 不能运用。如果 100% 地对你提出的激发进行移动，只有两种可能，一种是你的移动技巧非常杰出，另一种可能是你按照自己的意图创造的激发点。激发是让我们进行大胆的、机械的设想，从而得到一个你以前没有的主意，而不是对已有的主意进行强化或改进。

如果你想跨过一条小河，可是河水太宽怎么办？你需要在河中间放一块石头，利用这块踏脚石，你就能轻松地到对岸去。踏脚石激发类似于在我们的思路的主干道与侧面路径之间放上一块石头，利用这个中介我们可以跳跃到一个新的思维领域。

爱德华·德·波诺博士创造了 4 种踏脚石激发技巧：

1. 反向

顾名思义，反向就是指沿着与常规方向相反的方向设立激发点，先描述事情的常规方向，然后提出一个相反的方向来激发思考。

在 1984 年之前，没有哪个国家争着举办奥运会，因为举办奥运会的国家不仅得不到什么好处，反而会负债累累。1984 年第 23 届洛杉矶奥运会的举办改变了这种局面，奥运会举办权成了各国争相抢夺的对象。

受过水平思考训练的尤伯罗斯是促成这种改变的核心人物。以前的奥运会都是国家出钱举办的，他反向而行提出把奥运会改成民办。他采取了一系列开创性的措施和策略，其中之一就是把奥运会当做电视节目。这个主意在现在看来我们觉得毫无新意，但是当时的奥运组织者都不愿意让电视直播奥运节目，认为那样会减少到现场观看的观众。然而，这个主意让他获得了大量的赞助资金，他成功地使第 23 届奥运会在支出 5.1 亿美元之后，还营利 2.5 亿美元，是原计划的 10 倍。更大的意义在于，尤伯罗斯改写了奥运经济的历史，建立了一套"奥运经济学"模式。

这个例子对反向踏脚石的应用体现在提出和常规态度相反的概念，此外，我们还可以把事物之间的相互关系颠倒过来。爱德华·德·波诺博士在介绍这种思考方法的时候，举了这样一个例子：

我早餐喝橙汁。

Po，早餐的橙汁喝我。

他由这个荒谬的激发点想到了自己掉进一杯橙汁里，继而想到一个主意：在淋浴喷头上安装橙汁味的香水管。

2. 夸张

夸张踏脚石是指提出一个在数量和尺寸上远远超出常规范围的激发点，可以从增多和减少两个方向进行思考。它适用于事物的数量、频率、体积、时间、温度等可以用数字描述的因素。比如：

Po，每个人有 100 把梳子。

这个激发点让我们想到应该时刻注意自己的形象，为此我们想到了这样一个主意：每人随时携带一面小镜子。

Po，一天 24 小时睡觉。

全天躺在床上睡觉的人肯定会耽误学习和工作，我们是不是可以在睡梦中学习和工作呢？伟大的科学家和文学家常常从梦境中获得灵感，因为他们时刻思考的那些问题已经进入了自己的潜意识。我们由此可以得出这样一个主意：在睡觉之前想一遍自己将要解决的问题，带着问题入睡也许能在梦中找到答案。

Po，一辆可以装在口袋里的自行车。

这个激发点能给我们带来的好处是自行车方便携带，由此我们可以想到这样一个主意：折叠式自行车。

需要注意的是当我们对数量进行缩减时，不可以缩减到零，那样就成了摆脱而不是激发了。

3. 扭曲

我们周围的大多数事物都处于一种稳定的状态，两个事物之间通常存在着一种相对稳定的联系，两个行动之间也存在一定的先后顺序。扭曲型激发要求我们扭曲常规的联系和顺序。比如：

Po，我先知道事情的结局，然后才知道事情的起因。

这是一个很简单的激发，由此我们可以得到在文学创作上进行倒叙的主意。

运用扭曲型激发能够产生一些具有刺激性的激发点，你很难再回到原来的思路上去。但是，正因为如此，如果想让这种激发发挥作用，思考者还真得费一番脑筋。

4. 痴心妄想

这种激发方式是把明知道不可能实现的幻想作为激发点。请注意，我们这里用了"幻想"这个词，而不是常规的欲望、目标和任务。比如：

Po，钢笔里永远有墨水。

Po，钢笔能写出两种颜色的字。

前者是痴心妄想，后者则是一个可以通过努力实现的目标。

反向、夸张和扭曲激发法都是通过与现实相对立来实现的，而痴心妄想激发法则要求我们从现实中跳出来，进入一种荒唐的、疯狂的魔幻境界。

Po，只要你打一个响指，就有香喷喷的饭菜摆在你的面前。

Po，下雨天你忘了带雨具，但是你头顶上的那片天不下雨。

Po，闭上眼睛，你就可以周游世界。

在进行创造性思考训练的时候，你要要求自己尽可能多地建立踏脚石。这种尝试可以把你从常规的思路中解放出来。接下来，你就会考虑如何运用这些踏脚石。

随意输入

随意输入是指在需要创意的地方随意选取一个与创造性焦点毫无关系的词汇，然后把两者联系起来。比如，我们把空调作为创造性焦点，然后随意选取一个和空调不相关的词汇，发挥联想为空调寻找新的主意。

空调 Po 玫瑰花

空调 Po 波斯猫

空调 Po 大海

在刚开始接触这种思考方法的时候，你可能会觉得很荒诞、不符合逻辑。但是运用这种激发方法你就能轻松走出常规思路，获得新的创意。

随意输入不同于其他的激发技巧。无论是摆脱型激发，还是踏脚石激发都是借助一个激发点从思考的主干道转移到侧面路径。而随意输入是设立一个与主干道毫无关系的点，然后在这个点与主干道之间挖掘一条通道，回到问题的焦点。如下页图中左侧的箭头所示：

这种激发技巧非常简单，无论何时何地，只要你的脑袋闲着就可以做这种思

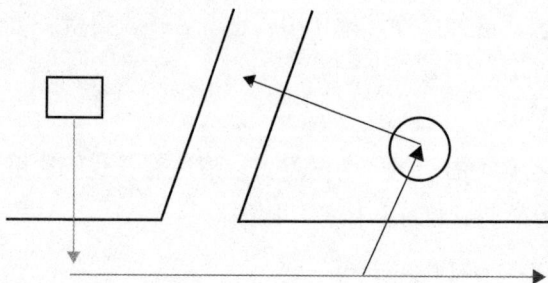

考训练。比如，你走在大街上，正在考虑如何过周末，迎面看到一家电器公司的广告牌，你就可以把"电器"作为随意输入点来考虑。是不是应该给自己充电了呢？是不是可以考虑打游戏？

也许你会有疑问，如果随意输入点与我们要解决的问题毫无关系，怎么把两者联系起来呢？这点并不用担心，我们的大脑非常善于把事物联系起来，不管看起来两件事物之间有多远。

需要注意的是，我们不是根据现有的思考来选择一个词，而是随机抽取一个词。你必须对随机输入点没有准备，这样随机取词才能发挥作用，否则你会回到已有的思考模式。具体的操作方法有很多种。你可以准备很多小纸片，在每张纸片上写一个单词，比如自行车、狗、漫画、葡萄、绿色、瀑布、上海、凉鞋、股票、射线、旅游……然后把这些纸片装在一个盒子里，当你需要一个随意输入点的时候，就按照传统的抓奖方式从盒子里摸一张纸片。你也可以闭着眼睛用手指指向一张报纸或一本书的某一页，然后选取离手指最近的那个词。你还可以使用字典，随意地确定某一页上的一个词作为随意输入点。

爱德华·德·波诺博士把随意输入激发比作"摇动牛顿的苹果树"。"苹果落地"这个突发事件激发了牛顿的思考，由此他发现了万有引力定律。我们不必等着苹果落下来，当需要一个创意的时候，我们可以主动摇动苹果树，促使突发事件的发生。随意输入就是在我们的思考过程中引入突发事件作为激发点。比如：

空调 Po 玫瑰花

这个激发让我们想到开发一种散发玫瑰花香味的空调，清新淡雅的芳香可以安神醒脑。每个人还可以根据自己的喜好选择其他香型，比如茉莉花香、迷迭香、檀香、柠檬香等等。我们还可以换一个思路，是不是可以设计一种玫瑰花形状的空调？如果把空调设计成玫瑰花的形状就可以作为一个装饰品放在客厅里，我们还可以想想别的形状，比如机器猫、蜗牛、圣诞老人……

空调 Po 波斯猫

提到波斯猫，我们会想到它的两只眼睛不一样。由此联想到空调，是不是可以设计一种在同一个房间里产生不同温度的空调呢？人们对温度的感受不一样，有些人希望室内气温保持在 20℃以下，有些人在 25℃左右才感到舒服，这常常会引起争执。如果空调能使一个房间内的不同区域产生两个温度，就可以避免这样的不愉快了。

空调 Po 大海

大海的特点是宽广无垠，把这个特点和空调联系起来，我们想到一个空调是不是可以调节多个房间的气温呢？于是我们得到了中央空调这个主意。这个想法并不新颖，现在已经有了一拖多式的家庭中央空调。是不是可以设计一个空调来调节一栋楼的气温呢？这个想法也早已被欧洲一些国家实践了。

随意输入激发可以在下列情况中使用：

1.没有主意可想了

当你试过各种创造性思考之后，实在找不出新的主意了，或者你总是在原地打转跳不出已有的思维模式，这时你就可以随意输入一个词汇，很快就能进入新的思维领域。

2.无处下手

当你面对一个新问题的时候，不知从何处下手，或者你进入了一个毫无经验的新领域，这时你信手拈来一个词汇，也许就能找到一个出发点。

3.需要更多的主意

虽然你已经想到了一些主意，但是你还需要更多的思路，这时你就可以运用随意输入的方式找到新的思考路径。

4.思路遇到阻碍

有时你会钻牛角尖，走进一个死胡同，无法沿着已有的思维模式前进了，这时你就该运用随意输入技巧开辟一条新的思路。

开始运用这种技巧的时候，人们总是抱有怀疑的态度，但是实际操作之后，他们就会发现这种方法真是既方便又有用。这让人们意识到问题背后潜藏着太多的可能性，于是他们频繁地使用这种方法，渴望找到更好的解决问题的办法。但是，当你过多地使用这种技巧的时候，你很可能在"选择"一个符合你需要的词汇，这就失去了随意输入的意义。

移动

在前面的几节中，我们已经掌握了进行激发的各种技巧，这一节我们要介绍的是如何运用移动使激发点发挥效用。移动的意义在于把激发点向前推动一步，得出一个有用的新主意。如果没有移动，激发点也就失去价值了。

当我们得到一个激发点之后，应该先用普遍的态度进行移动，即直接循着激发点的方向进行思考，从而产生一个新的创意。这种训练对于培养移动思考的能力非常重要。如果用这种自然的方法找不到有用的主意，才可以考虑运用系统性的移动技巧。

爱德华·德·波诺博士在《水平思考》一书中讲述了5种移动技巧，在实际操作中，我们可以根据实际情况和自己的需要来选择合适的技巧：

1. 抽取原理

从激发点中抽取一个原理，或者是一个概念、一个特征，然后忽略掉其他的东西，把注意力集中在你所抽取的原理上，围绕这个原理产生一个主意。比如我们想找一个室内装潢的主意，有人提出这样一个激发点：

Po，鲜花开在天花板上。

从这个激发点中我们可以抽取以下原理和特征：

鲜花是有生命力的，有一个生长、凋零的过程。

鲜花有艳丽的颜色。

鲜花有芳香的气味。

用鲜花装饰房间，符合绿色环保的需要。

我们可以运用任何一个原理，选择一个原理之后就要把其他的概念忘掉，把注意力集中在选定的原理上。比如我们运用"鲜花符合绿色环保的需要"，然后根据这个原理寻找绿色环保的装潢材料。

2. 关注不同点

找到激发点和现有主意之间的区别，分析这种区别能给我们带来什么好处，然后从中引发新的主意。这种移动技巧适合应用在夸张式的踏脚石激发点，比如关于节假日的问题有人提出这个激发点：

Po，每周工作两天，休息五天。

由此我们可以想到以下不同点：

在常规的工作日休息，在周末工作。

需要提高两倍以上的工作效率才能完成任务。

有更多的私人时间可以用来学习和娱乐。

由第一个不同点我们可以得到这样一个主意：大家都不愿意在周末加班，那么不如雇佣长期的周末工作人员。

3. 时刻移动

想象在运用激发点时会发生什么，由想象到的结果引发出有用的主意。比如：

Po，沙发坐在我身上。

我们可以想象一下沙发坐在自己身上时的情景：沙发会把我压倒，甚至砸伤，由此我们想到沙发太重了，是不是可以设计一种轻便的沙发？

4. 寻找价值

这种移动技巧类似于六顶思考帽思考法中的黄色帽子思考，直接考察激发点能给我们带来什么价值，然后从这些价值引发出新的主意。比如：

Po，钢笔里永远有墨水。

从痴心妄想型的激发点中很容易找出积极的方面。我们可以随身带着钢笔，但是不能随身带墨水，遇到钢笔没墨水的情况非常气恼，如果钢笔中永远有墨水就太方便了，不仅能去除经常吸取墨水的麻烦，还能避免签字或考试的时候钢笔没墨水的尴尬。由此，我们可以发明一种浓缩型的墨水，力求延长吸一次墨水之后的使用时间。

5. 环境

激发点的价值往往并不是显而易见的，我们可以设想在什么环境下激发点能够发挥作用，然后把激发点应用到那种情况之下。比如：

Po，茶杯应该有两个把手。

两个把手可以拿得更稳，但是这对于大多数人来说是没有意义的，在什么情况下有意义呢？对于几个月大的婴儿来说是有意义的，我们可以在婴儿的奶瓶上设计两个把手。

当然了，除了这些技巧之外还可以找到其他的方法来实现移动，这5种技巧之间也可以互相重叠。移动的目的只是使我们的思考向前推移，以期找到新的主意，技巧只是实现这一目的的手段。

移动技巧比发散思维更有价值，因为这种思考方式具有一定的针对性和分析性，尤其是抽取原理和寻找积极方面都需要思考者分析如何能让原理和积极方面发挥作用。

要想很好运用激发和移动思考法，我们需要联系前面的概念和主意之间的关系。一个激发点就是一个新的概念，为了运用这些概念，并把它们和旧的概念进行比较，我们要对激发点进行描述。由概念不一定能得出有用的主意，但是我们要把概念列举出来作为激发步骤的成果。

下一步就要运用移动把概念引到有用的主意，有时我们可以得到一个建设性的主意，有时我们只能想到假设性的主意，在实际工作中还要对得出的主意进行分析和论证。如果得出的主意不能够被应用，我们就得重新寻找其他的主意。如果经过努力之后，一个有用的主意也没有得到，我们可以稍后再运用不同的激发和移动技巧进行思考，没有必要丧失信心。

自信在运用移动技巧时非常重要，当你相信自己能够得出一个好主意的时候，你的思路就会变得异常开阔，如果你认定自己跳不出常规的思考模式，那你就真的很难有所突破。"自信"并不是说狂妄地相信自己任何一次思考都能得到出色的创意，而是相信自己能够运用各种移动技巧对看似荒谬的激发点进行移动。当这些技巧运用熟练之后，你就能经常得出有用的主意。

地层

除了激发之外，还有另外一些开拓思路的技巧，比如直接向大脑输入主意，激活大脑的某个区域，使思维集中在某个方向，从而产生新的思路。大脑对激活非常敏感，一旦被激活就会积极地投入到相应的思考过程中。比如，有人告诉你："你的衣服脏了。"你大脑中"衣服脏了"这个概念已经被激活，你马上就会寻找衣服上的污点。

这种方法虽然不如系统的激发技巧有效，但是也能给我们带来一些新鲜的主意。爱德华·德·波诺博士为我们总结了两种激活技巧：地层和细丝技巧。

"地层"也是爱德华·德·波诺博士发明的新词，指的是把大量相互之间没有关系的陈述罗列出来形成一定的结构和层次。我们不去考查不同陈述之间的联系，也不对这些不同的陈述进行综合或者分析，我们也并不追求描述事物的所有方面。地层的意义在于激活大脑、开发新主意、产生新创意。

罗列出来的地层可以是对概念和现象的描述，可以是有待解决的潜在问题，也可以是对可能性和倾向性的推测。针对一个问题，我们能想出很多种陈述，但是为了使思考模式更规范，爱德华·德·波诺博士规定对一个地层设置5条陈述——5条陈述就足够产生丰富的主意了。需要注意的是每条陈述都要表达出问题的某一方面特征，最好是某一方面的概念。

比如，我们设置一个关于"面包"的地层：

——一种方便的食品

——缺乏营养

——不同品牌的面包没有什么区别

——只吃面包没什么味道

——面包不是主食

由这些陈述我们可以得出以下主意：

（1）开发补充维生素的营养面包。

（2）增加面包的口味。

（3）面包搭配果酱一起卖。

（4）倡导主食面包新理念。

在这些主意里面，最后一个"倡导主食面包新理念"比较有新意。这个主意对于那些崇尚西方文化的年轻人比较有吸引力。

运用地层激活大脑的过程是一个沉思、冥想的过程，从地层到主意的转换没什么技巧可言，地层只是给我们的思考描绘了一个背景或者指明了一个思考范围。这个范围最好是通过无意识的方式选择的，如果你根据自己的意愿选择一个符合已有主意的地层，那么由地层产生的主意只能回到原来的思考模式中去，这就失去了激活的意义。

设置地层的一个原则是尽可能寻找不同方向、不同领域的特征和问题。地层的各个层次之间越没有关联性，地层的激活效果就越好。如果各个层次属于同一个领域，那么这个地层很难给我们带来新的思路。

比如，我们需要设置一个关于"如何培训业务员"的地层，很容易想到"业务员能说会道"，如果就此陷入"说服"的领域，就很难打开思路了，我们需要说服之外的其他领域：

——善于倾听

——为客户的利益着想

——善于寻找潜在客户

——对自己的产品了如指掌

——具有诚实守信的道德素养

由这些领域我们就可以得到"训练口才"之外的其他途径，比如，加强业务员对产品的了解，帮助业务员树立正确的价值观，训练业务员维护老客户、开发新客户等等。

刚开始运用地层思考法的时候，你会倾向于对各个层次进行分析，把它们综合起来、联系起来。你应该克服这种倾向，因为地层的价值恰恰体现在它的随意性和开放性，综合性的描述反而会限制思考的空间。地层与随意输入有异曲同工之处，只是相对来说不像随意输入那样具有刺激性，比较适合解决复杂的问题。

这种方法适用于没有明确目的的思考，在思考过程的开始你把自己能想到的相关问题的各种情况罗列出来，大脑会被这些思考点激活，从中产生出新的主意。在思考过程中，你也可以运用地层思考法，检查一下自己通过前面的思考努力能够得出哪些主意。

地层思考法和其他思考法一样需要经过不断练习，它的价值才能逐渐显现出来。

细丝技巧

有一次，爱德华·德·波诺博士在运用随意输入技巧的时候使用了"头发"这个词汇，由此他创造了细丝技巧。

作为激活技巧的一种，细丝技巧同样是向大脑输入主意。但是相对于地层思考而言，地层思考法是从宏观上对思考对象进行描述，而细丝技巧要求我们细致地对每个点进行描述。在应用这种技巧的时候，我们要先选定一个创造性焦点，然后用一些词语描述出这个焦点的特征，或者实现这个焦点需要具备的条件。接下来，我们发挥联想，用一些词汇分别对每一个特征进行描述，这些词汇就像伸展出来的一束细丝。在对某一个特征进行描述的时候，我们要忽略掉其他特征的含义，甚至要忘掉创造性焦点，这样可以产生随意输入的效果。

当我们把所有特征都进行联想和描述之后，有两种方法可以得到主意，一种是像地层思考法一样让主意自动出现，另一种是从每一束细丝中抽取一个项目（这个抽取过程可以是有意识的，也可以是随机的），然后把这些项目放在一起形成一个新的主意。

比如，我们来用细丝技巧思考如何改进香皂，首先我们把期望满足的要求描述出来：清香的、赏心悦目的、去污力强的、耐用的、容易拿的。然后赋予每个特征一束细丝。

清香的：柠檬香、橙香、茉莉香、苹果香、青草香、泥土香……

赏心悦目的：艺术品、色泽、花朵、水果、风景……

去污力强的：去油渍、洁净、除菌、焕然一新、高效……

耐用的：结实、使用周期长、不易耗损、实惠……

容易拿的：凹凸不平的、有把手、小巧的……

根据以上的描述，我们让主意自己出现。我们还可以有意识地挑选几个细丝进行创造性思考，比如我们挑选：苹果香、水果、高效、实惠和小巧。由此我们想到一个小巧的、苹果形状的、散发苹果香味的香皂，这种香皂只用一点点就能达到洁肤的效果，但是由于体积小所以价格并不高，给人实惠的感觉。

下面我们用细丝技巧来设计一种新款的女士上衣。首先，我们可以罗列出女士上衣具备的几个要素：颜色、面料、款式、风格。然后，从这几个要素中伸展出细丝。

颜色：红、橙、黄、绿、青、蓝、紫、黑、灰、白……

面料：真丝、纯棉、化纤、混纺、牛仔、皮革、雪纺、灯芯绒、呢子……

款式：V形领、圆领、尖领、立领、无领、长袖、中袖、七分袖、不对称、裙摆、花边……

风格：成熟、可爱、知性、简约、休闲、职业……

我们可以对这些元素进行随意组合，设计出很多种款式新颖的服装，比如，紫色、皮革质地的、有裙摆的、休闲风格的大衣，或者黄色、真丝质地的简约风格的七分袖衬衫等。

如果你想开一家快餐店也可以运用细丝技巧来开发创意。首先，罗列出一家高级的快餐店提供的食物、需要具备的特点或满足的要求：卫生、美味、方便、实惠。然后从这些特点中抽取细丝。

卫生：干净、健康、绿色、营养……

美味：香甜可口、津津有味、大快朵颐、齿颊生津……

方便：快捷、简单、便利、随身携带……

实惠：便宜、量大、质量好、省钱……

我们可以从中抽取：营养、津津有味、随身携带和便宜这几个关键词来设计符合相关条件的食品，比如时令水果拼盘、蒸红薯、煮玉米等。

需要注意的是当我们在伸展细丝的时候，需要忽略待解决的问题，把注意力集中在我们要描述的特点或要求上。这样才能尽可能地开拓思路，从而产生更加新颖的主意。

细丝技巧适用于大多数需要解决的问题，只要那个问题具备某些特征或者我们可以对它提出某些要求就可以先把那些特征和要求罗列出来，然后从中伸展出比我们已知的更多的"细丝"。在处理任务要求明显的设计型和发明型问题时，细丝技巧的效果非常明显。无论是随意思考让主意自己产生，还是对细丝进行排列组合都能产生很多新鲜的主意。

倒转思考法：站在对立面逆向推导

什么是倒转思考法

倒转思考法又叫逆向思维法，是指从思考对象的反面或侧面寻找解决问题方案的思考方法。这种思维方法最初由哈佛大学教授艾伯特·罗森和美国佛蒙特州投资顾问汉弗莱·尼尔共同提出，他们把这种思维方法表述为："站在对立面进行思考。"

请你做一下这个思考题：

有 4 个相同的瓶子，怎样摆放才能使其中任意两个瓶口的距离都相等呢？

如果让 4 个瓶子全部正立着摆放，你将永远找不到方法。把 1 个瓶子倒过来试试，想到了吗？把 3 个瓶子放在正三角形的顶点，将倒过来的瓶子放在三角形的中心位置，这时你制造了很多个等边三角形，任意两个瓶口之间的距离都是正三角形的边长。

没有人规定一定要把瓶子正立摆放，但是很少有人想到把瓶子倒过来。因为人们习惯于沿着事物发展的正方向思考问题，并寻求解决问题的方法。但是，有时候按照传统观念和思维习惯思考问题你会找不到出路，百思不得其解。这时你可以试着突破惯性思维的条条框框，从相反的方向寻找解决问题的办法。

倒转思考法就是让我们打破常规思维模式的束缚，对思考对象进行全面分析，细致地了解思维对象的具体情况。此外，进行倒转思考的人还要有敢于冒险、勇于创新的精神。

运用倒转思考法，我们可以注意并思考问题的另一方面，从而深入挖掘事物的本质属性，这有助于开拓解决问题的新思路。日本丰田汽车公司的创始人丰田喜一郎曾经说："如果我取得一点成功的话，那是因为我对什么问题都倒过来思考。"倒转思考法的作用可见一斑。

北宋灭南唐之前，南唐每年要向北宋进贡。有一年，南唐后主李煜派博学善辩的徐铉为使者到北宋进贡。按照规定，北宋要派一名官员陪同徐铉入朝。但是朝中大臣都认为自己的学问和辞令比不上徐铉，大家都怕丢脸，没人敢应战。

宋太祖很生气，他也不想随便派个人去给朝廷丢脸。后来，他想了一个办法：让人找了10个魁梧、英俊、不识字的侍卫，把他们的名字呈交上来。然后，宋太祖找到一个比较文雅的名字，说："此人堪当此任。"大臣们都很吃惊，但是没人敢提出异议，只好让大字不识的侍卫前去接待徐铉。

徐铉见了侍卫先寒暄了一阵，然后滔滔不绝地讲起来。但是不管他说什么，侍卫只是频频点头，并不说话。徐铉想"大国的官员果然深不可测"，只好硬着头皮讲。可是一连几天，侍卫还是不说话。等到宋太祖召见徐铉时，他已经无话可说了。

宋太祖就是利用逆向思维来应对南唐的进贡官员的。按照正常的逻辑思维，对付能言善辩的人应该找一个更加善辩的人，但是宋太祖却找了一个不识字的人，取得了意想不到的效果。因为徐铉是按照常规的思维方法来想问题的，他认为宋朝一定会派一个数一数二的学者来接待自己。面对不说话的侍卫，他猜不透，但又不敢放肆，结果变得很被动。

1935年之前，英国出版商出版的书大部分是精装书。他们有充分的理由这样做：印在铜版纸上的字看起来比较舒服，大篇幅的图片也更加吸引人，大块的空白使读者省去了许多时间。更重要的是，读者基本都是贵族——他们有的是钱，并且精装书能够帮助他们展现自己的与众不同。出版商靠精装书赚了不少钱，他们的思路是把书做得更加精美，从而把价钱定得更高。

1935年，艾伦·雷恩开创了企鹅出版社。他是一个喜欢特立独行的人，当别的出版商力求把书做得更加精美的时候，他准备出版以前从来没有出现过的平装书，每本只卖6便士——相当于一包香烟的价钱。

书商觉得太荒谬了，纷纷置疑："连定价7先令6便士都只能赚一点钱，6便士怎么能赚钱？"很多作者也担心自己赚不到版税。只有伍尔沃斯公司赞同艾伦·雷恩的做法，但这是因为他们店里只卖价格在6便士以下的商品。

出乎人们的意料，那套售价6便士的企鹅丛书一经出版后，立即受到了读者的一致好评，人们争相购买。事实上，也正是出版平装书籍让企鹅公司在日后成为了一个大品牌，艾伦·雷恩成了英国出版史上的一位鼎鼎大名的人物。

传统观念认为图书装帧越精致才能卖高价，只有卖价越高才会越赚钱；艾伦·雷恩反其道而行之，出版朴素的平装书，把价格降到最低，这正是对倒转思考法的运用。结果证明他的选择没有错。

逆向思维的应用在现实生活中具有重要的意义。运用逆向思维可以让你突破对事物的常规认识，创造出惊人的奇迹。当你向前走找不到出路的时候，当你需要寻找新颖独特的解决问题的方法的时候，当你希望突破常规思路的时候，就可以回过头来往相反的方向试试。

倒转思考法是一种科学的思维方法，我们可以把条件、作用、方式、过程、观点、属性和因果倒转过来思考，还可以把人物、情景、结果颠倒过来思考。在以后的章节，我们将具体地介绍这些倒转思考的方法。

倒转不需要条件

有一位哲学家曾经问过这样一个问题：你敢把我们的地球倒过来吗？结果没有人回答这个问题。他们担心地球倒过来会让我们掉下去。后来，人们发现把地球倒过来，地球还是那个地球。

事情怎么可以随便倒转呢？人们总是担心运用倒转思考的时候，会从地球上掉下去。这种担心可以理解，因为倒转思考就是一种违背常理的、不合逻辑的思考方法，它指引我们走向一条陌生的思路，让我们心里没底儿：这样做能解决问题吗？

事实上，我们把问题倒转过来思考往往能柳暗花明，找到新的出路，尤其是那些用常规方法解决不了的问题，从反面探究反而能够得到出人意料的结果。尽管运用倒转思考法显得不合逻辑、不切实际，但是事实证明很多优秀的创意都不是从正面出现的，而是从反面出现的。

大石先生在本州岛库罗萨基市盖了一座旅馆，但是由于本州岛气候不好而且经常地震，到那里旅游的人并不多。大石在濒临破产的时候找到一位心理学家请教解决问题的办法。心理学家告诉他："人们因为害怕地震而不敢在你那里住宿，你何不倒转一下思路，建造一个岌岌可危的房子，既能提醒人们时刻防震，又可以满足游客的好奇心。"

根据心理学家的建议，大石设计了"倒悬之屋"——屋顶在下，屋基在上。

不仅倒悬，而且倾斜，外表看起来给人一种摇摇欲坠的感觉，走进房间，你会感到天旋地转，仿佛置身于颠簸的船舱之中。室内的装潢也给人不稳定的感觉：房间内安放着锯断腿脚的桌凳，倾斜地固定在"天花板"上。种植着各式花卉盆景的陶瓷罐也被固定在"天花板"上。坐在椅子上抬头望去，地板倒置在屋顶。更让人叹为观止的是，旅馆的服务员都训练有素，她们能够在"天花板"上自由穿行，轻盈地为顾客端茶上菜。

这间奇异的"倒悬之屋"果然为大石招来了不少顾客。如今，这家旅馆已经世界闻名了，世界各地慕名而来的游客络绎不绝。

倒转思考还可以化废为宝，许多不利因素都可能从反方向给我们带来价值。比如防影印纸的发明就是一个很好的例子。

格德约本来是一家公司的普通职员，有一天他不小心把一瓶液体洒在了需要复印的重要文件上。他发现被污染的文字还很清楚，心想应该还能复印。结果复印出来的文件根本不能用，被污染的地方变成了黑斑，看不清字。这下他绝望了，但是他并没有沉溺在沮丧的情绪中，而是用倒转思考法来看待这个问题的。

他想到很多公司都为防止文件被盗印而发愁，这种液体正好可以解决这个问题，既不损坏原文件，又可以避免复印。由此，他发明了一种可以手写和打印，但是不能复印的防影印纸。随后，他创立了加拿大无拷贝国际公司生产防影印纸，产品供不应求。

倒转的目的就是要产生"疯狂"的情景，然后在"疯狂"的情景中找到新颖的解决问题的办法。不要在乎运用倒转思考法列出的情景不合逻辑、不切实际，而应该着眼于倒转之后能带来什么样的新想法。

当你想用倒转思考法的时候，并不需要为自己准备太多的理由，瞻前顾后反而会限制你的思路。要想发挥倒转思考法的作用，你还要有敢于离经叛道、承担风险和开拓创新的精神。

条件倒转

条件倒转是指将思考对象的相关条件进行反方向思考，利用反方向的条件寻求解决问题的新方法。事情的存在和发展都依赖于一定的条件，条件改变之后，就会引起事物本身的变化。当我们运用条件倒转思考法的时候，就会引发对问题的全新的认识，从而找到解决问题的新方法。

凡事都有利有弊，利用条件倒转思考法，我们可以把不利条件转变为有利条件。比如，狂风是一种灾害性的自然现象，把这种条件倒转之后，人们发现可以用风力发电；粪便堆积会散发出恶臭，让人们避之不及，但是把这一条件倒转之后，人们发现可以用粪便、杂草、秸秆、树叶等废弃物散发出的沼气发电。利用好事物的缺陷，往往能够化腐朽为神奇。

运用条件倒转，我们可以把困难的条件转化为发明创新的契机。业余发明家雷少云就是运用倒转的思维方式从困难的条件中寻找解决问题的方法的，从而获得了很多发明创造。

雷少云在工作和生活中专门"听难声、找难事、想难题"。有一次，他听到油漆工人抱怨用直毛刷刷深圆管很难刷，而且费料。他便把这个困难的条件当做发明的机会，经过反复琢磨、不断试验，终于发明了一种圆弧形的漆刷。这种新型的漆刷松紧可调、使用方便，大大提高了油漆工人的工作效率。后来，他又加上了一种自动供漆系统，使操作更加方便。

有一次，雷少云乘坐一辆卡车去拉货。半路上卡车出了毛病，他看到司机爬到车下面去修，结果弄了一身土。他把这个难题作为一个激发点，想到如果发明一种可以灵活进退的平板车，人躺在上面修车就不会弄脏衣服了，还方便进出。于是，他发明了一种装有万向轮的修理车。这种修理车不但进出方便，而且装有升降装置、应急灯、伸缩弹簧挂，能够满足修车者的各种需要，很受司机的欢迎。后来，这种装置还应用在医院里，供卧床病人和行动不便的人使用。

在生活中，这样的难题随处可见，如果我们能够像雷少云一样仔细观察、认真分析，向困难条件提出挑战，就有机会创造出新的发明。

作用倒转

作用倒转是指对事物的作用进行逆向思考，把负面作用变为正面作用，把某一领域的作用应用到其他领域，从而得出新颖独特的解决问题的方法。

人们一直认为儿童玩具一定要设计成美丽的、可爱的造型。直到有一天，美国的一位玩具设计师发现有几个孩子在玩一只奇丑无比的昆虫，并且玩得兴高采烈。玩具设计师由此想到并不是只有美丽的东西才能做玩具，于是他专门设计"丑八怪"系列的玩具，把美的作用倒转过来了。"丑八怪"玩具上市之后，很受孩子们欢迎。

作用倒转的另一层含义是通过使事物某方面的性质发生改变，从而起到与原来的作用相反的作用。每一种事物都有各自的作用，通过改变事物的性质、特点可使事物的作用发生改变。比如，一根长竹竿可以用做船篙，短一些的竹竿可以用做拐杖，再短的竹竿可以制成笛子。

对事物的某种作用进行倒转思考可以找到不利作用的有利之处，让那些大家本来认为没用的东西发挥积极的作用。

按照正常的思路，我们总是对事物的作用进行判断，如果不能发挥积极的作用，就把这件事物"打入冷宫"，认为它毫无价值。事实上，任何事物都有它存在的价值，关键是我们能不能运用作用倒转思考法把事物的作用倒转过来，使负面的作用变为正面的作用。

有些化学试剂对玻璃的腐蚀性很强，比如氢氟酸，当氢氟酸与玻璃制品接触的时候，很快就会把玻璃腐蚀掉。因此，氢氟酸不能用玻璃容器盛放，必须放在塑料或铅制的容器中。

按照正常的思路，人们想的是尽量避免让氢氟酸和玻璃接触。但是当我们把这种作用倒转之后，就会发现其实腐蚀作用也有可取之处，比如在玻璃上钻孔，或者在玻璃上刻花。玻璃的质地很硬，只有用金刚石才能把它切割开，要想在玻璃上钻孔或刻花就更难了。而氢氟酸的腐蚀性恰恰满足了这一需要。玻璃工匠先将玻璃器皿在熔化的石蜡中浸泡一下，沾上一层蜡水。等蜡水凝固之后，用刻刀在蜡层上刻上所需要的花纹，刻透蜡层，然后在纹路中涂上适量的氢氟酸。等到氢氟酸的作用发挥完毕之后，刮去蜡层就可以在玻璃上看到美丽的花纹了。

人们总是习惯于约定俗成的规则，认为事物的特定作用是不可改变的。其实，只要积极思考就会发现有些事物的作用并不只局限于一个特定的领域。我们可以把作用倒转思维和发散思维结合起来应用。

这种作用倒转思考法可以把日常生活中各种事物的价值充分发挥出来。比如一个小金鱼缸，我们可以用来养鱼，也可以用来种花。倒转事物的作用之后，你就会发现很多废弃的"垃圾"也可以派上用场。

1974 年，纽约州政府装修了自由女神像。自由女神身上被换下来的旧铜块变成了垃圾等待处理。于是政府公开让商家投标收购，可是几个月过去了都没有人感兴趣。因为很多垃圾处理商考虑到纽约的环保分子太厉害，如果处理不当就会遭到投诉，所以不想找麻烦。

那时，有个在巴黎旅行的人在报纸上看到了这个消息。他从中看到了商机，特意飞到纽约去购买那些在别人看来是垃圾的旧铜块。他与纽约州政府签约，把那些"垃圾"都买了下来。然后，用来自自由女神像的旧铜块制造成了很多小小的自由女神铜像，当做纪念品出售。

经过加工之后的铜块，自然比垃圾有价值。重要的是，铜像的原料来自自由女神像，有很好的纪念意义，这就有理由比一般的纪念品卖更高的价钱。结果，这个点子带来了足足 350 万美元的利润。

很多看似有百害而无一利的东西经过作用倒转之后，就有可能发挥积极的作用。比如苍蝇生活在肮脏的地方，还会传播疾病，人们总是灭之而后快。运用作用倒转思考一下，我们想到苍蝇能在肮脏的地方生存，可见它抵抗细菌的能力很强，这会不会在医学上给我们带来某种启发呢？再比如乙硫醇是臭味极强的气体，在空气中的含量达到五百亿分之一就能被觉察出来。人们利用这个作用，把它加入无色无味的煤气中，以方便人们察觉煤气的泄漏。

倒转人物

所谓倒转人物，就是倒转不同人物在事件中的身份，寻找隐藏在事物背后的潜在问题和引发事件的原因。倒转人物之后，我们能够得到一些以前从来没有过的思考角度，从这些思考角度出发可以揭示出隐藏在事情背后的可能原因，使我们进入到更宽广的思维空间。

在《心智漫游思考法》一书中，作者举了一个新闻事例来说明如何运用倒转人物的方法分析问题。

有一位大叔在公交车上大声打电话，坐在他后排的青年拍了拍他的肩膀示意他小声点，没想到那位大叔随即转过身对青年大骂，言辞非常激烈。后来，青年再三向大叔道歉，才使问题得到了解决。有人把这一场景偷拍了下来发布在网上，这个短片在当地引起了空前的轰动。

针对这一事件，我们运用人物倒转思考法把大叔和青年的身份倒转，看看会产生什么联想。如果青年在大声打电话，而大叔坐在他的后面会怎么样呢？我们假设大叔提醒他说话小声点，那么青年会有什么反应呢？他肯定会把声音降低而不是转头大骂。

此外，我们还可以把青年和公交车上的其他乘客倒转。设想一下青年是公交车上目击此事件的一名乘客，他会怎么样呢？他很有可能会制止事件的发生，因为他是一个"见义勇为"的人，很可能会充当调解者。一个潜藏的问题出现了，为什么发生争吵的时候公交车上的其他乘客坐视不理，这是不是反映了公众普遍性的道德缺失。由此我们想到，如果加强公众的道德意识，那么就不会有人高声打电话给别人造成骚扰，更不会有人在公交车上肆意骂战的事情发生了。

我们头脑里对什么身份的人应该有怎样的行为有固定的看法，倒转人物就是让我们遇到问题时不要被人物的身份束缚住。你可以随意打乱人物之间的关系，看看会发生什么。也许一些平时被忽略掉的问题就暴露出来了。当你作为局外人，把当事人双方的位置倒转之后，你会发现问题的根源究竟在哪里；当你把自己的身份与别人倒转之后，你会发现原来对他来说事情是另一番样子。

我们常常说要想更好地理解别人，就要学会换位思考，其实倒转人物也是一个换位思考的过程。对同一件事，立场不同的人会产生截然不同的看法。每个人想问题都是从自身利益出发，这样必然会和别人发生冲突。只有站在别人的立场上才能更好地理解别人的做法，只有深入体察别人的内心世界，才能真正做到与别人进行心灵沟通。

当你觉得别人做错了的时候，将心比心，站在别人的立场上考虑一下，你会发现别人那样做有他的道理。当你觉得有人冒犯了你的时候，设身处地地为别人想想，你的心胸就会变得更加开阔，从而宽容对方。例如，某个城市的交通部门曾举行过这样的活动，让交警和司机互换位置。让那些对交警不满意的司机体验一下做交警的劳苦，让那些对司机满腹牢骚的交警体验做司机的苦处。结果，活动结束之后，交警和司机能够更好地互相体谅了。

"己所不欲，勿施于人"，设想一下如果自己处于对方的位置，你希望得到什么样的对待？如果你是老板，那么请多想想员工需要的是什么；如果你是员工，那么请多想想老板希望你怎么做。做父母的应该站在子女的角度想想子女真正需要的是什么；做子女的应该站在父母的角度考虑一下怎样做才能让父母高兴。

倒转情景

倒转情景就是要求我们在思考问题的时候，想象一下如果这个问题发生在别的情况下会怎么样，从而引发解决问题的新方法。一件事发生在不同的情景下，会有不同的结果。如果我们把思路限制在已知的情景当中，就很难有所突破。颠倒之后的情景能够让我们的思路变得开阔。

汽车只能在路上跑吗？如果把汽车开到水里会怎么样？或者给汽车加上翅膀，让它在天上飞又会如何呢？

也许倒转情景之后，事情会显得很滑稽，但是这并不影响这种思考方法发挥作用。比如，汽车在水里跑，或者在天上飞，肯定会成为头条新闻。但是，我们并不把设计水陆空三栖汽车作为思考目标，而是把这个倒转情景作为一个刺激思考的契机。由此我们可以想到汽车如果开到水里，引擎就会遭到破坏，要解决这个问题我们可以考虑把引擎安在车顶上。这种设想是具有实际意义的，在水多的地区也许正需要这样一种把引擎安在车顶上的汽车。汽车要想在天上飞，必须要减轻重量。在陆地上的汽车是不是同样需要减轻重量呢？由此我们可以考虑把汽车设计得更加轻便、小巧。

倒转情景之后，我们就可以看到一些在正常情景中想不到的问题，从多个情景看待一个事件，从而对事件产生更加全面的认识。

比如，在前面我们提到的在公交车上吵架的案例，假设事件没有发生在公交车上，而是发生在私人场所，还会引起广泛的争论吗？这是不是告诉我们，人们很关注公共场所的道德问题。或者我们想象一下事件会不会发生在其他的交通工具上，比如在火车上是不是吵架的可能性要小一些，因为火车比公交车的私人空间要大一些；在飞机上根本不会发生这样的事，因为在飞机上不允许接打电话。

倒转情景思考法还可以帮助我们进行大胆设想，这在科学创造方面很有用武之地。比如，按照正常的思路，医生只能站在病人体外进行手术操作，但是倒转情景之后我们可以设想进入到人体内部进行手术操作。

1966年，好莱坞制作了一部科幻电影《神奇旅行》，片中几名美国医生为了拯救一名前苏联科学家被缩小成了几百万分之一，他们乘坐微型潜水艇驶进了科学家的体内进行血管手术。40多年后，以色列科学家朱迪和萨马里亚学院科学家尼尔·希瓦布博士以及以色列科技协会科学家奥戴德·萨罗门共同发明了一种可以在血管中穿行的微型"潜水艇"机器人。这种机器人的直径仅1毫米，它可以被注射进病人的血管中，并在血管内穿行，为病人进行治疗。

这种微型机器人具有独特的本领，可以执行复杂的医学治疗任务。它还具有导航能力，既可以在血管中顺流前进爬行，也可以逆着血流的方向，在人体静脉或动脉中穿行。它外面还有一些"手臂"，可以在血管中旅行时抓住一些东西。有了这种微型机器人，就可以在人体最复杂的部位进行医疗手术了。这种微型机器人的发明者声称，它们可以被用来治疗癌症病人。许多不同领域的医学专家讨论过这种机器人，他们都相信它将派上大用场。

运用倒转情景思考法的时候，尽管进行大胆设想，不要因为倒转之后的情景是疯狂的、不合逻辑的，就放弃这种尝试。你尽可能地把常规的情景抛到一边去，进行随意的联想，然后在疯狂的情景中找到崭新的可行的解决问题的方法。

我们不仅可以进行不同地点的情景倒转，还可以在时间跨度上发挥想象。比如我们可以设想一下，某件事发生在古代会怎么样，或者发生在未来几百年之后会怎么样。

比如栽培蔬菜这件事现在的情景是有了塑料大棚栽培、无土栽培、气雾加温栽培、磁力栽培等技术，但是有农药残留的问题，不够健康。我们倒转情景想象一下古代的蔬菜栽培，是不是可以从中得到启发，更加注重绿色、健康和营养价值呢？或者，我们设想在未来100年之后的蔬菜栽培技术将达到一个什么水平，从太空中带回来的种子是不是可以像魔豆一般不断生长呢？

这些设想至少可以给我们一些启发，让我们的思路更加开阔。

方式倒转

方式倒转是指把处理问题的方式颠倒过来，从相反或相对的角度进行思考，寻求解决问题的新方法。

为了研制高灵敏度的电子管，需要在最大限度内提高锗的纯度。当时锗的纯度已经达到了99.99999999%，要想达到100%的纯度非常困难。索尼公司为了成为行业霸主，一直致力于这项研究。江崎玲于奈博士组织了一个研究小组，投入到这个科研攻关项目中。

大学刚毕业的黑田小姐是小组的成员之一，由于经验不足，她经常在做实验的时候出错，因此屡次受到江崎博士的批评。黑田开玩笑说："我才疏学浅，很难胜任提纯锗这种高难度的工作。如果让我做往锗里掺杂的事，我会干得很好。"这句话引起了江崎博士的兴趣，他由此想到如果往锗里掺入别的物质会产生什么效果呢？于是他真的让黑田小姐试着往锗里掺杂。当黑田把杂质增加到1000倍的时候，测定仪出现了异常的反应，她以为仪器出现了故障，便赶紧报告了江崎博士。江崎博士经过多次掺杂实验之后，终于发现了电晶体现象，并由此发明了震惊电子技术领域的电子新元件。这种电子新元件使电子计算机缩小到原来的1/10，运算速度提高了十几倍。由于这项发明，江崎博士获得了诺贝尔物理学奖。

在日常生活和工作中很多事都是约定俗成的，具有特定的做事方法和准则。人们习惯于按照常规的方法处理问题，比如，既然我们的目的是提纯，那么就要想办法把杂质分离出来。如果往锗里添加杂质，那不是南辕北辙吗？但是，荒谬的、不合常理的做法却产生了意想不到的效果。江崎博士正是运用了方式倒转思考法，才取得了成功。

无论是在自然界还是在人类社会，任何事物都是一个矛盾的统一体。有时人们所熟悉的只是其中的一个方面，事实上在对立面也许潜藏着没有被挖掘到的宝藏。运用方式倒转思考法就可以使对立面的价值显现出来。事物起作用的方式与事物自身的性质、特点、作用有着密切的联系，使事物起作用的方式倒转过来，就有可能使事物在性质、特点、作用等方面朝着人们期望的方向改变。

人们习惯性地认为从中药中提取有效成分必须采取热提取工艺方法。但是，当研究人员用这种方法提取抗疟中药青蒿素的时候，总是得不到期望的效果。他们想了许多办法改良热提取工艺，还是起不到任何作用。后来，中医研究院的研究员屠呦呦经过反复思考之后，提出了一个大胆设想："用热提取办法得不到有效的药物成分，很可能是因为高温水煎的过程中破坏了药效。如果改用乙醇冷浸法这种新的提取工艺，说不定可以成功。"研究人员按照屠呦呦的提议进行实验之后，真的得到了青蒿素这种具有世界意义的抗疟新药。

不同的方式会对事物产生不同的作用。如果用正常的处理问题的方式不能解决问题，那么我们就要运用方式倒转思考法，考虑一下用相反的方式处理问题会发生什么。对事物起作用的方式改变之后，事物的结构就会发生相应的变化，也许让我们一筹莫展的问题就会迎刃而解。

大家都知道吸尘器的工作原理是把尘土吸到机器里面。但是，你知道吗？为了有效地把让人讨厌的尘土清除掉，人们最早想到的除尘机器是"吹尘器"，即用鼓风机把尘土吹跑。

1901 年，在英国伦敦火车站举行了一场用吹尘器除尘的公开表演。但是当吹尘器启动之后，尘土到处飞扬，效果并不令人满意。一个名叫郝伯·布斯的技师看到表演之后运用方式倒转的思考法想到：既然吹的方式不行，那么如果用吸的方式会怎么样呢？他并没有停留在设想阶段。回家之后，他用手帕蒙住口鼻，趴在地上对灰尘猛吸，果然有些灰尘被吸到手帕上了。

他发现用吸的方法比用吹的方法更有效，于是通过努力利用真空负压原理制成了吸尘器。

我们总是对一些问题的惯常处理方式习以为常，甚至进而认为不可以改变。其实，如果把处理问题的方式倒转过来，也许能产生更有效的结果。

方式倒转思考法是一种非常有用的解决困难问题的方法。按照正常的思维逻辑来解决问题，有时会走入死胡同，无论怎么努力都不会有进步。这时如果运用倒转思考法，就可以打开另一条思路，从另外一个方向找到解决问题的方法。

过程倒转

过程倒转就是将事物发生作用的过程颠倒过来，从而引发解决问题的新方法。把事物的发展过程倒过来思考，会刺激大脑产生很多新思路，促使我们寻求多种不同的可能性。过程倒转看起来确实不可思议，因此要想掌握这种思考法还需要有挑战常规思维模式的勇气。

抗日战争时期，敌人把一个小村庄包围了，不让村里的任何人出去。有座小桥是由村子通向外界的唯一通道，有伪军在桥上把守。村里的人想把情况向外界透露，但绞尽脑汁也想不出办法。

后来，村里的一个小八路说："让我试试。"这个小八路在黄昏时悄悄来到小桥旁的芦苇地藏了起来。在夜色的掩护下，他认真地观察小桥上的动静。不一会儿，有几个人从村外走来，他注意到守桥的人呵斥道："回去！回去！村里不让进！"看到这种情况，小八路心里有了主意。他又等了一会儿，敌人开始打盹了。这时，小八路钻出了芦苇地，悄悄上了小桥，接近敌人的时候他突然转身向村里的方向走去，并且故意把脚步声弄得很大。敌人听到后，大喊："回去！村里不让进！"说着跳起来追上小八路，连打带推地把他赶出了村庄。

就这样小八路顺利地把消息带到了村外，为部队打胜仗立下了汗马功劳。

既然想离开村子的人被赶回村子，想进入村子的人被赶出村子，如果你想走出村子，只要假装进入村子不就行了？小八路就是通过颠倒行走过程的办法蒙混过关的。

在《道德经》第三十六章中有这样一段话："将欲歙之，必固张之；将欲弱之，必固强之；将欲废之，必固兴之；将欲夺之，必固与之。"简单的理解就是"欲擒故纵"，因为任何事情都是一个运动发展的过程。在发展过程中充满了辩证法，张到一定程度就会歙，强大到一定程度就会变弱，兴盛到一定程度就会荒废，付出到一定程度之后必定会有回报。

《三国演义》中有很多故事体现了这种思考方法的价值。诸葛亮七擒孟获，表面上看花费了很多时间和兵力才把他降服，实际上最终的效果是使孟获心悦诚服、誓不复反，最终取得了更大的胜利。

结果倒转

一位财主家里失窃了一枚价值连城的夜明珠，种种迹象表明是家贼偷的。但是经过一番调查，还是查不出是谁偷的。经过一番思考，财主有了主意。他请来一位算命先生，然后把家里的所有人召集起来，对他们说："这位大师神功莫测、法力无边，他有办法帮我把贼抓出来。"只见算命先生手中拿着很多小木棍，口中念念有词，施了一番法术。财主告诉众人："大师已经做法了，现在把这些长短一样的木棍发给大家，每人一个。明天自有分晓，窃贼的木棍会变长一寸。"

第二天，财主胸有成竹地检查每个人的木棍。当看到李管家的木棍的时候，财主的眼睛一亮，问道："李管家，真是奇怪，你的木棍怎么变短了一寸？"李管家瞠目结舌。财主笑道："老实交代，你把夜明珠藏到哪儿了？"

你知道事情的原委了吗？事实上，财主只是用这个办法让小偷露出了马脚。在这个案例中，体现了结果倒转的思考方法，即通过设计某一种结果，间接地得到自己真正想要的"结果"。财主知道"聪明"的小偷一定会想办法隐藏自己的罪行，既然法术会让木棍变长，他就会人为地让木棍变短。可惜聪明反被聪明误，木棍变短了，恰恰说明他是贼。

阿凡提养了一头驴，脾气倔得出奇。让它走，它偏偏站着不动；让它停下来，它偏偏原地转圈。有一次，阿凡提骑着驴去磨坊。走到半路，说什么驴子都不走了。越是赶，驴越往后退。哄也不行，打也不行。

阿凡提沉思了一会儿，想出了一个办法，终于让驴走到了磨坊。阿凡提运用了结果倒转的思考方法，磨坊在东，他先把驴转了个身，让它面朝西。然后，阿凡提使劲赶驴。和刚才一样，他越是赶驴，驴越是往后退，很快就退到了磨坊。

有时候，我们要想得到一个结果，用直来直去的办法很难达到目的。这时，我们就要运用结果倒转思考法，通过另外一种结果来实现我们的最终目的。

结果倒转的另外一种形式是使事情的结果向人们意想不到的方向发展，出乎意料的结果往往会给人们警醒和启示。

如果学生完不成作业，按照常规的思维逻辑，老师会处罚他。但是，学生都有逆反心理。这时，我们就可以运用结果倒转思考法，把对学生的处罚变为"奖励"。这样会不会让学生有所醒悟呢？也许你会觉得这太荒唐了，但是真的有类似的事发生。

美国的一个警察局处罚青少年犯罪的方法很独特。他们并不把犯了轻罪的青少年投入监狱或处以罚款，而是让他们回去上学。当他们拿到毕业证之后，就可以免除任何惩罚了。他们用这种方法让很多失足少年重新回到学校，拿到了毕业证，成为了对社会有用的人。

观点逆向

观点逆向就是与合乎常理的观点"唱反调"。

飞机一定要有翅膀吗？

有人用观点逆向法摘掉了飞机的翅膀，他是广东农民陈建平。他在用手推车推着重物下坡的时候，发现车子很容易失控，而如果换作在前面拉着车子走，只要人跑的速度比车子稍微快一些，就很容易使车子保持平衡并快速前进。

由此他认为，其实车子的平衡和飞机的平衡原理是类似的。那么，如果在飞机的前边加上一个螺旋桨，是不是不用翅膀也可以平稳地飞翔呢？经过不断的研究试验和多方求证，他终于设计出了一种前导式无翼飞机。

飞机有翅膀是正常的、合理的，但是飞机如果没翅膀就一定是不可能的吗？观点逆向就是对那些常规的观点进行反方向思考，从而得到解决问题的新方法。

诺贝尔物理学奖获得者尼尔斯·博尔曾说过："真理的反面是另一个真理。"

真理的反面好像应该是谬论，但是仔细想想也未必。比如，欧几里得几何是真理，它的反面非欧几里得几何也是真理；牛顿定律是真理，它的反面量子力学和相对论也是真理；城市化是现代社会的标志是真理，它的反面非城市化也是真理。

事实上，很多常规的观点并不见得就正确，比如通常人们认为完整、对称的东西才符合美的标准，但是，残缺的、不对称的东西真的就不美吗？

当维纳斯塑像在 1820 年被一位农民发现的时候，她的双臂已经被折断，但是这丝毫不影响它被世人公认为迄今为止希腊女性雕像中最美的一尊。

这位衣衫即将脱落到地上的女神，躯体和肌肤显得轻盈美丽，身体看上去微微有些倾斜，显出正依靠着支撑物——正是这种处理手法使雕像增加了曲线美和优雅的动感美。

人们似乎永远是追求完美的。为了弥补维纳斯像断臂的遗憾，艺术家们试图让其完美无缺，打算替这座塑像接上手臂。他们续接的手臂或举或抬，或屈或展，或空或实，但是这些方案均不理想，就好像女神并不喜欢这些手臂一样。最后，他们只得放弃了追求"至善至美"的举动，保留了维纳斯的残缺……

观点逆向思考法在商界的应用非常广泛，因为这种思维方法很容易带来创新，而在同质化日趋严重的商界，与众不同是取得成功的重要条件。在一次电视访谈节目中，上海炒股大王杨百万透露了自己的成功秘诀：当股票最高的时候我就出手，转而买房产；当房产最火爆的时候我就丢了房产去买股票。

运用观点逆向思考法还可以让我们全面地看待问题，不必陷入一些常规观点的束缚之中。比如，有些人高考失利就以为天塌下来了，其实运用观点逆向的思考方法就可以找到其他的出路，参加工作或者学习一门技术。

习惯用观点逆向思考问题之后，人们会变得理性、客观。当我们悲观的时候，可以运用乐观的、积极的想法寻找可能存在的利益；当我们过于乐观的时候，可以运用谨慎的想法寻找潜在的危险。

一位拳击手在比赛之前总是做祷告。在一次比赛中，他夺得了冠军，人们纷纷向他表示祝贺。有人对他说："你是不是在比赛之前祷告自己能赢，看来你的祷告很管用啊！"拳击手严肃地说："我希望能赢，对手也希望能赢。我们不可能同时胜利，如果我们一起祷告的话，会让上帝为难。我做祷告只是希望我们在比赛中不管胜负如何，谁都不要受伤。"

观念逆向可以让人们跳出以自我为中心的思维模式，从而想出更加有效的解决问题的方法。

比如，一个正在织毛衣的妈妈总是被在地上爬来爬去的孩子弄得很烦，这时她应该怎么办呢？把孩子放到婴儿活动区，这是一般的思维逻辑。但是，如果运用观点逆向思考法，我们就可以得到这样的方法：让妈妈到婴儿活动区去织毛衣，这样效果肯定会更好。与此类似的还有野生动物园的经营模式。在传统的动物园里，动物被关在笼子里，人站在外面看。所以，野生动物在狭小的空间中生活失去了野性。野生动物园给人们提供了一种新的观赏方式：把人关在"笼子"里，让动物自由活动。

属性对立

属性对立就是要我们对事物的属性进行反向思考，从而得出解决问题的新方法和新创意。

甘茂是秦国的左丞相。有一天，秦王故意为难他，要他在两天以内找来 3 个公鸡生的蛋。甘茂回到家里，只是唉声叹气。12 岁的甘罗看到祖父忧愁的样子，就问："爷爷，您为什么发愁？"甘茂便告诉了他。甘罗听后，片刻便想到了办法。他说："爷爷，我有办法。明天早上，我去见秦王。"甘茂说："你不要胡闹了，闯下祸来可不得了！"甘罗说："爷爷放心，我保证秦王不会降罪的。"最终，甘茂答应让甘罗去试试。

第二天，甘罗去拜见秦王。秦王问他是谁，他恭敬地说："我是甘茂的孙子，名叫甘罗。"秦王又问他："你的祖父怎么不来？"甘罗回答："爷爷在家里生孩子。"秦王听后，勃然大怒，说："你胡说！男人怎么会生孩子？"甘罗不慌不忙地回答："男人不会生孩子，公鸡又怎么会生蛋？"

秦王哈哈大笑起来，他觉得甘罗小小年纪不但聪明过人，而且胆识过人，就不再为难他的祖父了。

甘罗运用了属性对立思考法，以其人之道还治其人之身。既然荒唐的秦王认为公鸡会下蛋，那么依此类推，男人也应该能生孩子。甘罗借此使得祖父的困扰被解除了。

人们对事物的属性有常规的认识。比如，蚂蚁很小，大象很大，叶子通常是绿色的，花儿通常是姹紫嫣红的。进行属性对立思考就是要打破这些常规的认识，一个巨型的蚂蚁是不是可以给人一种震撼力？一个小巧的大象是不是更加可爱？叶子可不可以是五颜六色的？花儿可不可以是黑色的？

属性对立思考法在文学和艺术创作领域有广泛的应用。其实，人类的祖先就已经运用这种方法进行思考了。在一个史前时期的岩洞中有一个壁画，画面内容是很多人围坐在一起分吃一条鱼。按照正常的思维，鱼的体积应该很小，再大也不能超过人体。但是在那幅画中，人和鱼的比例严重失调，鱼被刻画得非常夸张，占据了画面的大部分空间，人则处于次要的地位。这种夸张的表现手法体现了古代人们对食物的渴望。

晋明帝小时候非常聪颖。有一天，他坐在晋元帝的膝上玩。有人从北方来，元帝询问了洛阳的消息后，泪流不止。明帝问道："为什么哭泣呢？"于是元帝把匈奴攻陷洛阳的情形告诉了他。然后问明帝："你认为长安和太阳哪个比较远？"明帝回答："太阳比较远。因为从来没听说过有人从太阳那边来，但是总有人从长安来。"元帝听后惊异于儿子的回答，又感到很得意。第二天，元帝聚集众臣会宴，为了炫耀一下，他又重新问了明帝。明帝这次却回答说："太阳比较近。"元帝脸色一变，说："你为什么跟昨天说的不一样？"明帝回答道："我抬头就可以看到太阳，却看不到长安。"

晋明帝的两次回答似乎都有道理，可见从不同的角度观察事物的属性就会得出不同的结论。因为事物是有多面性的，有些方面的属性是我们平时看不到的。在一定条件下，不同的方面还有可能发生改变。

运用属性对立思考问题，我们还可以在进退、出入、有无等方面获得新的统一和转化。比如，在使用电脑的过程中，一不小心删除文件是让人非常恼火的事。长期以来，人们认为恢复被删除的文件是不可能实现的。彼得·诺顿向这一属性提出了挑战，他创造了一套恢复删除的软件，其功能就是恢复被意外删除的文件，把看似荒谬的妄想变成了现实。

因果逆向

因果逆向思维是指推因及果，然后由果溯因。明白事物之间的因果关系之后，通过制造原因得到你想要的结果。

一位移民到美国的中国人与别人发生财务纠纷要打一场官司。他对律师说："我们是不是应该约法官出来吃顿饭或者给他送点礼？"律师听后连忙制止："千万不可！如果你向法官送礼，你的官司必败无疑。"那人问："为什么？"律师说："只有理亏的人才会送礼啊！你给法官送礼不正说明你知道自己有罪吗？"

几天后，律师打电话给他的当事人，说："恭喜您！我们的官司打赢了。"

那人淡淡地说："我早就知道了。"

律师感到很奇怪："您怎么可能早就知道呢？我刚从法庭里出来。"

那人说："因为我给法官送了礼。"

律师万分惊讶："您说什么？"

那人说："的确送了礼，不过我在邮寄单上写的是对方的名字。"

当事人那么做确实不道德，但是我们不得不佩服他的逆向思维方式。既然律师说送礼的人必败无疑，如果对方送了礼，自己不就赢了吗？

这种推因及果，由果溯因的思维方式在文学艺术等领域同样非常重要，可以营造一种出乎意料之外，又在情理之中的悬念。在一则获奖的电池广告中，就巧妙地运用了因果逆向的思维方法。

在广告片中有个人拿着一部照相机在不停地拍照，闪光灯频频闪烁。突然，闪光灯不闪了，那个人试着按了几次快门都没有反应，于是他把照相机放在桌子上取出了里面的电池。按照常规的思维模式，我们会想到电池没电了该换电池了。但是，那个人做了一个出人意料的举动，他把照相机随手一扔，拿来一个新的照相机，然后装上刚才取下来的电池。再拍照的时候，闪光灯又开始不断闪动了。这时观众才明白原来出问题的不是电池而是照相机。拍照把照相机都用坏了，电池却还有电，可见电池的电量之足。

因果逆向的另一种形式是互为因果。头脑风暴法的创立者奥斯本曾经说过："对于一个表面的结果，我们应该思考，也许它正是原因吧。而对于一个所谓的原因，我们就要考虑，也许这个原因就是结果吧。我们将因果颠倒一下会怎么样呢？这样的次序问题可能会成为创意的源泉。" 法拉第发明发电机的过程就是对这种思维的应用。

1820 年，有人通过实验证实了电流的磁效应：只要导线通上电流，导线附近的磁针就会发生偏转。法拉第怀着极大的兴趣来研究这种现象，他认为既然电能产生磁场，那么磁场同样也能产生电。虽然经过多次失败，但他还是坚信自己的观点。经过 10 年的努力，1831 年，他的实验成功了。他把条形磁铁插入缠着导线的空心筒中，结果导线两端连接的电流表上的指针发生了偏转。法拉第据此提出了电磁感应定律，并发明了简易的发电装置。

因果逆向还有一层含义，即以毒攻毒。运用因果逆向思考之后，我们会发现，有时候因即是果，果即是因，致病之因就是治病之药。

琴纳是 18 世纪中后期英国的一个乡村医生，看到天花威胁着人们的生命，他非常难过。为了治病救人，他一直潜心研究治疗天花病的方法。有一次，检察官让琴纳统计几年来村里因天花而死亡或变成麻子脸的人数。他挨家挨户了解，几乎每家都有天花的受害者。奇怪的是，养牛场的挤奶女工们却没人死于天花或变成麻子脸。他问挤奶女工生过天花没有，奶牛生过天花没有。挤奶女工告诉他，牛也会生天花，只是在牛的皮肤上出现一些小脓疱，叫牛痘。挤奶女工给患牛痘的牛挤奶，也会传染而起小脓疱，但很轻微，很快就会恢复正常。好了之后，挤奶女工就不会再得天花了。

琴纳又发现，凡是生过麻子的人就不会再得天花。由此他认为：得过一次天花，人体就产生免疫力了。于是，他开始研究用牛痘来预防天花。终于，他想出了一种方法，从牛身上获取牛痘脓浆，接种到人身上，使之像挤奶女工那样也得轻微的天花。他做了一个危险的试验，从一位挤奶姑娘的手上取出微量牛痘疫苗，接种到一个 8 岁男孩的胳臂上。等男孩长出痘疱并结痂脱落之后，又在他的胳膊上接种人类的天花痘浆，结果没有出现任何病症，可见男孩具有了抵抗天花的免疫力。为了确定男孩是不是真的不会再得天花，他又把天花病人的脓液移植到他的肩膀上，事实证明牛痘真的是抵御天花的有效武器。

有时我们所认为的事情的原因未必是惟一的原因，运用因果逆向思考法可以拓宽思维的广度，更加全面地分析事情的原因。比如，在《心之漫游思考法》一书中，有这样一个关于倒转思考的例子：

"老师沉闷的讲解令学生上课不专心。"

倒转为：

"学生上课不专心令老师的讲解沉闷。"

倒转了我们习惯认为的原因和结果，我们的思路就变得更加开阔了。我们习惯于把教学质量不好归咎为老师讲课不够生动、没有热情，导致学生听课的时候不够专心。难道没有别的情况吗？把因果倒转之后，我们想到：学生不专心听讲反过来是不是会导致老师讲课没有热情？于是形成恶性循环。另外，学生听课的时候是不是不够热情？老师讲课的时候是不是不够专心？从这个角度着手，我们就可以更加全面地处理教学质量低这个问题。进一步深究之后，我们会发现为什

此图表现了早期人们接种牛痘时忐忑不安的心情。

么学生上课不够热情？可能是对所学内容不感兴趣，或者教学模式过于死板，限制了学生的积极性。是什么使老师讲课不够专心呢？可能是教学以外的行政事务或者个人的私事分散了他们的注意力，或者落后的教学设施让老师感到沮丧。从这些角度着手，就可以使问题得到更圆满的解决。

·第5课·

转换思考法：灵活变通，从多个角度看问题

何谓转换思考

转换思考实际是一种多视角思维。从多个角度观察同一现象，用联系的发展的眼光看问题，你会得到更加全面的认识；从多个层次、多个方面、多个角度思考同一问题，你会得到更加完满的解决方案。

图中是 3 个正三角形，只允许移动其中的两个边，你有办法让所有的三角形都变得不存在吗？

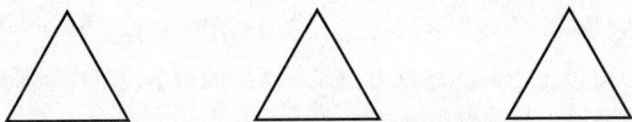

按照常规的思维方式，好像无论如何也想不出办法。但是，只要转换一种思维方法，把这个图形的问题转换成数学问题，就可以得到下面这种解决办法（1个三角形减去 1 个三角形等于 0 个三角形）。

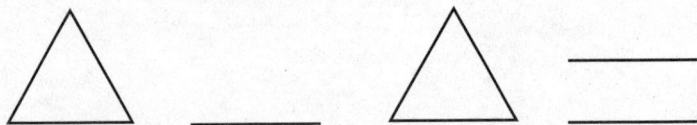

如果某一问题的思考方式对自己不利，那么你就应该转换思路，从另一个角度考虑问题，说不定可以让问题迎刃而解。

有两个商人一起去非洲卖鞋。那时的非洲人刚刚改变以前穿兽皮、披树叶的习惯，穿上了衣服，但是他们还都是光着脚走路。一个商人看到这种情况之后认为这里的人都不穿鞋，根本就没有市场，于是他去别的地方卖鞋了。

234

另一个商人却想：这里的人都没有鞋穿，鞋的需求量太大了，真是赚钱的好机会！于是他留了下来，结果他成功地把鞋卖给了所有光脚的人，成了富裕的大鞋商。

转换思维还要求我们从不同方面对同一对象进行考察，从而得出客观公正的评价。比如，法官判案时，原告和被告"公说公有理，婆说婆有理"。如果偏执一端，很可能会冤枉好人。只有转换思维，全面了解事情的原委，才能做出公正的裁决。

转换思维可以帮我们精确地理解某一事物的内涵和外延，并对事物的概念做出规定。语义学家格雷马斯说："我们必须对一些基本概念不厌其烦地进行定义，尽量确保做得精确、严格，以确保新概念的单义性。"所谓"不厌其烦地进行定义"，就是不断转换思维，从不同层次进行分析和推敲。

此外，转换思维可以避免思维定势，对于发明创造来说有重要意义，每转换一个新的视角也许可能引发一个新发现或新发明。

美国玩具制造商斯帕克特发现那些玩具设计师设计的玩具单调、陈旧，没什么新鲜感，很难引起儿童的兴趣。因为那些设计师都是成年人，他们已经形成了思维定势，很难从孩子的角度来设计玩具。要想设计出受欢迎的玩具，必须知道孩子们的想法。于是，斯帕克特请来一位6岁的小女孩玛丽亚·罗塔斯作为玩具设计的顾问，让她指出各种玩具的缺点，以及她希望生产出什么样的玩具。在小女孩的建议之下，斯帕克特公司生产的玩具销路很好。

这个例子说的是成人与孩子之间的思维转换。此外，思维转换还有男人与女人之间的转换，历史、现实与未来的转换，整体与局部的转换，肯定与否定的转换，科学与艺术的转换等等。思维转换的方法不一而足，这里我们介绍几种简单易行的训练方法。

1. 反向转换法

《道德经》里有这样一句话："有无相生，难易相成，长短相形，高下相盈，音声相和，前后相随，恒也。"这朴素的辩证法向我们讲述了深刻的道理。向反向去求索，站在事物的对立面来思考往往能够突破常规，出奇制胜。你可以向对立面转换事物的结构、功能、价值，以及对待事物的态度。对结构和功能的转换可以让你有发明创造，对价值的转换可以让你变废为宝，对态度的转换可以让你心胸开阔、宠辱不惊。

2. 相似转换法

这种转换法有助于我们对同一对象、同一问题进行全面、整体、系统地把握。比如下面的两组词语，每组词语之间具有一定的相似性和关联性。

生命、血肉、植物、爱情、真理、繁荣

原始、开端、最初、胚胎、萌芽、发展

每一组中的一个或几个词都可以成为理解本组中某一个词的新视角。这种转换方法可以启发新的隐喻以及事物之间的联系，对在科学研究中建立理论模型有重要意义。

3. 重新定义法

如前面所说，转换思维可以使概念的定义更加精确；反过来，通过对某一概念重新定义可以训练我们的转换思维的能力。对文字的翻译也可以达到这种效果，台湾诗人余光中说："翻译一篇作品等于进入另一个灵魂去经验另一个生命。"这种"经验"可以让你的视野更加开阔。

4. 征询意见法

一个人的思路毕竟有限，要想实现多视角思维，就应该借助集体的力量。征询别人的看法和意见可以让你对某一问题的认识更加完善。电视剧《三国演义》中曹操的扮演者鲍国安当年为了演好曹操这个角色，对不同年龄、不同学历、不同职业的几百个人进行调查，询问他们对曹操的看法。别人的意见让他对曹操的各个侧面都有所了解，他的演出自然赢得了大家的好评。

5. 实践转换法

实践转换可以让你在对问题的实际操作中，获得对事物的新的理解和认识，发现某种新的意义。比如，大学生写论文，纯粹研究理论只能是闭门造车，如果去参加相关的实习，就会对理论知识产生新的认识。此外，经历一下你没有体验过的生活可以让你改变对一些问题的看法。

正面思考和负面思考

你眼中的世界是怎么样的？这个问题回答起来可能比较难，那么，回答下面这个问题吧。

如果在你面前摆上半杯水，你认为这杯水是半空还是半满？习惯负面思考的人会说："真糟糕，只有半杯水了。"习惯正面思考的人会说："太好了，还有半杯水呢。"

我们还可以注意到跟你上面的回答相关的一些事情，虽然类似的事情你可能经常遇到，却从来没有深思过。

你上次考试成绩只是班上的中等水平，这使得那些对你寄予厚望的人们很失望。你决定努力学习，打算考个第一名给大家看看。在老师、家长的督促下，经过你的努力，你比以前提高了几十个名次。对你来说，这是以前从来没有过的好成绩。但是，你的目标是第一名。因此，你虽然有一点儿高兴，但是总的来说，你很失望。

下雨了，你讨厌下雨。虽然这场雨在这个季节十分平常，虽然从农村出来的你知道，那些庄稼等着雨水的浇灌，但是你仍然十分恼火——它把你的衣服打湿了，鞋子弄脏了，使路上积了一些水。

你创业失败了。你投入的几万元顷刻之间化为乌有，那可是你辛辛苦苦打工赚来的钱。你埋怨世道不好，上天不公。你灰心丧气，甚至连自杀的心思都有了。

这样的事情多不胜数。通过这样的例子，可以知道你的世界是什么样的。

不错，你正在用一种负面思考来看这个世界。

所谓的负面思考是这样一种思考方式，即总喜欢把事情朝坏的方面去想。在看待一件事情的时候，它使我们总是想到：问题多于机会、缺点多于优点、坏处多于好处……总之，它使我们产生消极的思考，从而使自己变得忧郁、沉闷、消极和暴躁。

而在我们解决问题的时候，偏重负面思考会带来比事情本身更多的麻烦，使我们被阴影遮蔽眼睛，看不到事情的多种可能的解决方案，从而阻碍事情的解决。

本杰明·富兰克林曾说过："少一根铁钉，失掉一个马蹄铁；少一个马蹄铁，失掉一匹战马；少一匹战马，失掉一位骑士；少一位骑士，失掉一场战争。"虽然这句话的本意是要求严于律己，但这可能算是"负面思考"最极端的例子了。这种连贯性的负面思考能够使人想到最坏的一面，从而由一件小事产生彻底的消极。

如果你的确是这么想的，这没有什么好遗憾的。心理学家证实了这样一个结论：负面思考是人类的本能反应。也就是说，人类总是喜欢设想最糟糕的一面。

不过，尽管负面思考是人的本能反应，但这并不代表我们必须任由它来支配我们的信念、思想和状态。我们必须经过有意识的训练，把这种影响我们心情、精神和行为的思考方式改变。

问一问自己，难道世界真的是我们看到的那样——灰暗、让人丧气和死气沉沉的吗？

一个探险家和他的挑夫打算穿越一个山洞。他们在休息的过程中，探险家掏出一把刀来切椰子，结果因为灯光昏暗，切伤了自己的一根手指。

挑夫在旁边说："棒极了！上帝真照顾你，先生。"

探险家十分恼怒，于是把这位幸灾乐祸的挑夫捆起来，打算饿死他。当他一个人穿过山洞的时候，却被一群土著抓住了，他们打算杀死他来祭奠神灵。幸运的是，那些土著看到了探险家伤了手指，于是把他放了，因为他们害怕用这样的祭品会触怒神灵。

探险家感到自己错怪了挑夫，于是回去把那位挑夫的绳子松开了，并对他致以歉意。

挑夫说："棒极了！看来，上帝也很照顾我，先生。如果你没有把我捆住的话，我已经成为他们的祭品了。"

我们必须学会正面思考。如果你在回答"半空"还是"半满"这个问题的时候，回答的是前者的话，那么你就是在做正面思考。正面思考是这样一种思考方式：在看待一件事情的时候，它让我们能够考虑到这件事情的"好处"的一面；它帮助我们阻挡住那些困扰我们的因素，发现给我们信心、激励和勇气的因素，从而使我们更加积极地去解决一个问题。

正面思考和负面思考是两种截然不同的方法，产生的效果也不同。不过，它们只是看问题的两种不同的角度而已。同一件事情，用正面思考能够使你自信、乐观和拥有解决问题的高效率，而负面思考则正好相反。

一个老妇有两个儿子，大儿子卖伞，小儿子卖鞋。下雨天，她为小儿子发愁；晴天，她则为大儿子发愁。因此，她一年到头都是愁眉苦脸的。有一天，经过一位乡人的指点，她有了很大的改变，开始变得十分快乐。那位乡人告诉她，她应该在晴天为小儿子高兴，在雨天为大儿子开心。

那位乡人正是运用了正面思考得出的建议。的确，在生活中，负面思考只会给人带来烦恼和忧伤，而要活得快乐，只有正面思考才是"一剂良药"。

当获得肯定时, 你会……

正面思考	负面思考
肯定自己的努力	对结果表示怀疑
恭喜自己	不表示快乐, 害怕别人认为自己沾沾自喜
把结果跟人们分享	写到日记中, 独自分享
接受别人的祝贺	发现跟自己预期的有距离, 因此不高兴
尽情欢笑	希望自己做得更好
又朝大目标前进了一步	把功劳归于运气

当遭遇失败时, 你会……

正面思考	负面思考
坦然接受, 因为任何人都会经历失败	自责
肯定自己的选择	否定当初的决定
找出失败的原因	否定自己的能力
绝不回头, 想象成功就在下一次	永远记住这个错误
学到教训	怨天尤人

正面思考要求我们以独特的思维来看待这个世界, 可以帮助你把注意力从坏事转向好事, 改变自己的心态和解决问题的各种方式。当你面临一个问题的时候, 采取正面思考还是负面思考的方式, 完全由你自己决定。如果你的确正为自己的生活是无趣的、世界是灰暗的而沮丧, 就应该学会正面思考这种方式。

视角转换

"横看成岭侧成峰, 远近高低各不同"。视角不同, 你所看到的景观就不一样。同样, 用单一的视角看待一件事情, 你通常无法看到事情的全貌。如果你能换个角度看问题, 你会发现这个世界像一个万花筒。

视角转换就是对同一事物或现象从不同的角度加以观察和思考, 从而获得新的认识和解决问题的新方法的思考方法。有时我们找不到问题的出路, 就是因为总是从固定的角度看问题，进入了死胡同。其实，只要换一个视角，就能拨云见日，找到问题的突破口。

一位富翁有一个十分漂亮的花园，花园里树木郁郁葱葱，花朵姹紫嫣红。由于经常受到外人的侵入，花木常遭到破坏，地面也被弄得狼藉不堪。

于是富翁在花园门口竖了一个牌子，上面写着：

"私家花园，禁止入内。"

但是丝毫不起作用，花园依旧遭到践踏和破坏，甚至比以前破坏得更严重。

富翁经过一番思考之后，想到了一个办法，他在警示牌上换了另外一句警示语：

"请注意，如果在花园中被毒蛇咬伤，最近的医院在距此 15 千米处，驾车约半个小时即可到达。"

他把这个牌子竖在花园门口之后，果然再也没有人闯入花园了。

这位富翁就是应用了视角转换的思维方法来解决问题的。开始时，他按照常规的思路，从自己的利益出发，和闯入花园的人站在对立面，"禁止"他们入内。这种警告不但起不到积极的作用，反而会激起人们的逆反心理。经过视角转换之后，富翁站在对方的角度来思考问题，如果花园中有对他们造成伤害的东西，不就可以阻止他们了吗？

有时同样一件事，站在这个角度看是错的，站在另一个角度看就是对的了。

如果你想让别人按照你的意愿行事，那么你必须站在别人的立场上思考问题。下级站在自己的立场上无法说服领导改变想法，家长站在自己的立场上无法说服孩子不要这样或不要那样。让别人看到对自己有利的地方，他才会认可你的观点。

有两个人都喜欢吸烟。

有一天，他们一起去向牧师请教在祈祷的时候能不能吸烟。

第一个人见到牧师之后，问道："在祈祷的时候能吸烟吗？"

牧师生气地告诉他："不可以！那是对上帝的不敬。"这个人很遗憾地退了下去。

第二个人走上前问道："在吸烟的时候能不能做祷告？"

牧师高兴地说："当然可以！吸烟的时候都不忘做祷告，可见你很虔诚。"

在这个世界上，有的人自卑，认为自己一无是处、毫无希望；有的人自负，认为自己不可替代、无所不能。这两个极端都能让人们犯一些错误，因为人们不能清醒地、客观地对待自己的优点和缺点。运用视角转换，人们就能够理性地对自己做出评价，不妄自菲薄，也不自高自大。

我们总是对别人和周围的环境提出这样或那样的不满意。但是，如果我们换一个角度看待别人，换一个角度看待周围的世界，就能发现别人也有值得肯定的地方，情况并不像我们想象得那么糟糕。

视角转换的具体做法是，首先把思考对象分解为不同的侧面，冲破常规思维模式的束缚，力求看到思考对象的更多的侧面，然后从不同的角度来思考问题，最后用辩证的观点把对思考对象不同角度的思考综合起来，从而对事物形成一个全面的、立体的认识。

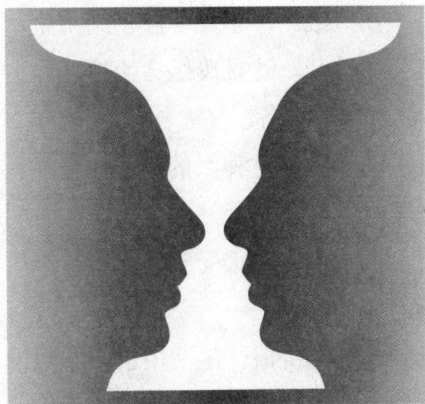

有趣的两可图形
上图是一个花瓶还是两个人头的侧面像？通过观察，你会从中理解图形和背景的转换关系。

我们很容易陷入非对即错的思维模式中，但是这个世界并不是那么简单，还有很多灰色地带。要想全面地公正地看待问题，我们就要进行视角转换，看一看除了对和错之外，是不是还有第三种可能。

1964年，被流放的越南籍僧人一行禅师旅行到华盛顿特区，寻求美国国会支持终止越南战争。

美国参议员贝利·高德华询问的第一个问题就是："你来自南越还是北越？"

一行禅师的回答是："都不是，我来自中间。"

长得弯弯曲曲的大树，因为没有用处而得以保全性命；会打鸣的鹅，因为有用而得以保全性命。

那么，作为人应该怎么做呢？庄子说："周将处乎材与不材之间。"

当你摆脱单一视角的束缚，跳出对错之外，你会发现这时眼前出现了更富有创意的选择。

价值转换

法国空想社会主义思想家傅立叶曾说："垃圾是摆错了位置的财富。"任何东西都有存在的价值。价值转换思考法就是让我们对事物的价值进行全方位的审定，积极地发现潜藏在事物内部的价值或者开发出对我们有用的新价值。

德国某家造纸厂的一位技师因为一时疏忽，在造纸工序中加了胶，结果生产出了大批不能书写的废纸，墨水一蘸到纸上就会扩散开。这批废纸会给造纸厂造成很大的损失，这位技师非常焦急，并做好了被解雇的准备。

当他看着那些废纸发愁的时候，忽然灵机一动，既然这种纸的吸水性很强，就把这种纸作为一种专门用来吸干墨水的"吸墨水纸"不是很好吗？由此他发明了纸的一个新品种，并获得了专利。这种吸墨水纸上市之后很受欢迎，给造纸厂带来了很大的利润。技师不但没有被解雇，还受到了奖励。

那位技师运用价值转换思考法，发现了吸墨水纸的价值。生活中很多看似没有价值的东西都潜藏着某种价值，如果我们学会价值转换思考法，就能从无价值中发现价值，或者赋予事物某种价值。

唐代有一位著名的商人叫裴明礼。有一次，他对一个处在交通要道的臭水坑发生了兴趣。那个水坑处在来往商贩的必经之路，大家只能绕道而行。裴明礼用很便宜的价格把它买了下来，在水坑中央竖起一根很高的木杆，在木杆顶上挂了一个竹筐。然后在水坑旁边贴了一张告示："凡是能把石块、砖瓦投入竹筐的，赏铜钱百文。"

路过的人看到有便宜可占，纷纷向竹筐投掷砖瓦，但是由于竹筐太高太远，几乎没人能投中。不过，人们还是踊跃参与，尤其是没事做的孩子们，把这当游戏玩，很快就把臭水坑填平了。

裴明礼停止了悬赏投石的活动，把地面修复平整，并搭建了几个牛棚和羊圈供过往的商人使用。没过多久，那里就堆积了很多牛羊的粪便，这正是附近的农人种田所需要的。裴明礼把牛羊的粪便卖给农人，没多久就赚了一大笔钱。然后，他把牛棚、羊圈拆掉，盖起了房屋并在周围种上花卉，建起了蜂房。几年之内，他就成了富甲一方的商人。

按照惯常的思维模式，我们认为一件东西只能在某一领域有价值，在其他领域没有价值。比如椅子是用来坐的，笔是用来写字的，杯子是用来喝水的……如果我们被常规的、显而易见的价值束缚住，就很难发现潜藏在事物内部的其他价值。椅子除了用来坐，是不是还可以在登高的时候用来垫脚？笔除了用来写字是不是还可以用来当锥子或者当鼓槌？杯子除了用来喝水是不是还可以用来种花或者养鱼？价值转换思考法可以让我们尽可能地在不同的领域发掘事物的潜在价值。当你认为某件东西没用的时候，就更应该想想是不是在其他的领域还有用。

法国有一位艺术青年叫明尼克·波达尼夫，有一天他看到了一双被扔掉的破旧高跟鞋，他发觉那鞋的样子有点像一张人脸。他兴致勃勃地把那鞋加工了一番，使它看起来更像人脸的模样。朋友们对他制作的鞋子脸谱赞不绝口，这让他产生了新的想法：何不把鞋子加工成艺术品销售呢？于是他收集来一些破旧的鞋子，并由此创业。他把鞋子制作成各种各样的脸谱：顽童、贵妇、政客、商人……这些艺术品有的朴素、有的唯美、有的搞笑、有的精致，都很受欢迎。其中一些优秀作品还曾多次到世界各地展销，每个售价 3 000 美元。

明尼克·波达尼夫被誉为"鞋脸奇才"，他说："每一只鞋都有自己的灵魂和性格，我只是把它们的灵魂和性格展现出来。"

价值转换思考法就是要求我们具备一双发现"灵魂"的慧眼，从司空见惯的事物中找到潜在的价值。

查尔斯·蒂凡尼享有"钻石大王"的美誉，但是起初他只是一家不起眼的珠宝店的老板，他的发迹始于一根报废的电报电缆。多年前，美国穿越大西洋底的一根电缆因为破损需要更换，查尔斯·蒂凡尼听说了这则消息之后，毅然买下了那根报废的电缆。他周围人们感到很惊讶，一根废电缆有什么用呢？这位精明的珠宝店老板当然另有打算，他把电缆清洗干净，然后剪成一小段一小段的，再用珠宝装饰起来，作为纪念物高价出售。这可是曾经铺设在大西洋底的电缆啊，能拥有一段这样的电缆不是很荣耀的事吗？

就这样他发了一笔财，但是这并不足以让他声名鹊起。后来，他用电缆赚来的钱买下了一枚价值连城的"皇后钻石"，并以它为主角举办了一个首饰展示会。人们都想一睹皇后钻石的风采，参观者蜂拥而至。他趁机把门票定得很高，赚了个盆满钵满，随之而来的还有"钻石大王"的美誉。

查尔斯·蒂凡尼的成功之处就在于他善于转换事物的价值，使事物的价值尽可能地为我所用。电缆并不仅仅具有传递信号的作用，还具有收藏价值。皇后钻石的价值不仅仅是收藏或者以更高的价位转手，还有观赏价值。经过价值转换他使看似没有价值的东西变得有价值，使有很高的价值的东西变得更有价值。

问题转换

问题转换是指将复杂的问题简单化，将陌生的问题变为熟悉的问题，从而使问题更容易得到解决。

英国某报纸曾举办了一项高额奖金的有奖征答活动，题目如下：

在一个充气不足的热气球上，载着3位关系人类兴亡的科学家。一位是原子专家，他有能力防止全球性的原子战争，使地球免于遭受灭亡的绝境；一位是环保专家，他的研究可拯救无数人免于因环境污染而面临死亡的噩运；还有一位是粮食专家，他能在不毛之地运用专业知识成功地种植谷物，使几千万人摆脱因饥荒而亡的命运。

由于充气不足热气球即将坠毁，必须丢下一个人以减轻载重，使其余2人得以生存。该丢下哪一位科学家呢？

问题一经刊出后，很多人争着回答。有人认为应该丢下原子专家，有人认为应该丢下环保专家，也有人认为应该丢下粮食专家，每个人都有自己的一番道理。但最后，巨额奖金得主却是一个小男孩。他的答案是——将最胖的那位科学家丢出去。

3位科学家都关系着人类的兴亡，很难权衡出谁对人类的价值更大一些。其实这是报纸利用人们的惯性思维设置的陷阱，获奖的小男孩根本不去理会科学家的价值，而是运用了问题转换的思考方法。从最简单的思路出发，把最胖的科学家扔出去，轻松地解决了问题。

我们常常面对困难的时候找不到出路，因为我们陷入了自己设置的圈套之中，把原本简单的问题想象得很复杂。结果越来越乱，理不清头绪，本来几分钟就能搞定的问题要用一天的时间来解决，本来轻轻松松就能做完的工作，却把自己弄得精疲力竭。

亚里士多德曾说："自然界选择最简单的道路。"本来很简单的事情，我们何必把它弄复杂呢？那样既浪费时间，又浪费精力，还未必能解决问题。我们应该顺其自然，不要人为地把简单的事情复杂化。要知道，把简单的事情复杂化很简单，把复杂的事情简单化却很难。

我们面对陌生的问题时，常常感到无从下手。如果我们把陌生的问题转换为自己熟悉的问题，就好办多了。

有一次，法国园艺家莫尼哀进行园艺设计的时候，需要一个坚固结实的花坛。对于建筑这行他一窍不通，但是作为一个园艺家他很熟悉植物的生长规律。他想到植物的根系密密麻麻地牢牢地抓住土壤才能使参天大树屹立不倒。如果把这个原理应用在建筑中，不就能保证花坛坚固结实了吗？他把土壤转换为水泥，把植物的根系转换为铁丝，把根系固定土壤转换为铁丝固定水泥。这样他建造了一个非常结实的花坛。很快，他的这项发明就在建筑界得到了推广应用，成为一种新型的建筑材料——钢筋混凝土。

运用问题转换思考法，关键是要学会怎样转换。首先要弄明白目前需要解决的是一个什么样的问题，如果盲目转换可能解决不了根本问题。然后从实际情况出发进行转换，不可以从主观愿望出发，否则可能会欲易而更难，欲速而更慢。

当初爱迪生在研制灯泡的时候，曾经让一个刚刚大学数学专业毕业的助手阿普拉去测量灯泡的容积。阿普拉按照常规的方法测量灯泡的直径、周长，试图通过公式进行计算。但是，灯泡的形状是不规则的，计算很困难，而且不精确。阿普拉忙了很长时间也没计算出结果。爱迪生来催问的时候，发现他还在满头大汗地测量。爱迪生随手在灯泡顶端打了一个小缺口，然后灌满水，再把水倒在一个量杯里，看一眼读数，就知道灯泡的容积了。

问题转换的关键在于"变通"。诺贝尔经济学奖得主诺斯说："生活就应该有很多选择，你可以这样选择，也可以那样选择。如果这条路走不通，那么就走另一条。"当你沿着常规的、传统的道路走不通的时候，就应该换一个思考问题的角度，或者从另一个领域寻找解决问题的办法。思考对象的内容、形式、方法和概念都可以根据环境、时间、事件、地点的不同而发生改变。问题转换思考法就是要求我们在需要的时候能够灵活转换，而不是被眼下的问题限制住手脚，无法前进。

原理转换

原理转换就是要我们遇到问题的时候，不从常规的逻辑寻求解决问题的办法，而是通过引入与本问题看似不相关的原理进行思考，从而找到解决问题的新方法。

第二次世界大战时，法国的一位反间谍军官怀疑一个自称是比利时流浪汉的人是德国间谍，但是又没有足够的证据。这位军官灵机一动想到了一个办法。他让这个流浪汉数数，从1数到10。流浪汉很快用法语数完了。军官只好对流浪汉说："好了，你自由了，可以走了。"流浪汉长长地松了一口气，脸上露出了笑容。这时，军官终于确定这个流浪汉是德国间谍，于是命令手下把他抓了起来。你知道军官是如何做出判断的吗？

流浪汉数完数之后，军官用德语对他说了那句话，流浪汉松了一口气并露出了笑容，显然他能听懂德语，暴露了他是德国间谍的真面目。军官就是在流浪汉毫无准备的情况下，转换原理，使流浪汉落入圈套的。

原理转换还体现在一个特定原理在不同领域之间的转换。一个原理并不仅仅适用于某一个领域，我们可以把它转换到其他领域，也许能发挥意想不到的作用。

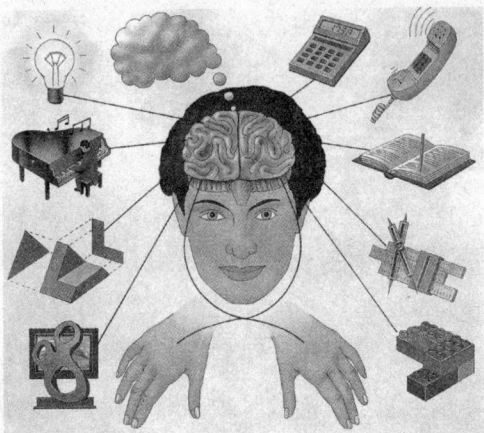

脑半球的分工
我们的逻辑思考和创造性活动分别由不同的脑半球控制。脑的左半球控制我们对数字、语言和技术的理解；脑的右半球控制我们对形状、运动和艺术的理解。

帕西·斯潘塞是一名电工技师，他发现了一个奇怪的现象：在安装雷达天线的时候，放在上衣口袋里的巧克力会自动熔化。周围没有任何热源，是什么导致巧克力熔化了呢？为了查个究竟，有一次，工作之前他故意在上衣口袋里放了一块巧克力。当他爬上雷达的塔台的时候，巧克力就开始熔化了。他想，也许是雷达发出的强大的电磁波导致了巧克力熔化。

为了证明这个假设，斯潘塞做了一系列的实验研究，终于得出了结论。原来导致巧克力熔化的原因是微波可以引起食物内部分子的激烈运动，从而产生热量。随后，斯潘塞用这个微波加热的原理制造了世界上第一台微波炉。

原理转换在科学发明创造方面具有很大的价值，任何新产品、新工艺的出现都是对一些普遍性的原理的应用。运用科学原理进行创新可以从4个方面进行探索：第一，可以把最新的原理应用到各个领域，研发最新的产品或工艺；第二，可以把最新的原理应用在已有的产品和工艺中，对旧有的产品进行革新和再创造；第三，可以把旧的原理应用到新领域，从而开发出新产品或新工艺；第四，可以把旧原理和新产品、新技术结合起来，从而赋予新产品、新技术更多的价值。

18世纪，莱布尼茨的朋友鲍威特寄给了他一本拉丁文译本《易经》。他在读到八卦的组成结构时，惊奇地发现了其中的基本素数0和1，也就是《易经》中的阴爻"__"和阳爻"—"。由此，他创立了数理学中的二进制，并认为这是世界上数学进制中最先进的。

20世纪计算机的发明与应用给各个领域带来了巨大的变革，计算机的运算模式正是对莱布尼茨的二进制的应用。计算机中采用二进制是由计算机电路所使用的元器件性质决定的。计算机中采用了具有两个稳态的二值电路，二值电路只能表示两个数码：0和1，用低电位表示数码"0"，高电位表示数码"1"。在计算机中采用二进制，具有运算简单、电路实现方便、成本低廉等优点。

德国数理哲学大师莱布尼茨就是受到中国《易经》中阴阳原理的启发，发明了二进制，也就是今天电子计算机技术的基础。

在进行原理转换思考法训练的时候，针对一个简单的原理要尽可能多地找到它可能会发挥作用的领域，针对一个问题要尽可能多地寻找可能与此问题相关的原理，从而找到能够解决问题的更多方案。

材料转换

日常生活中的很多东西都是由传统的材料构成的，比如桌子、板凳是用木头做的，碗和盘子是用陶瓷做的，书是用纸张做的……我们习惯了这些材质的物品，渐渐地认为这是必然的、不可改变的。事实上这是我们自己给自己的创造力设置的限制，物品的材料并非不可改变。我们可以运用转换思考法对构成任何物品的材料进行大胆地设想，把常见的材料转换为某种新奇的、独特的材料，以提高物品的功能或者给物品带来新的功能。

举一个简单的例子，杯子的材料通常都是玻璃、陶瓷或合金的，为了满足方便卫生的需要，人们运用材料转换的思考法发明了一次性的纸杯。

再比如，通常家具都是木材做的，木材家具体积大、笨重。尤其是搬家的时候，笨重的家具特别麻烦。针对这个问题有人运用材料转换思考法积极寻找新型的家具材料。于是出现了简易的布衣橱、橡胶充气沙发、充气床等结构简单、携带方便的家具。

我们从物品的结构、功能、特性等方面进行思考，探寻能够更好地满足我们的需要的新材料。和其他思考方法一样，材料转换也要求打破常规。只有敢于设想，才能有新突破、新发展。

一家小饭店的老板为馒头的销路不好而发愁。有一天，他灵机一动，心想为什么不能把馒头做得色香味俱全？于是他让厨师试着把青菜汁、红萝卜汁、茄子汁和入面中，结果蒸出来的馒头有绿色的、红色的和紫色的，品尝起来还有特殊的香味。新品馒头推出之后，原本冷清的小店一下子变得顾客盈门。他又想到传统的包子都是各种素菜、肉馅以及豆沙馅的，可不可以在包子馅上耍点儿花样呢？于是他尝试着推出山楂、凤梨等果脯系列包子，花生、芝麻、核桃等果仁系列包子。新品包子上市后，更是备受欢迎，很快这家小饭店就远近闻名了。

材料转换在医学上的应用很广泛，比如用木制或石膏的假肢代替由骨肉组成的肢体，用心脏起搏器代替真正的心脏。此外，还有人工肾、人工皮肤、人工角膜等等代替人体原有器官的材料相继问世。医学专家指出，人体中一半以上的器官都可以用人造器官代替。但是，最初这种用人造材料代替真正的人体器官的设想却受到了人们的怀疑，甚至被称为"妖言惑众"。

18世纪中叶，波兰医生加迪尼提出了用人造水晶体代替晶状体的大胆设想：给白内障患者摘除白内障之后，把人造水晶体植入眼睛可以让患者重见光明。当时的人们认为这种想法太荒谬了，便以"妖言惑众"的罪名把他告上了法庭，结果这位医生被投入监狱。

100多年后，一位英国的眼科医生理得利在一次手术中不小心把一个有机玻璃片留在了患者的眼中，过了一段时间他才发现。令他感到惊奇的是，有机玻璃并没有引起患者的眼睛发炎。由此他做了一次大胆的尝试，将用有机玻璃制作成的人造晶状体植入白内障患者的眼中，替换掉混浊的晶状体，结果病人的视力恢复了正常。如今，已经有数以万计的眼病患者采用了人造晶状体。

事物的性能、特点往往是由材料决定的，转换材料之后就有可能带来一种新的性能或特点，所以材料转换思考法在产品创新领域很有价值。比如玻璃凉鞋、树脂眼镜、竹筒水杯等等新颖材料的产品给人们带来了更多的"实惠"。

目标转换

目标转换是指当某一目标很难实现的时候，我们可以试着通过一个间接的目标来实现最终的目标，或者把目标转向另一个方向。

有一个聪明的年轻人叫巴拉甘仓。有一次，一位财主骑马在路上碰到巴拉甘仓。财主早就听说巴拉甘仓很聪明，想考考他。他对巴拉甘仓说："不许你接触我的身体，你能让我从马上下来吗？"

思考一下，如果你是巴拉甘仓，你会用什么办法让财主从马上下来呢？

巴拉甘仓说："先生，我不能。但是，如果你下来，我有办法让你回到马背上。"财主听后不相信，便从马上跳下来，想知道巴拉甘仓怎么让他回到马背上。巴拉甘仓哈哈大笑说："先生，现在您不是从马上下来了吗？"

巴拉甘仓正是借助了目标转换的思维方法来实现自己的目的的。他假设了另一个目标，使财主对真正的目标不再提防，结果出乎意料地使问题得到了解决。

有时候用直来直去的方法很难解决问题，如果遇到"此路不通"的情况，我们就需要运用目标转换的思维方法另辟蹊径，借助一个间接的目标来实现最终的目标。

解放战争时期，有人想把一批银元从武汉运往上海。那时，长江一线匪盗猖獗，他害怕有闪失，但苦思冥想也想不到万全之策。后来，一位姓吴的先生愿意帮他把钱运过去。他把那批银元全部买了洋油，洋油装船运输，就比直接装银元运输安全多了。洋油运到上海之后，立即转手卖了，把洋油换成钱，这样就把问题轻而易举地解决了。并且当这批洋油运抵上海时，碰巧遇上洋油大涨价。这样吴先生不但把全部银元安全"运"到了上海，而且还大赚了一笔。

当我们向着一个目标前进的过程中，也许会出现一些与我们的目标不相关的，但是可能对其他领域有重大意义的事物。此时我们应该将目标转向新事物，以取得巨大的成就。

奎宁是医治疟疾的良药，但是天然奎宁的数量有限，一旦疟疾流行起来，就会出现奎宁短缺的现象。19世纪40年代，担任英国皇家化学院院长的霍夫曼试图用化学方法合成奎宁。他的学生帕琴按照老师的想法进行了多次实验，但是都失败了。但是他并没有放弃，而是继续努力做实验。有一次，他发现实验反应之后的化学试剂呈现鲜艳的紫红色。他想：这么鲜艳的颜色如果做染料不是很漂亮吗？于是，他由研制奎宁转为研制染料，很快他就制成了"苯胺紫"。为此，他申请了专利并建立了一家合成染料厂。

如果按照正常的思路，我们就会直奔目标而去，忽略掉沿途可能带来的其他好处。目标转换要求我们在思考过程中，随时关注沿途的风景，也许你的目标是去远处摘桃，但是在途中可能会经过一片梨树林，何不顺手先摘几个梨吃呢？

· 第 6 课 ·

图解思考法：让表达一目了然

什么是图解思考法

我们平时表达自己的想法除了用语言就是用文字，你有没有想过用图画来表达自己的想法呢？人类在发明文字之前就是用图画来交流信息的，甚至汉字本身就是从"图画"慢慢发展而来的。从某种意义上说，图画天然就是人类表达思想的有效工具，它更有助于我们进行思考和交流。

图解思考法是一种"用眼睛看"的思考工具，通过插画、图形、图表、表格、关键词等把信息传达出来，帮助我们有效地分析和理解问题，寻求解决问题的方案。

世界著名的心理学家、教育学家东尼·伯赞在研究大脑的力量和潜能的时候，惊奇地发现伟大的艺术家达·芬奇的笔记本中充满了图画、代号和连线，他意识到这可能是达·芬奇在很多领域取得成功的原因所在。在此基础上，东尼·伯赞于 20 世纪 60 年代发明了思维导图，这种思考法一经公布很快风靡全球。

东尼·伯赞称赞达·芬奇的笔记本是世界上最有价值的资料之一。达·芬奇在笔记本中使用了大量的图像、图表、插画和各种符号来捕捉闪现在大脑中的创造性想法。这种思考方法正是使他在艺术、哲学、工程、生物等领域获得成功的原因。他的笔记本的核心部分就是图像语言，而文字相对来说处于次要地位。

生物学家达尔文也善于用图解的方式来思考问题。在提出进化论的过程中，他需要尽可能广泛地收集每一物种的信息，并对物种之间的关系进行分析，此外他还要解释各种纷繁复杂的自然现象。为了完成这项艰巨的任务，他设计了一种像分叉的树枝一样的思维导图笔记形式。他发现这是一种非常有效的收集和整理数据的方法，他用了 15 个月的时间绘制出一幅树状思维导图之后，提出了进化

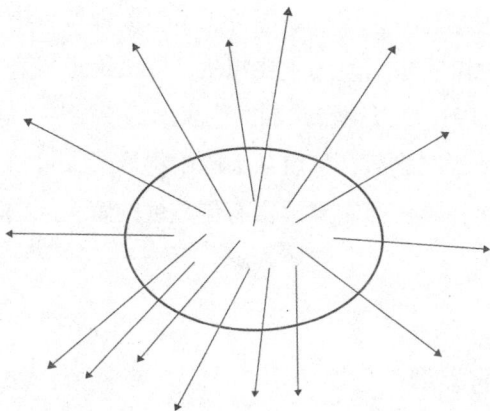

思路发散

论的主要观点。

这是一种创造性的有效的整理思路的方法，你可以通过这种方法把大脑中的信息提取出来，用图画的方式表达出来。运用这种思考法你可以把很多枯燥的信息高度组织起来，遵循简单、基本、自然的原则使其变成彩色的、容易记忆的图。

东尼·伯赞说："电脑、汽车等都有很厚的说明书，而人的大脑这部全世界最有深度和力量的机器却没有说明书。"可以说图解思考法就是大脑的使用说明书，这种思考法与我们的大脑的工作原理一样。也许你会认为大脑的工作太复杂了，其实它的基本工作原理很简单，就是想象和联想。不信你可以试试看，当你看到"汽车"这两个字的时候，你的大脑里出现了什么？肯定不是打印出来的两个字——汽车。你的大脑中呈现出的是行驶在公路上的汽车的图像，或者陈列在汽车销售部门的样车，进而你会联想到奔驰、宝马等汽车的品牌，或者驾驶汽车兜风时的感觉。总之，接触到某一思考对象时，你的大脑中就会出现与该问题相关的三维立体画面，这个画面只在一瞬间就产生了，可见你的大脑比世界上最高级的计算机都善于思考。

但是，当大脑进行无意识的想象和联想的时候，它的工作效率会比较低。也许你有过这样的经历，在写工作总结或者策划方案的时候，冥思苦想很长时间也写不出几行字。因为你的思路很乱，理不清条理，一时找不到自己需要的信息。想象一下，你到一座图书馆去借书，但是图书馆里的书杂乱无章，管理员不客气地对你说："你要找的书就在这一堆里，自己找吧。"这是不是很让人头疼？事实上，很多人的大脑就像一座杂乱无章的图书馆，虽然存储了很多信息，但是那些信息处于无序的状态。图解思考法能够使我们大脑中的信息变得井然有序，使大脑具有出色的存储系统和信息检索功能。

图解思考法就是把大脑中充满图像的思考过程显示在纸上，使已知的信息一目了然，使信息之间的关系条理分明。你的思路可以围绕思考对象向各个方向发散。

用图解思考法做一个思维导图类似于绘制一张城市地图，思考对象即城市中心，从城市中心引发出的主干道代表由思考对象引发的主要想法，二级街道代表次一级的想法。如果你对某一点特别感兴趣还可以用特殊的图像表示。

当你围绕某一思考对象绘制出一个全景图之后，你就从大脑中提取了大量信息，你可以明确地看出实现某一目的的途径，从而制定出富有创造性的解决问题的方案。

图解的类型

图解思考法提出至今，经过不断完善和发展，衍生出了很多不同的类型。根据需要，在面临不同问题的时候适合使用不同类型的图解。这里我们介绍几种常用的图解类型。

◆ 思维导图

思维导图即东尼·伯赞最初发明的图解方法，适用于帮助我们对某一问题的各方面进行理解和记忆。这种图解法就是从一张纸的中心开始，绘制要解决的中心问题，然后从中心引出一些主要枝权，再从主要枝权引发一些细节问题。你可以用这种办法把一本书的内容囊括到一张纸上，或者把一周的家务安排或一生的职业规划都表现在一张纸上。

◆ 逻辑型图解

逻辑型图解有助于统揽全局，全面地、彻底地解决问题。任何问题都不止有一种解决办法，当你面对一个问题的时候要问问自己都有哪些办法可以达到同一个目的。比如当我们考虑增加利润的方法的时候，就会想到增加销售和降低成

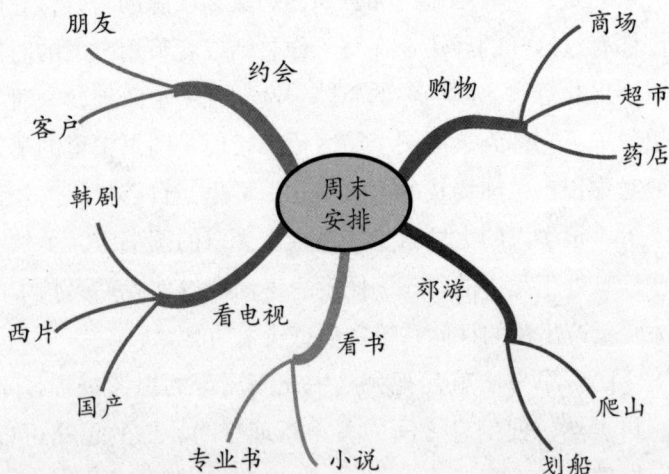

有关"周末安排"的思维导图

本两条思路，是不是还有其他的选择呢？在绘制图解的时候，我们有必要在这两者之外，加上第三条分支：其他收益。

站在思考对象的角度寻找解决问题的方法时，我们要问自己："应该怎样做？"相反，站在解决方法的角度，我们要问自己："为什么要这样做？"这样就系统地把思考对象和关键词之间的关系连接起来了，不至于迷失方向，还可以避免出现重复和遗漏现象。

逻辑型图解有两种基本形式，一种是逻辑树，一种是金字塔。逻辑树是从左到右推导解决问题的办法；金字塔是指将事实向上积累，推导出结论的结构图。此外，还可以运用算式来定义关键词之间的关系。

当你把解决问题的方法以逻辑树的方式陈列出来之后，还要对各种方法的优先顺序进行排列，把最有效的方法放在第一位。

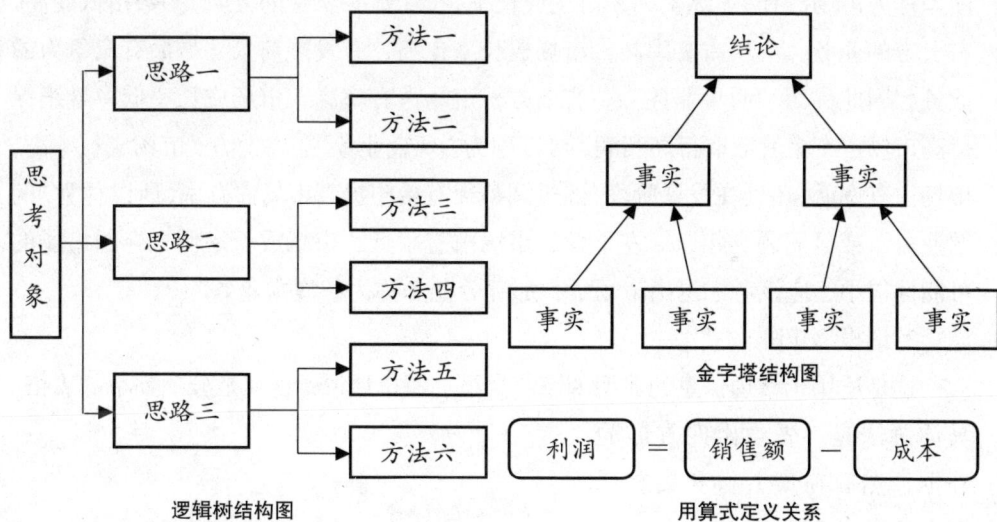

逻辑树结构图

金字塔结构图

$$利润 = 销售额 - 成本$$

用算式定义关系

◆ **矩阵型图解**

1. 参数型矩阵

数学上有用变量和坐标轴描绘的图表，参数型矩阵就是借助变量与数轴的一种图解模式。横轴和纵轴分别代表一定的参数，并把平面分为 4 个空间，在 4 个空间中填充相关要素来展现某种状态或发展趋势。

2. 箱型矩阵

箱型矩阵也是在横轴和纵轴上有一定的参数，它的特点是按照参数的大小和

商业

商业书籍   商业杂志

文字 ←————————————→ 图画

小说   漫画

娱乐

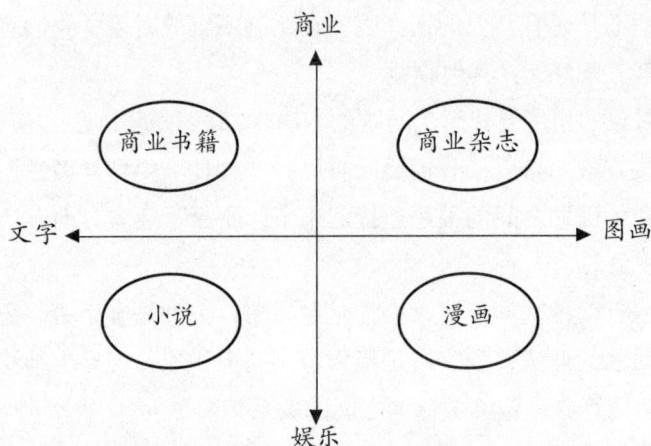

高低对 4 个空间进行分类。左边的图解是在市场营销中常见的产品组合管理矩阵，横坐标为市场占有率，纵坐标为市场成长率，按照箭头所指的方向，参数由低变高。右上方的业务，市场占有率高，市场成长率也高，有发展前景，是最有竞争力的业务，因此称为"明星业务"。右下方，市场占有率高，市场成长率低，继续保持高市场占有率就能取得高利润，可以称为"现金业务"。左上方，市场成长率高，市场占有率低，还处在发展阶段，经过调整很有希望提高市场占有率，所以称为"问题业务"或"问题少年"。左下角，市场占有率低，市场成长率低，夺回市场的可能性很小，应该考虑退出市场了，那部分业务称为"瘦狗业务"。

3. 情报型矩阵

这是适用于整理信息的典型的图解类型，简单地说，也就是分项列举的表格。具体画法是，先画出四方形的外框，然后在最上行和最左列填上相关的项目名称，在其余的表格中填写文字信息。比如课程表就是一个很好的例子。

4. 检查型矩阵

检查型矩阵同样是以常见的表格为表现形式，但是用符号代替文字信息，适用于做标记的图解。比如用"Y（N）"或者"√（×）"代表对错，

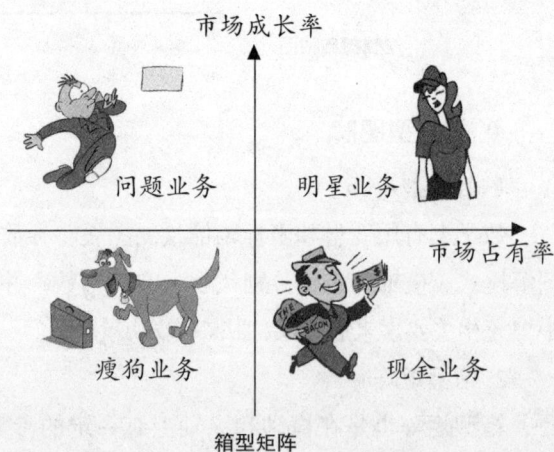

市场成长率

问题业务   明星业务

市场占有率

瘦狗业务   现金业务

箱型矩阵

用"●"代表已有的或已做的,用"○"代表未有的或者未做的。

◆ 过程型图解

1.过程图

过程图适用于展现公司的运作过程,几乎所有工作都需要经过好几道工序才能完成,过程图就是把作业过程的宏观构架展现出来。通过绘制过程图,我们可以检查工作程序中的不足之处并进行改进。比如在产品行销过程中,市场调查这个环节非常重要,但是却往往引不起足够的重视。运用过程图可以清楚地显示各个环节的作用。

这是一个很简单的业务过程图。其中的每一个环节还可以继续展开,显示出细节化的业务过程。

2.流程图

过程图表现的是过程的整体概要,流程图则侧重于细节的分析,适用于复杂的作业过程。流程图能够体现出多个部门之间的联系,因而也适用于横跨多个部门的业务。

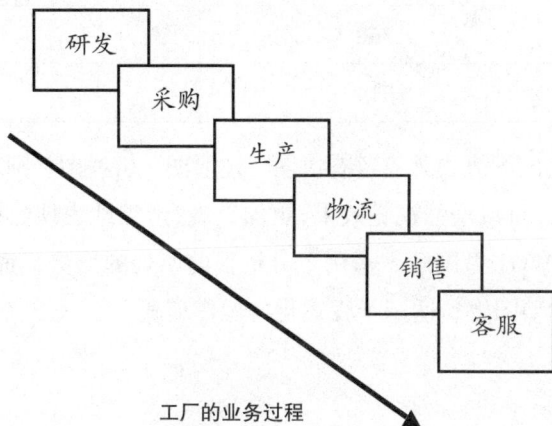

工厂的业务过程

◆ 图表型图解

Excel 软件的应用使数据整理变得非常方便,按照一定的顺序排列的数据可以帮助我们轻松地看出事物的发展趋势,从而快速掌握整体概要,方便我们做出相应的对策。下面的图表是对某产品销售额按递增顺序进行排列之后的结果,哪几个月销售额较大一目了然,我们可以从中找到一些规律以提高销量。

A	B	C	D
月份	销售金额（元）		
1 月	6 325		
9 月	6 394		
3 月	6 587		
6 月	6 915		
12 月	7 196		
8 月	7 413		
2 月	7 468		
7 月	7 785		
11 月	8 431		
5 月	8 732		
10 月	8 752		
4 月	9 514		

　　除了这种常见的图表之外，还有饼图、柱形图、折线图、圆环图、雷达图、气泡图等多种形式，可以增强视觉效果，更加直观、形象地表现数据之间的关系。

　　此外，还有 SWOT 型图解，适用于分析目前所处的形势；透视型图解，适用于焦点定位；模式型图解，适用于程式化的运作模式。

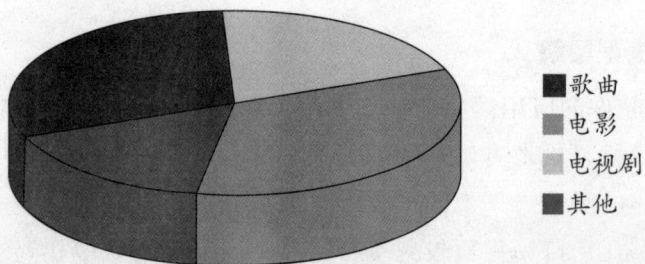

■歌曲
■电影
■电视剧
■其他

饼图

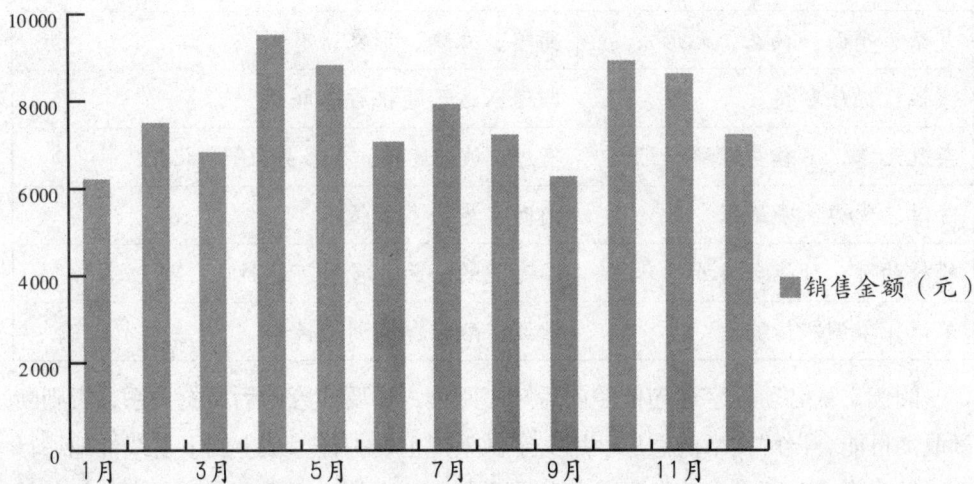

柱形图

为什么用图解

图画是一种投射技术，它反映人们内在的潜意识层面的信息。人们用语言文字表达自己的思想和情绪的时候会有防御心理，而用图画来表达的时候则会把真实的自己展现出来。图画传达的信息比语言和文字表达的信息更丰富、更具体、更形象、表现力更强。

图解是对人脑思考过程的模拟，其本身就是人们思维加工的过程——能够把复杂的东西简单化，把平面的东西立体化，把抽象的东西具体化，把无形的东西有形化。因此，图解思考法无论是在理解、记忆信息方面，还是在制定计划、解决问题等方面都有明显的优势。

图解思考法可以帮你学习和存储你想要的所有信息，并对信息进行系统地分类，使思考过程条理清晰、中心明确。图解思考法还可以强化大脑的想象和联想功能，就像在大脑细胞之间建立无限丰富的连接，让你更有效地把信息放进你的大脑，或是把信息从你的大脑中取出来。

一般来说，用图解的方法思考问题与用文字思考问题相比有很多优点，主要方面如下表所示。

语言文字表达	图画表达
防御性、掩饰	潜意识、真实的自己

复杂、平面、抽象、无形	简单、立体、形象、有形
线性、循序联想	四通八达、随机存取联想
杂乱无章，不容易理解、记忆	有序、彼此连接，很容易理解、记忆
费时、费力、费纸张	省时、省力、省纸张
模棱两可、可能会遗漏信息	尽可能的全面、多种可能性
呆板、单调、传统	活泼、醒目、有创造性

阅读文章必须逐字逐句依照前后顺序阅读，还要注意前后文的关系，否则断章取义可能会误解文章的意思。用文字做笔记也是一样，从上到下呈线性地一行一行地写下来，既没有重点显示，又需要花费一定的时间来理解。文字的这种前后连续的关系要求我们进行"循序联想"。这种思考方法费时费力，而且不容易理解、记忆。

我们再来看图解思考法，无论你开始时把着眼点放在哪里，都能很好地理解图中的意思，因为各个关键词之间的关系一目了然。这是一种"随机存取"的联想，你可以在短时间内找到你需要的信息。

借用文字和语言沟通的时候，常常会出现前后矛盾和信息欠缺的问题。尤其是一些长篇大论，表达的一方可能会顾此失彼、遗漏信息。阅读的一方很难在短时间内把握文章的中心思想，常常看不清楚文章的脉络关系。如果把文章的内容图解化，矛盾和缺失之处就会显露出来，传达的信息就会很容易理解。如果信息之间存在逻辑矛盾，就不能用图解来表达。

我们曾把人的大脑比做一个图书馆，里面存储了很多信息，但是这些信息处于散乱状态。运用图解的方式，我们就可以使各个信息之间的关系清楚地表示出来，当提到某一个信息时，与之相关的信息都会浮现出来。这可以使你更容易地学到更多的东西。

你有没有这样的经历，在学习过程中很难记住一些内容，尤其是历史事件、政治理论等内容，就算死记硬背记住了，也会很快忘掉。图解思考法可以帮助我们更好地记忆，更有效、更快速地学习。当你把一段文字用图解的方法表示出来之后，你就能很容易地记住文字的内容，而且过后也不容易忘记，因为图解展示内容的方式与大脑的工作方式一致，可以把文字内容更有系统地整理出来。

东尼·伯赞在十几岁的时候就发现了一个悖论：他所记的笔记越多，学习和记忆力就越差。为了改变这种状况，他在笔记中关键的地方画红线，重要的地方画框框，很快他的记忆力就得到了提高。他后来发明的思维导图实际上就是一种创造性的记笔记的方法，使用颜色、符号、图像和关键词把信息描绘出来，形成一幅彩色的、高度组织的、容易记忆的图画。

他发现世界上 99.9% 的人都在使用文字、直线、数字、逻辑和次序的方法记笔记。这确实很有用，但是这并不完整。这种方法体现了左脑的功能，但没有体现右脑的功能。右脑掌管视觉，处理影像、图形，所以擅长图解的人相对来说右脑比较灵活。人脑对图像的加工记忆能力大约是文字的 1000 倍。然而大多数人的右脑处于沉睡状态，只开发了不到 3% 的潜能，如果把右脑的功能全部利用起来，我们的大脑的思考能力将提高 30 倍。

很多企业都将图解思考法应用于企业的决策、研发等环节之中，比如美国波音飞机公司将所有的飞机维修工作手册绘成一张长 7.6 米的思维大导图，使得原来要花 1 年以上的时间才能消化的数据，现在只用短短几周就可以使员工了解清楚。波音公司负责人迈克·斯坦利说："使用图解是波音公司质量提高的有效手段之一。它帮助我们节省了 1000 万美元。"

图解思考法可以使我们集中注意力，避免模棱两可的表达，对思想进行梳理并使它逐渐清晰，让你看到问题的全景。我们用文字表述一件事的时候很容易偷懒，只要在句尾加上"等等"就可以把一些信息带过。比如"公司里有销售、采购、人事等部门"。运用图解思考法，就可以尽可能完整、清晰地把信息表达出来。

运用图解可以使发散思维得到的想法和创意更加直观地展现在纸上。当我们用语言和文字来表述发散思考得到的结果时，大脑处于盲目的、无序的状态，可能会

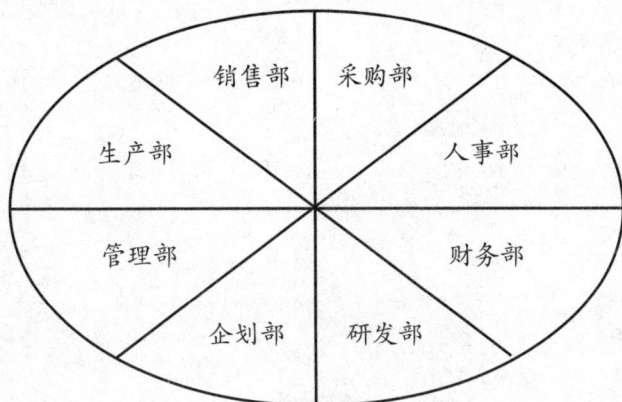

公司部门的划分

遗漏一些解决问题的办法。把我们的思想绘制成图，因为条理清楚，所以能够更全面地搜寻各种潜在的可能性，帮我们在短时间内找到更多的解决问题的办法。

当我们用文字表述的时候，只能用黑色、蓝色钢笔或圆珠笔来书写，放眼望去，你的笔记是一种单调的颜色，这让人感到呆板、乏味，甚至会产生厌烦心理。图解思考法活泼、醒目，文字、数字、符号、颜色、味道、意象、节奏、音符等多种形式都可以灵活运用，可以充分调动左右脑的功能，运用图像语言进行创造性思维。让我们的大脑最大限度地发挥想象和联想，在各个领域产生无数创意。

"读图时代"

我们常常听到"读图时代"这个词，就是说我们进入了这样一个时代：文字让人"厌倦"，相对来说图片能更快捷地传达信息，图片的灵活多变性更能刺激我们的眼球，丰富我们的求知欲和触动我们的神经。繁琐的文字不如图片简单易懂、印象深刻。一幅涵义深刻的图画，配上两三个字的标题，就能让人心领神会。总之，图解就是一种用眼睛看的思考方式，几乎所有的东西都可以绘制成图。

有时，运用图画可以使传达信息的效率大幅度提升。比如你这个月的工作行程安排，与其用文字的形式一行一行地描述，不如用图表的方式表达更一目了然。

有人可能会担心用图画表达思想会给沟通带来障碍，这种担心是多余的，因

1 日	2 日	3 日	4 日	5 日	6 日
9：00 开会					
7 日	8 日	9 日	10 日	11 日	12 日	13 日
		15：00 报告				
14 日	15 日	16 日	17 日	18 日	19 日	20 日
				11：00 检查		
21 日	22 日	23 日	24 日	25 日	26 日	27 日
		9：00 值勤				
28 日	29 日	30 日
		15：00 讨论

本月工作行程安排表

为图画天然的功能首先是表达和沟通，其次，才是美学意义。事实上，用图画传达信息比用文字和语言传达信息更直观、更有效。

你可以用图解思考法计划一次演讲、处理家庭事务、准备购物、计划一个浪漫周末或者说服别人。

繁琐的家务事让家庭妇女感到头疼，她们既是妻子，又是母亲，还有自己的工作，如果不能对各项事情进行合理的安排，生活就会陷入一片混乱。儿子可能会从学校打电话来抱怨忘了带球鞋；丈夫可能会提醒她有一个重要的商务晚餐；明天有朋友来家里吃饭，但是可能没有足够的食物……

有一位家庭妇女了解图解思考法之后，开始运用图解思考法为每天、每周、每月的家庭事务制定计划。她把图解贴在冰箱的门上，为的是每天都能看到。这种方法使一切都井然有序了，并且保证了家务管理方面有非常高的效率。她在周末绘制下一周的家务图解，然后在下一周当中不断完善它。

当你想理解一篇艰深难懂的文章的时候，或者想记住一些信息的时候，同样可以借助图解的方法。运用图解你可以把一本书的信息展现在一张纸上。因为每一个图像都包含许多个词汇，看到一个图形你就能想起一系列的相关信息。

甚至计划一次商务风险投资，或者规划自己的美好未来，都可以用画图的方式来解决。每个人都对自己的未来有美好的愿望，运用图解这种世界上最尖端的思维工具，你可以使自己的愿望视觉化，这会大大增加你实现愿望的可能性。

准备一张足够大的纸，然后让你的想象力爆发吧！你可以把自己想实现的一切愿望表现在纸上，包括事业、学业、婚姻以及物质领域和精神领域。你还可以在以后的生活中经常审视你的未来图像，并对它进行修正和补充。把目标视觉化之后，它会深刻地印在你的脑海中，并指导你朝着实现它的方向前进。很多人尝试使用图解思考法来规划自己的未来，并发现它真的具有神奇的力量，短短几年之内，他们的愿望80%都实现了。

你还可以对理想生活中的每一天做一个图解，描绘出完美一天的要素，并力求实现它们。这会给你的生活添加快乐和希望。当你把图解思考法应用在生活中的各个领域之后，你会发现它能使你的生活变得更加丰富、高效、充实、成功。

没有什么是不能通过图画来表达的，如果你看到一个问题无法进行图解，原因很可能在于信息不足，或信息之间存在矛盾。

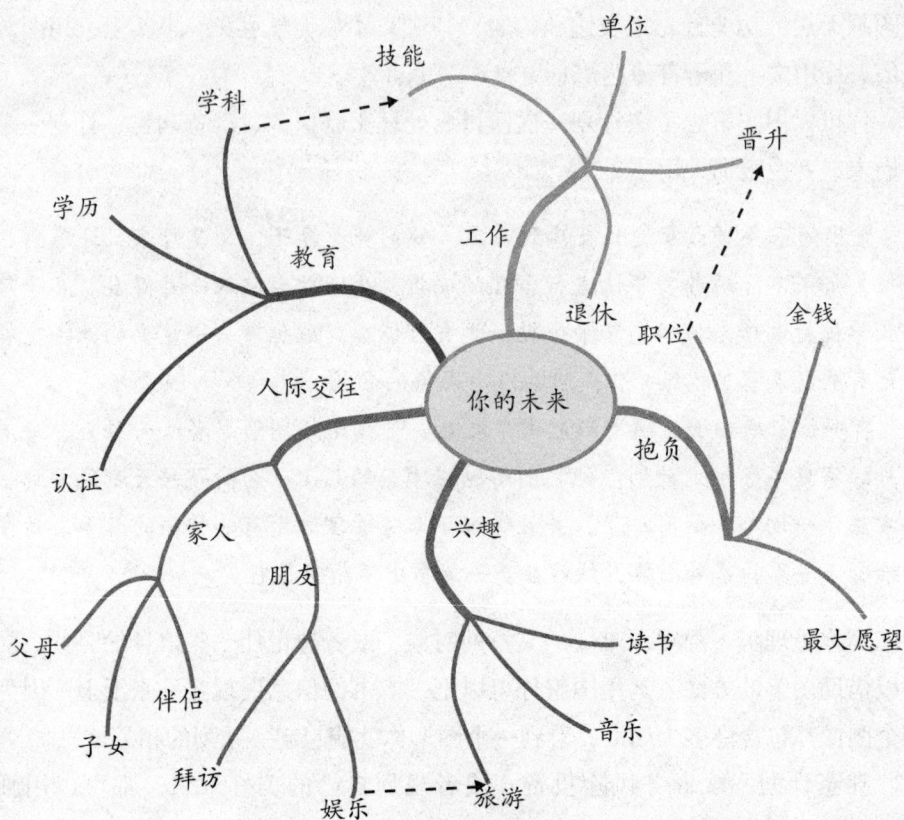

"你的未来"的图解

如何绘制图解

通过前面所讲解的图解思考法的神奇功效，你是不是已经跃跃欲试，打算绘制自己的第一张图解了？也许开始时你会觉得很难绘制，其实绘制图解一点儿都不难。

绘制图解最基本的原则就是放弃成段的文字，改用图形、表格、图表和插画来表达自己的意思。首先，将头脑中想到的事情用一些关键词写在一张纸上，充分运用想象和联想把头脑中浮现出的信息全部写下来，然后用线条把相关事件连接起来，或用一些符号把事件之间的关系表示出来。这样图解就完成了一半。

有了整体轮廓之后，再从细节着手，加入一些基本图形或插画，使所有信息都有视觉化的效果。这样的图解更生动、更形象。

图解思考法和其他思考法一样也要经过训练才能掌握其中的诀窍。绘制图解之前要准备一张大一点的白纸，然后，保持自由的心态，就像在白纸上画画一样，发挥你的想象力。之所以在刚开始绘制图解的时候要使用大一些的纸，是因为最初使用这种方法的时候难免要发生逻辑错误。图解只有具备逻辑性才有说服力，必须经过不断练习才能使错误逐渐减少。这是一个必要的过程。图解思考专家西村克己说："绘制图解不可欠缺的工具是橡皮擦。"

绘制图解首先要明确自己想通过图解解决的问题是什么，是为了更好地理解一篇文章，还是为了制定一项计划，或者为了寻求新颖的创意？明确目标之后，才有搜寻信息的方向，从而绘制出与问题相关的全景图。

绘制图解应注意：

（1）着手绘图之前要确定整体的布局和结构，保证完成之后的图解和谐美观。

（2）在中心位置绘制你的思考对象，周围留出空白。用简短的大号字表示出要解决的中心问题。这样可以让你的思维向四面八方自由扩展。

（3）用图画或图像来代表一些值得关注的思考点。一幅图可以刺激大脑进行想象和联想。图画越生动，越能使大脑兴奋。

（4）在绘制过程中尽量使用彩色。色彩同样可以使大脑兴奋，使你的思维更加活跃。而且，色彩可以使信息摆脱呆板、单调、沉闷的气氛，让你的图解变得有趣。

（5）将思考对象与由此引发的思考点连接起来，使各个部分的关系明确起来。这样可以使大脑更容易地发挥联想，从而对信息进行有效地理解和记忆。

（6）在每条分支上写上关键词，尽量不要使用短语和句子。两三个字的关键词既能指引你的思考方向，又能给思维留下广阔的想象空间。

（7）尽量多地使用图形。图解中的图形越多，那么图解的内容就越丰富。但是，要注意图解的美感与和谐度。

（8）一张纸解决一个中心问题。如果妄图在一张纸上表达太多的问题，就会让人感到混淆不清，使问题更加难于解决。如果思考对象相当复杂，也可以试着把它分解成两三个项目进行思考。

从众多的信息中找到合适的关键词需要一定的技巧。在表达意思的时候，如果修饰词和连接词没有什么意义就可以删除掉，或者用箭头和连线代替。你在平时阅读的时候，可以在能够表达文章中心思想的重要词下画线，用这种方法来训练自己寻找关键词的能力。

与思考对象相关的关键词会有很多，如果用单一的颜色或单一的图形来表示就会造成混乱、没有条理。表达关键词有一定的技巧，我们可以把关键词分为三类，用三种颜色或三种不同的图形来表示。假设我们把 A 作为一类，那么与 A 类相反的信息就是 B 类，剩下的其他情况归入 C 类。可以把 A，B，C 分别用红色、黄色、蓝色来表示，或者分别用圆形、方形、三角形来表示。

找到与思考对象相关的关键词之后，把意思相近的关键词组合在一起，如果有重复的地方可以擦掉一个。然后，用图形将关键词圈起来，就有了图解的模样。接下来，把有因果关系、包含关系、对立关系的关键词用箭头连接起来。这样你就绘制了一幅全景图。

不要一开始就期待绘制出完美的图解，在开始绘图的时候可能把握不好图形的布局和整体结构，不能对信息进行有效地分类处理。俗话说"熟能生巧"，经过一些练习之后，你就能很好地掌握图解的技巧了。

好的图解，不好的图解

虽然说图解比文字更能够使信息条理化、更能够帮助人们理解和记忆信息的内容，但是如果使用不当，不但不能使信息条理化，反而会使问题更加复杂。要想绘制出好的图解，我们就要掌握好的图解应该具备哪些特点。

什么样的图解是好的图解，什么样的图解是不好的图解呢？其实判断标准很简单，能够实现图解的目的的就是好的图解，否则就不是。

图解的目的有以下几个方面：

（1）使问题一目了然，从宏观上展现出思考对象。

（2）有效地传达信息，防止信息遗漏或重复。

（3）很好地展示思考点之间的相互关系，比如因果关系、包含关系。

（4）使信息之间具有逻辑性和顺序性，避免前后矛盾。

（5）运用颜色和插画可以使图解的内容更丰富、更形象。

图解也是一种美学，好的图解不但要有传达信息的功能，还应符合人的审美要求。美观、和谐的图解，让人看了之后赏心悦目，自然也容易接受；单调的、杂乱无章的图解，让人看了就心生厌烦，很难在宏观上把握图解要展现的信息内容。

好的图解应该具有整体感和均衡感。图形和文字的大小要适中，并留有一定的空隙，不要太紧凑，也不要太松散。太紧凑会给人压抑的感觉，太松散则会失去整体感。因此绘制图解时要注意图解中颜色、图形的和谐搭配。

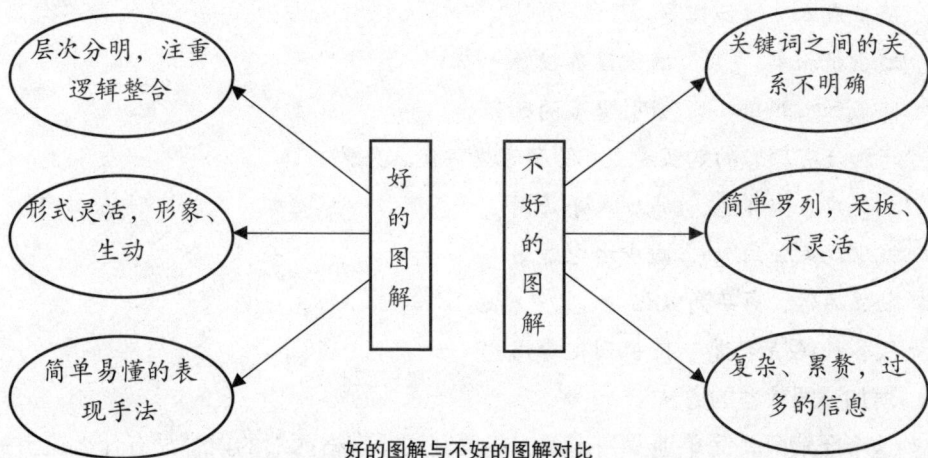

好的图解与不好的图解对比

在绘制图解之前，首先要规划图解整体的排版配置，原则上应该是先画好图形，然后再添加文字，画图的时候要同时考虑整体图解的配置。图解的视觉性很强，版面是否和谐和直观。简言之，能够使原本模糊的信息和逻辑清晰表现出来的图解堪称好的图解。

绘制图解时不要追求复杂化，不要贪图表达太多的信息，简单的干净利落的图解更容易让人理解。图解高手应该能很好地把握哪些信息是重要的，哪些信息是多余的，然后把多余的删除掉，留下重要的信息，就能使图解清晰明了。当你想用多张图解说明一个问题的时候，要注意它们在风格上的一致性和逻辑上的关联性。

下面我们再从好的图解和不好的图解的对比关系中把握二者的区别。

好的图解要注重关键词之间的逻辑关系，否则图解就会混乱，比文字更加难以理解。要想使图解具有逻辑性，首先要掌握整体轮廓概要，以及各关键词之间的逻辑关系，包括因果关系、包函关系、对立关系、并列关系等。因果关系可以用箭头来表示，包含关系可以用大圆套小圆来表示，对立关系可以用双向箭头来表示，并列关系则可以让两个关键词相互独立。

此外，好的图解应该是形式灵活多样的，而不是简单的信息罗列。在绘制图解的过程中，应该大胆尝试运用色彩、阴影、立体化和插画等元素使图解的视觉效果丰富起来。绘制图解时应该大胆删除掉多余的信息，使主要内容清晰明了起来。

案例：以下是人们常用的图解，请对比这两个关于增加公司效益的方法的图解。

不好的图解：

降低成本　增加销量

减少折扣率　　　减少设备投资

降低加工费用　　吸引更多的顾客

增加既有顾客的购买量　　给顾客提供优惠条件

加大广告宣传　　减少人事费用

减少包装费用　　减少水电费用

创立品牌　商品高级化

做各种促销活动　　降低固定费用

增加公司效益的方法

　　这个图解只是简单地罗列出了一些关键词，表格两端的内容没有什么逻辑关系，"增加"和"减少"混合在一起，给人杂乱无章的感觉。总之，人们看了这个图解，会感觉条理不清楚、层次不分明，基本上没有起到图解的作用。

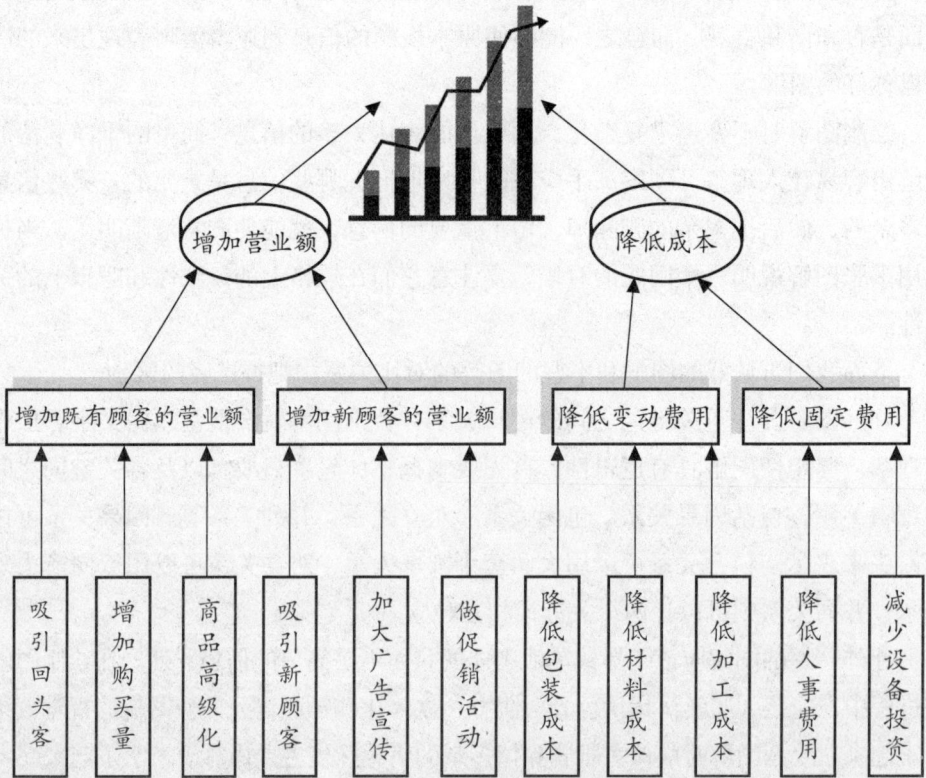

增加公司效益的方法

好的图解：

这个图解对各个关键词进行了阶层分组整理，先从总体上把所有的关键词分为两类：增加营业额和降低成本。然后又分别对每一类进行细分，增加营业额的方法又分为增加既有顾客的营业额和增加新顾客的营业额两类，降低成本的方法又分为降低变动费用和降低固定费用两类。所有具体的方法基本上都可以归入这4类，这就使每一具体的方法都与上一层级体现出一定的逻辑关系。另外，色彩、立体效果、阴影效果的运用使整体图解更加生动、形象。

提升图解的说服力

要想提升图解的说服力首先要清楚地指出整体的构成要素：

1. 从宏观至微观

在组装一台机器之前首先要准备好所有的零件，缺了任何一个零件，哪怕是一个螺丝钉也不能组装成一个完整的机器。此外，零件之间要互相匹配。无论零件多么先进，如果零件之间不合适，也不会发挥出很好的效果。因此在绘制图解之前应该先统观全局，对整体轮廓进行把握，否则就会"只见树木不见森林"，对信息有所遗漏或者出现逻辑错误。

从宏观到微观的思考模式很重要，它可以帮我们迅速地理解所有信息的大体内容。你可以先设想一下如果图书没有内容简介和目录会怎样？除了书名之外，你无从了解一本书的内容，只能一页一页地阅读。如果有内容简介和目录就不同了，你可以很快知道书中主要讲的是什么，甚至对各部分的逻辑关系都会有一定的了解。你还可以直接翻到自己感兴趣的那一章阅读其中的内容。从某种意义上说，内容简介和目录就相当于对书中的内容进行了图解。

从宏观到微观，从整体到局部的顺序符合人们接受信息的习惯，并与人们辨别、理解和记忆信息的能力相适应。我们无法一下子掌握100多页的信息，即使一页一页地看完，也可能看了后面的就忘了前面的。但是如果把信息在一张纸上绘制成图，你就能很快地掌握大体的轮廓。无论是做说明报告，还是分析做一件事的过程，运用从宏观到微观的顺序，都很容易让人理解并接受。而且看过之后，也不容易忘，想到相关问题的时候，那幅图就会自动浮现出来。

从宏观上把大体轮廓展现出来之后，接着就该描绘细节部分了，从微观上把大量信息整理出来。比如工厂的业务过程图就是从宏观上来表现的，要想细致地了解每个环节是如何运作的，就要从微观上绘制每个环节的运作流程。图中以产品的研发为例，从细节上展现研发的过程。

从宏观到微观的思维模式还有一个好处：从整体上把握思考对象之后，你就能知道哪些信息是重点，哪些信息是非重点，然后对重点内容着重理解和分析，而非重点内容就可以快速浏览过去。

2. 随时注意是否有遗漏和重复的信息

如果遗漏某些信息，就不能完整、全面地了解问题，可能会让你失去很多机会。如果信息出现重复现象，就会给理解造成混乱，还会让你把简单的问题变复杂，花费更多的时间和精力处理重复的信息。因此要想提高图解的说服力，就要随时注意是否有遗漏和重复的信息。

避免信息遗漏或重复的有效方法是对信息进行有效地分类，如果宏观分类不能涵盖所有的信息，那么在细节上就很有可能会遗漏信息。如果分类出现交叉现象，那么在填充详细信息时就可能会出现重复。

比如前面我们提到的例子：如何提高企业利润。针对这个问题如果把方法锁定在提升营业额和降低成本两个方面，就会忽略掉一些其他的方法。因此最好在分类时加入"其他收入来源"，这样你就会自动地想到提升营业额和降低成本之外的方法。

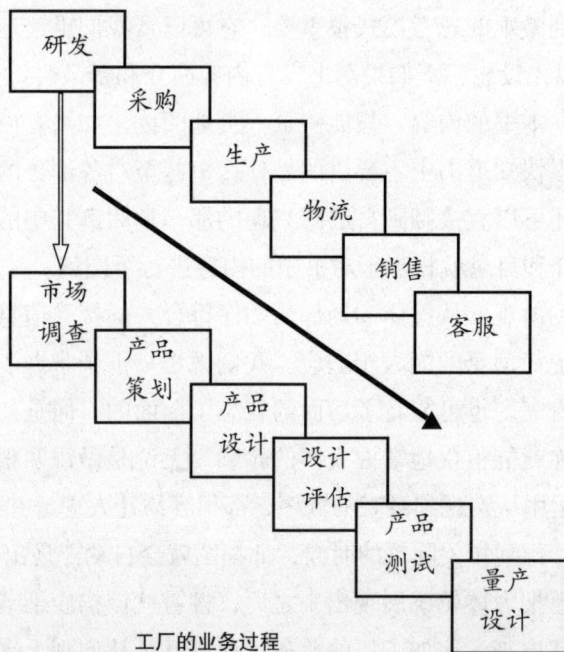

研发

采购

生产

物流

销售

客服

市场调查

产品策划

产品设计

设计评估

产品测试

量产设计

工厂的业务过程

3. 排列信息的优先顺序

信息有主次之分，有些信息对我们理解问题、解决问题很关键，有些问题则可以忽略不计。如果像关注关键信息一样关注那些无关紧要的信息，就会浪费很多精力。因此绘制图解时要把信息按照优先顺序排列，以便舍弃多余的信息，把注意力集中在比较重要的信息上。

比如，当你为高档汽车寻找目标消费群的时候，应该把注意力集中在那些事业有成的人身上，而不应该把过多的精力花费在打工者身上。

·第 7 课·

灵感思考法：激活潜意识的无穷创造力

灵感的特征

你有没有这样的经历：面对一个问题百思不得其解的时候，转移一下注意力，突然间灵光乍现，想到了一个好办法。这就是我们常说的灵感。

灵感不是凭空产生，而是建立在长时间的探索基础之上的。如果你长时间思考某一问题而得不到解决的办法，暂时把问题搁置在一边去干别的事或者休息一会儿，往往会忽然受到某一事物的启发，想到解决问题的办法。因为在你干别的事或休息的时候，潜意识处于活跃的状态，还在继续思考，外界的偶然刺激会给潜意识带来启示，并进入意识层面的思考。潜意识中存在大量的信息，信息量比意识层面丰富得多。当意识停止思考的时候，潜意识还在做大量的尝试，把各种信息与思考对象联系起来，一旦找到解决问题的方法就会与意识建立连接，表现为灵感的出现。

灵感具有以下特征：

1. 突发性和触发性

灵感总是给人带来意外惊喜，你不知道在哪一刻潜意识中的信息会与外界信息突然接通，引发奇思妙想。当年，约翰·施特劳斯在多瑙河边散步的时候，美丽的风景激发了他的灵感，由于没有带纸，他竟然把《蓝色多瑙河》这首著名的曲子写在了衬衫上。因此为了捕捉灵感，我们应该随身携带一支笔和

浴盆中的阿基米德
传说阿基米德在洗澡时受到了启发，发现了有名的浮力定律，即浸在液体中的物体受到向上的浮力，其大小等于物体所排出液体的重量。

270

一个笔记本，在枕边也要准备好纸笔，也许灵感会在睡梦中拜访你。唐朝的李德裕曾以"恍惚而来，不思而至"来表述灵感的突发性。当你费心费力地寻求它、等待它时，它却偏偏不来；而当你准备放弃、不再理它的时候，它却突然降临了。

灵感的触发性表现为主体与客体的碰撞，即外部事物对潜意识的偶然刺激。屠格涅夫乘船游莱茵河时看到岸边楼上眺望的老妇和少女，产生了灵感，由此写成《阿霞》；列夫·托尔斯泰看到路旁折断的牛蒡花，产生了创作灵感，写成了《哈泽·穆拉特》……古希腊著名的物理学家和数学家阿基米德的故事就很好地说明了灵感的触发性。

有一次，工匠为国王做了一顶金冠，国王怀疑工匠偷工减料，在王冠里掺杂了其他的金属，但是又不知道如何检验。于是，他让阿基米德想办法弄清楚金冠是不是纯金的。

阿基米德被难住了，冥思苦想却一直想不出办法。有一天，他去洗澡。他刚站进澡盆的时候，水就往上升起来，他坐了下去，水就溢到了盆外。他恍然大悟，兴奋地从澡盆里跳出来，没穿衣服就跑出去，大声喊着："我知道了！我知道了！"周围的人以为他疯了，事实上他找到了检测金冠的办法。

阿基米德找了一个水罐，将里面注满水，又向国王要了一块跟给工匠做王冠用的一样重量的纯金。然后，他分别将王冠和纯金放入水罐。结果发现放王冠时水罐里溢出的水要比放纯金块溢出的水多。阿基米德由此断定，工匠给王冠里掺了其他金属。

2. 瞬间性

灵感转瞬即逝，如果你没有来得及抓住它，它就会飘逝得无影无踪，给你留下遗憾。因为灵感是潜意识带给我们的指引，有点像梦中的景象，稍不留神灵感的火花就会熄灭。

宋代诗人潘大临的一次经历可以证明灵感的瞬间性。在临近重阳节的时候，下起了一场秋雨。他诗兴大发，随即吟道："满城风雨近重阳。"就在这时，一个催租人突然闯了进来，打断了他的创作灵感，他便再也写不出下文了。尽管催租人走后秋雨依旧，但诗人再也找不到灵感了。

3. 情感性

当灵感来临时，是一种顿悟的状态，往往伴随着情绪高涨、神经系统高度地兴奋。尤其在艺术创作领域，灵感的情感性特点体现得非常突出。

郭沫若创作《地球，我的母亲》的时候，突然间来了灵感，他竟然脱了鞋，赤着脚跑来跑去，甚至索性趴在地上，去真切地感受"母亲"怀抱的温馨。

4.模糊性

灵感只是给你指明一个方向、一个途径，要想取得最后的成果，还要对它进行深入的加工。有时，灵感只给我们提供了一些零碎的启示和线索，沿着这条线索进行思考，就能得出意料之外的成果。

5.独创性

灵感有时会给我们带来令人耳目一新的奇思妙想。灵感的出现是创造性思维的质的飞跃，它不是逻辑推理的结果，而是在外界事物的刺激下对原有信息进行迅速的改造。

灵感的独创性还体现在它的不可重复。灵感来临时，会在大脑皮质产生复杂的神经联系，一旦注意力转移，这种神经联系就会处于消极状态，即使再用与之前相同的客观事物进行刺激，也不会带来更多的灵感了。

灵感的激发和运用

虽然灵感的产生有很多不确定的因素，但是我们还是可以找到激发和运用灵感的方法。按照正确的方法进行思考以图产生更多的灵感，并且在灵感来临的时候能够及时抓住灵感。

俗话说："机遇偏爱有准备的人。"灵感也是一样，它不是神乎其神的东西，而是基于大脑中储存的信息和经验做出新的整合。虽然我们不能确定灵感在什么时候产生，但是我们可以明确灵感产生的原因和条件。

要想产生灵感、抓住灵感并使灵感发挥作用，我们应该做到以下几点：

第一，要明确一个思考对象，设立一个思考目标。如果没有目标大脑就会处于一种盲目的状态，没有要解决的问题也就不会产生能够解决问题的灵感。当目标明确之后，你的潜意识就会朝着那个方向努力，并会尝试把各种信息与思考对象建立联系，以求找到解决问题的办法。

第二，要积累与思考对象相关的经验和知识。一个对自己思考领域一窍不通的人，很难在那个领域产生灵感。经验和知识的多少与获得灵感的可能性成正比。一个人在某一领域积累的经验和知识越多，那么他在思考那方面的问题时，获得灵感的可能性就越大。

第三，要想让灵感光顾，还要养成勤奋学习、善于思考的习惯。如果你坐在家里守株待兔，永远也等不到灵感光临。音乐家柴可夫斯基曾经说过："最伟大的音乐天才有时也会为缺乏灵感所苦。灵感是一个客人，但并不是一请就到。在这当中就必须要工作，一个诚实的音乐家决不能交叉着手坐在那里……必须抓得很紧，有信心，那么灵感一定会来。"

灵感产生之前必然要经过一个长时间的思考过程。在这个思考过程中，你可能举步维艰一无所获，你甚至会怀疑自己的方向不对或思考方法不对。因为没有任何迹象表明你所付出的努力会有回报，但是灵感的产生就是建立在这些看似没有回报的努力基础之上。事实上平日里有意识的努力推动了潜意识的工作，只要你锲而不舍，潜意识就会在你没有察觉的情况下带给你灵感。

第四，要想让灵感早点到来，必须要有强烈的解决问题的愿望。爱因斯坦曾经说："如果普通人在一个干草堆里寻找针，他找到一根针之后就会停下来。而我会把整个草堆掀开，把散落在草里的针全部找到。"这种彻底地解决问题的欲望是爱因斯坦取得伟大成就的重要原因。解决问题的愿望越急切，思维活动就会越积极。

很多灵感都是在强烈的解决问题的欲望驱使之下发生的，当你有意识地急切地寻求解决问题的方法时，潜意识也会更加积极地参与思考活动。

第五，劳逸结合，放松身心。我们强调急切地寻找解决问题的办法，但是并不是说要让自己的大脑时刻处于紧张、疲惫的状态，那样的话会导致思维的停滞，灵感会被窒息。积极地有意识地思考只是为灵感的出现做前期准备，灵感喜欢在大脑放松的时候造访思考者。因为当你放松的时候就会使外界信息刺激潜意识里的信息，从而撞击出灵感的火花。

冥想是放松身心的非常有益的活动，可以使人心境平和、精神放松，有助于大脑进行自我调整。心理学家研究表明，冥想是产生灵感的最佳状态。

第六，抓住灵感。灵感出现的概率比我们想象的要多，但是由于我们不能及时抓住灵感，导致很多灵感一闪即逝，没有给我们带来实际的效益。灵感来去匆匆，不以我们的意志为转移，要想随时捕捉不期而至的灵感，我们就要像捕猎者一样时刻做好准备。那些富于创造力的画家、作家、音乐家都在书桌边、手边、枕边随时准备好笔和纸，以迎接灵感的到来。

好不容易才能等到灵感的光顾，所以当灵感出现的时候要抓住不放，如果让到了手指尖的灵感逃之夭夭，只能给自己留下遗憾。美国学者罗伯特说过："许多富有创造精神的人都曾经体验过获得灵感的滋味，同时他们也常常感到惋惜。由于事先没有准备，没有及时记录下这些灵感，时过境迁之后，就再也记不起来了。"

第七，把奇思妙想转化为发明创造。抓住灵感之后，就要付诸实践，只思不行，会使灵感成为空想，那么这对我们毫无意义。

马尔柯姆本来只是一个普通的卡车司机。有一次，他把货车开到一个港口之后，不耐烦地等待卸货装船。在他等待的过程中，忽然灵感来临了：为什么不想办法把货车开到船上呢？这样既省时又省力。他抓住了这一灵感并付诸实践，经过不断地设计和改进终于发明了集装箱。后来，他成立了第一个集装箱队。

很多人想到一些奇妙的主意之后，并不马上付诸实践，结果灵感只停留在设想阶段，并没有发挥作用。他们可能觉得自己的想法太不可行，其实真正阻碍他们把灵感应用到实践中的原因是不敢打破常规限制，而且他们比较懒惰。如果当初马尔柯姆有了那个想法之后一笑了之，不再寻求实现那个设想的方法，那么也许今天还能看到码头上不断卸货装船的情景。

自发灵感

当你用很长时间钻研一个问题之后，头脑中已有的信息互相激荡，忽然间令你茅塞顿开，产生创造性的解决问题的方案（不借助外部因素的刺激），这就是自发灵感。

自发灵感是由潜意识的大量活动带来的灵感。很多科学难题都是科学家们通过自发灵感解决的。比如我国著名的数学家侯振挺证明数学难题"巴尔姆断言"的过程，就是对自发灵感的利用。

很长一段时间，侯振挺研究"巴尔姆断言"都没有结果。他几乎把所有的时间都花费在对"巴尔姆断言"的证明工作上，甚至吃饭、睡觉、走路的时候头脑中都在思索着这个问题。他感到自己一次次接近问题的边缘，但就是找不到出路。经过长时间的思考，证明它的轮廓已经在脑子里形成了，但是有些问题就像大山一样挡住了出口。

后来他感到很难再有所突破，便把自己的思考成果做成一份文件，准备让一位同学带回学校去请教老师。就在他送同学去车站的时候，脑子里忽然灵光乍现，他好像看到了穿过那座挡路大山的一条幽径。火车马上就要开了，他留下了那份文件，立刻在车站旁的石凳子上进行推导，那条幽径越拓越宽。十几分钟后，他已经闯过了那座大山。没想到这么容易！日日夜夜折磨着他的难题竟然只用了十几分钟就完成了！

自发灵感完全凭借思考者潜意识里信息的不断积累和激荡，当积累到一定程度就会爆发，激活大脑的所有神经元素。当这种自发灵感来临之际，由于它的神秘性和巨大的创造力，往往使思考者的情绪异常高涨。

被誉为世界第一男高音的意大利歌唱家帕瓦罗蒂竟然不识乐谱。这个消息在媒体上报道之后，让人们感到非常震惊。但是，这是千真万确的事情，帕瓦罗蒂本人后来向媒体坦然证实了这一点，他真的不懂乐谱。人们无法理解，不懂乐谱怎么唱歌呢？帕瓦罗蒂解释说：“我不是音乐家，不需要懂乐谱。唱歌和作曲是两码事，我是用头脑和整个身体歌唱的。”所谓的用头脑和整个身体歌唱，实际上就是借助于自发的灵感来对音乐进行诠释。

自发灵感遵循长期积累，偶然得到的原则、解决问题的方法长期在潜意识中孕育，一旦成熟之后就会拨云见日，豁然开朗。除了冥思苦想忽然计上心头之外，它还有另一种形式，即在梦境中获得灵感。人们常说：“日有所思，夜有所梦。”的确如此，当你钻研一个问题很长时间之后，即使睡着了，你的大脑潜意识还在对这个问题进行思索，潜意识的活动在梦中虽然表现得无序、怪异、零乱、模糊，但是也能够给我们带来一些灵感。

梦境是对大脑思维的一个自动整理筛选的过程，可以说做梦是进行创新的重要途径。诺贝尔奖获得者英国科学家克里克认为做梦可以消除掉大脑中的无用信息，使思维变得更加敏捷。俄国化学家门捷列夫发现元素周期律，就是在梦中得到灵感的典型例子。

门捷列夫从23岁开始致力于探索千差万别、性质各异的元素之间的规律。他把各种已知元素写在卡片上，然后尝试各种方法对这些卡片进行排列，以求发现其中的规律，在这个问题上他苦苦探索了20年。有一天，他在摆弄那些卡片的时候疲倦地趴在桌子上睡着了。在梦中他看到那些卡片活了起来，自动组成了规则的排列。当他醒来之后，迅速按照梦中的排列顺序将已知元素有规律地排列了起来，而且预言了11种尚未发现的元素。

记者问他如何在梦中发现元素周期律的，他说："并不像你想的那么简单，这个问题我大约考虑了 20 年才得到了解决。"

诱发灵感

诱发灵感是指根据生理、心理、爱好、习惯等方面的特点给灵感的到来提供一定的环境，促使解决问题的方案在头脑中产生。欧阳修有句名言："余生平所作文章，多在三上：乃马上，枕上，厕上也。"说的就是这个道理。可能对欧阳修来说在马上、枕上、厕上的时候，思维更加活跃，更能够诱使灵感发生。

第二次世界大战期间，美国将军赖特曾负责制定作战计划。他是一位优秀的将军，总能想到完美的作战计划。据他的助手透露，他和下属一起轻松地吃完午餐之后，就独自在办公室里待一个小时。在办公室里，他舒展开四肢躺在沙发上，望着天花板。当他从办公室走出来的时候，他就能想出至少一个新奇的方案。

赖特正是运用了诱发灵感的方法，有意识地营造有助于产生灵感的情境，使解决问题的方案快速在头脑中产生。心理学家研究发现，当人的心理和生理处于放松状态的时候，常常会有灵感来临。因为这时大脑优势兴奋中心被抑制了，兴奋中心外围的大脑皮质细胞开始兴奋起来，并引发具有创造性的解决问题的方法。

酒精可以刺激大脑神经系统，适度饮酒可以诱发灵感。

天宝年间，李白受举荐来到长安，唐玄宗对他礼遇有加，封他为翰林。有一天，唐玄宗与杨贵妃在沉香亭观赏牡丹，雍容华贵的牡丹开得正艳。唐玄宗忽然想到了李白：为什么不让他写几首诗文赞美一下这些牡丹呢？于是就命高力士去找李白——李白正在长安的一家酒楼畅饮。

高力士扶着酒醉的李白来到唐玄宗面前，唐玄宗看到这番情景，生气地说："朕本来想让你做几首诗文，为朕和贵妃赏牡丹助兴，你现在醉成这个样子，还能够赋诗吗？"李白说："臣越是醉酒越能写出好诗来，请皇上赐酒。"玄宗立即命高力士为李白斟酒、研墨，李白畅饮三杯酒之后，握笔蘸饱墨汁，一气呵成，写出了三首脍炙人口的《清平调》。

想一想在哪些时候我们的大脑处于放松的状态？很多诗人和作家都是在散步的时候捕捉灵感的。潜意识里的信息可以趁着意识层面的思维空档，突破意识与潜意识之间的障碍，把信息传达给意识使用。这时的潜意识非常活跃，很有可能会想到解决问题的方法。

此外，诱发灵感的有效方法还有"假寐"和冥想。"假寐"是指清晨起床之前保持似醒非醒的状态，回忆一下悬而未决的问题，以求获得灵感。在这种状态下思考既可以梳理意识层面的东西，又可以调动潜意识的工作，即使得不到灵感，也可以对以往的思考做一个总结性的回顾。长期保持这个习惯就能使创造性思维得到训练，促使灵感频繁地发生。冥想就是停止意识层面的一切思维，专注于自身的呼吸或某种意识，使自己沉浸在抛开万物的真空状态。当你排除杂念之后，各种不良的情绪就会大大缓解，增强大脑皮质细胞的活性，使潜意识最大限度地发挥思维能力，从而带来灵感。冥想的方法有很多种，除了佛教的打坐冥想之外，还有音乐冥想、芳香冥想等等。

所有诱发灵感的方法都是为了达到使大脑放松的目的，大脑放松之后可以降低耗氧量，这时意识与潜意识之间的信息可以更畅通地交流。适合每个人的诱发灵感的环境不一样，你可以根据自己的喜好和实际经验选择一种适合自己的诱发灵感的做法。

触发灵感

触发灵感是指在长时间钻研某个问题的过程中，忽然在某些外部事物的触发下产生灵感，找到了解决问题的办法。

解析几何学的建立就是通过触发灵感思维取得成功的典型的例子。

法国数学家笛卡儿长期研究如何把几何和代数这两门数学统一起来，经过不断的努力还是找不到办法。有一天，他躺在床上发现一只苍蝇在天花板上爬，于是耐心地观察起来。忽然，他想到苍蝇、墙角以及墙面和天花板不就是点、线、面吗？点、线、面的距离可以用数字来表示。想到这里他兴奋地跳起来，在纸上画出三条线代表墙面与天花板的连接线，然后画了一个点表示苍蝇，分别用X，Y，Z表示苍蝇与两面墙和天花板之间的距离。这样就在数与形之间建立了稳定的联系，任何一个点都对应着三个固定的数据。由此，笛卡儿创立了解析几何学。

苍蝇在天花板上爬行这个外部事件触发了笛卡儿的灵感，把这个外部事件与他冥思苦想的问题联系起来，最终找到了解决问题的办法。当然，前提是笛卡儿已经对如何解决这个问题有了长时间的研究，当他看到与此相关的外部事件的时候，潜意识自然把二者联系起来，找到了相似之处，进行加工整理之后就得出了解决问题的办法。

触发灵感产生的一个特点是带来灵感的外界事物与思考对象之间具有一定的形似之处，把外界事物的原理应用在思考对象上，就得出了解决问题的办法。

鲁班有一次负责建造一座华丽的厅堂，在准备盖屋顶的时候，他不小心把用来做柱子的名贵的香樟木锯短了。香樟木很名贵，他赔不起，而且已经接近完工期限了，再去购买香樟木会延误工期。

鲁班为此愁眉不展，不知如何是好。这时，鲁班的妻子云氏说："咱们俩谁高？"鲁班说："你比我矮多了。"云氏说："现在比比看。"鲁班发现原来云氏脚下穿了一双厚底的木板拖鞋，头发高高耸起，还戴着一大朵簪花，和他站在一起，果然云氏更高一些。

这件事给鲁班带来了灵感，如果在香樟木下面垫一个雕花白色石头，在香樟木上面也放一个雕花的柱头，整个房柱不就高了吗？他计算好尺寸就实施起来。结果，这样设计出来的厅堂竟然比原来的设计更加华丽美观。

长期的思考过程是必要的，这可以为灵感的来临做好准备，在适当的外部事件发生的时候灵感就会一触即发。

瑞典化学家诺贝尔年轻的时候致力于研究液体炸药硝化甘油。他想把它应用在开矿山和隧道施工中，但是液体硝化甘油的稳定性很差，非常危险。有一次，他的实验工厂发生了爆炸，他的弟弟和另外 4 个人被炸死。这次事故之后，政府禁止他重建工厂，他只好到一艘船上进行实验。

有一天，他从火车上搬下装有硝化甘油的铁桶时，不小心漏了一些液体硝化甘油在地上。他发现掉落在沙地上的硝化甘油很快就被沙子吸收了。仔细观察之后，他发现硝化甘油凝固在沙子里了，而且没有发生爆炸。这件事立刻激发了他，他欣喜若狂地喊道："我找到了！"回到实验室之后，他尝试着用硅藻土做吸附剂，使硝化甘油凝结在里面，这样可以保证安全运输。后来，在此基础上他又发明了黄色炸药和雷管。

当你花费很多时间和精力研究某个问题的时候，就会把所有注意力集中在相关方面，一旦出现什么异常现象就会引起你的注意，触发你的灵感。当你对一个问题钻研很长一段时间却找不到思路的时候，不妨先把问题放在一边，放松一下，也许其他的信息能够诱发灵感，给你带来启示。

逼发灵感

你的百米速度是多快？设想一下，现在有一只老虎在后面追着你，你能跑多快？可能你会打破世界纪录吧。当人的生命安全受到威胁的时候，体能会得到极大的激发。同样的道理，人的大脑在危急的情况下也会超常发挥，创造出在一般情况下不可能出现的奇迹，使问题得到圆满的解决。这种能够使我们绝处逢生、化险为夷的灵感就是逼发灵感。逼发灵感也就是"急中生智"，急切的心情会加剧潜意识的工作，使大脑神经元处于高度活跃的状态，促使灵感的到来。

某位富商的女儿遭到了绑架，绑匪向富商勒索 1000 万美元的赎金，如果不按时交出赎金，他的女儿就有生命危险了。这位富商虽然有钱，但是也无法一下子筹集 1000 万美元，而且他明白要想保证女儿的安全最好的办法就是求助于警察。但是那些绑匪处在暗处，一点儿线索都没有，怎么办呢？情急之下他忽然想到了一件事，在妻子最新发行的唱片的封套上印有她的照片，在照片中她那明亮的眼珠里可以看到摄影师的头像。由此他想到，让绑匪给女儿照张相，不就可以得到绑匪的头像了吗？于是他向绑匪提出要一张女儿头部的大幅照片，以证明她还活着。

富商收到照片之后，让警方把眼球放大，真的得到了绑匪的相貌。警方发现原来这个绑匪是多次作案的惯犯，并已经掌握了他的很多线索，很快警方就把他抓获，救出了富商的女儿。

富商的灵感就属于急中生智的逼发灵感。人们常说："眉头一皱，计上心来。"当我们紧皱眉头冥思苦想的时候，就能刺激大脑皮质的细胞加速活动，积极地搜索解决问题的办法，从而产生灵感。

索希尔是英国一位著名的画家，有一次他负责给皇宫画一幅大壁画。女王和大臣前来看他作画，只见索希尔站在三层楼高的脚手架上正在审视自己的作品，他一边看一边向后退，眼看就要退到脚手架边缘了，再退一点就要掉下来了。女王和大臣们吓得都屏住了呼吸，不敢出声提醒他，害怕他受到惊吓摔下来。正当人们紧张得不知所措的时候，索希尔的助手忽然走到壁画前，用画笔在壁画上胡乱涂抹。索希尔赶紧上前抢了助手的画笔，却不知道自己刚刚在鬼门关走了一圈。

索希尔的助手正是在逼发状态下获得灵感的。逼发灵感的产生需要一定的条件，遇到危机的时候，并不是所有人都能产生灵感。据科学家统计发现，当突发性灾害来临时，只有约5%～20%的人能够保持头脑清醒，果断地采取应对措施，索希尔的助手就是这样的人；70%左右的人会茫然失措或表现精神麻木，女王和大臣们属于这类人；10%～25%的人则会出现惊恐、慌乱的状态，甚至对自己失去控制，这会促使危机带来更大的损失，在上面的例子中假如有人失去控制大喊大叫，则很可能会把索希尔吓得摔下来。

要想获得逼发灵感，首先就要做到临危不乱，保持头脑镇静，这样才能进行冷静地思考。单纯的着急不会给我们带来任何灵感，逼发灵感是潜意识和意识的共同思考的结果。

索尼公司最初生产的录音机体积大、价格高，并不受欢迎。公司老总决定开发低成本的、小巧的录音机，他把技术人员集中在一个温泉宾馆，下了死命令：在10天之内拿出有效的解决方案。技术人员马上投入到紧张的工作中，他们废寝忘食、夜以继日地提出设计方案，互相启发，不断改进、提高，在10天之内终于设计出了第一代电子产品——磁带录音机。

大脑在有压力、有危机的情况下会比平时更加敏捷。要想获得灵感，就要不时地"逼"自己进行思考，不要轻易放弃，不要满足于现状，当你尝试进一步思考的时候，也许就能逼发出更加奇妙的主意。

下 篇

哈佛财商课

　　财商是一个人判断财富的敏锐性，以及对怎样才能形成财富的了解程度，是衡量一个人创造财富的智慧和行动能力的指标。财商被越来越多的人认为是实现成功人生的关键，它和智商、情商一起被教育学家们列入了青少年的"三商"教育。财商作为一种创造财富的能力，是可以后天挖掘和培养的。只要具备了较高的财商，就能在今后的事业中游刃有余，人脉旺盛，机会自然也就接踵而来，对财富的渴望就有可能变成希望，变成现实。

·第1课·

转变观念：像亿万富翁一样思考

只有改变才能成为亿万富翁

一个人若想求取功名，如果他连考场都不进，功名就永远不可能降临。同样，一个人若想成为人人羡慕的亿万富翁，如果不思改变现状，那财富也永远不可能降临到他头上。因此，要成为亿万富翁，必须寻求改变。

人都有一种思想和生活的习惯，就是害怕环境改变和自己的思想变化，人们喜欢做经常做的事情，不喜欢做需要自己变化的事情。所以，很多时候，我们没有抓住机会，并不是因为我们没有能力，也不是因为我们不愿意抓住机会，而是因为我们恐惧改变。人一旦形成了思维定式，就会习惯地顺着定式的思维思考问题，不愿也不会转个方向、换个角度想问题，这是很多人的一种愚顽的"难治之症"。比如说看魔术表演，不是魔术师有什么特别高明之处，而是我们大伙儿思维过于因循守旧，想不开，想不通，所以上当了。比如人从扎紧的袋里奇迹般地出来了，我们总习惯于想他怎么能从布袋扎紧的上端出来，而不会去想想布袋下面可以做文章，下面可以装拉链。让一个工人辞职去开一个餐厅，让一位教师去下海，他不愿意的几率大于 60%，因为他害怕改变原来的生活和工作的状态。如果能够勇敢地面对变化，便在很大程度上超越了自己，便很容易获得成功。比尔·盖茨就是一个活生生的例子。比尔·盖茨曾是一名学生，在学校过着非常舒适的大学生活，走出校园去创业，这是一个很大的变化，但是比尔·盖茨毅然决定改变现状，凭着自己的才华和毅力终于成为世界上首屈一指的富翁。

勇敢地接受变化，常常走向成功。

在生活的旅途中，我们总是经年累月地按照一种既定的模式运行，从未尝试走别的路，这就容易衍生出消极厌世、疲沓乏味之感。所以，不换思路，生活也就乏味。很多人走不出思维定式，所以他们走不出宿命般的贫穷结局；而一旦走出了思维定式，也许可以看到许多别样的人生风景，甚至可以创造新的奇迹。因此，从舞剑可以悟到书法之道，从飞鸟可以造出飞机，从蝙蝠可以联想到电波，从苹果落地可悟出万有引力……常爬山的应该去涉水，常跳高的应该去打打球，常划船的应该去驾驾车，常当官的应该去为民。换个位置，换个角度，换个思路，寻求改变，你才能改变贫穷的现状，才有可能成为亿万富翁。

布兰妮是一位普通的美国妇女，她先后生了两个女儿，仅靠老实的丈夫在一家工厂做工所得的微薄工资维持生计，一家四口的生活甚是拮据。

贫苦的生活使布兰妮倍感失望，她觉得前途一片渺茫。经过深思熟虑后，她决定自己动手，改善家庭经济困难的现状。这时，一个偶然的机会撞上门来。一天傍晚，丈夫邀了几位朋友到家里来玩，布兰妮便去准备晚餐。其实，朋友来玩是丈夫虚晃一枪，请朋友品尝布兰妮做的菜肴才是真。

布兰妮确实有一手很好的烹饪技术，但丈夫事先没交代有朋友来吃饭，时间匆促，来不及做什么准备，布兰妮只好随便做了几道家常菜。但就是这几道家常菜，使丈夫的朋友吃得赞不绝口。有个朋友心直口快，对布兰妮说："你的烹饪技术最低都可以拿个二级职称，开家餐馆，顾客一定会很多。"

其他的朋友也都随声附和。

布兰妮听了朋友的夸奖，心里自然高兴。但她觉得马上就去开一家餐馆，从自己的技术方面考虑，条件是具备了，但要租铺面、添设备，其资金一时难以解决。她想到开餐馆的这两个条件只具备其中之一，认为时机还未成熟。这时，她看到朋友们的酒兴正浓，便想去做一些点心送上桌再给他们助酒兴，于是又下厨房去了。

不一会儿，布兰妮端上点心，朋友们先闻着香味，再品尝到味道，又是一阵叫好。于是又有朋友说："你就开家食店，专卖这种点心，保证能赚。"布兰妮说："我是想开个食店卖点心，就在家里做，只要早晨在门口出个摊位就行了。"

这样，布兰妮便每天早晨出摊卖起自己做的点心了。她决定，一次只做10斤面粉的点心。由于她做出的点心色、香、味俱全，早上摆出去，采取薄利的策略，很快就卖完了。到后来，一些顾客熟了，来迟了见没有了点心，还会到她家里来寻找，往往把留下给自家人吃的点心都拿走了。

一个月下来，布兰妮卖点心所赚到的钱比丈夫的工资要高出 3 倍多。布兰妮觉得，卖这种点心虽然赚钱，但仅能帮助解决早餐的问题，若是作为一种商品向社会行销，没有品牌的名称，这就困难了。于是，她开始寻找新产品。

几个月后，她在一家书店发现了一本新出的《糕点精选》，其中有一则醒目的广告，是宣传全麦面包的。据广告上所说，这是一种富含维生素的保健食品，不管老少吃了都有好处。并指出，由于过去对这种糕点的制作方法过于粗糙，致使成品面包色泽变黑，很长时间没能在社会上推广开来。现在，已经有了一种新的制作方法，使做出来的面包不失原有的丰富营养，同时又色、香、味俱全。布兰妮越看心里越高兴，她还看到这种糕点是用全麦面粉和纯白面粉各自调和后压成薄层，再分层叠成若干后卷成卷，就叫"千层卷"。这一制作面包的新方法，已经获得专利权，专利权所有者正寻找合作伙伴。

布兰妮看完广告，她觉得这才是自己创业的机会。因为这种"千层卷"水分低，既便于长期保存，又符合人们在美食和保健两方面的需要，投放市场必受顾客欢迎。布兰妮心里想："我一定要抓住这个机会。"

布兰妮用抵押房屋的钱先买下做这种新式面包的专利权和一些必要的设备，余下一部分钱作为流动资金。她将自己开的面包店起名为"棕色浆果烤炉"。

此后布兰妮只用了十几年的时间，便把一个家庭式的小面包店，发展成为一家具有现代化设备的大企业，每年的营业额由3万多美元，增长到400多万美元，布兰妮也跻身于富人之列。

如果不寻求改变，布兰妮和她的家人也许一辈子就只能徘徊于贫穷的边缘，平庸一生。因此，贫穷并不可怕，关键在于你是否有改变的欲望，只有改变才能使你成为亿万富翁。

你是否在做一件事情的时候，问过自己："我做过的事情，是否让我自己满意？"如果目前你所做的事情、你所处的位置连你自己都不满意，那说明你没有做到卓越。既然事情没有做到卓越，你依然贫穷，为什么不寻求改变呢？

许多亿万富翁都经历过贫困的童年生活，他们为自己低下的社会地位感到屈辱，他们渴望像富有的人一样拥有财富、摆脱贫困，再也不想一无所有。"像富有的人一样干，我也行"，正是他们强烈的渴望帮他们走上了富裕的道路。

他们不满足于现状，他们遭受了无数挫折，却最终获得数以亿万计的财富。这对你同样适用。你对自己目前的状况并不是很满意，你也没有必要为自己的不满意感到羞愧，相反，这种不满能够产生很强的激励作用。别人能做到的，自己也能做到！只有低能的人或智者才是完全幸福的，因为我们还没有达到这种圆满的境界，我们不该害怕公开讨论自己的不满，渴望更好的状况是完全合理的。你深深珍惜的梦想是你的一部分，他们致富的实践是你需要借鉴的宝典。所以，要坚信自己能像他们一样干得好，那么你便开始起航吧，让亿万富翁的榜样为你的行动提供动力！

如果一个人满足于给别人打江山，那么，他永远只能是一个优秀的打工仔。要想摆脱这种局面，必须改变你自己。

年轻时的李嘉诚在一家塑胶公司业绩优秀，步步高升，前途光明，如果是一般人，也应该心满意足了。

然而，此时的李嘉诚，虽然年纪很轻，但通过自己不懈的努力，在他所经历的各行各业中，都有一种如鱼得水之感。他的信心一点一点地开始膨胀起来，他觉得这个世界在他面前已小了许多，他渴望到更广阔的世界里去闯荡一番，渴望能够拥有自己的企业，闯出自己的天下。

李嘉诚不再满足于现状，也不愿意享受安逸。于是，正干得顺利的他，再一次跳槽，重新投入竞争的洪流，以自己的聪明才智，开始了新的人生搏击。

老板见挽留不住李嘉诚，并未指责他"不记栽培器重之恩"，反而约李嘉诚到酒楼，设宴为他饯行，令李嘉诚十分感动。

席间，李嘉诚不好意思再隐瞒，老老实实地向老板坦白了自己的计划：

"我离开你的塑胶公司，是打算自己也办一家塑胶厂，我难免会使用在你手下学到的技术，也大概会开发一些同样的产品。现在塑胶厂遍地开花，我不这样做，别人也会这样做的。不过我绝不会把客户带走，不会向你的客户销售我的产品，我会另外开辟销售线路。"

李嘉诚怀着愧疚之情离开塑胶公司——他不得不走这一步，要赚大钱，只有靠自己创业。这是他人生中的一次重大转折，他从此迈上了充满艰辛与希望的创业之路。

正是要求改变现状的欲望改变了李嘉诚的一生。

你是否有改变自己的强烈欲望，你是否有做富人的雄心大志？

一定要成功。你的欲望有多么强烈，就能爆发出多大的力量；欲望有多大，就能克服多大的困难。你完全可以挖掘生命中巨大的能量，激发成功的欲望，因为欲望是成功的原动力，欲望即力量。

既然只有改变才能成为亿万富翁，那就赶快行动吧。你改变的欲望越强烈，改变的能量就越大。

首先应像亿万富翁一样思考

《塔木德》中有这样一句话："要想变得富有，你就必须向富人学习。在富人堆里即使站上一会儿，也会闻到富人的气息。"穷之所以穷，富之所以富，不在于文凭的高低，也不在于现有职位的卑微或显赫，很关键的一点就在于你是恪守穷思维还是富思维。

爱思考的人不一定是一个富人，但富人一定是一个善于思考的人。因为思考是让一切做出改变的开始，也只有通过思考，才可以让一切改变。

真正的穷人是不会思考的，他不会去思考别人为什么能变成富人，更不会去思考自己为什么会是一个穷人。他会把自己穷的原因简单地归结于社会和他人，从不会觉得与自己有任何的关系。

穷人肯付出力气，但却不舍得动自己的大脑，他认为思考是一件很痛苦的事情或者是自己不能做的事情。穷人因为不善于思考，所以就不能做出改变，所以就成不了富人。

思维是一切竞争的核心，因为它不仅会催生出创意，指导实施，更会在根本上决定成功。它意味着改变外界事物的原动力，如果你希望改变自己的状况，获得进步，那么首先要做的是：改变自己的思维。

穷人的穷，不仅仅是因为他们没有钱，而在于他们根本就缺乏一个赚钱的头脑。富人的富有，也不仅仅因为他们手里拥有大量的现金，而是他们拥有一个赚钱的头脑。

有这样一个故事，说的就是财富和头脑的关系：

有一个百万富翁和一个穷人在一起，那个穷人见富人生活是那么的舒适和惬意，于是穷人对富人说：

"我愿意在您府上为您干活3年，我不要一分钱，但是你要让我吃饱饭，并且有地方让我睡觉。"

富人觉得这真是少有的好事，立即答应了这个穷人的请求。3年期满后，穷人离开了富人的家，从此不知去向。

10年又过去了，昔日的那个穷人，竟然已变得非常富有，以前的那个富人和他相比之下，反而显得很寒酸。于是富人向昔日的穷人提出：愿意出10万块钱，买下他变得这么富有的秘诀。

昔日的那个穷人听了哈哈大笑说："过去我是用从你那儿学到的经验赚钱，而今天你又用钱买我的经验，真是好玩啊！"

原来那个穷人用了3年时间，学到了如何致富的秘诀。于是他赚到了很多钱，变得比那个富人还有钱，那个富人也明白了这个穷人比他富有的原因，这是因为穷人的经验已经比他多了。为了让自己拥有更多的财富，他只好掏钱购买原来的那个穷人的经验。

要想富有，就必须学着像亿万富翁一样思考。只要去学着像他们一样思考，你就会得到他们拥有财富的秘诀。

香港领带大王曾宪梓是学习像富人一样思考的典型。

在商业竞争十分激烈的香港，曾宪梓正是因为独辟蹊径，抓住生产高档领带这个商机，才取得了事业上的成功。曾宪梓出生于广东梅县的一个农民家庭，从小生活极其艰苦，家中经济困难，无钱支付学费，从中学到大学的学费全靠国家发给的助学金。他1961年毕业于广州中山大学生物系，1963年5月去泰国，1968年又回到香港。在这段时间中，他的处境甚为艰难，甚至给人当过保姆看孩子挣钱。空余时间他抓紧时间阅读有关经营方面的书籍，向一些内行人请教经营的基本常识和技巧，他还注意研究香港的工商业及市场情况。经过长期的琢磨思考，有一天终于从市场的"缝隙"中找到了发展的机遇：香港服装业很发达，400多万香港人中，有不少人有好几套西装。香港比较流行的话，叫做"着西装，捡烟头"，捡烟头的人都穿西装，可见西装之普遍。可曾宪梓发现，在香港没有一家像样的生产高档领带的工厂，于是他决定开设领带厂。

曾宪梓在决定办领带厂后，遇到了一系列想象不到的困难。

最初，他从人们的价格承受能力考虑，准备生产大众化的、低档次领带，试图以便宜的价格来吸引顾客，领带的批发价低至58元一打，减除成本38元，还可以赚20元。可惜，现实却偏偏开他的玩笑，买主拼命压价，利润所剩无几，尽管这样，领带还是不容易销出，一度经营不顺。

他吸取了产品"受阻"的教训，决定尝试生产高档领带。他用剩下的钱，到名牌商场买了4条受顾客欢迎的高级领带。买回后逐一"解剖"，研究它的制造过程。他根据样品，另外制作了4条领带，并将"复制品"与原装货一起交给行家鉴别，结果以假乱真，行家也无法识别。这样一来，进一步坚定了他生产高级领带的想法。

他立即借了一笔钱，购买了一批高级布料，赶做了许多领带。岂料，领带商因怀疑产品质量而不从他这里进货，一度造成了产品的积压。

曾宪梓想，别人不买我的货，主要是不认识这些货，如果将它放在高档商店的显著位置，就会引起别人的注意，可能会打开销路。他把自己缝制的4条领带寄存在当时位于旺角的瑞星百货公司内，要求陈列在最显眼的位置，供顾客选择。功夫不负有心人，他的领带受到广泛好评，随之而来的是销量大增。曾宪梓也因此而一举成功。

人的一生之中，大部分成就都会受制于各种各样的问题，因此，在解决这些问题的时候，你首先要改变思维，像一个富人那样去思考，问题才能够得到解决，事业才能够得到发展。

约翰的母亲不幸辞世，给他和哥哥约瑟留下的是一个可怜的杂货店。微薄的资金，简陋的小店，靠着出售一些罐头和汽水之类的食品，一年节俭经营下来，收入微乎其微。

他们不甘心这种穷困的状况，一直探索发财的机会，有一天约瑟问弟弟：

"为什么同样的商店，有的人赚钱，有的人赔钱呢？"

弟弟回答说："我觉得是经营有问题，如果经营得好，小本生意也可以赚钱的。"

可是经营的诀窍在哪里呢？

于是他们决定到处看看。有一天他们来到一家便利商店，奇怪的是，这家店铺顾客盈门，生意非常好。

这引起了兄弟二人的注意，他们走到商店的旁边，看到门外有一张醒目的红色告示写道：

"凡来本店购物的顾客，请把发票保存起来，年终可凭发票，免费换领发票金额5%的商品。"

他们把这份告示看了几遍后，终于明白这家店铺生意兴隆的原因了：原来顾客就是贪图那年终5%的免费购物。他们一下子兴奋了起来。

他们回到自己的店铺，立即贴上了醒目的告示："本店从即日起，全部商品降价5%，并保证我们的商品是全市最低价，如有卖贵的，可到本店找回差价，并有奖励。"

就这样，他们的商店出现了购物狂潮，他们乘胜追击，在这座城市连开了十几家门市，占据了几条主要的街道。从此，凭借这"偷"来的经营秘诀，他们兄弟的店迅速扩充，财富也迅速增长，成为远近闻名的富豪。

一个人成功与否掌握在自己手中。思维既可以作为武器，摧毁自己，也能作为利器，开创一片属于自己的未来。你是一名穷人，如果你改变了自己的思维方式，像亿万富翁一样思考，你的视野就会无比开阔，最终成为一名富人；如果你一味坚持穷思维而不思改变，那么你只能继续穷下去了。

从心理上成为一名富人

在日常生活中，我们经常会看到这样一些人：他们或许从外表上看去像富人，但却是一副穷人做派。实际上他们根本不能算富人，只是一些比较有钱的"穷人"罢了。

"心有多大，舞台就有多大。"要想成为一名富人，首先必须从心理上成为一名富人。只有从心理上成为一名富人，才能摆脱心理的贫穷。

井底里有一只刚出生不久的青蛙，对生活充满了好奇。

小青蛙问："妈妈，我们头顶上蓝蓝的、白白的，是什么东西？"

妈妈回答说："是天空，是白云，孩子。"

小青蛙说："白云大吗？天空高吗？"

妈妈说："前辈们都说云有井口那么大，天比井口要高很多。"

小青蛙说："妈妈，我想出去看看，到底它们有多大多高？"

妈妈说："孩子，你千万不能有这种念头。"

小青蛙说："为什么？"

妈妈说："前辈们都说跳不出去的。就凭我们这点本事，世世代代都只能在井里呆着。"

小青蛙有些不甘心地说："可是前辈们没有试过吗？"

妈妈说："别说傻话了。前辈们那么有经验，而且，一代又一代，怎么可能会有错？"

小青蛙低着头说："知道了。"

自此以后，小青蛙不再有跳出井口的想法。

小青蛙的悲剧就在于它"不再有跳出井口的想法"了。只有你的心中存有广阔的蓝天，你才能跳出贫穷的井，成为一名富人，如果连跳出井口的愿望都没有了，那么，此后就只能坐在井底了。

　　洛克菲勒小的时候，全家过着不安定的日子，一次又一次地被迫搬迁，历尽艰辛横跨纽约州的南部。可他们却有一种步步上升的良好感觉，镇子一个比一个大，一个比一个繁华，也一个比一个更给人以希望。

　　1854 年，15 岁的洛克菲勒来到克利夫兰的中心中学读书，这是克利夫兰最好的一所中学。据他的同学后来回忆说："他是个用功的学生，严肃认真、沉默寡言，从来不大声说话，也不喜欢打打闹闹。"

　　不管有多孤僻，洛克菲勒一直有他自己的朋友圈子。他有个好朋友，名叫马克·汉纳，后来成为铁路、矿业和银行三方面的大实业家，当上美国参议员，并作为竞选总统的后台老板，在政界为洛克菲勒行将解散的美孚石油托拉斯进行斡旋。

　　洛克菲勒和马克·汉纳，两个后来影响了美国历史的大人物，在全班几十个同学中能结为知己，不能说出于偶然。美国历史学家们承认，他们两人的天赋都与众不同，一定是受了对方的吸引，才走到一起的。

　　表面木讷的洛克菲勒，其内心的精明远远超过了他的同龄人。汉纳是个饶舌的小家伙，通常是他说个不停，而洛克菲勒则是他忠实的听众。应当承认，汉纳口才不错，关于赚钱的许多想法也和洛克菲勒不谋而合，只是汉纳善于表达，而洛克菲勒习惯沉默罢了。有一次，马克·汉纳问他："约翰，你打算今后挣多少钱？"

　　"10 万美元。"洛克菲勒不假思索地说。

　　汉纳吓了一跳，因为他的目标只是 5 万美元，而洛克菲勒整整是他的两倍。

　　当时的美国，1 万美元已够得上富人的称号，可以买下几座小型工厂和 500 英亩以上的土地。而在克利夫兰，拥有 5 万元资产的富豪屈指可数。约翰·洛克菲勒开口就是 10 万元，瞧他轻描淡写的模样仿佛 10 万美元只是一个小小的开端。

　　当时同学们都嘲笑这个开口就是 10 万美元的家伙的狂妄，殊不知，不久的将来，洛克菲勒真的做到了，而且不是 10 万，是亿万！

　　在小小的洛克菲勒的心目中，他就将自己的财富定位在很高的位置上。最终，他也获得了比别人高亿万倍的成就。

　　在现实社会中，不论是穷人或富人，谁都可以开一间十几平方米的小铺子，但只有真正的富人，才能依靠自己的聪明和智慧，把小铺子变成世人皆知的大企业，才能使他的企业影响世界上的每一个人。

　　作为一个想成为真正的富人的人，我们不仅仅需要关注富人的口袋，更应该关注他的脑袋，特别是富人口袋还没有鼓起来时的脑袋，看看他都往自己的脑袋里装了些什么东西。

现在市面上的东西很多很多，有很多东西充满着令人难以抗拒的诱惑。有的东西看上去很好，有的东西看上去很有用，但是那些东西并不是能使我们成为富人的东西。

我们一定要分清楚财商高的人和富人的区别，做一个一时的财商高的人很容易，但做一个真正的富人并没有那么简单。财商高的人不一定有一个富脑袋，可能只有一个富口袋。要记住，没有富脑袋支配的富口袋，总有一天会变成穷口袋的。

穷人有受穷的原因，富人有发财的理由，这其中没有什么偶然，只有不变的必然。我们不要把目光全盯在口袋上，而是应该放在自己的脑袋上，一旦自己的脑袋富有了，那么我们口袋的富有就是时间的问题了，也只有我们的脑袋富有了，才能真正地驾驭财富，而不被财富所伤。

穷人和富人，首先是脑袋的距离，然后才是口袋的距离。

因此，必须弥补脑袋的距离，从心理上成为一名富人，穷人才能够致富。

YAHOO 的创始人杨致远曾经说过："当时没有人认为 YAHOO 会成功，更没有人认为会赚钱，他们总是说，你们为什么要搞那个东西——实际上，一件事情理论上已经行得通了，它也不一定能成功，而如果你认为很难成功也一定还要做的时候，你差不多就成功了。"是的，如果这是你真正想做的事情，那你就要去做，即使认为很难成功也要去做，这样做并不需要太多的理由，只是因为你愿意。在这个世界上，有一些事情，做或者不做都没有谁会逼你，你没有必要去选择可能性很小的那条路，除非你愿意。比尔·盖茨的成功并非来自于优异的学习成绩，实际上促使他的整个命运发生转折的不过是湖畔中学里一台别人捐献的计算机。从那个时候起，他就开始对此着迷，并和另一个孩子一起开始讲述他们明天的梦想。今天，比尔·盖茨成了世界首富，而另一个孩子的财富也排名第三，那个孩子就是保罗·艾伦。

你愿意去改变自己的心理，像富人们一样，你也可以富。如果你愿意，你就要义无反顾地去做；如果你愿意，你就不要在乎别人怎么看你。做你愿意做的事情，别人说我们我行我素也好，别人说我们固执己见也好，管他们怎么说呢？

拥有富人的心理就应该是这样的！

贫穷本身并不可怕，可怕的是贫穷的思想，是认为自己注定贫穷、必须老死于贫穷的信念！

假使你觉得自己的前途无望，觉得周遭的一切都很黑暗惨淡，那么你立刻转过身来，朝向另一方面，朝向那希望与期待的阳光，而将黑暗的阴影遗弃在背后。

克服一切贫穷的思想、疑惧的思想，从你的心扉中，撕下一切不愉快的、黑暗的图画，挂上光明的、愉快的图画。

用坚毅的决心同贫穷抗争。你应当在不妨碍、不剥削别人的前提下，去取得你的那一份儿。你是应该得到"富裕"的，那是你的天赋权利！

心中不断地想要得到某一种东西，同时孜孜不倦地去奋斗以求得到它，最终我们总能如愿以偿。世间有千万个人，就因为明白了这个道理，而挣脱了贫穷的生活！

只靠学校教育成不了亿万富翁

有高学历固然好，然而具备高素质比高学历更重要。高强的学习能力，是形成高素质的必要前提，但是一个学历并不高，却极具智慧的人，同样能够掌握手中的命运，他们凭借着善于思考的大脑、灵感的迸发、机遇的挑战以及卓绝的才能，实现了一个又一个理想。

在现实生活中，经常有人这样认为："只要把学上好了，财富自然就有了。"这个论断到底正确与否？在回答之前，我们先来看这样一项调查。

据有关部门对中国 15 个省市千万富翁调查的结果显示：

受教育程度硕士及以上者为 310 人，占 3.1%；大学本科 2420 人，占 24.6%；大学专科 2503，占 25.4%；高中 2304，占 22.6%；初中 1201，占 12.2%；中专 926，占 10.4%；小学 172 人，占 1.7%。

从调查结果来看，中国的千万富翁受教育程度集中在中学、大专、本科上，平均值在大专水平，本科学历的富翁中以年轻人居多。由此可见，能否成为富翁，其关键并不在于学历的高低。

而当我们再将目光转向社会之时，我们会发现中国目前每年都有几百万大学毕业生，数万硕士生、博士生，他们都成为亿万富翁了吗？显然没有，因此，我们可以明确地说，只靠学校教育成不了亿万富翁。

1973 年，英国利物浦市一个叫科莱特的青年人考入了美国哈佛大学，常和他坐在一起听课的，是一位 18 岁的美国小伙子。大学二年级那年，这位小伙子和科莱特商议，一起退学，去开发 32Bit 财务软件，因为新编教科书中，已解决了进位制路径转换问题。当时，科莱特感到非常惊诧，因为他来这儿是求学的，不是来闹着玩的。再说对 Bit 系统，墨尔斯教授才教了点皮毛，要开发 Bit 财务软件，不学完大学的全部课程是不可能的。他委婉地拒绝了那位小伙子的邀请。

10 年后，科莱特成为哈佛大学计算机系 Bit 方面的博士研究生，那位退学的小伙子也在这一年，进入美国《福布斯》杂志亿万富翁排行榜。1992 年，科莱特继续攻读博士后；那位美国小伙子的个人资产，在这一年则仅次于华尔街大亨巴菲特，达到 65 亿美元，成为美国第二富翁。1995 年科莱特认为自己已具备了足够的学识，可以研究和开发 32Bit 财务软件，而那位小伙子则已绕过 Bit 系统，开发出 Eip 财务软件，它比 Bit 快 1500 倍，并且在两周内占领了全球市场，这一年他成了世界首富。一个代表着成功和财富的名字——比尔·盖茨也随之传遍全球的每一个角落。

这就是神奇的比尔·盖茨。

在这个世界上，每个人都有自己的选择，但是大多成功人士的历程都是有着同样拼搏创造的精神，才取得今日的成功。我们不禁在想，从小学到大学甚至读博士，学习的最终目的就是能认清社会，为实现自身价值作底蕴。过去有许多人认为，只要具备了精细的专业知识，本科生、研究生、硕士、博士就能成为亿万富翁。我们不必争论这种说法的对错，然而众观世界知名人士，学历与成就并不成正比，比尔·盖茨哈佛大学没毕业就去创业了，假如等到他学完所有知识再去办微软，他还会成为世界首富吗？

郑大清，1985 年从贫穷的乡村出来的打工仔，他只有小学学历，根本就没上过几天学，而 20 年后，他却已拥有数亿元的资产，创造了一个时代神话。

1985 年，时年 26 岁的他揣着从亲朋好友那里借到的 70 元钱踏上了去乌鲁木齐的火车，开始了他神奇的创业征程。在走出乌鲁木齐火车站的大门时，这个人的全部家当只剩下 2 元钱和一张在部队用过的旧被子。在老乡的介绍下，懂建筑知识的他当上了建筑工地的班长，一天的报酬是 5 元。一年下来，挣了近 2000 元，这在当时无疑是个让人羡慕的数目。

1986 年，觉得"有做头"的他又从老家带来了几十个农民工，从别人手中转来一个小工程。悲惨的是，在交工后老板跑了，一分钱都没有领到。年底的时候，他没有钱回家。有一位朋友给了他 5 元钱，一天只吃一顿饭的日子延续了近 10 天。

这样的经历伤了他的自尊心，他当时暗暗发誓一定要混出个人样。

1987 年，他终于迎来了自己的"春天"，他和新疆制胶厂签订了 13 万元的厂房维修合同。当年 8 月，他按时按质完成了全部工程，并受到对方的称赞。在其介绍下，他又接了几个小工程。年底清盘的时候，他惊喜地发现：除去各种债务，自己竟然有了 5 万元的存款。这也让他坚定了搞小工程的决心。两年后，他在乌鲁木齐市站稳了脚跟，个人资产也超过 70 万元。

有了资本，他做出了一个惊人的决定：进入流通领域和生产领域。他先是花 20 万元在乌鲁木齐市中心租了一间大型地下室，装修成商场后转租给他人，每年可以净赚 5 万元，同时他还在乌鲁木齐郊区开了两家煤矿。刚开始两年，煤矿和商场为他带来了滚滚财源，但是，摊子的铺大，带给他的是管理和决策上的大难题。随着时间的推移，经验不足、决策失误等接踵而来，1994 年，两家煤矿相继倒闭，1995 年初，商场也关闭。

仿佛就在一夜之间，他从一个百万富翁变成一个不但身无分文，还倒欠他人几十万债务的穷光蛋。

不过，他没有被困难击倒。1995 年夏，经过仔细考察，他用借来的 100 多万元创办了新疆天地实业贸易公司，第一个项目就是开办服装商场。这一次他学乖了，把商场租下来自己经营；100 多个员工中 85% 都是大专以上文化；同时实行严格的考核和激励制度。现代企业制度的建立，让他的服装商场蒸蒸日上，利润滚滚而来。

1998 年，他又决定将赚来的钱投入"生钱运动"：先后又投资到酒店、农业、电讯生产加工、房地产等行业，目前其资产已达数十亿元。

郑大清以活生生的经历告诉我们，没有学校教育照样可以成为亿万富翁。

犹太人有则笑话，谈的是智能与财富的关系。

从前，有两个人在交谈：

"智能与金钱，哪一样比较重要？"

"当然是智能重要。"

"既然如此，有智能的人为何要帮富人做事呢？而富人却不替有智能的人做事？为什么学者、哲学家老是在讨好富人，而富人却对有智能的人摆出狂态呢？"

"这很简单。有智能的人知道金钱的价值，而富人却不知道智能的重要。"

在这个故事里，人们认识到了金钱的价值。有智能的人应该知道金钱的价值，不应该和金钱脱节。只有让智能和金钱结合，智能的价值才能在现实世界中显露出来。而接受学校教育并没有将智能和金钱结合起来的人就不会成为富翁。

从现实中的事例来看，挣钱也许并不需要多么高层次的教育背景、多么高的学历。许多人都有大学学历，但并不是财富的拥有者。罗伯特·清崎说，我有一个大学学位，但是诚实地说，获得财务自由与我在大学里学到的东西没有多少关系。我学习过多年的微积分、几何、化学、物理、法语和英国文学等，但天知道这些知识有多少我还记得。

许多成功人士没有受过多少学校教育，或在获得大学学位前就离开了学校。这些富人中有通用电气的创始人托马斯·爱迪生，福特汽车公司的创始人亨利·福特，微软的创始人比尔·盖茨；CNN的创始人泰德·特纳，戴尔计算机公司的创始人迈克尔·戴尔，苹果电脑的创始人斯蒂夫·吉布斯，以及保罗服装的创始人拉尔夫·劳伦。

这也就是说，高学历并不代表着高成功率，学历代表过去，能力代表将来。日本西武集团主席堤义明认为，学历只是一个人受教育时间的证明，不等于一个人有多少实际的才干。日本索尼公司董事长盛田昭夫在总结自己的成功时，曾写过一本书叫《让学历见鬼去吧》。盛田昭夫提出要把索尼公司的人事档案全部烧毁，以便在公司里杜绝学历上的任何歧视，因为那样会阻碍公司的发展。他在索尼公司大力提倡不论学历高低，只比能力大小的做法。

学知识、拿文凭是一种好现象，但轻视低学历却是一种怪观象了。一个人的理论知识可以通过在学校接受教育或者自学来培养，日后的发展只能在实践中锻炼。要把理论与实践有机地结合起来，通过努力不断适应社会发展和市场发展的需要。只要你找到了适合自己的工作需求，并在其中有创意地工作，你才能超越一般的劳动者，成为人才。

在某些人眼里，高学历成了"香饽饽"，似乎拥有它，就与高层次、高素质人才画上了等号，其实不完全是这样的。

不可否认，学历是证明一个人所学知识的一种标准，但却不是唯一标准，更不是绝对标准。一个人具备高学历，只能说明他具有这样一段学习经历和一定规模的知识能力储备，至于其真正能力水平如何，以及能否很好地应用到工作中去，还有待实践锻炼和检验。如果片面追求高学历，而忽视真才实学的培养，只能出现诸如"注水文凭"、"高学低能"等负面现象，其危害已为许多事例所证明。

用在学校的学习时间或得到的文凭、证书、学位的多少来衡量一个人的赚钱能力，事实上，这种只注意数量的教育并不一定能造就出一个成功者。通用电气公司董事长拉尔夫·考迪那这样表达了商业管理人员对教育的态度："我们最杰出的总裁中，威尔逊先生和科芬先生两个人，他们从未进过大学。虽然我们目前有的领导人有博士学位，但41位里面有12位没有大学学位。我们感兴趣的是能力，不是文凭。"

需要再次强调的是，文凭或学位也许能帮助你找一份工作，但它不能保证你在工作上的进步和你赚取财富的多少。商业最注重的是能力，而不是文凭。对某些人来说，教育意味着一个人的脑子里储藏着多少信息和知识，但死记硬背事实、数据的教育方法不会使你达到目的。目前，社会越来越依靠书本、档案和机器来储存信息，如果你只能做一些一台机器就能做的事情，那你真的就会陷入困境了。

真正的教育、值得投资的教育是那些能开发和培养你的思维能力的教育。一个人受教育程度如何，要看他的大脑得到了多大程度的开发，要看他的思维能力，但亿万富翁并不是一纸文凭所能成就的，只要你时刻锻炼自己的大脑思维能力，即使你没有接受多么高深的学校教育，你也能成为亿万富翁。相反，如果你只去死记硬背知识，而不开发自己的大脑，即使你是博士生，也只能受穷。

纵览众富豪的名单及他们的经历可知，学校教育是教育不出亿万富翁的。要想成为亿万富翁，还必须依靠自己的努力。

你也可以成为亿万富翁

现代社会竞争日趋激烈，在经济大潮中奋斗的年轻人都会默默自问："我能成为亿万富翁吗？"在此，我可以毫不犹豫地告诉你："你能！"

一则流传很广的故事这样说：

一天，胡里奥在河边遇见了忧郁的年轻人费列姆。

费列姆唉声叹气，愁眉苦脸。

"孩子，你为何如此郁郁不乐呢？"胡里奥关切地问。

费列姆看了一眼胡里奥，叹了口气："我是一个名副其实的穷光蛋。我没有房子，没有工作，没有收入，整天饥一顿饱一顿地度日。像我这样一无所有的人，怎么能高兴得起来呢？"

"傻孩子，"胡里奥笑道，"其实，你应该开怀大笑才对！"

"开怀大笑？为什么？"费列姆不解地问。

"因为你其实是一个百万富翁呢！"胡里奥有点诡秘地说。

"百万富翁？您别拿我这穷光蛋寻开心了。"费列姆不高兴了，转身欲走。

"我怎会拿你寻开心？孩子，现在你能回答我几个问题吗？"

"什么问题？"费列姆有点好奇。

"假如，现在我出 20 万金币，买走你的健康，你愿意么？"

"不愿意。"费列姆摇摇头。

"假如，现在我再出 20 万金币，买走你的青春，让你从此变成一个小老头，你愿意么？"

"当然不愿意！"费列姆干脆地回答。

"假如，我现在出 20 万金币，买走你的美貌，让你从此变成一个丑八怪，你可愿意？"

"不愿意！当然不愿意！"费列姆头摇得像个拨浪鼓。

"假如，我再出 20 万金币，买走你的智慧，让你从此浑浑噩噩度此一生，你可愿意？"

"傻瓜才愿意！"费列姆一扭头，又想走开。

"别慌，请回答完我最后一个问题——假如现在我再出 20 万金币，让你去杀人放火，让你从此失去良心，你可愿意？"

"天哪！干这种缺德事，魔鬼才愿意！"费列姆愤愤地回答道。

"好了，刚才我已经开价 100 万金币了，仍然买不走你身上的任何东西，你说你不是百万富翁，又是什么？"胡里奥微笑着问。

费列姆恍然大悟。他谢过胡里奥的指点，向远方走去……他不再叹息，不再忧郁，微笑着寻找他的新生活去了。

故事的寓意是深刻的，它表明：只要你有个完满无缺的身体，你就已经拥有百万价值了。相信你自己，你也可以成为亿万富翁。

如果你还有所疑问，那就请记住这样一个数据：80% 的亿万富豪出身贫寒或学历较低，他们白手起家创大业，赢得了令人羡慕的财富和名誉。

2003 年，美国某杂志推出全美 40 位 40 岁以下的富豪排行榜，榜上有名的几乎全部是在高科技领域自我创业奋斗的成功人士。如今，年轻的亿万富豪出现在更多的行业和领域中。值得一提的是，在 2001 年的全美 40 位 40 岁以下富豪排行榜上，有 12 位是"钻石王老五"的单身贵族，包括坏孩子娱乐公司总裁肖恩·科姆斯，其个人财产达到了 2.31 亿美元。其中还有一位单身女富豪，她就是佐恩工程公司的副总裁詹妮特·西蒙斯，她的个人财产达到了 3.74 亿美元。36 岁的戴尔电脑公司创始人、首席执行官兼总裁迈克尔·戴尔则连续 3 年坐在头把交椅上，拥有 163 亿美元身价。进入前 5 名的还包括著名网络商店电子港湾共同创始人、34 岁的皮埃尔·欧米德亚和 36 岁的斯考尔，两人的身价分别是 43.9 亿和 26.3 亿美元。门户计算机公司的创始人之一，公司首席执行官和总裁泰德·威特年仅 38 岁，却拥有 18.7 亿美元的财富。还有一位就是知名度相当高的网络购物城亚马逊书城的创始人、总裁、董事长兼首席执行官杰夫·比佐斯，37 岁的他拥有 12.3 亿美元的个人财产。

中国的亿万富豪们也成批成量地浮出水面。在中国的富豪榜上，1999 年第 50 名拥有财富 5000 万元；2000 年的第 50 名拥有财富 4 亿元；而在 2001 年，第 50 名拥有财富 9 亿元，第 100 名拥有财富 5 亿元。2001 年的 100 名富豪，平均年龄 45 岁，其中，最年轻的亿万富豪是 30 岁的徐明。

幸运的是，我们不必以健康来交换金钱，只要利用我们的积极性，建立人格、信心、能力与忠诚，我们就能拥有想要的一切。

据说，荷兰画家林布兰特的一幅油画价值百万美元。到底是什么东西使他的画这么值钱呢？我们可以设想几种可能：首先，这显然是一幅很独特的油画，是林布兰特罕见的亲笔画，所以价高；第二，林布兰特是一位油画天才。显然，他的画价值百万是因为他的才能受到肯定的缘故。

然后我们再想想自己。有史以来，几百亿人曾经生活在这个地球上，但从来未曾有过、也将永远不会有第二个你。你是地球上一个独特的、惟一的生物。这些特性赋予你极大的价值。请想想，即使林布兰特是个天才，也只是一个而已，创造林布兰特的上帝也同样创造了你；照上帝的眼光看来，你跟林布兰特一样的珍贵。

然而，现在有一些甘于平庸的人到处宣扬平庸哲学，说什么平庸是真，这在富人眼里是无能的表现，是那么的可笑。如果你真是一个有所作为的人，就该根据你掌握的知识，去做相应层次的工作。很多事情并不需要很高学历的人去做，像房地产开发工程项目建设，结构不需要你去设计，图纸不需要你去画，你只要看着图纸能把楼建起来就行。而你就是把工程学院的院士叫去干这活，他比一个普通的本科生也高明不到哪儿去。因此，没有必要非硬着头皮去读一个硕士或者博士学位。有些人不是为了学以致用而攻读学位，在你读了一大堆学历之后，有人已经成为百万富翁；再等你转了行，找到稳定的工作，当上经理以后，有人已经成为亿万富翁。这些人非常可悲，他们竟然为了一种平庸的生活方式而采用了更加平庸的实现手段，实际上他们心里一直有着强烈的自卑，并存在着一种更加强烈的求稳心态，他们考研的目的就是为了今后的工资稳定。他们胆小怕事，不敢挑战机会和命运，只好去做一个整天端茶倒水打字聊天的文秘，他们永远成不了英雄——真正的创业英雄。这些人在这个世界上占有立足之地就满足了。我们绝不能苟同他们的观点，我们要在这个世界上不断扩大自己的活动空间，我们要成就雄心壮志，我们要不甘平庸寂寞，我们绝不能再让这个世界忽视我们的存在，我们要做精神领袖，我们要做财富英雄……

不错，一切皆有可能，只要你仍然愿意面对挑战。因此对我们来说，放弃现在庸庸碌碌的生活就是一个开头。力量小并不可怕，就怕你不敢改变现状。

今天，创业者大多是在寻求一种成就感，而且应该说所有不甘平庸的人也在寻求这样一种成就感。这种成就感让这些人去面对新的生活和新的挑战；这种成就感让这些人愿意去披荆斩棘，证明自己的存在。是的，他们不甘心被湮没在世俗之中，他们要从事业的成功中得到满足。

要成功地自我创富，就必须有强大的愿力。那么何为愿力呢？愿力是指明确的志愿与无坚不摧的欲望所表达出来的力量。

愿力中的"愿"即志愿，属于立志的范畴。对创富而言，我们所说的志愿，还应有两个基本要求：

一是志向远大，而且要将目标具体化。也就是说，你必须确定你要求的财富的数字，不能空泛而论。如：我这一生决心要赚多少钱，成为百万、千万还是亿万富翁；而这意念中要赚多少钱——10万、50万——一定要明确地定下来，不能只停留在"我想拥有许多许多的钱"，仅有这样一点空泛的连小孩子都能做到的想法，你是不可能赚到钱的。

当然，远大的目标，从来就不可能是一朝一夕实现的。俗话说"冰冻三尺，非一日之寒"、"千里之行始于足下"，为了实现远大的目标，你还得建立相应的中期目标与近期目标，由近期目标逐步向中期目标推进，使人切切实实地看到财富的积累，从而增强成功创富的希望，才能达到最终创富的目的。

二是要使志愿保持在一个高尚的层面。崇高的目标表现在：吸引巨大财富，不排斥财富。但这些目标必须以不破坏社会的法律、社会公德以及不损害他人利益为标准。否则，你的成功不会被人们承认且不说，还将遭到唾弃和正义的惩罚。事实上。许多真正凭借强大愿力而获取巨大财富的佼佼者，他们在创造财富的同时，是常常乐意与别人分享成功的愉悦，或者把精神财富如创富意识、理论、思想传授于人，或者把物质财富无私地回报社会，他们称之为"壮丽的着迷"。许多值得人们敬仰的大富豪都是如此，足见创富之心是多么纯良与崇高。

明确、高尚的创富志愿，同时需要有无坚不摧的欲望力量的催化。"欲望"

即想得到某种东西或达到某种目标的要求。没有坚不可摧的创富欲望或成功欲望，创富者远大的创富目标便永远不可能达到。人的欲望愈强大，目标就愈接近，正如弓拉得愈满，箭头就飞得愈远一样。在成功的创富道路上，是没有困难和不幸能够阻挡创富的脚步的。有了明确高远的目标，又有火热的、坚不可摧的欲望力量，必然产生坚定有力的行动。一个人只有不畏艰难，不轻言失败，信心百倍，朝着既定目标永不回头，才会在有生之年成功地创造出财富。

财商决定贫富

在竞争激烈的现代社会，财商已经成为一个人成功必备的能力，财商的高低在一定程度上决定了一个人是贫穷还是富有。一个拥有高财商的人，即使他现在是贫穷的，那也只是暂时的，他必将成为富人；相反，一个低财商的人，即使他现在很有钱，他的钱终究会花完，他终将成为穷人。

那么财商到底是什么呢？如果说智商是衡量一个人思考问题的能力，情商是衡量一个人控制情感的能力，那么财商就是衡量一个人控制金钱的能力。财商并不在于你能赚多少钱，而在于你有多少钱，你有多少控制这些钱，并使它们为你带来更多的钱的能力，以及你能使这些钱维持多久。这就是财商的定义。财商高的人，他们自己并不需要付出多大的努力，钱会为他们努力工作，所以他们可以花很多的时间去干自己喜欢干的事情。

简单地说：财商就是人作为经济人，在现在这个经济社会里的生存能力，是一个人判断怎样能挣钱的敏锐性，是会计、投资、市场营销和法律等各方面能力的综合。美国理财专家罗伯特·清崎认为："财商不是你赚了多少钱，而是你有多少钱，钱为你工作的努力程度，以及你的钱能维持几代。"他认为，要想在财务上变得更安全，人们除了具备当雇员和自由职业者的能力之外，还应该同时学会做企业主和投资者。如果一个人能够充当几种不同的角色，他就会感到很安全，即使他们的钱很少。他们所要做的就是等待机会来运用他们的知识，然后赚到钱。

财商与你挣多少钱没有关系，财商是测算你能留住多少钱，以及让这些钱为你工作多久的指标。随着年龄的增大，如果你的钱能够不断地给你买回更多的自由、幸福、健康和人生选择的话，那么就意味着你的财商在增加。财商的高低与智力水平并没有多少必然的联系。

在我们的现实生活中，不乏智力水平超群的人。他们的智力条件比一般人的平均智力好得多，通常在大学里属优等生，能轻松拿到硕士、博士学位，且能够成为某一学科或专业中的专家、学者、高级人才。应当承认，这些学有专长的天才们与富翁站在一起比较智力时，前者远远地超出了后者。

然而，我们又不能不承认，在谋取财富方面，智力超群的"天才"的确不及智力水平一般的"富翁"们。富翁并非智力超群者，他们中的绝大多数人在智力条件上与普通人相比是差不多的。他们所想到的创富点子，说穿了一点都不稀奇，毫无半点高深莫测的意味，似乎任何人都能够想到。可是，一般人往往对近在眼前的财富视而不见，而富翁们的财富头脑却偏偏能在稍纵即逝的瞬间灵光闪现，并把那些机遇牢牢抓住。

富翁们是靠什么创富的呢？靠的是"财商"。

越战期间，好莱坞举行过一次募捐晚会，由于当时反战情绪强烈，募捐晚会以一美元的收获收场，创下好莱坞的一个吉尼斯纪录。不过，晚会上，一个叫卡塞尔的小伙子却一举成名，他是苏富比拍卖行的拍卖师，那一美元就是他用智慧募集到的。

当时，卡塞尔让大家在晚会上选一位最漂亮的姑娘，然后由他来拍卖这位姑娘的一个亲吻，由此，他募到了难得的一美元。当好莱坞把这一美元寄往越南前线时，美国各大报纸都进行了报道。

由此，德国的某一猎头公司发现了一位天才。他们认为，卡塞尔是棵摇钱树，谁能运用他的头脑，必将财源滚滚。于是，猎头公司建议日渐衰微的奥格斯堡啤酒厂重金聘卡塞尔为顾问。1972年，卡塞尔移居德国，受聘于奥格斯堡啤酒厂。他果然不负众望，异想天开地开发了美容啤酒和浴用啤酒，从而使奥格斯堡啤酒厂一夜之间成为全世界销量最大的啤酒厂。1990年，卡塞尔以德国政府顾问的身份主持拆除柏林墙，这一次，他使柏林墙的每一块砖以收藏品的形式进入了世界上200多万个家庭和公司，创造了城墙砖售价的世界之最。

1998年，卡塞尔返回美国。下飞机时，拉斯维加斯正上演一出拳击喜剧，泰森咬掉了霍利菲尔德的半块耳朵。出人预料的是，第二天，欧洲和美国的许多超市出现了"霍氏耳朵"巧克力，其生产厂家正是卡塞尔所属的特尔尼公司。卡塞尔虽因霍利菲尔德的起诉输掉了盈利额的80%，然而，他天才的商业洞察力却给他赢来年薪1000万美元的身价。

新世纪到来的那一天，卡塞尔应休斯敦大学校长曼海姆的邀请，回母校作创业演讲。演讲会上，一位学生向他提问："卡塞尔先生，您能在我单腿站立的时间里，把您创业的精髓告诉我吗？"那位学生正准备抬起一只脚，卡塞尔就答复完毕："生意场上，无论买卖大小，出卖的都是智慧。"

其实，卡塞尔所说的智慧就是财商。

许多亿万富翁在年龄很小的时候就拥有了很高的财商，比如石油大王洛克菲勒。

约翰·戴维森·洛克菲勒的童年时光就是在一个叫摩拉维亚的小镇上度过的。每当黑夜降临，约翰常常和父亲点起蜡烛，相对而坐，一边煮着咖啡，一边天南地北地聊着，话题总是少不了怎样做生意赚钱。约翰从小脑子里就装满了父亲传授给他的生意经。

7岁那年，一个偶然的机会，约翰在树林中玩耍时，发现了一个火鸡窝。于是他眼珠一转，计上心来。他想：火鸡是大家都喜欢吃的肉食品，如果把小火鸡养大后卖出去，一定能赚到不少钱。于是，洛克菲勒此后每天都早早来到树林中，耐心地等到火鸡孵出小火鸡后暂时离开窝巢的间隙，飞快地抱走小火鸡，把它们养在自己的房间里，细心照顾。到了感恩节，小火鸡已经长大了，他便把它们卖给附近的农庄。于是，洛克菲勒的存钱罐里，镍币和银币逐渐减少，变成了一张张绿色钞票。不仅如此，洛克菲勒还想出一个让钱生更多钱的妙计。他把这些钱放给耕作的佃农们，等他们收获之后就可以连本带利地收回。一个年仅7岁的孩子竟能想出卖火鸡赚大钱的主意，不能不令人惊叹！

在摩拉维亚安家以后，父亲雇佣长工耕作他家的土地，他自己则改行做了木材生意。人们喜欢称他父亲为"大比尔"，大比尔工作勤奋，常常受到赞扬，另外，他还热心社会公益事业，诸如为教会和学校募捐等，甚至参加了禁酒运动，一度戒掉了他特别喜爱的杯中之物。

大比尔在做木材生意的同时，不时注意向小约翰传授这方面的经验。洛克菲勒后来回忆道："首先，父亲派我翻山越岭去买成捆的薪材以便家里使用，我知道了什么是上好的硬山毛榉和槭木；我父亲告诉我只选坚硬而笔直的木材，不要任何大树或'朽'木，这对我是个很好的训练。"

年幼的洛克菲勒如同一轮刚刚跃出地平线的旭日，在经商方面初露锋芒。在和父亲的一次谈话中，大比尔问他：

"你的存钱罐大概存了不少钱吧？"

"我贷了50元给附近的农民。"儿子满脸的得意。

"是吗？50元？"父亲很是惊讶。因为那个时代，50美元是个不算很小的数目。

"利息是 7.5%，到了明年就能拿到 3.75 元的利息。另外，我在你的马铃薯地里帮你干活，工资每小时 0.37 元，明天我把记账本拿给你看。这样出卖劳动力很不划算。"洛克菲勒滔滔不绝，很在行地说着，毫不理会父亲惊讶的表情。

父亲望着刚刚 12 岁就懂得贷款赚钱的儿子，喜爱之情溢于言表，儿子的精明不在自己之下，将来一定会大有出息的。

香港富豪庄永竞是以"一洲洋参丸"出名的，他的经营独具特色，充分显示了其过人的商业头脑、与众不同的智慧，是财商的一个体现。

庄永竞刚开始经营的是普通药材，虽然包装工艺大幅度改进，但销售不很理想。有一次，在参茸药铺，他看见药师把人参切片后还要捣烂配药，很是烦琐。他想，如果把参药变为丸药，则省去很多不便，定能受到消费者的欢迎。

经过对西洋市场的了解，他感到欧洲补药市场竞争很激烈，自己要想打响头炮，就要选择有利的空档位置。20 世纪 70 年代末，中国内地改革开放的大气候形成，人民生活水平不断提高，滋补药品将会逐步引起消费者普遍的青睐，如果能向内地市场加大推销力度，就会有成功的机会。

当 2000 盒洋参丸正式冠以"一洲洋参丸"的名称出现在内地市场时，立即引起强烈反响，许多药材公司提出代理销售计划。然而树大必招风，见有利可图，一些伪制冒牌的洋参丸也打着"一洲"的旗号开始登场。在仿制"一洲洋参丸"的恶浪打击下，庄永竞想到：一个牌子就是一面大旗，何不借这面旗帜召集更多的产品向市场进军呢？他先是回到广东老家，与当地药业生产单位合作搞生产基地，扩大洋参丸的分店；随后又利用内地的科技人员优势，将产品向滋补食品类发展，先后开发出洋参精、洋参鸡罐头、冰糖燕窝、生精回春丸、一洲参茸丸、止咳丸等产品。这些产品是保健佳品，补身之药，借着"一洲"的名牌迅速推向市场，扩大了市场份额。

由以上的故事中我们可以得出，财商具有以下两种作用：

第一，财商可以为自己带来财富。

学习财商，锻炼自己的财商思维，掌握财商的致富方法，就是为了使自己在创造财富的过程中，少走弯路，少碰钉子，尽快成为富翁。一旦拥有了财商的头脑，想不富都难。

第二，财商可以助自己实现理想。

现在，在市场经济大潮的冲击下，许多人纷纷下海淘金，都想圆富翁梦，却又囿于旧思想、旧传统,找不到致富之门。财商理念就犹如开启财富之门的金钥匙,用财商为自己创富,就可以实现自己的理想。有了钱,相信干别的也会很顺利。

总之,财商可以带来财富,可以实现自己的理想,也就是说,你就是金钱的主人,可以按照自己的意志去支配金钱,这时,幸福感就会布满你全身,这就是财商的魅力。拥有财商,也就是拥有了一种幸福的人生。

有的人天生就有一个赚钱的脑子,生意上八面玲珑,如鱼得水。有的人则显得迟钝缓慢、处处受挫,对自己赚钱的能力产生了极大的怀疑,也就是他对自己的财商失去了信心。这些人抱怨自己天生就没有足够的财商是没有道理的。一个人的财商不是天生就有的,财商的多少,也就是一个人的财商指数,它取决于一个人在成功前吃了多少苦,精明的思考和接受教育的积累程度。打个比方说,就像把一个球放到水里,压得越深,最后的反弹越大。

在我们周围,大多数人陷入赚钱、失败、再寻找出路的怪圈中不能自拔,最主要的是没有真正学到关于金钱方面的知识。一般人每天的工作,大多是拼命地劳动挣钱,日复一日。他们聪明,才华横溢,受过良好的教育以及很有天赋,而对大脑经济潜能的开发几近于零。有些人的挣钱原则其实极为简单:稳定的工作压倒一切,而善于运用智慧、发挥财商的人则有远见得多,他们认为不断的学习才是一切。他们懂得"鸡孵蛋、蛋生鸡"的"钱生钱"理论。

我们应该有这样的决心,摒弃对金钱的恐惧和贪婪之心,让金钱为人工作,而不是像有些人那样成天生活在争取加薪、升迁或退休后的政府养老金的劳动保护之中。从这个角度而言,高财商的人不讳言金钱,却让金钱牢固地生根发芽直到逐步壮大,这种对挣钱所特有的激情和对金钱运转的眼光决定其成功的道路。

财商高者会找到平台去赚钱

平台是一个人赖以施展自己才能的地方,如果没有平台,再有思想的人,也只能望洋兴叹,感叹"英雄无用武之地"。因此,富有的人总会为自己建立起一个赚钱的平台。

人不满足于自己的处境,往往不是因为一日三餐吃不饱,而是不甘心于被人支配,想拥有更多的地盘、更多的资源,也想有更多的支配权。

人类社会中拥有在一定范围内的支配权的人,就像狼群的头领,地盘越大,支配权越大,生命就越成功。

这也就是为什么有人宁做鸡头不做凤尾。一只鸡虽渺小，但是作为一个独立的个体，鸡头可以决定一只鸡的生活方式。而凤尾不过是高级附庸，只占据配角位置，受制于凤头，服务于全体，作用并非举足轻重。

所以，富人都想当"头儿"，不管是鸡头还是凤头，因为只有这样才能拥有自己的地盘，才能成为富人。

有一个人一直想成功，为此，他做过种种尝试，但都以失败告终。为此，他非常苦恼，于是就跑去问他的父亲。他父亲是个老船员，虽然没有多少文化，但却一直在关注着儿子。他没有正面回答儿子的问题，而是意味深长地对他说："很早以前，我的老船长对我说过这样一句话，希望能对你有所帮助。老船长告诉我：要想有船来，就必须修建属于自己的码头。"

人生就是这样有趣。做人如果能够做到抛弃浮躁，锤炼自己，让自己发光，就不怕没有人发现。与其四处找船坐，不如自己修一座码头，到时候何愁没有船来停泊。

人这一生，身份、地位并不会影响你所修建的码头的质量。恰恰相反，你所修建的码头的质量反而会影响到你这里停靠的船只。你所修建的码头的质量越高，到这里停靠的船只就会越好，而且你修建的码头越大，停靠的船只也就会越多。

所以，一定要努力为自己修建一座高质量码头，要让别人为你挣钱。

否则，靠自己一双手，你就是累死也只能糊口。

要想在生意场上出人头地，唯一的办法，就是把碗做大。要不要把碗做大，是个战略问题；如何才能把碗做大，则是个战术问题。

人人都想让别人为自己赚钱，可是别人凭什么为你赚钱呢？人都不是傻子，他帮你做事，必定是有求于你。所以你得对别人有用。

不付出就不要想得到，你只知道自己挣钱，挣了钱就揣在兜里，生怕掏一分钱出来，你这一辈子就只是个打工的命。

穷人面临的问题首先是饥饿，长期在饥饿的状况下生存，久而久之养成了饥饿思维，哪怕有一天温饱问题已经解决，他的眼光还是在饭碗里打转。舍不得放弃月薪，是穷人的固有心理，从来都是从别人手里领钱，有一天要让钱从自己手里发给别人，那滋味确实是怪怪的。

但是迈不出这一步，你就永远不可能成为真正的富人。

法国商人帕克从哥哥那里借钱开办了一家小药厂。他亲自在厂里组织生产和销售工作，从早到晚每天工作 18 个小时，然后把工厂赚到的钱积蓄下来扩大再生产。几年后，他的药厂已经极具规模，每年有几十万美元的盈利。

经过市场调查和分析研究后，帕克觉得当时药物市场发展前景不大，又了解到食品市场前途光明，因为世界上有几十亿人口，每天要消耗大量的各式各样的食物。

经过深思熟虑后，他毅然出让了自己的药厂，再向银行贷了一些钱，买下了一家食品公司的控股权。

这家公司是专门制造糖果、饼干及各种零食的，同时经营烟草，它的规模不大，但经营品种丰富。

帕克掌控该公司后，在经营管理和行销策略上进行了一番改革。他首先将生产产品规格和式样进行扩展延伸，如把糖果延伸到巧克力、口香糖等多个品种；饼干除了增加品种，细分儿童、成人、老人饼干外，还向蛋糕、蛋卷等发展。接着，帕克在市场领域大做文章，他除了在法国巴黎经营外，还在其他城市设分店，后来还在欧洲众多国家开设分店，形成广阔的连锁销售网。随着业务的增多，资金变得更加雄厚，帕克又随机应变，把周边国家的一些食品公司收购，使其形成大集团。如果没有借钱开办的那个小药厂，帕克也许还只是个穷人。创建自己的平台，才能施展才华，走向成功。

这已经是一个知识经济的时代，富人赚钱，靠的是智力——用他的智力，操纵更多人的智力，为他所用。

但是要实现这样的操纵，必须得有个组织方式。

富人不需要赤膊上阵，他只需要一个平台，有了平台自然就有了上台表演的人。富人的平台，通常叫公司，有时也叫机构或者别的什么，总之是个组织。组织有自己的规章制度，也有奋斗目标，比如利润达到多少，进入世界多少强等等。

在组织里，每个人该干什么，不该干什么，什么时候干活，什么时候休息，干多少活，得多少报酬，犯什么错，受什么处罚，都规定得清清楚楚。有了这些目标和规定，穷人们的力量就能够拧成一股绳了，步调一致地把富人抬进更富的阶层。

当然，在这个过程中，也不只是某一个人富了。越大的富人，拥有越大的组织，组织内还有组织，层层相扣，层层领导。于是穷人又分成了一般穷人和高级穷人，高级穷人也就接近富人了。如此一层一层管理下去，秩序井然地创造财富。

很多富人不喜欢把组织说成"组织"，而喜欢说成"平台"，似乎这样更人性化。有了"平台"，在上面活动着的人似乎就成了主角，就有了主人翁的感觉，积极性当然就更高了。

如果你想以最小的投资风险换取最大的回报，就得付出代价，包括大量的学习，如学习商业基础知识等。此外，要成为富有的投资者，你得首先成为一个好的企业主，或者学会以企业主的方式进行思考。在股市中，投资者都希望在兴旺发达的企业里入股。

如果你具备企业家的素质，就可以创建自己的企业，或者像富人一样，能够分析其他企业的情况。但问题在于，学校把多数人培养成了雇员或自由职业者，但他们不具备企业家的素质和能力。正因为如此，非常富有的投资者才变得屈指可数。

富翁中约有80%的人都是通过创建公司，把公司当做平台而起家的。很多穷人为这些创建企业或投资于企业的人打工，然后惊异于雇主的巨额财富。究其原因，那就是企业家把金钱变作了资产。

也就是说，在企业所有者眼中，资产比金钱更有价值。因为投资者所要做的，正是把时间、投资知识、技能以及金钱花在可变为资产的证券上。就好像你投资一项不动产，比如出租房或者买股票一样，企业主则通过雇佣你来建立企业这项资产。穷人和中产阶级为了生计和金钱苦苦挣扎的主要原因，就在于他们认为金钱比资产更具有价值。

穷人和中产阶级看重金钱，但富人更看重资产。

穷人和中产阶级总是买一些不值钱的东西，他们白白糟蹋了金钱。与此同时，富人用金钱买公司、股票和不动产。

富人之所以不为金钱而工作，那是因为富人很聪明，他们知道钱币本身的价值在不断减小。如果你为挣钱拼命工作，而且不知道资产与负债、好证券与坏证券之间的差别，那么这一辈子你都别想变富。很多工作最卖命、得到报酬却最少的人总是在遭受货币贬值之苦。由于金钱的价值逐日减少，所以，每一个有经济头脑的人都会不断地寻找具有真正价值的、能带来更多金钱的东西。如果不这样做，你永远都会在经济上处于落后地位，而不是走在前面。

致富的要诀就是不要绞尽脑汁去生产最好的产品，而是要集中精力去重视创办一家公司，以便你能在其中学会怎样成为一位卓越的企业家。

建立起一个平台，然后在这个平台上施展自己的才华，你很快就能成为亿万富翁。

富人最富的是"思考"

富人为什么能成功？思考也是其中一个重要的因素，富人都善于努力思考，思考为他们带来了巨额的财富。

为什么演艺明星、社会名流、商业巨子以及那些虽无众人皆知的成就但却实现了自己人生价值的人们能取得大大小小的成功？原因就是他们有独特的思考技巧。

所以，从成功这个意义上说，人的成就首先是"想"出来的，是在正确思考后，并采取行动干出来的。想就是思考。

思考是大脑的活动，人的一切行为都受它的指导和支配。思考虽然看不见、摸不到，但它真实地存在着。有什么样的思考方式，就会有什么样的命运。如果你的思考和自信、成功、乐观联系在一起，那么你会有一个圆满的人生；如果你总是想到自卑、失败、忧愁，总是小心翼翼、蹑手蹑脚，那么你的命运也不会好到哪里去。

成功人士为什么会成功？说到底是因为他们具有独特的思考技巧，是思考决定了他们的成功。

人类思考是一种理性的劳动。学而不思，死啃书本，其结果只能是学一是一、学一知一，不能达到举一反三、触类旁通的境界，最后不是故步自封、掉进教条主义的泥坑，就是变成死抠字句、思想僵化的书呆子。

所以，在成功人士看来，能够用自己的脑子整合别人的知识也是一种思考的技巧。

28岁时，霍华德还在纽约自己的律师事务所工作。面对众多的大富翁，霍华德不禁对自己清贫的处境感到辛酸。他想，这种日子不能再过下去了。他决定要闯荡一番。有什么好办法呢？左思右想，他终于想到了借贷。

这天一大早，霍华德来到律师事务所，处理完几件法律事务后，他关上大门到街对面的一家银行去。找到这家银行的借贷部经理之后，霍华德声称要借一笔钱修缮律师事务所。在美国，律师是惹不得的，他们人头熟、关系广，有很高的地位。因此，当他走出银行大门的时候，他的手中已握着1万美元。完成这一切，他前后总共用了不到 1 个小时。

之后，霍华德又走了两家银行，重复了刚才的手法。霍华德将这几笔钱又存进一家银行，存款利息与它们的借款利息大体上也差不了多少。只几个月后，霍华德就把存款取了出来，还了债。

这样一出一进，霍华德便在上述几家银行建立了初步信誉。此后，霍华德便在更多的银行进行这种短期借贷和提前还债的交易，而且数额越来越大。不到一年，霍华德的银行信用已十分可靠了，凭着他的一纸签条，就能一次借出 20 万美元。

信誉就这样出来了。有了可靠的信誉，还愁什么呢？不久，霍华德又借钱了。他用借来的钱买下了费城一家濒临倒闭的公司。10 年之后，成了大老板，拥有资产 1.5 亿美元。

一个人所有的观念、计划、目的及欲望，都起源于思想。思想是所有能量的主宰，适度地运用还可以治愈慢性的疾病。思想是财富的源泉，不论是物质、身体还是精神方面。人类追求世界上的财富，却浑然不觉财富的源泉早就存在自己的心中，在自己的控制之下，等待发掘和运用。

保罗·盖蒂年轻的时候买下了一块他认为相当不错的地皮，根据他的经验和判断，这块地皮下面会有相当丰富的石油。他请来一位地质学家对这块地进行考察，专家考察后却说："这块地不会产出一滴石油，还是卖掉为好。"盖蒂听信了地质专家的话，将地卖掉了。然而没过多久，那块地上却开出了高产量的油井，原来盖蒂卖掉的是一块石油高产区。

保罗·盖蒂的第二次失误是在 1931 年。由于受到大萧条的影响，经济很不景气，股市狂跌。但盖蒂认为美国的经济基础是好的，随着经济的恢复，股票价格一定会大幅上升。于是他买下了墨西哥石油公司价值数百万美元的股票。随后的几天，股市继续下跌，盖蒂认为股市已跌至极限，用不了多久便会出现反弹。然而他的同事们却竭力劝说盖蒂将手里的股票抛出，这些对大萧条极度恐惧的人们的好心劝说终于使盖蒂动摇了，最终他将股票全数抛出。可是后来的事实证明，盖蒂先前的判断是正确的，这家石油公司在后来的几年中一直是财源滚滚。

保罗·盖蒂最大的一次失误是在 1932 年。他认识到中东原油具有巨大的潜力，于是派出代表前往伊拉克首都巴格达进行谈判，以取得在伊拉克的石油开采权。和伊拉克政府谈判的结果是他们获取了一块很有前景的地皮的开采权，价格只有 10 万美元。然而正在此时，世界市场上的原油价格出现了波动，人们对石油业的前景产生了怀疑，普遍的观点是：这个时候在中东投资是不明智的。盖蒂再一次

推翻了自己的判断，令手下中止在伊拉克的谈判。1949年盖蒂再次进军中东时，情况和先前已经大不相同，他花了1000万美元才取得了一块地皮的开采权。

保罗·盖蒂的3次失误，使他白白损失了一笔又一笔的财富。他总结说："一个成功的商人应该坚信自己的判断，不要迷信权威，也不要见风使舵。在大事上如果听信别人的意见，一定会失败。"

在以后的岁月中，保罗·盖蒂坚持"一意孤行"，屡战屡胜，最终成为全美的首富。

在思想的竞争中，贫富机会是完全均等的。发掘能赚钱的创新意念，这是大多数人创造财富的一条通路。每个人的心里都包含着潜在的巨大能量。它比阿拉丁神灯的所有神灵更为强大，那些神灵都是虚构的，而你酣睡的巨人却真实而可触摸。创意思考的目的，就是要唤醒你内心酣睡的巨人。

发明家爱得雯·南得是世界上最富有成果的企业家之一，他所获得的专利权近300项。如果你在他的公司创立初期买进100美元股票，那么30年后的今天你便可获得20万美元的收益。但谁也不会想到，南得连一张大学文凭都没有，他是怎样走上创富之路的呢？

南得原来是哈佛大学的一名学生，一天傍晚他过马路时，被从他面前驶过的汽车车灯刺得睁不开眼。就是这几束光芒，唤醒了南得的灵感：发明一种车灯，让它既能照亮前面的路，又不刺激行人的眼睛，岂不是两全其美？说干就干，南得第二天就办了休学手续，开始了偏光车灯的创造发明。

辛苦一年，第一块偏光片终于制成了。但当南得申请专利时，他发现已有4人申请了此项专利。南得并未气馁，埋头继续进行改进研究。3年后，功能更为完善的偏光片研制成功，专利局最终把这项专利授予了南得。又过两年，南得争取到了40万美元的风险投资，世界上第一家车灯制造公司随之宣告成立。通过6年的不懈努力，南得终于实现了他的梦想，将他发明的车灯装到了大部分美国人的车上。

车灯的上市给南得带来了可观的利润，但南得创新的脚步并未停下。几年后，立体电影轰动了世界，但观众必须戴上南得公司生产的眼镜才能入场，南得又在这个项目上大捞了一把。

正是思考的力量，使南得走上了成功和致富的道理。

大卫和约翰一同外出游玩。到了目的地后，大卫在酒店里看书，约翰便来到熙熙攘攘的大街上闲逛，忽然他看到路边有一个老妇人在卖一只玩具猫。

那老妇人告诉他，这只玩具猫是她们家的祖传宝物，因为家里儿子病重，无钱医治，才不得已要将此猫卖掉。

大卫随意地抱起猫，猫身很重，似乎是用黑铁铸造的。然而，聪明的大卫一眼便发现，那一对猫眼是用珍珠做成的。他为自己的发现狂喜不已，便问老妇人："这只猫卖多少钱？"

老妇人说："因为要为儿子医病，所以 3 美元便卖。"

大卫说："那么我就出 1 美元买这两只猫眼吧。"

老妇人在心里合计了一下，认为也比较合适，就答应了。大卫欣喜若狂地跑回旅店，笑着对正在埋头看书的约翰说："我只花了 1 美元，竟然买下了两颗大珍珠，真是不可思议！"

约翰发现这两个猫眼的的确确是罕见的大珍珠，便问大卫是怎么回事，大卫把自己买猫眼的事情讲给他听。听了大卫的话，约翰眼睛一亮，急切地问："那位老妇人现在在哪里？"

约翰按照大卫讲的地址，找到了那位卖猫的老妇人。他对老妇人说："我要买那只猫。"

老妇人说："猫眼已经被别人先行买去了，如果你要买，出 2 美元就可以了。"

约翰付了钱，把猫买了回来。大卫嘲笑他道："兄弟呀，你怎么花 2 美元去买这个没眼珠的猫呢？"

约翰却坐下来把这只猫翻来覆去地看，最后，他向服务员借了一把小刀，用小刀去刮铁猫的一个脚，当黑漆脱落后，露出金灿灿的黄金，他高兴地大叫道："大卫你看，果不出我所料，这猫是纯金的啊！"

我们可以想象，当年铸这只猫的主人，一定是怕金身暴露，便将猫身用黑漆漆了一遍，就如同一只铁猫了。见此情景，大卫后悔莫及。

约翰笑道："你虽然能发现猫眼是珍珠，但你却缺乏一种思维的联想，分析和判断事情还不全面；你应该好好想一想，猫眼既然是珍珠做成的，那么猫的全身会是不值钱的黑铁所铸的吗？"

在钟表发明以前，人们往往用一种叫沙漏的东西来计时。所谓沙漏，就是在一个容器内装入一些沙，让沙从上往下漏。根据沙向下漏了多少，便能看出时间过去了多久。这种计时器，世界各国都早已不再使用了。前些年，日本有一个叫西村金助的人仍在从事沙漏的制作，但主要是作为一种玩具。由于销量越来越少，使他日益陷入困境。有一天，他看见一本关于赛马的书上写着这样的话："在今天，马虽然已经失去了运输的功能，但在赛马场上它却又以具有娱乐价值的面目出现。"这使他思想上受到启发。他决心从新的角度来思考沙漏的作用，寻找沙漏的新用途。他想呀想呀，一连苦思冥想了好几天，终于想出了沙漏的一种新功能：制作了固定时限的小沙漏，将它安放在电话机的旁边。这样，打电话，特别是打长途电话，便能更好地控制时间，以节约电话费用。同时，由于它小巧玲珑，也可以作为一种小摆设、小装饰品。这种简单、价廉、美观、实用的小沙漏，一上市就销路大好，一个月的销售量就达到了几万个。这使得西村金助获得了巨额的财富。

所以，思考是一个人所能拥有的最直接的财富。

成功和失败的分水岭往往就是我们没有去思考，而有的人去思考了、去努力了，然后成功了。平庸的人只知道埋头苦干，而成功的人却能"投机取巧"，努力提高自己的思考能力或者总结经验，对发现商机的来源来说是很重要的。

我们所谓的思考，并不见得一开始就要赚取大量的财富，而是要真正学会培养无限的思考方式，让你的思维永远充满着非凡的创造力。它让你想像自己拥有一切可能拥有的事物。不要去艳羡别人的财富，因为他的财富多，而我们总会有更多的财富，或以更好的方式来获得财富。将梦想的事物带给自己，相信你会做得更为出色。

从某种意义上说，思考就是要调动那些站在你和目标之间的门卫，他们沿途拦截，每一位都有权决定你事业与人生的走向。思考首先要确定或设立一个可以达到的目标，然后从目标倒过来往回想，直至你现在所处的位置，弄清楚一路上要跨越哪些关口或障碍、是谁把守着这些关口。

在人生的征途中，要用富人的思维来助你一臂之力。

萧伯纳说过："人们在看事物时都视为当然，说道，'有什么奇怪的？'我从来不把事物视为当然，反倒问道，'为什么我要这样子？'"当我们看到有些人做出不凡的成就时，往往会认为他们不是走运便是天生命好，却很少有人会想到是那些人善用脑力的结果。你可能不知道我们头脑运作的速度快过地球上最超级的电脑，那样快的速度已不是十亿分之一秒所能衡量的，若是想把你脑中的资料储藏起来，不动用那两幢高逾百层的摩天大楼是不够的。这块只不过1千克重的"白豆腐"，却能够在转瞬之间供给你面对任何环境所需要的资料，其能力远远超过人世间各种骇人的科技。一部电脑不管它的容量有多大，若是使用的人不知道如何存取其中的资料，那么这部电脑对他来说只是一堆废铁。要想利用电脑中所储存的资料，首先你一定得懂得如何下正确的指令，同样的道理，若是你想从自己的头脑资料库中取得所需要的资料，那么你要下的指令是什么呢？就是提出正确的问题，学会思考。唯有能提出好的问题，学会思考，才能得到好的答案。

亿万富翁亨利·福特说："思考是世上最艰苦的工作，所以很少有人愿意从事它。"成功学大师拿破仑·希尔在《思考致富》一书中说，如果你想变富，你需要思考，独立思考而不是盲从他人。富人最大的一项资产就是他们的思考方式与别人不同。

"你的头脑就是你最有用的资产。"成功者从不墨守成规，而是积极思考，千方百计来对方法和措施予以创造性的改进。如果你一味地只做别人做的事，你最终只会拥有别人拥有的东西。最努力工作的人最终绝不会富有。学会思考吧，每一天 1440 分钟，哪怕你用 1% 的时间来思考、研究、规划，也一定会有意想不到的结果出现。

穷人穷思想

美国人罗伯特先生所著的《富爸爸，穷爸爸》一书中，穷爸爸受过良好的教育，聪明绝顶，拥有博士的光环，他曾经在不到两年的时间里修完了 4 年制的大学本科学业，随后又在斯坦福大学、芝加哥大学和西北大学进一步深造，并且在所有这些学校都拿到了金奖。他在学业上都相当成功，一辈子都很勤奋，也有着丰厚的收入，然而他终其一生都在个人财务的泥沼中挣扎，被一大堆待付的账单所困。

穷爸爸生性刚强、富有非凡的影响力，他曾给过罗伯特许多的建议，他深信教育的力量。对于金钱和财富的理解，穷爸爸会说："贪财是万恶之源。"在很小的时候，穷爸爸就对他说："在学校里要好好学习喔，考上好的大学，毕业后拿高薪。"穷爸爸相信政府会关心、满足你的要求，他总是很关心加薪、退休政策、医疗补贴、病假、工薪假期以及其他额外津贴之类的事情。他的两个参了军并在 20 年后获得了退休和社会保障金的叔叔给他留下了深刻的印象。他很喜欢军队向退役人员发放医疗补贴和开办福利社的做法，也很喜欢通过大学教育继而获得稳定职业的人生程序。对他而言，劳动保障和职位补贴有时看来比职业本身更为重要。他经常说："我辛辛苦苦为政府工作，我有权享受这些待遇。"

当遇到钱的问题时，穷爸爸习惯于顺其自然，因此他的理财能力就越来越弱。这种结果类似于坐在沙发上看电视的人在体质上的变化，懒惰必定会使你的体质变弱、财富减少。穷爸爸认为财商高的人应该缴纳更多的税去照顾那些比较不幸的人，并教导罗伯特先生："努力学习能去好公司。"还说明他不富裕的原因是因为他有孩子，他禁止在饭桌上谈论钱和生意，说挣钱要小心，别去冒风险。他相信他的房子是他最大的投资和资产，对于房贷，他是在期初支付的。

穷爸爸努力存钱，努力地教罗伯特怎样去写一份出色的简历以便找到一份好工作，他还经常说："我从不富有，对钱没有兴趣，钱对于我来说并不重要。"他很重视教育和学习，希望罗伯特努力学习，获得好成绩，找个挣钱的工作，能够成为一名教授、律师或者去读 MBA。

尽管这种思想的力量不能被测量或评估，但当罗伯特先生还是小孩子的时候，就已经开始明确地关注自己的思想以及自我的表述了，并注意到了穷人之所以穷，不在于他挣到的钱的多少，而在于他的思想和行动。一直到后来，罗伯特先生都这样认为，穷人之所穷，那是穷于他的思想。

富人富理念

富爸爸没有毕业于名牌大学，他只上以了八年级，而他的事业却非常成功，一辈子都很努力，他成为了夏威夷最富有的人之一，他一生为教堂、慈善机构和家人留下了数千万美元的巨额遗产。

富爸爸在性格方面生性也是那样的刚强，对他人有着很大的影响力，在他的身上，罗伯特先生看到了财商高的人的思想，同时带给了自己许多的思考、比较和选择。

迄今为止，在美国的学校里仍没有真正开设有关"金钱"的课程。学校教育只专注于学术知识和专业技能的教育和培养，却忽视了理财技能的培训。这也解释了为何众多精明的银行家、医生和会计师们在学校时成绩优异，可一辈子还是要为财务问题伤神；国家岌岌可危的债务问题在很大程度上也归因于那些作出财务决策的政治家和政府官员们，他们中有些人受过高等教育，但却很少甚至几乎没有接受过财务方面的必要培训。

富爸爸对罗伯特的观念产生了巨大的影响，同时，他时常说："脑袋越用越灵活，脑袋越活，挣钱就越多。"在他看来，轻易地就说"我负担不起"这类话是一种精神上的懒惰。当他遇到钱的问题时，他总是想办法去解决。长此以往，他的理财能力更强了。这种结果类似于经常的体育锻炼可以强身健体，经常性的头脑运动可以增加自己获得财富的机会。富爸爸与穷爸爸在观念上的差异很大，富爸爸说："税是惩勤奖懒。"并教导罗伯特努力学习之后，能发现并将有能力收购好公司，他一直认为，他必须富的原因是我有孩子。他在吃饭时鼓励孩子谈论钱和生意，并教他们如何管理风险。他认为房子是负债，如果认为自己的房子是最大的投资，那么自己会有麻烦了，他是在期末支付贷款的。

在经济上他完全信奉经济自立，他反对那种"理所应当"的心理，并且认为正是这种心理造就了一批虚弱的、经济上依赖于他人的人，他提倡竞争、不断地投资，并教罗伯特写下了雄心勃勃的事业规划和财务计划，进而创造创业的机会。富爸爸总是把自己说成一个财商高的人，他拒绝某事时会这样说："我是一个财商高的人，而财商高的人从来不这么做。"甚至当一次严重的挫折使他破产后，他仍然把自己当作财商高的人。他会这样鼓励自己："穷人和破产者之间的区别是：破产是暂时的而贫穷是永久的。"他永远相信：金钱是一种力量，一种思想，他鼓励罗伯特去了解钱的运动规律并让这种规律为自己所用。

罗伯特9岁那年，最终决定听从富爸爸的话并向富爸爸学习挣钱。同时，罗伯特决定不听穷爸爸的，因为，虽然他拥有各种耀眼的大学学位，但不去了解钱的运转规律，不能让钱为自己所用也没用的。罗伯特明白了，富爸爸之所以富，那是他拥有不一样的理财理念。

·第2课·

钱为我用：做金钱的主人，不做金钱的奴隶

财商高的人不光用眼睛看钱

穷人认识不到金钱的实质意义，他们认为金钱是维持自己生存的不可缺少的东西，常常因为贪婪而沦为金钱的奴隶。而财商高的人虽然认为金钱在人生中扮演着重要的角色，但他们对金钱在人生中的地位有一个理性的认识。财商高的人认为不能光用眼睛看钱。

◆ 金钱不能给我们带来完美的人生

在现实生活中，人有正邪之分，事物也有正邪之别，做生意更有正邪之道的不同。对于那些走私贩毒、拐卖人口，甚至非法买卖人体器官的邪恶勾当，我们称之为走邪道。这是一种充满罪恶的肮脏的黑色交易。人们口中所称的脏钱、黑钱、臭钱，大都是指这种来路不明的金钱。

如果说权钱交易给人们带来的是一种罪恶之感的话，那么这种邪道的黑色交易还要加上一个更为直接的厌恶、痛恨之情。因为前者不仅是普通老百姓管不了也无法管的事，而且其危害尽管巨大，但往往并不和他们发生直接的关系。后者就不同了，毒品、人口，以及器官的非法买卖，活生生地发生在普通人中间，给他们的家庭、个人都曾造成了有目共睹的无数人间悲剧。

近年来，吸毒已越来越成为世界各国都甚感头痛的严重社会问题。无论是在家中、酒吧间、夜总会，还是在校园乃至军营里，人们都能见到吸毒者的身影。当然，绝大多数吸毒者的下场都是极其可悲的，请看某报社的一则报道：

女青年劳妮，幼时丧母，从小缺少家庭温暖。14岁时，她与一个常注射海洛因的男孩子混在一起，后来自己也抽上了大麻。初中毕业后，她进入了一个售货员职业学校，但不久就离开了，并经常在吸毒者中鬼混，有时还盗窃，参加贩毒，过着放荡的生活。

出卖自己的亲生子女，无疑是一种残忍的行为，然而对难以生存下去的父母来说，这也是一件迫不得已的无奈之事。

在印度的许多城市中的贫民窟里，聚居着许多贫困的多子女家庭，他们无法抚养许多小孩，只好将其中的一个或几个孩子卖到国外去，一来减轻家庭的负担，二来也好让孩子有个活命之路。人贩子早就盯上了这种有利可图的"生意"，非法从事着人口交易。不久前，在印度某市的一所房子里，警察发现了20个婴儿，他们是人贩子从行乞讨饭的母亲们那里廉价买来的，正准备送往其他的国家。这批孩子如果被贩卖出去，人贩子头目将获利3.5万元。

出卖自己身体上的器官，同样也是一件惨不忍闻的事情。

肾脏是人身体中最重要的器官之一，换取一个新的肾脏，也就等于获得了新的生命。但是，合法的医学移植所能提供的肾脏远远满足不了需要，于是肾脏成了可居的奇货，进入了黑社会或黑市交易市场。一些因急需钱用的穷人，被迫走上出卖自己肾脏的道路。

在印度，由于风俗习惯和宗教等原因，禁止买卖肾脏。人贩子就把出售者一起带到美国，再做肾脏移植手术。一只活肾脏，通常的交易金额是7000美元左右。也有一些私人医生，非法为人摘除肾脏，偷偷买下，再高价走私出口。

在欧洲的一些国家，由于黑社会组织参与了肾脏走私，因此，这项罪恶的活动更为猖獗。当一些欠债的人无法偿还高利贷债务时，黑社会组织就强迫他们出卖自己的肾脏抵债。

吸毒者为吸毒而盗窃筹钱，出卖自己的孩子和肾脏者因生活逼迫用小孩、肾脏来换钱，毒贩、人口贩、器官贩子则将毒品、小孩、肾脏作为"商品"来牟取巨额的金钱。钱，钱，钱，一切似乎都因钱而起、因钱而生。即使他们拥有足够的钱，但这样的钱能为自己的人生带来幸福吗？当自己用到这些黑钱的时候，自己的灵魂能够得到安抚吗？

因此，金钱仅仅是为目标而奋斗的产物，企图在一夜之间就能发财，这是不现实的，有这种念头的人无异于掉进深渊无法自拔。仅仅崇拜金钱是毫无意义的，财商高的人认为：金钱并不能给自己完美的人生。

◆ 金钱不等于财富

财商高的人认为财富与金钱之间有一定的区别，一个人最重要的是要在人格上能够建立起巨大的财富，有了这个资本，才能够建立金钱的财富。人们应该体会到财富的心理根源，而不是只看到纸币。其实，金钱并不能使人真正的富有，一个人要想拥有真正的财富，必须要有内在的支撑金钱的东西。

财商高的人非常热爱知识，是因为在他们看来，知识是惟一的永远也夺不走的财富。在这个世界上，什么都是不重要的，世俗的权威不重要，金钱不重要，只有知识才是最重要的。权威失去了人们的拥戴和支持就不能形成，金钱也会随着时间发生变化，而知识是你生存和发展的可靠的保证。因此，惟一可以带走的是知识，是毫不夸张的。

在犹太人中，母亲常常会问她们的孩子："假如有一天，你的房子被火烧了，你的财产也被抢光了，你会带着什么逃跑呢？"

如果孩子们回答是"钱"或者是"钻石"的话，他们的母亲就会进一步地问："有没有一种东西比钻石更重要，它没有形状、没有颜色、没有气味，你们知道是什么东西吗？"

孩子回答不上来，母亲就会说："孩子，你们带走的东西，不应该是钱，不应该是钻石，而应该是知识。因为知识是任何人也抢不走的，只要你还活着，知识就永远跟着你，无论你逃到什么地方都不会失去它。"

不可否认，现在的人们靠其高素质的文化，在择业和创收方面胜人一筹，如果在经商中巧用谋略那就更妙了。以美国为例，据统计，一个高中毕业生一辈子靠打工收入，比一个同样工种的初中毕业生多挣10万美元；一个大学毕业生又要比一个高中毕业一辈子多挣20万美元。而在美国总人口中，高中毕业只占35%，大学毕业占17%。这个文化水平的群休差异，使在美国的大学毕业生的收入就比美国全国平均收入高不少。

财商高的人把知识视为财富，认为"知识可以不被抢夺且可以随身带走，知识就是力量"，所以他十分重视教育。

有统计结果表明：最近十多年来的工业新技术，有30%已与时代要求不相适应了。电子产品的寿命周期也越来越短。当今世界的经济和科技的发展趋向全球化，知识型经济成为争夺相对经济优势的主要手段。在这样多变的世界里，任何故步自封、因循守旧、缺乏远见和不求上进的人，命运中将注定失败。许多人深明大义，不但自己学习努力、自觉接受新的知识，对后代的培养更为倾心，为培养他们成为文化素质较高的人才不遗余力。的确，财商高的人的观念是正确的，他们把金钱只看作财富的一方面，而不是财富的全部。

◆ **金钱并非真实的资产**

在财商高的人的眼里，金钱不是真实的资产。现代社会中我们所见到的金钱都是由中央银行统一发行的纸币，其本身并不具有真正的价值，只是国家规定通行的货币符号，充当交换的媒介而已。因此，财商高的人深深地知道，不能把过多的现金留在身上，相反，他们把现金变成真实的资产。

然而，在中产阶级与穷人的眼中，金钱是真实的资产，拼命工作去赚那些并不多的薪水，把钱存入银行，他们心想钱是神圣的，是永恒不变的东西。

20世纪50年代，具有"洋杂大王"称号的郭得胜，就拥有了自己的商行，但他并不认为金钱就是真实的资产，于是他又投身于其他行业的经营与投资，不断地扩大自己的资产。从此他走向上了一条辉煌的创业之道。

郭得胜有着与其他成功人士相似的经历：幼年时他生活在中山老家，在私塾受教育。小学毕业后，跟父亲经营洋杂批发，逐渐地把生意扩展。这段经历对郭得胜十分宝贵，使他从少年时就开始了商业实力训练，学到了一些做生意的本领。

日本侵华期间，郭得胜与家人逃难到澳门，在那里开设了"信发百货商行"。战后，他与家人在香港定居，在上环开办了鸿兴合记商行，批发洋杂及工业原料。1952年商行改称为鸿昌进出口有限公司，专事洋货批发，销售网遍及东南亚，郭得胜也因此赢得"洋杂大王"的称号。

洋杂生意使郭得胜掘得了第一桶金，但他事业的真正转折点却始于取得日本YKK拉链的独家代理权，当时在港经营洋杂生意的不在少数，但只有郭得胜情有独钟地去争取YKK拉链的代理权，这不能不归功于郭氏的敏锐——他如灵狐一般游走于商界各类人士之间，随时准备着把握迎面而来的机遇。

人们常说，机遇只属于那些有准备的人，确实如此。20世纪50年代至70年代，拉链大行其道，所有成衣及布袋都以拉链取代原有的纽扣。加上香港当时制衣业增产迅猛，产量呈逐年递增趋势，成衣制品开始走俏于欧美，对拉链的需求量就更是逐年增长。但一般的洋杂商人并没有注意到这一点，准备不足。同时也是因为拉链这东西太小，容易被忽视。但郭得胜却早就看出了这个苗头，而且不是看到拉链才联想到成衣，而是看到成衣后联想到了拉链。为了能借这一发现大发横财，郭得胜没有冒进，而是事先做好准备——利用多年干洋杂生意的关系建立起一个庞大的零售网络，这个网络延伸至东南亚各地。这些举动，就是为了赢得 YKK 拉链在港的独家代理权而预设的铺垫。

综观世界商品业巨头的发迹史，他们的发展往往不是量的逐渐积累和发展，而是突进和突起。这需要有惊人的敏锐，才能把握随时可能降临的机遇，而郭得胜堪称这方面的奇才，他对机遇的把握看上去近乎一种本能，因而才获得了日本 YKK 拉链在香港的独家经销权。在 20 世纪 60 年代，他每年经营拉链的营业额超过 1000 万元。当时不仅香港的需求量大得惊人，就连东南亚一些国家和地区，也因轻工业的发达而需要大量的拉链。小小拉链，一下子把郭得胜的事业拉上了一个新的台阶，已经不是经营洋杂的其他香港商行所能望其项背的了。此时同行们也明白，洋杂行再也拴不住郭得胜，他要飞出去了。

然而，郭得胜飞黄腾达后，并不以此为满足。1958 年，他雄心勃勃地向地产及建筑业进军，与李兆基、冯景禧成立永业公司，时人称之为"三剑客"。郭得胜先是买入一些小地盘及旧楼拆卸重建，其后购入沙田酒店，获利颇丰，永业公司迅速壮大。经营永业公司使郭得胜体会到，要在地产上大干一番，非得有庞大的资金不可，于是他在 1963 年与李兆基、冯景禧组成新的鸿基企业有限公司。那时，办事处设在士丹利街 16 号 3 楼的一层楼宇内，职员仅十余人。三大股东十分勤奋，每天工作十五六个小时。

由于曾经营洋杂货，郭得胜对香港工业了解颇深，他明白香港的山寨工厂占九成，他们对小厂房需求甚殷，于是他大建工业楼宇，将其分层出售，并提供 10 年分期付款计划，结果一击中的，在地产界站稳了脚。其后，他又率先提供长期的分期付款买楼服务，此举大受山寨式小厂家的欢迎，他们宁愿购入工业大厦，也不愿在租约期满时因大幅加租令成本失去预算。结果，新鸿基企业有一段时间雄霸了工业楼宇的市场。郭得胜在紧随而至的地产低潮时期看准了机会，以低价大量收购土地，然后在市场复苏后高价出售，赢得厚利。1970 年，香港地产高潮再起，新鸿基业已发展成为一家颇具规模的大地产公司。

1970 年，冯景禧率先退出新鸿基企业，自行投资证券业务。1972 年，郭得胜和李兆基趁地产股票投资热潮，分别将"新鸿基地产"和"永泰建业"上市。次年，市民陷入疯狂抢购股票的风潮，股价之高令人吃惊，郭得胜与李兆基遂趁高潮套现，一下子就赚得了一生也用不尽的财富。

股灾过后，郭得胜成为新鸿基地产最大的股东，并逐渐将它发展为一个多元化的地产集团，除经营地产外，还经营保险、财务、物业管理、投资控股、交通以及建设业务。到 20 世纪 80 年代，新鸿基已稳坐香港地产界第三把交椅，他成为香港资产总额靠前的财商高的人。

财商高的人从来不对金钱产生依赖感，因为在他们看来，金钱不是真实的资产，只是一种符号。财商高的人不为钱工作，他们认为金钱仅仅是一纸协议而已。或者说，财商高的人在运作资本时，金钱只是协议书上的符号，并不存在实际意义，而真正具有实际意义的是金钱代表的资产。穷人之所以穷，就是没有看透这一点。尽管金钱只是没有价值的符号，但不意味着我们要鄙视金钱，金钱的出现是人类社会巨大的进步，大大地促进了人类社会的繁荣。

因此，财商高的人认为金钱是一匹活跃的赛马，它总是不停地运动。时间、效率、总金额、现金流量、通货膨胀和风险等混合在一起，形成一直流动的趋势。无论你是否选择它们并试图影响这种趋势，它们仍将一直运动。

假如你拿 1 万美元或 1 万人民币并将它埋在后院 10 年，试想一下，把它挖出来时，它能买到和现在一样多的物品吗？显然不能，我们必须认识到这种流动性总会影响着金钱，金钱将永远不会停止流动。

从这个意义上，金钱是一匹活跃的赛马，它强壮无比，一直不停地运动。但是，除非这匹赛马被你驯服，否则它会把你拖向失控和危险的境地。

记住：金钱并非是真实的资产，我们要努力让金钱运动，使它成为真实的资产。

如果你不果断地采取控制金钱的措施，那么反过来它就会影响你。金钱是一匹活跃的赛马，只有善于驾驭的骑手才能骑上它飞奔。

◆ 金钱是精神、文化的一部分

理财专家认为，金钱世界是由人类学、心理学、历史、政治和财经智商等主要成分共同组合而成。他们认为金钱不单是经济和商业构想或利益的产物，更是能满足个人与大众情感、思想与行为的动力。金钱不仅仅与物质生活密切相关，同时也构成了精神、文化的一部分。金钱令人爱也令人恨。金钱能够满足人的物质上的需要，同时也能使人变得贪婪。一个人也许在其他方面能够保持理智，可是在面对金钱时却往往把持不住，迷失方向。在金钱面前，人们会变得目光短浅，看不到长远的利益。由此，我们认为，对金钱应该持有正确的态度，了解金钱的真正意义是什么。

财商高的人认为，钱来了又去，但如果你了解钱是如何运转的，你就有了驾驭它的力量，并开始积累财富。光想不干的原因是绝大部分人接受学校教育后，却没有掌握金钱真正的运转规律，所以他们终生都在为金钱而工作。观念对人的一生有着决定性的影响。穷人常说"我可付不起"这样的话，而财商高的人则禁止用这类话，他们会说："我怎样才能付得起呢？"这两句话，一个是陈述句，另一个是疑问句，一个是放弃，而另一个则促使你去想办法。这里强调的是要不断地锻炼你的思维——实际上人的大脑是世界上最棒的"计算机"。财商高的人认为，"脑袋越用越活，脑袋越活，挣钱就越多"。在他们看来，轻易就说"我负担不起"这类话是一种精神上的懒惰。"为你的财务负起责任或一生只听从别人的命令，你要么是金钱的主人，要么是金钱的奴隶"。

显然，这就是富人和穷人对金钱思考模式的差异。因此，我们可以看到，像比尔·盖茨这样的财商高的人，他们对金钱运用自如，成了金钱的真正主人。

当媒体巨子泰德·特纳捐款 10 亿美元给联合国的时候，他呼吁世界最富有的人，特别是沃伦·巴菲特和比尔·盖茨，也能像他这么慷慨解囊。在他们心中，用金钱产生良好的效应，资助于世界的精神文化是一个很好的主意。

比尔·盖茨接受著名记者芭芭拉·沃特丝主持的 20/20 电视访谈节目专访的时候表示，他觉得，他还能活很多年，可慢慢积累财富，并且规划自己的慈善行动："我很高兴泰德·特纳捐赠那 10 亿美元。当然，我的捐款会跟特纳的捐款同等级——并且更胜一筹。"

被特纳的发言人指责后两个月，比尔·盖茨捐出价值 120 万美元的电脑设备给 6 所传统上招收黑人学生的大专院校，校址邻近亚特兰大——特纳的居住地。这批软、硬件赠予克拉克亚特兰大大学、莫尔豪斯学院、佩恩学院、斯培尔曼学院、莫里斯布朗学院以及不同教派神学中心。比尔·盖茨的一位发言人说："比尔·盖茨已经捐赠超过 2.7 亿美元。这不是新鲜事儿。这与泰德·特纳无关。"

比尔·盖茨在《福布斯》杂志 1997 年慷慨捐献排行榜上名列第四。泰德·特纳的联合国捐赠使他荣登榜首。那一年比尔·盖茨的捐献额达到 2.1 亿美元，都是捐给他最喜爱的公益活动。

湖畔中学筹募建设新大楼资金时，比尔·盖茨与保罗·艾伦支付 220 万美元，兴建了一栋教学与科学大楼，称为艾伦盖茨楼。

有时候，一个小型但很重要的公益活动能引起比尔·盖茨的注意。在人口仅 270 人的内布拉斯加州格伦维尔村里，居民收集汽水罐并且举办运动比赛，设法募集两万美元的资金，把一个从前的学校运动场改建为公园。募款委员会也请求比尔·盖茨及其他财商高的人捐款，并解释说，格伦维尔村的儿童需要一个聚会场所，并且希望帮助解决好吸毒和酗酒方面的问题。

比尔·盖茨寄了一张 5000 美元的支票，附带一封信，说明他通常不回应向他要钱的请求，可是委员会的解释令他感动。

比尔·盖茨写道："这些问题不再是大城市的问题，却逐渐成为乡村社区令人担忧的问题。"

比尔·盖茨索取一张免课税收据，委员会照办。

图书馆通常因比尔·盖茨慈善捐助而受益。他捐出 1200 万美元在华盛顿大学，设立一座法学院图书馆，以他的父亲的名字命名。

比尔·盖茨夫妇设立了比尔·盖茨图书馆基金会，计划捐出比尔·盖茨自掏腰包购买的 4 亿美元的微软软件，给美国各地的公共图书馆。这笔 4 亿美元的捐赠，若加上微软已出资 1500 万美元赞助的网上图书馆计划，比尔·盖茨慷慨的捐赠将接近安德鲁·卡内基的赠款。卡内基捐款 4120 万美元用于兴建新的图书馆。如果以 1997 年的币值计算，卡内基的捐款相当于 5.05 亿美元。

1997 年，比尔·盖茨捐给图书馆的钱居美国国内之首，超过任何个人捐赠者，包括美国联邦政府在内。他相信，公共图书馆是奠定美国社会与民主的重要机构。他希望填补介于有门路取用重要信息的人与没有门路的人之间的鸿沟。

他想在 2002 年之前，不论是城市或乡村，每个经济不景气的社区的每一座图书馆，都能连上因特网。那笔 4 亿美元的赠款，应该可以使美国 16000 座公共图书馆中的半数能上网。

老比尔·盖茨管理着大约 3 亿美元的威廉·比尔·盖茨三世基金会。老比尔·盖茨说，在他去世前，会把他 95% 的财产捐出去，他曾表示：

"花钱花得有智慧，和赚钱一样难。有意义地捐钱，将是我后半生主要的事情——假如那时我还有很多钱能捐出去的话。

"最后，我会把财产的大部分，以捐赠的方式反馈给我信赖的精神、文化事业，例如教育和人口稳定。

"有一件事是确定了的。我不会留给我的继承人很多的财产，因为我不认为那对他们有益处。"

除了比尔·盖茨个人的捐赠以外，微软也参与慈善活动。1997 年，该公司捐给慈善机构和非营利组织超过 1400 万美元的现金，以及价值 4.5 亿美元的软件。微软也和美国社区各大专院校联合发起价值 700 万美元的计划——"工作联结"。计划的目标是为了训练更多人投入信息科技事业。

进入 21 世纪之后，比尔·盖茨的捐款不得不委托专人进行管理，拉森是比尔·盖茨的私人资金管理人。他管理着比尔·盖茨没有投入微软公司股票的全部财产，这笔钱存放在比尔·盖茨的个人账户和两个庞大基金会中，其资金在 1998 年已达 115 亿美元。虽然这是比尔·盖茨财富的一小部分，但不管以什么标准衡量，它仍然是一笔惊人的巨款。拉森管理的 115 亿美元中，有大约 100 亿是在比尔·盖茨个人投资组合中。

至于比尔·盖茨的基金会，他在最近几年里捐赠的总共 65 亿美元已经使它们很快上升到世界上最大的基金会行列。他以其父亲的名字设立的威廉·比尔·盖茨基金会有 52 亿美元的捐款，同福特、凯洛格和梅隆建立的基金会并列。

财商高的人认为回报社会应当是天经地义的事情。有些人可能难以相信，今后的世世代代的享用过精神、文化事业好处的人们可能会纪念比尔·盖茨，因为他用自己的钱建设了美国的精神、文化产业，是他为大家提供了方便。因此，金钱是精神、文化的一部分。

◆ 中国传统的金钱观念

世界上，中国是储蓄率最高的国家之一，总储蓄额达到了数百万亿人民币，然而投入到有价证券上的钱相对于储蓄额来说要少得多。究竟是什么原因呢？那是在中国老百姓的观念里，金钱是静态的死的东西。

在 2003 年，据统计我国人均 GDP 达到 1090 美元，突破了 1000 美元大关。依据国际经济发展经验，人均 GDP 突破 1000 美元，标志着我国经济进入了一个新的发展阶段，社会消费结构将向着发展型、享受型升级，汽车、电脑、高档电器加速进入家庭，对商品房条件的改善需求也将不断增长。尽管生活逐渐改善，居民收入整体水平在不断提高，但中国人还不具有科学的理财之道。

勤俭持家、量入为出的传统理财观念对中国居民有着深刻的影响。CPI（生活经济指标）总是低于收入的增长幅度便是最好的证明。造成中国居民储蓄居高不下的潜在社会原因，除传统观念的影响和禁锢外，最主要原因是，社会保障制度尚不够完善和对未来不确定因素增加所带来的困扰。原来由国家统包统筹的福利制度相继取消后，医疗、教育、养老、住房等相关费用不断攀升，这为居民家庭未来的经济活动增添了不确定的因素。居民只有尽量地多储蓄资金，来保证现在尚不确定的未来所必需的开支。

在储蓄的目的中，子女教育排在首位（36.5%），反映了中国人望子成龙的传统观念；随着中国已步入人口老龄化的国家，社会保障制度还有待完善，越来越多的居民对未来养老缺乏保障表示担忧，在储蓄的目的中养老占比（31.5%），排名第二；排名第三位的是医疗（10.1%），医疗改革后，城市居民由于防病、治疗方面的支出大幅度增长，把医疗作为储蓄首要目的的居民家庭逐渐增多。但就其银行储蓄而言毕竟不能做到每年存放几千元，就可以满足预先需要项目。比如医疗的问题，它带有明显的前置性和强制性，在居民无法确定何时需要之前必须筹措完毕。储蓄是文火慢工夫的过程，往往在需要的时候显得捉襟见肘。

在当今银行利率持续保持低利率情况下，储蓄已经不能满足增值的要求，加之消费指数的上涨，已出现实际"负利率"的情况，储蓄连基本的"保值"也不能做到。在此情况下，家庭应该把部分储蓄转移到其他金融项目上，如保险、基金等。

而这种金钱的观念是与东方文化传统是一脉相承的，同时也与中国的传统文化、历史有着千丝万缕的关系。中国古代帝王为了达到强化中央集权的目标，采取"愚民"和"抑商"的政策，大量金钱被囤积到国库中，老百姓手中的钱很少，自给自足的自然经济占统治地位，金钱只用来进行少量的交易，或积攒起来用于购买田地。中国历史的另一大特点就是直接从封建社会步入到计划经济时代，中间出现的资本主义社会只是昙花一现。计划经济时代也是票证经济时代，所有的生产、分配都在国家的计划指令下进行，有钱买不到东西，或不需要用钱买东西。如今市场经济的发展虽然使人们认识到金钱的重要性，但传统的金钱观并没有在大众的头脑中发生根本的变化。

◆ 树立正确的金钱观

现代社会从本质上说是一个经济社会，一切可以计量经济价值的东西都可以被转化成简单的金钱关系。一句话，如果你没有钱，享受生活便无从谈起，只要你有钱，你就可以换取你所需要的许许多多的东西，你就可以无忧无虑地去尽情享受生活赐给你的幸福。但这样讲，并不是如人们常说的那种财富、金钱万能，比如真正的爱情、友情之类，大家都明白是无法用金钱来买卖的。但金钱又的确是多能的，即使爱情、友情之类的东西，在现代社会中如果完全没有金钱所代表的物质基础来作支撑，则未必真正能够给你带来长久的幸福。而缺了钱，"一分钱难倒英雄汉"之类的铁的事实却常常能把人逼得半死，那真正是没有钱便寸步难行。

　　说金钱"带来"幸福而不是"等于"幸福，还有一个根本性的怎样使用金钱的问题。也就是说，你要做财富和金钱的主人而不是奴隶，做主人便意味着你是一个真正意义上的大气的人，一个正直而高尚的人，那么你在按照自己的意愿去统率、支配财富和金钱时，幸福感才会油然布满你的全身。

　　这就是金钱的魅力。

　　真正懂得了这个魅力，你的金钱欲望就会迅速从你的心底充溢起来。

　　除魅力之外，每个人在其一生中都会有许多大大小小的心愿、理想，而自己的心愿和理想的实现，无疑会获得一种满足感、幸福感。但是，任何人为实现自己的心愿和理想去搞什么活动、办什么事业，都离不开经费，而要搞大活动、办大事业，一般人在经济上更是难以承担。所谓心有余而"钱"不足、"钱"不从心之类的憾事，不知难倒了多少本来是有能力有水平去实现自己的心愿和理想的英雄好汉。这些事屡屡发生在我们的身边，令人望"钱"兴叹！

　　财商高的人就不同了，他们有足够的财力去实现自己童年的某个梦想，或者是青年时代的某一兴趣，抑或壮年时的某种抱负，甚至是老年时产生的某样心愿。

　　是的，财商高的人可以完全摆脱了经济利益的束缚，毫无功利地投入到"美好理想"的建造中。那才真是一种大幸福、大满足。

　　沃伦·比尔克在自己的中学母校设立了100万美元的奖学金，每年奖励10位普通等级但出勤率高、态度积极的学生。这一方面是对他在罗斯福中学时所走过道路的追思，另一方面也更重要的是，这项奖学金寄寓着他鼓励那些像他那样的普通学生也能通过自己的努力而成功致富的期望。

　　金融巨头索罗斯一方面在世界各地到处刮起金融风暴，另一方面又对政治抱有极高的热情。他自己曾说过："从孩童时代起，我就抱有相当强的救世主幻想……踏进这个世界后，当现实和我的幻想拉得很近时，使我敢于承认自己的秘密……这使我快乐许多。"的确，当索罗斯拥有数不清的巨额资产之时，他不无骄傲地宣称："我的成功使我重拾儿时无所不能的幻想。"于是，他开始使用他的特殊武器——金钱，在世界各地的政治舞台上大展拳脚，去追求他理想中的开放社会。

　　1984年，他以每年捐助300万美元的规模，在匈牙利成立了基金会，进行文化教育活动。

　　1989年，他想与美国总统布什商谈对付前苏联的新策略，并渴望与戈尔巴乔夫会晤，尽管这些目的没有达到，但他还是用1亿美元建立了国际科学基金会，使俄罗斯3万多名科学家每人平均拿到了500多美元的资助。

与此同时，能用金钱来实现自己的心愿，造福于子孙万代者，最具有代表性的莫过于诺贝尔。

诺贝尔的名字全世界几乎无人不知，他所设立的诺贝尔奖具有世界上任何大奖都无法比拟的影响。可以说，诺贝尔奖对世界历史进程的影响比诺贝尔本人的所有发明和产业都要巨大得多。

人称"炸药大王"的诺贝尔一生中所积累的财富是巨大的，即使在今天来看，也堪称为巨富。他的财产总共约有330多万瑞典克朗。诺贝尔一生未婚，但有其他亲属，他完全可以把这笔财产留给他们。然而，晚年的诺贝尔在考虑财产安排的时候，更多地想到的却是如何用这笔财富去推动人类的文明和进步。

诺贝尔是个伟大的发明家，他发明的炸药在工业和建筑等行业中发挥了很大的作用，但炸药也可以被用于战争，成为杀伤人的有力武器。任何事物都具有两面性，是好是坏全在怎样运用，这本是无可奈何之事。然而，诺贝尔对此却怀着深深的不安，因此，他希望把自己的财富献给整个人类的和平、幸福和进步事业！

诺贝尔为了实现他的这一伟大心愿，在他生前的最后10年里，曾先后3次立下过非常相似的遗嘱，最终设立了如下5项大奖：

（1）在物理方面作出最重要发现或发明的人。

（2）在化学方面作出最重要发现的人。

（3）在生理或医学领域作出最重要发现的人。

（4）在文学方面曾创作出有理想主义倾向的最杰出作品的人。

（5）曾为促进国家之间的友好、为废除或裁减常务军队以及为举行与促进和平会议做出最大或最好工作的人。

同时，诺贝尔在遗嘱中还明确规定："在颁发这些奖金的时候，对于受奖候选人的国籍丝毫不予考虑，不管他是不是斯堪的纳维亚人，只要他值得，就应授予奖金。"这就使得诺贝尔奖跨越了国界的限制，成为有史以来世界上影响最大的奖项。

无须再举例了。钱，就是这样，当你把它用在正道上时，你就会看到它不断闪耀着的美丽的光辉，发射出无限的光芒，真正体现它的价值。

因此，树立正确的金钱观，是你提高财商、改变人生的第一步。如果你现在还不是财商高的人，只要你有正确的金钱观，你就已经迈向了成为财商高的人的第一步。人生中每一个第一步都是最重要的，但往往也是最难的。走好第一步，以后的路才会越走越顺。

金钱是一种思想

金钱也是一种思想，如果你希望得到更多的钱，那就需要改变你的思想，许多财商高的人都是在某种思想的指导下白手起家，从小生意做起，然后慢慢地做大。从中关村到沃顿商学院的吕秋实就是一个典型的例子。

吕秋实从苏州大学中文系毕业后，如愿以偿地分配到了市人事局工作。21岁的吕秋实兴冲冲地跑去报到，不料，市人事局的工作人员很为难地对他说："我们这里的编制已经满了，安排不下你。要么你先到区人事局干，我们已经跟他们打过招呼了。要是不想去那里，就先等两年，等我们这里编制空缺再给你安排工作。"

吕秋实没办法，只好到某某区人事局报到。可是那里的办事人员说没接到通知。吕秋实一气之下回到家里，想别的办法。他就不相信，堂堂苏州大学中文系的毕业生会没有工作干。

经过一番努力，总算有几个单位要他，但是他不满意，不愿意去。他想进入政府机关，走仕途，只朝那个方向努力。可是他错过了大学毕业生就业的机会，所以即使有机关愿意要他，也非常麻烦。转眼两个月过去了，吕秋实束手无策，闷闷不乐地呆在家里。母亲特别心疼，就从箱里子掏出5000块钱，要他拿去找工作或去做个买卖。当时，他没有再去找工作，也没有去做生意，又开始埋头苦学。1987年，他考上了复旦大学国际政治系的研究生。

在他23岁生日那天，父亲专程从浙江到上海看望儿子，并拿出5000元钱替儿子承包了校外一家公司的一个部门，作为生日礼物送给了儿子，当时他非常意外，但已骑虎难下，只好包下去。于是，他偷偷地联系了3个同学，中午跑客户，晚上干活，上午、下午上课，没用多久，上学期间，吕秋实和3个同学共赚了8万元。

研究生毕业后，他没有找工作，把2万元作为礼品送给了姐姐，剩下的1万元带在身上，去了北京。

1991年，吕秋实到中关村的一家电脑公司任职。最初当货品管理员，每月工资500元，除去房租每月只能勉强度日。但吕秋实从不向老板提工资的事，自信老板不可能总给他这么点钱。果不其然，在短短的两年里，他先后成为业务经理、部门经理、总经理助理、人事主管、副总经理，月薪由500元到1000元到3000元，直到8000元。1993年，作为副总经理的吕秋实已经不用为生计而挣扎了，变得很清闲，每天无非见见人，签签字，然后就等着月末领那8000元钱。

吕秋实于是向老板建议实行股份制，说我不要那么多现金，我要股份，我只是希望有为自己干活的感觉。老板不置可否，说要考虑考虑，后来就没有了下文。

他辞职了，一个人跑到圆明园附近的一个显得有些荒凉的村子，租了一间盖着石棉瓦的小屋，一切又跟起步阶段一样，心里踏实过了，于是又再进入了中关村电脑市场。

那个时候的中关村电脑市场差不多可以说是一本万利，一台 13000 元的电脑，纯利润可以达到 3000 元。后来他回忆说："2001 年，一台 5000 元的电脑，电脑商人很可能只有 50 元以下的利润，甚至干脆一分钱不挣，以便靠销量从总经销商那里多拿提成，所以电脑商人们做得很辛苦，有时候还吃力不讨好。而 1993 年就完全不是这么回事。"

吕秋实一出手就开市大吉，当年就赚了 50 万，第二年赚了将近 100 万。当外部条件变得对公司越来越有利时，吕秋实与伙伴之间的合作却出现了巨大的裂痕，合作伙伴另立门户，从合作者变成了竞争者。好在没有对公司造成致命的打击。吕秋实马上把姐姐和姐夫接来加入公司。一家人齐心合力，共同奋斗，1995 年，他们挣了 200 万。

财富突然像潮水一样汹涌而至，这使吕秋实在自信之余也有些意外。不过他很快适应了这种大进大出的经营模式。

1996 年，吕秋实个人资产已经将近 1000 万。

在这个时候，他作出了惊人的决定，毅然去了美国攻读哥伦比亚大学的沃顿商学院工商硕士，第二年，他就开始了自己的事业，到至今，他开了一家服装公司，在美国小有名气，占有相当的市场份额。

投资就是这样，起初他也只投了很少的一部分的钱，后来变得越来越多。也正如一些知名的企业家说过，金钱今天是你的，明天就不一定是你的。钱放在你的口袋里，不如拿出来投资，建立厂房，建立营销网，只有这样，才能使钱不断地增值。报喜鸟集团董事长吴志泽先生说过，不要把企业作为赚钱的机器，做企业说大点，是人生价值的体现，说小点，是个人梦想的实现，人最重要是有所为，有所不为。正是这些与众不同的思想，让他们白手起家，最终成为各个行业的领头大军。如果你有志成为像他们一样的人，也必须有一种与众不同的金钱思想。

金钱是现实的上帝

钱对财商高的人来说，绝不仅止于财富的意义。钱居于生死之间，居于他们生活的中心地位，是事业成功的标志。这样的钱必定已具有某种"准神圣性"。钱本来就是为应付那些最好不要发生的事件而准备的，钱的存在意味着这些事可以避免发生。赚钱、攒钱并不是为了满足直接的需要，而是为了满足对安全的需要！

在驻日本的联合国某司令部里，穷士兵总是无端地受到多方的歧视，根本没有尊严可谈。穷士兵只要走过，富士兵必然要满怀憎恨而轻蔑地骂一声"穷鬼"，任何人都可以随便地议论挖苦穷士兵一番，而穷士兵虽然恼火却无可奈何。

有个叫威尔逊的军人，由于他的军衔低微，因此更是受尽了富士兵和高级军官们的歧视。大家都看不起他，背地里经常议论他，他也饱尝了人们对他的各种侮辱。但是他拥有财商高的人智慧的头脑。一开始他口袋里也没有钱，他就省吃俭用，积攒一笔小钱，然后他就把这笔钱借贷出去。在富士兵中花钱大手大脚的现象很普遍，他们总是等不到发薪水的时候，就囊中羞涩了，他们看到威尔逊有钱，就迫不及待地向他借。

威尔逊就借钱给他们，同时还要求他们在一个月内还清，且附带借贷的利息很高，但是那些士兵们早就管不了那么多了。威尔逊收到这些利息之后总是继续攒起来再借贷给那些士兵们。对于没有钱可还的人，威尔逊就让他们把他们自己的一些值钱的东西做抵押然后再高价卖出去。这样，没过多久，威尔逊就过上了富裕的生活。他还买了两部车和别墅，他变成了士兵里面的"大款"。这些待遇即使是高级军官也未必可以享受得到。那些经常过山穷水尽、灰头土脸日子的白人士兵，对威尔逊趾高气扬的样子再也没有了。他们对威尔逊惊羡不已。

威尔逊用自己的富有为自己赢得了尊严。

金钱不仅仅可以使你获得尊严，还可以使你获得你所能想像得到的很多东西，这些东西都和金钱有关系。有了金钱，你就拥有了大家仰慕的生活方式，有了大家对你的恭维和羡慕；你还有了发言的权利，"富有的愚人的话，人们也会洗耳恭听，而贫穷的智者的箴言却没有人去听"。在今天，金钱已经是你成功的标志和人生价值的重要衡量标准，在一些人的眼里甚至已经成为惟一的衡量标准。

财商高的人认为金钱是上帝给的礼物，是上帝给人以美好人生的祝福。对金钱的热爱不仅仅局限于现实生存的需要，而是一种精神的寄托，更是美好人生的必需的手段和工具。

总之，金钱就成为人们现实的上帝。

金钱 ≠ 成功

成功不是以金钱来衡量的。面对金钱，穷人，包括其他一些渴望成功的人们都想在狂热梦想中等待成功，但他们却不懂得一个基本的原理，那就是金钱不是衡量成功的惟一标准。财商高的人虽然看重金钱，但是更看重做人的成就感。一位著名的富豪曾经这样说："工人的工资是按工作能力或工作效果支付的，然而，人们的成就绝不是以银行存款来衡量的。"多少伟大的成功者，他们并不是富豪，相反穷得可怜。印度伟大的政治家甘地，死后留下的遗产只是两只饭碗、两双拖鞋、一副眼镜和一块老式怀表而已。海伦·凯勒，这位成功者的典范，她克服了先天的障碍，以实际行动证明了盲聋之人并非毫无前途，从而给了千千万万如她一般的人以生活的勇气，使他们得到启发，不再消沉，但她却并不富有。圣弗兰西斯曾影响过多少王族统治者、高僧圣者、艺术家，以及凡夫俗子，就连今天，他死后700年，其影响力仍然深植人心，他可算是最有成就的穷人了。

那么，怎样成为一个成功的财商高的人呢？学者威廉·詹姆斯总结出3条经常被人引用的箴言——

第一条箴言：在形成一种新习惯或摈弃一种旧习惯的过程中，我们都必须使自己在开始时具有尽可能强烈的和坚定的积极主动精神。利用所有那些能强化新的行为方式的因素，创设与旧的行为方式不相容的约束办法；如果情况允许，公开作出保证。简而言之，要利用你所知道的一切手段，维护你的决定。

第二条箴言：永远不容许一次倒退发生，直到新的习惯牢牢地扎根在你的生活中。每一次失误就像让一团仔细缠绕起来的线脱落一样，而一次脱落往往需要再次缠绕很多圈才能恢复原样。

在一开始就确保成功是绝对必要的。一开始的失败往往会消极地影响到今后所做的一切努力。反之，过去的成功经历能激发今后的努力。

第三条箴言可以加在前面两个上面：要抓住每一个可能的机会去实践你的每一个决心，并使自己获得鼓舞（这种鼓舞是你在获得你所渴望获得的习惯的过程中可以感受到的）。只有在决心和渴望产生动力效果的时候——而不是在它们形成的时候——它们才会向大脑传递一种新的"定向"。

　　无论一个人掌握的箴言怎样丰富，也不管他的见解有多么好，如果不利用每一个具体的时机去行动的话，他的性格恐怕永远也不会向更好的方面转变。仅有好的愿望是不能改变旧习惯的。

　　这一大段话已把道理说得十分透彻，我们可从中找到足够的依据来支持自己的决定。

　　一个人成功的标准不在于他得到多少，而在于他付出多少。而根据财商高的人们的观点，要使自己的事业成功，必须具备以下几个要素：

　　（1）发掘自己独到的才智。人的才智各不相同，正如我们生来就有不同的指纹，每个人从事的职业可以相同，然而，他的才能却是他一个人独具的。

　　爱默生曾说过："每个人都有他自己的使命，他的才能就是上天给他的召唤……做某些事情娴熟自如，也容易把某些事情做好，说不定这事是别人做不好的……一个人的抱负也会与自己的能力相当，而巅峰的高度，正和基础的深度成正比。"

　　发掘出你独具的才能，这是必具的第一步，如果一味地人云亦云，鹦鹉学舌，没有主见和自我判断能力，那么即使表面上的成功也掩饰不了那极大的失败。

　　（2）诚实。每个人的思想中，都具有不撒谎、不行骗、不偷盗的道德观。莎士比亚说："你若对自己诚实，日积月累，就无法对人不忠了。"斯科特说："我一开始撒谎，就陷入了紊乱的网罗里！"

　　（3）热忱，以饱满的热情去迎接新的一天。

　　（4）不要让你所拥有的东西占据了你的思想情感。

　　（5）不要过于忧虑。

　　（6）不要留恋过去。

　　（7）尊重别人，而不要轻视任何人。

　　（8）承担起对世界的责任。

　　掌握了这8点要素，就掌握了成功的艺术，你的创业将会兴旺发达。

打造个人财务方舟

　　时代不同了，许多老的规则都要改变。穷人成天考虑的是如何维持生存，至于社会的变革、信息的变化，他们很少留心。当听到"时代不同了，你要改变你的规则"时，穷人会抬起头来表示同意，当他们再埋头工作时，仍然走老路子。

我们的社会进入信息时代，与农业时代和工业时代不同，财富的代表已不再是土地、工厂，而是集中了智慧力量的各种信息，如知识、创意网络等。成功的财商高的人的历程也有鲜明的时代特点，创造财富不一定需要"千层商台，起于垒土"式的积累，创造财富的实力并不全看年龄、智商、教育背景和政治、财力基础，更重要的是要有更新的观念。

◆ 资产与负债的区别

如果你想致富，资产和负债的区别这一点你就必须明白，这是第一步规则，了解它可以为我们打下了牢固的财务基础知识。这是条规则，听起来似乎太简单了，但人们大多不知道这条规则有多么深奥，大多数人就是因为不清楚资产与负债之间的区别而苦苦挣扎在财务问题里。

财商高的人获得真正的资产，而穷人和中产阶级获得债务，但他们以为那些就是资产。

大多数情况下，这个简单的思想没有被大多数的成年人掌握，因为他们有着不同的教育背景，他们被其他受过高等教育的专家，比如银行家、会计师、地产商、财务策划人员等等所教导。难点就在于很难要求这些成年人放弃已有的观念，变得像孩子一样简单。高学识的成年人往往觉得研究这么一个简单的概念太没面子了。

是什么造成了观念的混淆呢？或者说为什么如此简单的道理，却难以掌握呢？为什么有人会买一些其实是负债的资产呢？答案就在于他所受的是什么样的基础教育。

我们通常非常重视"知识"这个词而非"财务知识"。而一般性的知识是不能定义什么是资产、什么是负债的。实际上，如果你真的想被弄昏，就尽管去查查字典中关于"资产"和"负债"的解释吧。其实资产就是能把钱放进你口袋里的东西；负债是把钱从你口袋里取走的东西。

曾有这样一对年轻的夫妇，随着收入的增加，他们决定去买一套自己的房子。一旦有了房子，他们就得缴税——财产税，然后他们买了新车、新家具等，去和新房子配套。最后，他们突然发觉已身陷抵押贷款和信用卡贷款的债务之中。

他们落入了"老鼠赛跑"的陷阱。不久孩子出生了，他们必须更加努力地工作。这个过程继续循环下去，钱挣得越多，税缴得也越多，他们不得不最大限度地使用信用卡。这时一家贷款公司打电话来，说他们最大的"资产"——房子已经被评估过了，因为他们的信用记录是如此之好，所以公司可提供"账单合并"贷款，即用房屋作抵押而获得的长期贷款，这笔贷款能帮助他们偿付其他信用卡上的高息消费贷款，更妙的是，这种住房抵押贷款的利息将是免税的。他们觉得真是太幸运了，马上同意了贷款公司的建议，并用贷款付清了信用卡。他们感觉松了口气，因为从表面上看，他们的负债额降低了，但实际上不过是把消费贷款转到了住房抵押贷款上。他们把负债分散在30年中去支付了。这真是件聪明事。

过了几天，邻居打电话来约他们去购物，说今天是阵亡将士纪念日，商店正在打折，他们对自己说："我们什么也不买，只是去看看。"但一旦发现了想要的东西，他们还是忍不住又用那刚刚付清了的信用卡付了款。

很多这种年轻夫妇，虽然他们名字不同，但窘境却是如此的相同。他们的支出习惯让他们总想寻求更多的钱。

他们甚至不知道他们真正的问题在于他们选择的支出方式，这是他们苦苦挣扎的真正原因。而这种无知就在于没有财务知识以及不理解资产和负债间的区别。

再多的钱也不能解决他们的问题，除了改变他们的财务观念和支出方式以外，再没有什么可以救他们的办法了。

正确的做法是不断把工资收入转化成投资。这样流入资产项的钱越多，资产就增加得越快；资产增加得越快，现金流入得就越多。只要把支出控制在资产所能够产生的现金流之下，我们就会变富，就会有越来越多除自身劳动力收入之外的其他收入来源。随着这种再投资过程的不断延续，我们最终走上了致富之路。

请记住下面这些话：

财商高的人买入资产；穷人只有支出；中产阶级买他们以为是资产的负债。

◆ 获得个人的财务自由

人类渴望拥有的是自由，"不自由，毋宁死"。但自由要有钱作为保障，有钱就有更多的自由和保障。如果你有足够的钱，那么你不想去工作或者不能去工作时，你就可以不去工作；如果你没钱，不去工作的想法显得太奢侈。所以你要追求财务自由而非职业保障。

怎样实现个人的财务自由呢？拥有多种收入来源和多次持续性收入，是一个人拥有个人财务自由和时间自由的基础。

过去，一个家庭的收入来源很单一。现在，很多家庭都有两个或两个以上收入来源，如固定工资加房屋出租的租金收入或其他兼职收入。如果没有两个以上的收入来源，很少有家庭能生活得非常安逸。而未来，即使有两个收入来源很可能也不足以维生。所以，你应该想办法让自己拥有多种收入来源。如其中一种出了问题，会有其他收入来源支持着。

在未来，人们需要为自己规划一套包含各种不同收入来源的收入组合，即使失去了其中一种收入来源，你也不会感觉到太大的影响，生活总会有保障。

你拥有几种收入来源呢？

假如你想多拥有一种收入来源，你可能会找一份兼职工作。但这并不是真正意义上的多种收入来源。因为你这是在帮别人"卖命"。你应该有属于自己的收入来源。

这个收入来源就是"多次持续性收入"。这是一种循环性的收入，不管你在不在场，有没有进行工作，都会持续不断地为你带来收入。

一般性收入来源可以分为两种：单次收入和多次持续性收入。

有研究表明，并非所有收入来源都是相同的，有些收入来源属于单次收入，有些则属于持续性收入。你只要问一下自己下面这个问题，就可以知道自己的收入来源是属于单次收入，还是多次持续性收入。

"你每个小时的工作能得到几次金钱给付？"如果你的答案是"只有一次"，那么你的收入来源就属于单次收入。

最典型的就是工薪族，工作一天就有一天的收入，不工作就没有。自由职业者也是一样，比如出租车司机，出车就有收入，不出车就没有；演员演出才有收入，不演出就没有；包括很多企业的老板，他们必须亲自工作，否则企业就会跑单，甚至会垮掉，这些都叫单次收入。

多次持续性收入则不然，它是在你经过努力创业，等到事业发展到一定阶段后，即使有一天你什么也不做，仍然可以凭借以前的付出继续获得稳定的经济回报。要想获得多次收入，通常有以下几种：

第一种方式，以一个作家为例，他在写书期间一分钱都赚不到，而是要等书出版后才会有报酬。这前后需要两年的时间，作家才能获得这个收入来源。但是，这种等待是值得的，此后，作家每半年就会收到一张相当优厚的版税支票。例如：金庸先生虽已退休隐居，但是每年的版税收入还是高达2000万新台币。这就是持续性收入的威力——持续不断地把钱送入你的口袋。

第二种方式就是银行存款。存款达到一定数额，你不用上班靠利息也能生活。利息属于典型的多次收入，但是银行的利率太低。你想每个月拿到2000元，差不多要有 150 万元的存款，还要交 20% 的利息税。

第三种方式是投资理财。就是通过购买股票、基金、房地产等项目使你的财富升值。但这首先需要你有一笔很大的资金，而且还需要非常专业的机构帮你运作，才能确保你的投入产生稳定的经济回报。这种方式在国内还不够成熟，风险比较大。

第四种就是特许经营。像麦当劳、肯德基的老板即使什么都不做，每个月也能够获得全球所有加盟店营业额的 4% 作为权益金——因为你加盟了他们，就得向他们缴管理费用。

其实，财商高的人真正的财富，不在于他拥有多少金钱，而是他拥有时间和自由。因为他的收入来源都是属于持续性收入，所以他有时间潇洒地花钱。

因此，财务自由不是在于拥有多少钱，而是拥有花不完的钱，至少拥有比自己的生活所需要更多的钱。在财商高的人看来，金钱数量的多少并不是问题的关键。问题的关键在于，我们怎样看待金钱，怎样根据自己的收入制定合理的开支计划。在获得财务自由的同时，我们还应关注精神的升华，获得心灵的宁静平和。

做金钱的"总司令"

一旦人们为支付生活的账单而整天疲于奔命，就和那些蹬着小铁轮子不停转圈的小老鼠一样了。老鼠的小毛腿蹬得飞快，小铁轮也转得飞快，可到了第二天早上醒来，他们发现自己依然困在老鼠笼里。

一般的人们，如中产阶级和穷人，他们都在为钱而工作，他们害怕没有钱，不愿面对没钱的恐惧，对此他们作出了反应，但不是用他们的头脑。他们的感情代替了他们的思想，正是如此，他们不去分辨真相，不去思考，只是对感受作出反应。他们感到恐惧，于是去工作，希望钱能消除恐惧，但钱不可能消除恐惧。于是，恐惧追逐着他们，他们只好又去工作，希望钱能消除恐惧，但还是无法摆脱恐惧。恐惧使他们落入工作的陷阱。挣钱——工作——挣钱，希望有一天能消除恐惧。但每天他们起床时，就会发现恐惧又同他们一起醒来了。恐惧使成千上万的人彻夜难眠，忧心忡忡。

我们要冷静地面对金钱，控制你的金钱，在你的人生各个阶段制定好你的用钱计划是非常必要的和重要的；另外就是进行投资，用钱来赚钱，等你的财富资产积累到一定程度后，你的资产将会为你带来源源不断的财富，你便会最终实现财务上的自由，此时，你可以得意地说："我是金钱的'总司令'。"既然是金钱的主人，那就理所当然地让金钱为你工作，你也可以用金钱举办慈善事业、公益事业、教育事业等等一切有益于大众、有益于社会的事。

财商高的人与穷人的教育观念不一样

为了让改变人生的教育真正发挥作用，就必须影响到智力、情感、行为和精神4个方面。传统教育主要关注智力教育，传授阅读、写作、算术等技巧，它们当然都非常重要，但让许多的人非常怀疑智力教育能否真正影响人们的情感、行为和精神等方面。

传统教育的弊端，就是它放大了人们的畏惧情绪。具体说来，就是对出错的畏惧，这直接导致了人们对失败的畏惧。传统学校的老师不是激发学生们的学习热情，而是利用他们对失败的畏惧，对他们说出诸如此类的话："如果你在学校没有取得好成绩，将来就不会找到一份高薪的工作。"穷人也像传统学校的老师那样不断地叮嘱自己的孩子，要努力学习，考上大学拿个文凭，毕业才能找到好工作。

另外，人们当年在校期间，常常由于出错而受到惩罚，因而从情感上变得害怕出错。问题是，在现实世界中，出类拔萃的人往往就是那些犯了很多错误，并且从中吸取到很多教训的人。

穷人总是与学校里的老师站在同一立场上，认为犯错是人生的败笔。与之相反，财商高的人则认为："犯错是我们进步的必由之路，正是因为我们反反复复地摔倒，反反复复地爬起来，我们才学会了骑自行车。当然，犯错而没有从中吸取教训是一件非常糟糕的事情。"

那么多人犯错后撒谎，就是因为他们从情感上害怕承认自己犯错，结果他们白白浪费了一个很好地使自己提高的机会。犯错之后，勇于承认它，而不是推托到别人身上，不去证明自己有理或者寻找各种借口，这才是我们进步的正确途径。犯错之后，不愿意承认或者推托到别人身上，实在是一种莫大的罪过。

在传统商业领域，讳疾忌医、不愿意承认错误的态度非常盛行。如果你犯错，常常就会被解雇或者受到惩罚。刚刚开始在公司学习销售的时候，业绩不佳的销售员也常常会被公司解雇。也就是说，我们生活在一个畏惧失败的世界里，而不是一个积极学习、接受教训的世界中。因此，无数供职于各类公司的职员依然是一只"蛹"，永远等不到化蛹成蝶的那一天。是的，一个人如果终日生活在被畏惧、失败紧紧包裹的"茧"里面，怎么可能去翩然飞翔？

在直销领域，领导者关注的是与那些业绩欠佳的人一起合作，鼓励他们进步，而不是轻率地解雇他们。事实上，如果因为摔倒而受到惩罚，你可能就永远学不会骑自行车。

财商高的人在财务上比很多人成功，并不是因为他们比别人聪明，而是因为他们比别人经历了更多的失败。也就是说，他们之所以能够领先，是因为曾经犯过更多错误。打消了自己对于犯错的畏难情绪，才有可能开始飞翔。

直销领域成功的领导者往往都具有激发他人斗志的能力，能够触动跟随者内心中的伟大之处，激发他们奋勇向前，超越人性弱点，超越自身的怀疑和恐惧。这就是改变人生的教育的巨大力量。

"教育"一词的本意是"教导、引导"，传统教育存在的问题之一，就是它们往往建立在畏惧的基础上，畏惧失败，而不是积极应对挑战，从自身错误中吸取教训。在我们看来，现行的传统教育只能"引导"出我们内心中产阶层的一面，让人们感到不大安全，需要找一份工作，拥有一份稳定的薪水，整日生活在对犯错的恐惧之中，总是担心如果自己与众不同就会招来周围人的各种揣测。

改变人生的教育与传统教育之间的不同价值，表现在两个方面，一是前者强调从错误中吸取教训，而不是单纯惩罚犯错的人，二是前者强调人类精神，而这种精神力量足以帮助人们克服智力、情感和行为能力的任何缺陷。

树立目标：制定一生的财富蓝图

财商高的人有明确的财富目标

财商高的人在确立财富目标时通常需要考虑再三，在考虑的过程中，财商高的人遵循以下几个原则：

◆ 具体量度性原则

如果财富的目标是："我要做个很富有的人"、"我要发达"、"我要拥有全世界"、"我要做李嘉诚"……那么可以肯定你很难富起来，因为目标是那么抽象、空泛，而这是极容易移动的目标。财商高的人认为最重要的是要具体可数，比如，要从什么职业做起，要争取达到多少收益等等。此外，财商高的人还以为必须考虑这个目标是否有一半机会成功，如果没有一半机会成功的话，就应该暂时把目标降低，务求它有一半成功的机会，在日后当它成功后再来调高。

◆ 具体时间性原则

财商高的人认为要完成整个目标，就要定下期限，规定在何时把它完成，要制定完成过程中的每一个步骤，而完成每一个步骤都要定下期限。

◆ 具体方向性原则

财商高的人认为，要做什么事，必须十分明确执著，不可东一榔头西一棒，朝三暮四。财商高的人认为，如果有一个只有一半机会完成的目标，等于有一半机会失败，当中必然遇到无数的障碍、困难和痛苦，远离或脱离目标路线，所以要确实了解你的目标，必须预料导致在完成目标过程中会遇到什么困难，然后逐一把它详尽记录下来，加以分析，评估风险，把它们按重要性排列出来，与有经验的人研究商讨，把它解决。

财商高的人的财富计划表

在财商高的人眼中，财富就像一棵树，是从一粒小小的种子长大的，如果在生活中制定一个适合于自己的财富计划表，那么财富就依照计划表慢慢地增长，起初是一粒种子，但种子总有一天会长成参天大树。

财商高的人认为制定一个财富计划表对自己的财富增长相当重要。在设定财富计划表时，财商高的人总要先弄清楚以下几个问题：

（1）我现在处于怎样的起点？

（2）我将来要达到什么样的制高点？

（3）我所拥有的资源能否使我到达理想目标？

（4）我是否有获取新资源的途径和能力？

弄清以上几个问题后，财商高的人就能订出明确的目标并设法达到。有了适度的财富目标，并以此目标来主导其获取财富的行动，就可以到达幸福的彼岸。

制定财富计划表是财商高的人的重大财务活动，财商高的人认为必须要有目标，没有目标就没有行动、没有动力，盲目行事往往成少败多。在设定财富计划表时应该把需要和可能有机地统一起来，在此过程中，必须要考虑到以下6点要素：

1. 了解本人的性格特点

在当前这样一个经济社会中，你必须要根据自己的性格和心理素质，确认自己属于哪一类人。由于性格千差万别，每一个人面对风险的态度是不一样的，概括起来可以分为三种：一种为风险回避型，他们注重安全，避免冒险；一种是风险爱好者，他们热衷于追逐意外的收益，更喜欢冒险；另一种是风险中立者，在预期收益比较确定时，他们可以不计风险，但追求收益的同时又要保证安全。生活中，第一种人占了绝大多数，因为大多数人都害怕失败，只追求稳定。往往是那些勇于冒险的人走在了富裕的前列。

如果你想开启财富的大门，那么就按自己能够承受的风险的大小来选择适合自己的投资对象。

（1）稳重的人投资国债。这种人有坚定的目标，讨厌那种变化无常的生活，不愿冒风险，比较适合购买利息较高，但风险极小的国库券。

（2）百折不挠的人搞期货。这类人不满足于小钱小富，决心在金融大潮中抓住机遇，即使是失败了，也不灰心，放长线，闯大浪，不达目的不罢休。

（3）信心坚定的人选择定期储蓄。这种人在生活中有明确的目标，没有把握的事不干，对社会及朋友也守诺言，不到山穷水尽不改变自我。

（4）脚踏实地的人投资房地产。他们干劲十足，相信自己的未来必须靠自己的艰苦奋斗。他们知道，房地产是长期的，同时也是最赚钱的投资。

（5）井然有序的人投资保险。这种人生活严谨，有板有眼，不期望发财，但求满足眼前，一旦遇到意外，也有生活保证。

（6）审美能力高的人投资收藏。这类人对时髦的事物不感兴趣，反而对那些稀有而珍贵的东西则爱不释手。

（7）最爱冒风险的人投资股票。这种人喜欢刺激，把冒风险看成是浪漫生活中的一个重要内容。他们一经决定，就义无反顾地参与炒股活动，甚至终生不渝。

与此同时，每个人都要具备独立思考的能力，这样，就能得心应手地独立投资。当市场喜讯频传，经济报道极为不乐观之时，股市如果没有持续上涨的理由和政策支持，那么就应该考虑出售了。反之，当股市一片卖单，人人都绝望透顶时，一切处于低潮，这时就是投资的良机，你就可以乘虚而入，大胆介入买股，然后长期持有的必有厚利。

2.知识结构和职业类型

财商高的人认为创造财富时首先必须认识自己、了解自己，然后再决定投资。了解自己的同时，一定要弄清自己的知识结构和综合素质。每个人要根据自己的知识结构和职业类型来选择符合自己制造财富的方式：

有的人在房地产市场里如鱼得水，但做股票却处处碰壁；有的人爱好集邮，上路很快，不长时间就小有成就，但对房地产却费了九牛二虎之力，仍找不到窍门。如果受过良好的高等教育，知识层面比较高，又从事比较专业的工作，你大可抓住网络时代的脉搏，在知识经济时代利用你的专才，运用网络工具进行理财。如果你是从事专门艺术的人才，你可充分发挥你的专长，在书画艺术投资领域一展身手，但这是一般外行人难以介入的领地。如果你是一名从事具体工作的普通职员，你也不必灰心，你完全可以从你熟悉的领域入手，寻找适合自身特点的投资工具。相信有一天，你也会成为某一方面的"理财高手"。如果你对股票比较精通，信息比较灵通，且有足够的时间去观察股票和外汇行情，不断地买进、卖出，你就可以将股票和外汇买卖作为投资重点，并可以考虑进行短线投资。如果你是一名职员，上班时间非常严格，又不喜欢天天盯在股市上，你就可以选择证券投资基金。投资基金汇集了众多投资者的资金，由专门的经理人进行投资，风险较小，收益较为稳定。

创造财富是人人都想做的事情，同时也是一门学问，财商高的人认为制定一个财富计划表对创造财富相当重要。创富者只能从实际出发，踏踏实实，充分发挥自己的知识，善于利用自我的智慧，这样，才有可能成为一个聪明的创富者。

3. 资本选择的机会成本

在制订财富计划的过程中，考虑了投资风险、知识结构和职业类型等各方面的因素和自身的特点之后，还要注意一些通用的原则，以下便是绝大多数创富者的行动通用原则：

（1）不要把鸡蛋放在同一个篮子里。一般而言，年轻人可能都想在高科技类股或是新兴市场上多下点注，而上了年纪的人则倾向于将钱投到蓝筹股，但理智的做法就是让你的投资组合多样化。

正所谓中国的一句古话："东方不亮西方亮，黑了南方有北方。"这就表明鸡蛋不能放在同一个篮子里。生活中也有着这样精彩的片段。

众所周知，传媒大亨默多克一直关注于文字传播，对于报刊、杂志情有独钟，但从 1980 年开始，默多克把注意力集中于图像而不是文字上，因为他已经敏锐地认识到过去的投资方向太过于单一了。1985 年，他买下了威廉·福克斯的 20 世纪福克斯电影公司。当时公司附属的福克斯电视台还只不过是个名不见经传的小型独立电视台。可一年以后，默多克就将它改造成结构合理的电视网，变成了一座可开采的宝藏。不久，他又购买了即将破产的英国收费电视台——英国天宇电视台，然后用他的魔力使之起死回生。他从内部的市场信息中得到结论，他认为，在全球的信息社会中，世界范围的卫星电视将来会获得丰厚的利润，必要时他会很快地把报纸卖掉。比如，1993 年，为了进军中国市场，默多克不顾资金紧张，囊中羞涩，果断地卖掉了《南华早报》，毅然买下了卫星电视网，同时发行了 5000 万新股。结果在股票上市 8 个月后，上涨的股市完全弥补了默多克的资金短缺。这件事具有深刻的象征意义，非常清楚地表明了默多克把经营重点从报纸转向电视和电子媒体的决心。

2001 年 6 月，为了适应香港政府关于有线电视特许权的新政策，他更是斥资把自己在香港有线电视有限公司的股份额从 48% 提高到了 100%。他在随后发表的声明中说："我们很高兴能成为全部股份的所有者，这是一个重要的保证，它将保证我们在香港进一步大规模投资，要知道香港是我们经营的大本营之一。"

诚如其言，这三笔交易实际上构成了"默多克新闻帝国"的三大支柱。

至今为止，全世界有 2.5 亿家庭在通过卫星收看默多克帝国传送的节目。

（2）保持一定数量的股票。股票类资产必不可少，投资股票既有利于避免因低通胀导致的储蓄收益下降，又可抵御高通胀所导致的货币贬值、物价上涨的威胁，同时也能够在市道不利时及时撤出股市，可谓是进可攻、退可守。

（3）反潮流的投资。别人卖出的时候你买进，等到别人都在买的时候你卖出。大多成功的股民正是在股市低迷无人入市时建仓，在股市里热热闹闹时卖出获利。

像收集热门的各家书画，如徐悲鸿、张大千的，投资大，有时花钱也很难买到，而且赝品多，不识别真假的人往往花了冤枉钱，而得不到回报。同时，也有一些现在年轻的艺术家的作品，也有可能将来得到一笔不菲的回报。又比如说收集邮票，邮票本价格低廉，但它作为特定的历史时期的产物，在票证上独树一帜。目前虽然关注的人不少，但潜在的增值空间是不可低估的。

（4）努力降低成本。我们常常会在手头紧的时候透支信用卡，其实这是一种最为愚蠢的做法，往往这些债务又不能及时还清，结果是月复一月地付利，导致最后债台高筑。

（5）建立家庭财富档案。也许你对自己的财产状况是一清二楚，但你的配偶及孩子们未必都清楚。你应当尽可能的使你的财富档案完备清楚。这样，即使你去世或丧失行为能力的时候，家人也知道如何处置你的资产。

4. 收入水平和分配结构

选择财富的分配方式，也是财富计划表中一个不可缺少的部分。分配方式的选择首先取决于你的财富的总量，在一般情况下，收入可视为总财富的当期增量，因为财富相对于收入而言更稳定。在个人收入水平低下的情况下，主要依赖于工资薪金的消费者，其对货币的消费性交易需求极大，几乎无更多剩余的资金用来投资创造财富，其财富的分配重点则应该放在节俭上。

在这里，投资资金源于个人的储蓄，对于追求收益效用最大化的创富者而言，延期消费而进行储蓄，进而投资创富的目的是为了得到更大的收益回报。因此，个人财富再分配可以表述为，在既定收入条件下对消费、储蓄、投资创富进行选择性、切割性分配，以便使得现在消费和未来消费实现的效用最大。如果为这段时期的消费所提取的准备金多，用于长期投资创富的部分就少；提取的消费准备金少，可用于长期投资的部分则就多，进而你所得到的创富机会就会更多，实现财富梦想的可能性就会更大。

财商高的人善于掌握商机

在这个变化快速、财富充沛的时代，每个人都渴望发财致富，借以提高自己的生活水准或达到人生的目标。在这攸关未来财富地位的时代里，穷人由于观念落后、知识贫乏、缺少人脉等原因，难以发现把握商机，而财商高的人则能把握财富增长的轨迹，沿着财富增长的路走下去，最终在追逐财富的过程中赢得胜利。

现实中就有一则关于财富增长的经典故事：

对于李嘉诚这个名字，人们都不会陌生，但对于他经营财富的过程，可能不是很清楚。李嘉诚童年过着艰苦的生活。在他 14 岁那年（1940 年），正逢中国战乱，他随父母逃往香港，投靠家境富裕的舅父庄静庵，但不幸的是不久父亲因病去世。

身为长子的李嘉诚，为了养家糊口同时又不依赖别人，决定辍学，他先在一家钟表公司打工，之后又到一塑胶厂当推销员。由于勤奋上进，业绩彪炳，只两年时间便被老板赏识，升为总经理，那时，他只有 18 岁。

1950 年夏天，李嘉诚立志创业，向亲友借了 5 万港元，加上自己的全部积蓄 7000 元，正式创办"长江塑胶厂"。

有一天，他翻阅英文版《塑胶》杂志，看到一则不太引人注意的小消息，说意大利某家塑胶公司设计出一种塑胶花，即将投放欧美市场。李嘉诚立刻意识到，战后经济复苏时期，人们对物质生活将有更高的要求，而塑胶花价格低廉，美观大方，正合时宜，于是决意投产。他的塑胶花产品很快打入香港和东南亚市场。同年年底，随着欧美市场对塑胶花的需求愈来愈大，"长江塑胶厂"的订单以倍数增长。到 1964 年的时候，前后 7 年时间，李嘉诚已赚得数千万港元的利润；而"长江塑胶厂"更成为世界上最大塑胶花生产基地，李嘉诚也赢得了"塑胶花大王"的美誉。不过，李嘉诚预料塑胶花生意不会永远看好，他更相信物极必反。于是急流勇退，转投生产塑胶玩具。果然，两年后塑胶花产品严重滞销，而此时"长江"却已在国际玩具市场大显身手，年产出口额达 1000 万美元，为香港塑胶玩具出口业之冠。

随着财富增长，20 世纪 70 年代初，李嘉诚就拥有楼宇面积共 630 万平方英尺，1990 年后，李嘉诚又开始在英国发展电讯业，组建了 Orange 电讯公司，后来在英国上市，总投资 84 亿港元。到 2000 年 4 月，他把持有的 Orange 四成多股份出售给德国电讯集团，作价 1130 亿港元，创下香港有史以来获利最高的交易记录。Orange 是 1996 年在英国上市的，换言之，李嘉诚用了短短 4 年时间，便获利逾 1000 亿港元，使他的资产暴升一倍。进入 2000 年，李嘉诚更以个人资产 126 亿美元（即 983 亿港元），两度登上世界 10 大富豪排行榜，也是第一位连续两年榜上有名的华人。在这期间李嘉诚多次荣获世界各地颁发的杰出企业家奖，还 5 度获得国际级著名大学颁授的荣誉博士学位。

经过 20 多年的"开疆拓土"，李嘉诚已拥有 4 家蓝筹股公司，市值高达 7810 亿港元，包括长江实业、和记黄埔、香港电灯及长江基建，占恒生指数两成比重。集团旗下员工超过 3.1 万名，是香港第 4 大雇主。1999 年的集团盈利高达 1173 亿港元。

从这个故事中，我们清楚地看到，财富的增长，很大程度上取决于敢于冒险，不断地进行投资，同时也要把握住不同的机遇。

不少人将财商高的人致富的原因，直接归因于他们生来富有。他们创业成功，他们比别人聪明，他们比别人努力或是他们比别人幸运。但是，家世、聪明、努力与运气并不能解释所有致富的原因。我们都熟悉自己生活中的不少财商高的人，他们并非出生在财商高的人家，也不是什么幸运人，也不显得很聪明，并且也不是都受过什么高等教育，如温州人本来很穷，但他们通过做生意很快地致富了。他们靠的是什么？靠的是他们能把握财富增长的轨迹，不断地寻求商机。

如何有效地利用每一分钟？如何及时地把握每一次投资的机会？如何改善一个人或家庭的财务状况，与我们的致富目标还相差多远呢？财商高的人认为其实你不需要是个财商高的人，不需要是个高收入者，不需要是高学历者，不需要具备专门的知识与高超技术，不需要靠运气，你所需要的只是正确把握财富规律的思维习惯。

财商高的人认为财富就像一粒种子，你越快播下种子，越认真培育小树苗，就会越快让"钱"树长大，你就越快能在树阴下乘凉，越快采摘到丰硕的果实。

赚钱是一种快乐的游戏

有许多大亨，他们手中掌握着数以百万、千万，甚至亿万的财富的时候，他们感觉手里拿的不过就是一堆纸张而已，并不觉得这就是可以时刻给人带来祸福安危的东西。如果他们把金钱看得很重，就不敢再那样心不跳、气不喘地赚钱了，也不敢那样拼命地赚取财富了。

要想赚钱，就绝对不能给自己增加心理负担，而是应该从容地、冷静地对待。对金钱不感兴趣自然赚不到钱，然而倘若把金钱看得太重也就给自己背负了沉重的包袱。

财商高的人注重金钱，认为金钱是现实中万能的上帝，金钱在他们眼中显得无比的神圣，但是在赚取金钱的时候，他已经把金钱当作是一种十分普通的东西，就和纸张、石头一样，丝毫不觉得金钱有烫手的感觉。

财商高的人只把金钱当作是一种很好玩的物品。它在刺激着每一个人的神经去高度地投入赚钱的游戏，人们投入资金的时候就是投入了一次次危险的但是有趣的游戏。如果不是把赚钱当作游戏，而是看做一项沉重的工作，甚至是在拿命运做赌注的时候，心理的压力会十分强大，以至于人们不敢去冒风险。

财商高的人这样形容自己：在赚钱的时候你就进入了一个游戏的世界。作为游戏的参与者，你要不停地和对手进行较量和角逐。你要采用一切办法和手段来胜过其他的人，你要超越所有的人才可以赢得最后的胜利。

著名的金融家摩根就具有这样的赚钱观念，即决不让赚钱变成一种沉重的负担，而是让它成为一种新鲜刺激的游戏。他认为只有以这样游戏的心态去赚取金钱，才是最佳的赚钱心态。

摩根赚钱甚至达到痴迷的程度。他一直有一个习惯，每当黄昏的时候，他就到小报摊上买一份载有股市收盘的当地晚报回家阅读。当他的朋友都在忙着怎样娱乐的时候，他则说："有些人热衷于研究棒球或者足球的时候，我却喜欢研究怎么赚钱。"

在谈到投资的时候，他总是说："玩扑克的时候，你应当认真观察每一位玩者，你会看出一位冤大头。如果看不出，那这个冤大头就是你。"

他从来不乱花钱去做自己不喜欢的事情。他总是琢磨怎么赚钱的办法。有的人开玩笑说："摩根你已经是百万富翁了，感觉滋味如何？"摩根的回答让人玩味："凡是我想要的东西而又可以用钱买到的时候，我都能买到。至于其他人所梦想的东西，比如名车、名画、豪宅我都不为所动，因为我不想得到。"

他并不是一个为金钱而生活的人，他甚至不需要金钱来装饰他的生活。他喜欢的仅仅是游戏的感觉，那种一次次投入资金，又一次次地通过自己的智慧把钱赚回来的感觉，充满了风险和艰辛，但是也颇为刺激。他喜欢的就是刺激。摩根说："金钱对我来说并不重要，而赚钱的过程，即不断地接受挑战才是乐趣，不是要钱，而是赚钱，看着钱滚钱才是有意义的。"

视钱为平常物，在财富规划过程中，我们要视赚钱为游戏，我们才不会跌入到金钱的陷阱中，要以一颗平常心面对财富的规划，这样才能实现它。

财商高的人致富意识超前

钱多钱少并不重要，关键是要树立挣钱的长远目光。挣钱是天经地义的，但为了挣更多的钱，必须要培养这种意识，眼前的利益必须放在长远的规划中来看待。

在国内几乎无人不知的一代华商霍英东，在香港的富豪中，他不是最有钱的，但他一直无私地支持国内的公益事业，所以他也最负盛名。

霍英东主要经营博新公司，还有地产、建筑、酒楼、航运、石油、酒店、金融、航空和公共交通等项目，持有 40％澳门娱乐公司及信德船务的股份和 40％的董氏信托股份，通过董氏信托持有东方海外国际企业与奥海企业 50％ 股份等，并投资珠江两岸汽车轮渡服务，拥有广州白天鹅宾馆、东方石油主要股权和漠尤航空少数股权及加拿大一批物业。其总资产已超过 130 亿港元。

在香港华商中，霍英东的起点可能是最低的。他本是船民之子，当许多人已腰缠万贯时，他每天还在为吃饭问题苦苦挣扎。同李嘉诚一样，他没有祖业可以继承，也没有靠山可资荫庇，完全凭借自己的远大胸襟和永不气馁的创业精神，赤手空拳打天下，创建了自己的商业王国，大胆、勇敢、冒险、创新再加上坚忍不拔，成就了一个香港商业界传奇。霍英东吃苦耐劳的作风同样是广东商人精神的典范。他性格开放，容易接受新事物，勇于创新；他境界高远，不因小成就而满足，永远追求创业生活；他不甘渺小，意志坚定，从不转移目标，永远忙忙碌碌，用事业体现自身的生存价值。

他上中三时，日本侵华，时局动荡，他辍学加入了苦力行业，从事了各种不同的苦力工作，虽然他表现不错，但无奈收入太微薄，看看出头无望，于是他自动辞职了。一个人当被生活逼到绝处的时候很容易萎靡不振，但也有可能更加顽强、更加发奋，然而，饥饿、劳顿没有使他屈膝；反而，更加激发了他对美好生活的向往。

日本投降后，第二次世界大战的战火渐渐平息，人们生活趋于稳定，各行各业也渐次走上了发展轨道。霍母以其生意人的眼光，看准了运输业务急剧发展的前景，便放弃了杂货店经营，把股权卖了 8000 元，租下了海边的一块地皮，再次经营起驳运生意。霍英东替母亲管账，代她去收佣金，工作十分勤奋。母亲虽然精明稳健，是一家之主，但妇道人家仅以小生意为满足。霍英东却不然，他不满足于现状，一心想做成一番大事业，在这方面正好可以弥补母亲的不足。他领会到这样下去很难有太大的发展，便开始留心观察，等待机会。

1948 年，霍英东得知日本商人以高价收购可制胃药的海草，他更加具有先见之明，以自己从小在舢板上长大的经验，他知道这种海草生在海底，而且是在太平洋柏拉斯岛周围才有。于是他当下买来一艘 61 英尺长的摩托艇，并联络到十多个想赚钱的渔民，一同驶向柏拉斯岛。

他的判断没错，但海草全部卖完结算时，他们在海上 6 个月的含辛茹苦的所得竟然只够开销，等于一无所获。

1950 年，朝鲜战争爆发。从这年 10 月起，中国数十万志愿军从丹东、集安相继跨过鸭绿江奔赴朝鲜，打响了历时 4 年之久的抗美援朝战争。战争当然意味着破坏，也意味着巨大的伤亡，是拼储备、拼资源的重大武装冲突，但对于商家来说，却意味着商机。朝鲜战争使当时的香港成了中国的对外物资中转港，大量的军用物资堆积在码头上，在这里处理的剩余物资也无法估计。出生于驳船世家的霍英东自知这个机会的宝贵，迅速紧紧抓住，在香港展开了驳运经营。头次创业时他仅凭热情，却疏于谋划，这次他认真吸取了以往失败的教训，行动之前先进行了精心的筹划，而后才按既定方针投入营运，并在实际过程中不断加以修正，随机应变。

由于牢牢抓住了机会，生意搞得十分顺利，他的拖船也很快由一条、两条变成了十条、数十条，成倍增加。这次创业他终于取得了重大突破，抗美援朝历时 4 年，而在这 4 年当中，霍英东崛起的速度几乎可以说是一夜之间，他一举成为香港业界新贵。

商人就是商人，无不想要赢得更多的利润，将生意做得更大。霍英东正是如此。他几乎可以说是一个天生的商人，始终不肯歇息，狂热地追逐着利润，并不以已有的成就为满足，总是在追寻着新的商机。航运上获得成功后，霍英东又看准时机，大胆涉足香港地产市场。

1954 年，霍英东创建了立信建筑置业有限公司，放手从事地产业的投资经营。当时香港从事房地产投资的人很多，因为这是一个赚钱又多又快的行当，但真正在地产生意中获得成功的人却总是有限的。

从买进第一宗房地产起,几年内,立信建筑置业有限公司所建的楼在香港已到处可见,到 20 世纪 70 年代末 80 年代初,他名下有 30 多家公司,大部分经营房地产。

霍英东说:"今天,一个佣人也可以拥有一层楼,他只需要付一笔小钱。不需要住房者还可以'炒楼花',若半年或一年成交,往往能赚个对本。但是若用 5 年完成一项建筑计划,那就每年只赚 5% 了。这种预售楼宇的方法,很像内地的集资建房,买卖双方都有方便之处。"霍英东的这一成功发明,引来了香港地产界的纷纷效仿,港岛地产业由此刮起了一场具有"革命"意味的旋风,有力地推动了地产业的发展。小册子的宣传形式使"炒楼花"的方法尽可能详尽地广为人知,也使霍英东的地产生意越做越活。他说:"我们开展各种宣传,以使更多有余钱的人来买,譬如来港定居或投资的华侨和侨眷,以及劳累了半生、略有小积蓄的职员,加上赌博暴发户和做其他生意胀满了腰包的商贩,都来投资房地产。谁不想自己有房住? 只要有更多的人关心房地产,了解它,我们的生意就有希望。"

霍英东的真正突飞猛进,其实是从 20 世纪 60 年代初他经营房地产的同时兼"淘沙生意"开始的。60 年代初,香港房地产业有了很大的发展,楼宇、码头建设兴盛,对河沙的需求量猛增,霍英东本人也在经营房地产的过程中为建筑材料的紧缺伤透了脑筋。也许正是因为他出身于水上人家,有着与其他房地产商不一样的参考系,他非常具有远见,想到了另一条财路:海底淘沙。

海底淘沙是一种费工多、收获少的行当,商人们不仅不愿轻易问津,甚至视之为畏途。但霍英东却有自己的如意算盘:从海底淘沙,不仅可以获得大量建筑用沙,而且可以挖深海床,植海造地,是一个很有前途的事业。只不过要想在海底淘沙中赚大钱,靠一般方式不行,需要加以改革,运用现代化的设备。

为了实现海底淘沙的设想,霍英东派人到欧洲订购了一批先进的淘沙机船,用现代化手段取代落后的人力方式。凭着为人所不敢为的果敢精神,霍英东从香港商界的视野盲点找到并挖到了宝,创出了奇迹。与此同时,霍英东奇招独出,又与港府有关部门订立了长期合同,专门由他负责供应各种建筑工程所用的沙料,这无疑是享有了淘沙生意的垄断权,成为香港淘沙业中的王者。此后,香港各区的大厦建筑、各处码头的建筑,以及填海工程,均由霍英东的"有荣公司"负责供应沙料。

他做生意的基本战略讲究的是"超前"意识,在思考上要有超前眼光,在落实上要有超前行动，因而他一旦思考成熟，便迅速动手。"填海造地"设想的实现过程也是如此：主意既定，便开始紧抓落实，大手笔地从美国、荷兰等国购进先进机具，放开手脚地承造当时香港规模最大的国际工程——海底水库淡水湖工程的第一期。此举打破了外资垄断香港产业的旧局面，并使霍英东"房地产工业化"的格局又增加了一项"填海造地"。及至后来，这一壮举不断地为香港房地产同业商人所沿用，成为香港地产业发展的一大趋势。

远大的目光加上超前的行动，是霍英东的经营智慧。但回顾他的创业经历，宝贵的还有他所具有的屡挫不馁的事业心，以及吃苦耐劳的精神，这其实也是许多商人的共性。

总之，要想成为一位富豪，必须具备长远的挣钱眼光和致富意识，这一点是必不可少的。

·第 4 课·

精明消费：花钱也是一种智慧

穷人盲目消费，财商高的人理性消费

我们该如何避免挥霍金钱的习惯呢？一个解决的办法就是以对金钱的积极的态度取代消极态度。

圣地亚哥国家理财教育中心提出了"选择性消费"的观念——你不应该对自己说："我该不该买这东西？"而应该问："这东西所值的价钱，是不是在我这个月花钱的预算金额内？是否正是我所要花的钱？"

换句话说，你要问问自己，到底有多么想要花这笔钱来买这东西，而不仅仅是告诉自己能不能花这笔钱。

"我不应该花这笔钱"——就是国家理财教育中心所谓的"消极的输入"，因为它是消极的信息，容易被忽略，这也是人类的心理。然而消极的输入会迫使我们合理化我们的购买行为，如"这东西颜色很漂亮"、"这东西正在打折"和"我真的很想要这东西"等说法，就是一些很普遍的例子。许多人都有买过打折商品的经历，喜滋滋地买回了"物美价廉"的商品，心中有一份莫名的得意和逢人就想夸耀的冲动，殊不知，你正是上了"打折"的当。

原先卖100元，提价到200元，打5折，卖100元，这是一种打折；本来值100元，标价500元，打5折，优惠价250元，这是另一种打折。并非所有打折都是蒙人，但确有不少商家从给商品标价的那一刻起就想到了打折。

与前几年盛行的"放血价"、"跳楼价"相比，如今商场举起了看似理性的打折牌，其势头之猛有过之而无不及。

某商场一楼服装大厅，一个消费者在某品牌女式套装前驻足："原价780元，现价200元，怎么降价幅度这么大？"售货小姐说："号码不全。"消费者顺手拨弄衣领，发现各种号码应有尽有。售货小姐赶忙解释："因为定价高卖不出去，所以降价。"谁想到，时隔 3 日，消费者再度光顾嘉日隆，物依然，只是标签已变为"原价 515 元，现价 200 元"。

在小饰品专柜里的两枚胸针，标价为 48 元买一送一。而当你看到旁边一家饰品专柜，过去一问，同样的东西，24 元买一送一！有时售货小姐会低声告诉你，别相信什么打折：因为商场一组织促销活动，打折的柜台就在价签上做文章，你看原价标着 198 元，现价 98 元，其实压根儿就卖 98 元！

曾经流行过这样一句顺口溜——七八九折不算，四五六折毛毛雨，一二三折不稀奇。

"打折就是随意定价的结果，商家一开始就想好了用打折的办法'钓鱼'、蒙人"。一般人习惯上总喜欢廉价便宜的商品，他们看到打折商品，往往不加考虑就掏钱包购买，这正好落入商家的圈套。财商高的人从不盲目购买打折的商品，他们告诉人们在打折面前，最好不要乱动，冷静一下，看看这个东西你是否真的需要。不需要，打再低的折也不为其所动。

通过选择性的消费，你想要花钱的本能还是能够得到满足的。这就像一个正在减肥的人必须减少热量的吸收，但每天却又还可以吃一点儿冰激凌一样，你不必试着去完全改变生活方式，而且也不必强迫自己克服心理上的排斥感。

不要误以为选择性消费很简单，其实它并不简单，它需要不断地练习。

阿敏是个超级购物狂，每次同学想去逛超市又找不到人陪时，找她准没错。她一到超市，立刻就兴奋起来，总能想起自己缺这个缺那个，于是买个没完，每次至少也是上百元。有时候买回来的东西放在一边也想不起来用，浪费了不少钱。

后来自己也有点急了，一次逛超市的时候，看到一个妈妈领着小孩一起买东西。小男孩手里拿着计算器，妈妈每放到购物篮里一件商品，就告诉他价格，他累计后把总额告诉妈妈。阿敏觉得这是个好办法，也照做，于是手机里计算器的功能就被充分利用了起来。一开始她给自己规定，每次购物的总额不得超过 80 元，后来这个金额被一再缩小，现在她已经能很好地控制自己的购物行为了。

为了节省开支，带上计算器逛街，让屏幕上飞涨的数字抵挡诱惑是个不错的方法。顾客在一般商店里购买商品，买一件就要支付现金，看着钱出去难免心疼。超市自选再统一结账，往手推车里放东西，"豪拿"中购物欲望便会大涨。带个计算器逛超市，买一个东西就用计算器加一下，这样就会知道自己不断支出的总数了，超过预算就罢手。这样可以自我核算，避免结账时出现多付。另外，认定目标，到熟悉的超市购物，可以很快找到想买的东西，减少受诱惑的机会，也是一种省时省钱的方法。

在逛超市时，应该给自己规定时间，一般不要超过10分钟，这样可以控制自己的购买欲望，进入超市，就可以拿出清单对号入座。

同时，逛超市的时候尽量空手进入，如要买的东西稍多，而购物篮可以盛下，就决不要去推购物车。购物篮和购物车本是方便顾客的，但它们同时又极其艺术地为商家做着诱购和促销工作，可以说，它们是使我们无形突破购物计划的"元凶"。

人们还切记千万不要被赠品所诱惑。很多商家常在商品上绑一些赠品来激起人们的购买欲。这是商家促销的一种方式，有些商品甚至因绑了赠品后价格有一定的上升。千万不要被一些花哨但没有价值的赠品糊弄了。

另外要避免数字误导。商家喜欢把商品定为类似9.9元的价格，这样常常会给人便宜的错觉，看到这样的商品，要习惯性地四舍五入。比如把9.9元看成10元，虽然只有一毛钱的差价，但在价格上就不会被误导了。

当我们去超市时会列出清单，为什么买其他东西时不会如此呢？其实你的消费是可以掌握的，不被习惯、冲动或者广告所左右，你几乎能够购买真正想要的东西，如果你养成了消费时去比较不同商品的价格、服务和品质，用同样的金额，还可以购买哪些东西的习惯，你的选择性消费也不会那么困惑，并且也能够聪明地消费并存下省下来的钱，照这样推算，那你就很快可能成为一个小小的富翁。

财商高的人消费有绝招

有品位的节约是持之以恒的节约，它会让生活品质更佳，因此我们要学会省钱，寻找个人理财的方法。等待发薪水的日子，往往觉得依然是依赖着钱过生活，那么，到底要怎么省钱？又如何做到有效地理财呢？财商高的人认为想要有精明的理财方法、要想提高生活的品质，就需要有决心、毅力和制定有效的计划。不过欲速则不达，点点滴滴的累积只会成为未来可观的财富，财商高的人认为一般人要抛弃以前错误的消费习惯。

1. 用循环信用购物

随着社会的发展，经济的进步，越来越多的人使用信用卡，但我们有时要避免用信用卡循环购物。大部分信用卡的循环利息介于14%到21%之间，所以信用是很昂贵的。一台 4000 元的电视机如果用利率 15% 的贷款来购买，3 年下来会值 4900 元，也就是说，总价会超过用现金买的约 25%。如果一定要用信用卡，就应将消费的余额尽快清还。

2. 买个方便

现在吃省时的速食代价不菲，譬如说，一个知名品牌的冷冻面条，要比同样分量的一般面条贵上 2 ~ 5 倍的价钱。另外，所谓便利商店的东西也是比较贵的，因为他们的货物加成费用也比超级市场里的加成费用高。如果经常在便利商店购物，一年下来，两者的消费金额相差会有千元以上之多。另外一个高成本的便利服务项目，即很多旅馆饭店所提供的电话接线生的服务，应该尽量避免使用，不如通过长途电话公司自动拨接的方式打电话来得省钱。

3. 冲动的消费

你是不是一个冲动的消费者？如果是，必须先来算算这个习惯的成本。试想如果每一周都冲动地买个价值 15 元的东西，一年下来得花 780 元。当然，偶尔还是要慰劳一下自己，但也不要太过分。如果经常有别人陪着购物，并且还鼓励你去买超过预算的东西，那么，最好还是自己一个人去购物。

4. 消费的时间不恰当

买刚刚才送到商店里的衣服或当季的货品，是很昂贵的。事实上不久后，价钱就会降下来，特别是在销售情形不佳的季节里。其实可以等到新产品（如计算机、电脑和电子设备等）上市后开始降价时再买，这样也可以替自己省下些钱。

5. 买个身份地位

信用卡使用方便，常会使人立即当场就购买商品或服务；有些人在和朋友或亲戚攀比物质生活时，会昏了头。在很多人的心目中，金钱和占有就等于成功。追求身份地位的人，会去买较贵、较好的东西，他们靠家里衣柜的大小或者是衣服的品牌标签来证明他们比别人更成功。这也是一种欠佳的表现。

6. 安慰型消费

有些人则会以花钱作为代价，抒发自己的压力或沮丧的心情，譬如说，他们如果对配偶发脾气，就会跑到最近的购物中心去大肆消费，以作为一种惩罚，发泄心中的郁闷，这是相当愚蠢的。

7. 买"错"了东西

货比三家可以省钱，如果你想要买家用器具，可以参考一下"消费者导报"之类的刊物，其中有各种品牌、形式和等级的说明介绍。有些百货公司自营商品的品质，事实上和某些名牌是同质品，因为他们都是由同一家制造商所制造的。

以上是普通消费者经常会患的 7 个错误习惯。下面看看消费省钱的秘诀吧。

（1）购物一定要有计划：这一条是节约的经典策略。购物无计划等于给存款判死刑。每个月都要根据家中需要制定详细、合理的购物计划，有时甚至要提前将每顿饭的菜单都设计好，并写在账本上，做到心里有数。

（2）穷追不舍买便宜货：据一对夫妇透露，每次到超市购物，他们都会在购物架前来回逡巡，寻找要购买物品的最便宜价格，直到找到最低价才买东西。在夫妇俩的带动下，孩子也学会了节约，总是陪着父母耐心搜索最低价格。即使在不购物的时候，他们也会像炒股者关注股票一样，随时留心各种物品价格的涨落。

（3）每个月只购物一次：建议大家，最好每个月只购物一次，因为逛得多一定会买得多，买得多就花费多。

（4）巧妙利用购物优惠：许多商场、超市都会推出买二赠一、低价促消等购物优惠活动，对此应经过反复比较，以最优惠的价格买下所需要的物品。

（5）提前预算以防危机：理财专家说："如果你不提前作预算，你就很可能从一个财政危机走入另一个财政危机。"在他们看来，一旦家中经济拮据并最终导致负债，那么接下来整个生活就是一种危机了。

（6）永不花费超过信封内总金额 80% 的钱：有的夫妇从结婚初期，就开始采用"信封体系"理财，即每个月把家中的钱放入一个个信封，分别用于买食物、衣服、汽油、付房租等等，而且永远不花费超过信封内总金额 80% 的钱。这样，不仅支付了基本开支，还可以省下一笔钱。

（7）提前购买节日物品：每逢重大节日前，要提前购买一些节日所需物品，并储备起来，以防节日时涨价。

除了上述七大省钱招数外，还要抓住机会，想办法多赚钱！现在都成立了专门的网站，向人们介绍各种理财的好方法，因此，人们只要付费，都可以在网上学到"省钱真经"。

财商高的人从小钱起家

两个年轻人一同寻找工作，一个是英国人，一个是日本人。一枚硬币躺在地上，英国青年看也不看地走了过去。日本青年却激动地将它捡起来。英国青年对日本青年的举动露出鄙夷之色：一枚硬币也捡，真没出息！日本青年望着远去的英国青年心生感慨：让钱白白地从身边溜走，真没出息！

两个人同时走进一家公司。公司很小，工作很累，工资也低，英国青年不屑一顾地走了，而日本青年却高兴地留了下来。

两年后，两人在街上相遇。日本青年已成了老板，而英国青年还在寻找工作。英国青年对此迷惑不解，说："你这么没出息的人怎么能这么快地'发'了？"

日本青年说："因为我没有像你那样绅士般地从一枚硬币上迈过去。你连一枚硬币都不要，怎么会发大财呢？"

也许这个英国青年并非不要钱，可他眼睛盯着的是大钱而不是小钱，所以他的钱总在明天。但是，没有小钱就不会有大钱，你不懂得从小钱积起，那么财富就永远不会降临到你的头上。

这个故事告诉我们一个真理：财富的积累离不开金钱的积累。而要积累金钱，还得掌握金钱的特性，因为钱是喜欢群居的东西，当它们处于分散的状态时，也许没有什么威力，但当它们由少成多地聚集起来时，成千上万的金币就会发挥巨大的力量。另外，金钱还有这么一个特性，就是你越尊重它，它便越拥护你；你越藐视它，它便越避开你。以上故事启示我们，要想积累财富，首先就得掌握金钱的特性，不要放过身边的每一个小钱。

亚凯德是巴比伦的一位巨富，他曾向人们传授他致富的经验。在某次课堂上，亚凯德向一位自称卖蛋的节俭人说："假使你每天早上收进 10 个蛋放到蛋篮里，每天晚上你从蛋篮里取出 9 个蛋，其结果是如何呢？"

"时间久了，蛋篮就要满溢啦。"

"这是什么道理？"

"因为我每天放进的蛋数比取出的蛋数多一个呀。"

"好啦，"亚凯德继续说，"现在我向你介绍发财的一个秘诀，你们要照我说的去做。当你把 10 块钱收进钱包里，只取出 9 块钱作为费用，这样你的钱包将逐渐膨胀。当你觉得手中钱包重量增加时，你的心中一定有满足感。"

"不要以为我说得太简单而嘲笑我，发财秘诀往往都是很简单。开始，我的钱包也是空的，无法满足我的发财欲望，不过，当我开始向钱包放进 10 块钱只取出 9 块花用的时候，我的空钱包便开始膨胀。我想，如果如法炮制，各位的空钱包自然也会膨胀了。"

现在来告诉大家一个奇妙的发财秘诀，它的道理很简单，事实是这样的：当你的支出不超过全部收入 90％时，你就会觉得生活过得很不错，不像以前那样穷困。不久，觉得赚钱也比往日容易。能保守而且只花费全部收入的一部分的人，就很容易赚得金钱；反过来说，花尽钱包里的钱的人，他的存款账户上永远都是空空的。

在财商高的人的圈子里，有一个所谓 9：1 法则，那就是当你收入 10 块钱时，你最多只花费 9 元，让那 1 元"遗忘"在钱包里，无论何时何地，永不破例，哪怕只收入 1 元，你也保证冻结 1/10。这是白手起家的第一法则。

别小看这一法则，它可以使你的钱包由空虚变充实。其意义并不仅仅在于攒几个钱，它可以使你形成一个把未来与金钱统一成一个整体的观念，使你养成积蓄的习惯，刺激你获取财富的欲望，激发你对美好未来的追求。从一个方面来看，当你的投资进入最后阶段时，这最后的一块钱往往能起到决定性的作用。

富有的商人的成功并不是起点很高，并不是一开始就想着要做大生意，赚大钱。他懂得，凡事要从细小的地方入手，一步一步进行财富的雪球才会越滚越大。

凡事从小做起，从零开始，慢慢进行，不要小看那些不起眼的事物。这一道理从古至今永不失效，被许多成功人士演练了无数次。

有个叫哈罗德的青年，开始只是一个经营一小型餐饮店的商人。他看到麦当劳里面每天人潮如水涌的场面，就感叹那里面所隐藏的巨大的商业利润。

他想，如果自己可以代理经营麦当劳，那利润一定是极可观的。

他马上行动，找到麦当劳总部的负责人，说明自己想代理麦当劳的意图。但是负责人的话却给哈罗德出了一个难题——麦当劳的代理需要 200 万美元的资金才可以。而哈罗德并没有足够的金钱去代理，而且相差甚远。

哈罗德并没有因此而放弃，他决定每个月都给自己存 1000 美元。于是每到月初的 1 号，他都把自己赚取的钱存入银行。为了害怕自己花掉手里的钱，他总是先把 1000 美元存入银行，再考虑自己的经营费用和日常生活的开销。无论发生什么样的事情，都一直坚持这样做。

哈罗德为了自己当初的计划，整整坚持不懈地存了 6 年。由于他总是在同一个时间——每个月的 1 号去存钱，连银行里面的服务小姐都认识了他，并为他的坚韧所感动！

现在的哈罗德手中有了 7.2 万美元，是他长期努力的结果。但是与 200 万美元来讲仍然是远远不够的。

麦当劳负责人知道了这些，终于被哈罗德的不懈精神感动了，当即决定把麦当劳的代理权全部交给哈罗德。

就这样，哈罗德开始迈向成功之路，而且在以后的日子里不断向新的领域发展，成为一代巨富。

如果哈罗德没有坚持每个月为自己存入 1000 美元，就不会有 7.2 万美元了。如果当初只想着自己手中的钱太微不足道，不足以成就大事业，那么他永远只能是一个默默无闻的小商人。为了让自己心中的种子发芽，哈罗德从 1000 美元开始慢慢充实自己的口袋，而且长达 6 年之久，终于感动了负责人，也开始了他自己的富裕人生。万丈高楼平地起。你不要认为为了一分钱与别人讨价还价是一件丑事，也不要认为小商小贩没什么出息。金钱需要一分一厘地积攒，而人生经验也需要一点一滴地积累。在你成为富翁的那一天，你就会明白：积累财富也是一种理财的表现，在我们消费的过程中，就不能把硬币不当钱，我们要学会节约每一分钱，做一个理财高手。

财商高的人精明到点滴

许多人每天早出晚归努力工作，甚至牺牲休息时间加班加点，结果到了月底，仍然觉得收入和支出刚刚扯平，有时还不够用，这是怎么回事呢？事实上，每个月虽净赚不多，但有结余的人，不在少数，差别只在于你是不是能有效地运用每一笔资金，是不是将每一笔钱详实地记录下来。通过有效地运用和记录两种方法，你不但不会把钱浪费掉，反而会因此更了解自己的用钱习惯，如此一来，存一笔钱，成为人人羡慕的小富翁，就不是难事了。

财商高的人认为，日常生活中很多费用是不必要的，有些花销看似不起眼，但长年累月持续下来，也是一大笔钱，所以必须从小处开始节约。

（1）交际费：交际费是生活中最想节省却往往节省不下来的那笔开销，其实最理想的方案就是尽量在家里解决聚餐和吃饭问题，这要比外面的饭店省钱很多，而且还很卫生。至于实在省不掉的开销，比如结婚礼金等等，就记一笔人情账，人家送多少适量还多少，就当作是定期储蓄了。

（2）餐饮费：如果想和朋友聊天，尽量把他们约到家里来，这样可以节省一笔饮料费开销。除此之外，还可以自己下厨，体验自己做饭的快乐，因为到餐厅吃吃喝喝十分费钱。

（3）交通费：交通费其实最容易控制，如果路远的话，每天只要提早出门，多搭公共汽车，少拦的士，即可轻轻松松省下一笔庞大而不必要的开销。

（4）美容费：如果想省钱，可以自己动手做保养，如清洁、按摩以及去除青春痘、粉刺等等，比到专业美容店，每月可省下几十元至几百元不等的费用。

（5）服装费：聪明的女士都知道，宁可挑一两件质地好、又不容易过时的服装，也不要选购"仅在这个季节流行"的服装。

（6）娱乐费：为了有效节约，很多娱乐活动都可以在非繁忙时间段进行，比如早场电影票价就比一般的电影票价要便宜一半左右。

（7）其他杂费：常见的杂费包括水费、电费、电话费等等。节约杂费的诀窍在于"用一些巧思"。比如冰箱中食物不要放得太满，可防止电量的损耗；照明用节能灯；使用煤气烧开水时，小火比大火要省煤气等等。

除此之外，财商高的人通常还有以下一些精明到点滴的小窍门，如果把它们变成习惯，那你的财务状况一定会好很多的。

第一，扬长避短选卖场。很多人逛大卖场完全凭兴趣，其实不同的卖场有不同的强项和弱项，只要留心就能扬长避短，买到更新鲜更便宜的商品。例如：

家乐福：生鲜食品质量好、半成品菜肴新鲜、品牌档次较高、价格优势不明显。

欧尚：日常用品较便宜、产品比较大众化、拎货物用的塑料袋质量不好。

易初莲花：服装鞋帽区较大、产品较普通、冷藏食品多但生鲜产品少。

农工商：牛奶、蜂蜜、鸡蛋、米、面之类的食品、副食品较便宜。

乐购：价格有优势但产品来源较杂，最好选择有品牌的货物。

华联：生鲜食品品种多，但很多分店不能停车，不方便。

第二，长个心眼看促销。如今各大卖场都热衷举办"周年庆"之类的大型促销活动，活动期间会以抽奖的方式送出价值不等的产品，如彩电、冰箱、微波炉、餐具之类。很多人以为，在促销期间购买商品一定比平时合算，其实不然。有些商品在大型活动期间不但没有跌价反而价格略微提升，这其中是否有"均摊促销费"的嫌疑？另外，还有一些大卖场规定在促销期间，消费者要购买一定金额的产品才可参加抽奖，无形中设立了"最低消费额"。

所以，在促销期消费者购物一要理智、二要精明，千万不要盲目购买，造成不必要的浪费。

第三，买促销保健品勿忘索取赠品。大卖场已经成为市民购买保健品的首选场所。大卖场里的保健品不但品种多、价格低，而且往往有赠品相送。

以前，凡是有赠品相送的产品都会在陈列架前张贴说明，然后在销售区外设立一个柜台赠送赠品。近年来，很多保健品商家都将赠品拿到销售区来赠送，而且不再张贴字条明示。很多不知情的消费者买了保健品就走，殊不知，如果你找到一位促销人员并向她询问时，往往能意外获得一些赠品，而且赠品的数量有时是可以"讨价还价"的。

第四，聆听促销人员介绍。促销人员的煽动性有多大，说起来你可能都不相信：从一家销售食用油的商家获悉，有没有在大卖场设立促销人员，月营业额可以相差30%。

多数促销员的话还是比较中肯的，有一定的借鉴作用，但也有一些纯粹是"王婆卖瓜"。如果对产品不太熟悉，最好的办法就是多问几位不同品牌的促销人员，将他们的话综合起来分析，往往会让你迅速地了解不同品牌的各自优势。

第五，开好发票勿忘索取收银条。很多大卖场规定，如果索要发票的话，商家就要收回收银条。而一旦没有了收银条，换退货就会遇到麻烦，商家会说："你拿什么证明这产品是在我们这里买的？"

解决的办法是：要求商家在收银条上盖上"已开发票"之类的凭证后将收银条还给你。再不行，可以要求商家在发票上——注明所购商品，当然，这对开发票的小姐来说实在麻烦，但却很好地保障了你的利益。最重要的是，无论收银条还是发票，都要保存好。

最后，结账时核对单价和数量，因为，你在标签上看到的价格不一定就是你付款时的价格。

其实，大卖场里货物价格的更换是很频繁的，有时候因为工作的失误，价格标签可能没有及时更换。很多人冲着标签上的低价乐呵呵地购买，结果实际价格已经更改，吃了个"空心汤圆"。另外，有些价格是会员价，结账时要出示会员卡才能享受。如果正好买了会员价的产品又没有办会员卡，最好的办法就是结账时问别人借一个。所以说结账时千万要耐心核对一下单价和数量。

任何商业行为都无法摆脱获取更多利润的初衷，有些促销活动只是"看上去是那样的美丽"，由于营销理念的局限性，商家往往会有意识地设置一些消费陷阱，这时就需要我们的精明，不要怕"丢面子"，实际上，注意一些点点滴滴的细节，不但对你无害，反而有助于你养成良好的理财习惯。

财商高的人"饮酒"有度

有一艘船在航行途中遇到了强烈的暴风雨，偏离了航向。

到次日早晨，风平浪静了，人们发现前面不远处有一个美丽的岛屿。船便驶进海湾，抛下锚，作短暂的休息。

从甲板上望去，岛上鲜花盛开，树上挂满了令人垂涎的果子，一大片美丽的绿阴，还可以听见小鸟动听的歌声。

于是，船上的旅客分成 5 组。

第一组旅客，因担心正好出现顺风而错过起航时机，便不管岛上如何美丽，静候在船。

第二组旅客急急忙忙登上小岛，走马观花地浏览一遍盛景，立刻回来。

第三组旅客也上岛游玩，但由于停留时间过长，在刚好吹起顺风时急忙赶回，丢三落四，好不容易占下座位。

第四组旅客一边游玩，一边观察船帆是否扬起，而且认为船长不会丢下他们把船开走，故而一直停留在岛上，直到起锚时才慌忙爬上船来，许多人为此而受了伤。

第五组旅客留恋于美丽的风光，留在岛上。结果，有的被猛兽吃掉，有的误食毒果生病而死。

人们认为，第一组对人生的快乐一点也没有体会，人生缺少乐趣；第三组、第四组人由于过于贪恋和匆忙，吃了很大苦头；只有第二组人既享受了少许快乐，又没有忘记自己的使命，这是最贤明的一组。

正是出于这个道理，人们认为享受人生乐趣是人类的特权和义务，漂亮的衣物、温馨的家、贤惠的妻子、聪明的儿子，这会使人心情愉快，工作中也力量倍增。

在对酒的态度上也体现了一个人那种掌握适度的分寸感，故而人们认为，酒这种东西最忌过度，一喝多了，麻烦就来了；"只要不沉溺酒杯，就不会犯罪"。想一想生活当中那些因烂醉如泥而丢尽脸面的人，更觉这种态度非常有道理。

所以人们认为，当魔鬼要造访某人而又抽不出空的时候，便会派酒做自己的代表。

当年诺亚种第一棵葡萄树时，魔鬼撒旦跑来问："你在干什么？"

诺亚说："我在种一种非常好的植物。"

撒旦表示他从来没见过这种植物长的是什么样子。

诺亚便告诉他："它会结一种非常甜而可口的果实，喝了这种果实的汁后，人就会觉得非常幸福。"

撒旦一听，来劲了，非得加入这种幸福行列。于是，他跑去抓来羊、狮子和猴子等，把它们一只只杀死，拿它们的血作肥料浇下去，葡萄长出来了，最后变成了葡萄酒。

因而，人们刚开始喝酒的时候，温顺得像只羊；再喝一点，就会有狮子那样的强大；喝得实在是太多了，就会像猴子一样唱啊跳啊，全无一点自制力。这就是撒旦送给人类的"幸福"。

当然，完全放弃享受，一味地拼命工作也不应提倡。所以，财商高的人推崇真实，顺其自然，即使有不好的念头但只要不去做就是高尚的人。这才是真正的、有血有肉的人，而不是不食人间烟火的"神"。

因此，财商高的人认为，不但要承受遭遇到的困难，还要让自己享受生活中的快乐。先贤们为幸福而感激的时候从不犹豫，鼓励人们从拥有的一切事物中寻找幸福。

世间除了快乐之外，还有罪恶跟在后面，因此我们应防止过度贪婪。

例如，当一个人习惯了高高兴兴地吃喝，一旦吃喝不了，他就会感到失望，他就会为了钱财奔波，只为了保证有他已经用惯了的餐桌。这引发了狡诈和贪婪，随之而来的是伪誓和其他一切罪恶……然而，如果他不受到快乐的引诱，他就不会堕入这些罪恶的深渊。

正如有人所说的一样："肉越多，蛆越多；财产越多，好梦越少；妻子越多，安宁越少；女仆越多，贞洁越少；男仆越多，治安越乱。"

一个人应该是一个使自己的感觉、精神和物质追求都服从自己的王子，他统治着它们……

他适合做领袖，因为他是自己的王子，他对待肉体和灵魂都一样公平。他征服激情，把它们控制起来，同时也给予它们应得的一份满足，对待食物、饮酒、清洁等等都这样……

那时，如果他让每一部分满足（给主要器官所需的休息和睡眠，让肢体苏醒、运动，从事世间的劳作），他召唤自己的集体就像一个受人尊敬的王子召唤自己纪律严明的军队，帮助他一起达到神圣之境。

财商高的人告诉人们，在生活方式上，我们要自我满足和自我约束，有节制地生活消费，尤其在面临今天处处需要消费的境况下，人们更要智慧而理性地消费。

理财高手的预算方案

在你精明到点滴的同时，只要你想出一个方法来实行你的计划，那你的梦想——不论多么宏大，都可以实现。你的计划可以让你变成百万富翁，不论你的计划如何制定都无所谓，重要的是要有一个计划和方案。

理财方案实质上应与一个人最基本的生涯规划相结合，什么样的生涯就应制定什么样的理财方案，良好的理财方案对自己的发展有着很好的帮助。财商高的人通常都是理财高手，他们在一年内会拿出一份至三份的预算案，这样对于你的理财会有一个很好的把握。

第一项：基本保障理财方案

你要准备一定的现金作为你每个月的经常开支，以下关键性的家庭支出是财商高的人及其家庭的理财保障方案中常有项目，列明如下：

项　目	每月现金支出
①按揭支出（住房及汽车等）	元
②杂项开支（水电杂用等）	元
③交通费（包括车牌及车保险）	元
④食用（饮宴及三餐）	元
⑤保险费（医疗人寿等）	元
⑥税项（平均每月）	元
⑦人情费（含必须服饰等）	元
⑧其他（租项等）	元
⑨每月总数	元

我的基本保障理财方案是：

⑩最低限度的保障是要累积至少 12 个月

的基本开支，以备不时之需（12× 总数）　　　　元

第二项：活力理财方案

要拓宽生命领域，就必须给自己保留少许生活空间及活力，需要将第一项理财方案与第二项总数加起来。下列附加支出请详细列明：

项　目	每月现金支出
①基本娱乐及应酬费用	元
②个人每月的储备金、退休保险或投资	元

③儿女教育／教育保险基金　　　　　　　　　　　　元

④服饰支出　　　　　　　　　　　　　　　　　　　元

⑤长短假期旅行（本地或外国）　　　　　　　　　　元

⑥风险投机及投资　　　　　　　　　　　　　　　　元

⑦烟酒或进修开支　　　　　　　　　　　　　　　　元

每月总数　　　　　　　　　　　　　　　　　　　　元

⑧总数 ×2（全年）　　　　　　　　　　　　　　　元

活力理财方案全年最基本的需求现金为与基本保障财方案划相加之总和（第一项第⑩条与本项第⑧条）。

活力理财方案要创建财富为每年最少　　　　　　　元

第三项：富裕理财方案

要完全拓宽自己的生命领域，拥有独立、自主的生活空间，得到物质上完全的生活情趣，享受自由和清闲，并且不需要为生活而工作，为糊口而奔波，那么究竟你需要每年收入多少才可以这样？现提议你先注意下列事项：

你想要而现在还不能拥有的（例如）：

项　目	估计价钱	每月现金支出
①一套高级音响	2 万元	1000 元
②出国度假、旅游	10 万元	2500 元
③家庭私用汽车	20 万元	5000 元
④一栋别墅或高级住宅	100 万元	1 万元

全年　　　　　　　　　　　　　　　　　　　　　　元

加第一项基本策划全年　　　　　　　　　　　　　　元

加第二项活力策划全年　　　　　　　　　　　　　　元

富裕理财策划全年需要现金总数　　　　　　　　　　元

财务的预算方案之所以可行，是因为人们可以利用它来控制收支，这个方案是基于个人的喜好来作决定的。

没人可以规定你的生活形态或用钱方式，如果你认为和家人每周至少在外共进一次晚餐很重要，你可能会比别的家庭在吃的方面多一些开销，不过如果在外面用餐能带来很大乐趣，则在这个项目上减少开销，就可能是个错误。因此你最好在其他类别项目上少花费一些，使整个用钱方案能不偏离正轨。

　　因为人生充满了未知的事物，每个用钱计划都需要一个备用金项目。这是为了应付一些意外事情所准备的钱，对大部分家庭来说，每月 500 元到 2000 元应该足够，在用钱计划中有备用金项目的人，在碰到意外发生时，可以不必动用到储蓄账户里的钱或以信用卡借款来支付。

　　一旦将资金分配好给每一特定项目时，你就只要照方案执行即可。接下来，再想想看目前的情形以及 5 年或 10 年后的情形，据此建立一个能反映出你和家人都觉得重要的用钱方案来，如果搞清楚自己有多少钱，以及还需要多少钱，你就会处于一个能够掌握自己财务的最佳状态，同样，你也就成为了一个理财的高手。

·第5课·

成功在久：诚信是致富的灵魂

品德是信誉的担保

金钱是商人经济的担保，而品德是信誉的担保。说到经商成功，人们常常最先想起的是聪明、勤奋、机遇等等。然而人们不会想到，有时品德却在不经意之间决定了一切。

法国银行大王莱菲斯特年轻时有段时期因找不到工作赋闲在家。有一天，他鼓起勇气到一家大银行找董事长求职，可是一见面便被董事长拒绝了。

他的这种经历已经是第52次了。莱菲斯特沮丧地走出银行，不小心被地上的一根大头针扎伤了脚。"谁都跟我作对！"他愤愤地说道。转而他又想，不能再叫它扎伤别人了，就随手把大头针捡了起来。

谁也没有想到，莱菲斯特第二天竟收到了银行录用他的通知单。他在激动之余又有些迷惑：不是已被拒绝了吗？

原来，就在他蹲下拾起大头针的瞬间，董事长看在了眼里，董事长根据这件小事认为这是个谨慎细致而能为他人着想的人，于是便改变主意雇佣了他。

莱菲斯特就在这家银行起步，后来成了法国银行大王。

莱菲斯特的机遇表面上只因拾起一根针，是偶然之事。但实际上是他可贵的品格给了成功的可能，所以培养良好的品格是成功必不可少的条件。

品德不但能够使人获得他人的好感，而且还是扩大事业的重要条件。事实证明，如果你能够以良好的道德标准去处理每一件事，甚至对于那些举止过分的人也能以德报怨，那么你必定能够赢得人们的理解和支持。

有一个顾客欠了迪特毛料公司15美元。一天，这位顾客愤怒地冲进了迪特先生的办公室，说他不但不付这笔钱，而且一辈子再也不花一分钱购买迪特公司的东西。迪特先生让他耐心地说了个痛快，然后对他说："我要谢谢你到芝加哥告诉我这件事，你帮了我一个大忙。因为如果我们的信托部门打扰了你，他们就可能也打扰了别的好顾客，那就太不幸了。相信我，我比你更想听到你所告诉我们的话。"

这个顾客做梦也没有想到会听到这些话。迪特先生还要他放心："我们的职员要照顾好几千个账目，比起他们来，你不太可能出错。既然你不能再向我们购买毛料，我就向你推荐一些其他的毛料公司。"

结果，这个顾客又签下了一笔比以往都大的订单。他的儿子出生后，他给起名为迪特。后来他一直是迪特公司的朋友和顾客，直到去世为止。

由此可见，良好的品德对于商人是不可缺少的，如果一个人拥有良好的品德，或许就因为一件小事会改变一生。在世界上四大商业群体——犹太商人、阿拉伯商人、印度商人和中国商人中，每个群体都具有不同的品德和经营的智慧，在19世纪末到20世纪中这段时间中，广东商人，客家商人和福建商人成为了中国商人的典范，在东南亚各地形成了经济实力强大的华济社。而对于今天的商人来说，广东商人的品德修炼对中国各地的商人都具有一定的启发性。

潮州商人翁锦通也是这一时期成功的中国商人的代表之一。他以香港为经营的根据地。虽然同是潮商，与同乡李嘉诚、谢国民等比较起来，他则属于大器晚成型。翁锦通作为老一代潮商，同样注重个人品格的铸造，他留给后代子孙的最大启示就是：性格修炼是成功的重要条件。

翁锦通的祖上曾辉煌一时，明朝出了个翁迈达，官至兵部尚书。但祖荫太远，500年后翁锦通出世时，翁家早已不再是什么官宦世家、书香门第。家道既然早已没落，难免家贫子贱。穷人的孩子早当家，翁锦通六七岁就参加繁重的农业生产，每天凌晨两点钟就要起来用水灌田，起得迟了就被父亲一顿痛骂。不需要干农活时，他便去当童工。他曾在表亲开的酿酒厂干活，盛夏酷暑天里要用铁锹不停地把谷糠燃料送进火炉里，人还没有锹高，就得干这种成年人的活，当然很辛苦。干活期间他大病一场，几乎送命。后来他又进赌场当打杂的小厮。他的童年多灾多难，只有劳动，没有欢乐。但这样的童年也给翁锦通带来了终生受用不尽的好处，就是吃苦耐劳的品质，以及一种"活着，就得去赚钱"的信念。没有这种信念，翁锦通也不可能在劳碌半生后，于晚年成为一代富豪。

12岁时，翁锦通经姐夫介绍到厚生抽纱公司洗熨部做工，初步接触了当时潮州的新兴工艺——抽纱。3年后，厚生抽纱公司老板计划在山东烟台创办一家公司。

翁锦通勤快好学，很得老板看重，常被带在身边，此时老板见翁锦通在工作上渐渐成熟，便将建分公司的事交给了他和自己的两个弟弟，翁锦通从此成为烟台新公司的工厂主管。

在这一时期，翁锦通对儒家君子哲学作了一个世俗化的总结：第一，要讲婚姻道德，切莫有婚外邪僻行径，勿贪女色之美，勿听长舌之言。这一条也许有些陈腐，但在当时那个时代，女性受教育的机会少，学识和眼光难免短浅些，因此"婚外邪僻"除了色的本身而言，一桩事业如果过多受女性左右也不是好事——这是当时世道造成的，因此排除其歧视女性的因素，还是很有实用意义的。第二，教门之理，一般皆善，可信而敬之，勿信而迷之。年轻人来日方长，宜保持坚强奋发之志——这一条实际上是鼓励人要入世，不必迷恋虚幻不实的教门。第三，远小人，近贤人。贤人小人甚难辨，须在自己人生经验中体会。第四，世途险恶，人心叵测，故勿贪小便宜。世途中到处是阴谋圈套，圈套者，诱人以利，故勿贪小便宜，不义之财虽一毫而莫取，则不惧奸人之伎俩矣。这四条强调的其实都是心灵的修炼，成就了他以后的事业。

有了执著而强大的心灵，自然会有坚定的操守，不过分贪恋外物，自然也就不会为外物所蒙蔽。这一道理用在商业上，则能教人看清局势，独善其身，不因眼前小利而失大，也不会受非商业因素的过多影响。

1962年，他开始自行创业，兴办了"锦兴绣花台布公司"和"香港机绣床布厂"。公司设于安兰街，工厂设在加多近街翁锦通家中。此时，翁家人均已先后定居香港。一家人全部披挂上阵，在翁锦通指挥下进行生产，翁氏的家族事业就此拉开帷幕。

翁锦通做生意有个铁打的原则：不贪小便宜、不受利益引诱。

正因为如此，他不贪多、不奢繁、不被一时的利益冲昏头脑，这使翁锦通始终立于不败之地。他的品德改写了他一生，通向了成功的彼岸。

有钱更需讲信誉

在商业史上，任何一个民族的重信守约都比不过犹太民族。犹太民族在特殊的社会、历史环境中形成的恪守律法的民族特性和现代商业运作不可缺少的信守合约的商业意识，这是商业文化中的一块坚厚的历史基石。犹太人看来，契约是不可变动的。

而现代意义上的契约，在商业贸易活动中叫合同，是交易各方在交易过程中，为维护各自利益而签订的在一定时限内必须履行的责任书，合法的合同受法律保护。

犹太人的经商史，可以说是一部有关契约的签订和履行的历史。犹太民族之所以成功的一个原因，就在于他们一旦签订了契约就一定执行，即使有再大的困难与风险也要自己承担。他们相信对方也一定会严格执行契约的规定，因为他们深信：我们的存在，不过是因为我们和上帝签订了存在之约。如果不履行契约，就意味着打破了神与人之间的约定，就会给人带来灾难，因为上帝会惩罚我们。签订契约前可以谈判，可以讨价还价，也可以妥协退让，甚至可以不签约，这些都是我们的权利，但是一旦签订就要承担自己的责任，不折不扣地执行。故此，在犹太人经商活动中，根本就不存在"不履行债务"这一说，如果某人不慎违约，他们将对之深恶痛绝，一定要严格追究责任，毫不客气地要求赔偿损失；对于不履行契约的人，大家都会唾骂他，并与其断绝关系，并最终将其逐出商界。

各国商人与犹太人做交易时，对对方的履约有着最大的信心，而对自己的履约也有最严的要求，哪怕在别的地方有不守合约的习惯。犹太商人的这一素质可谓对整个商业世界影响深远，真正是"无论怎样评价也不过分"。日本东京有个自称"东京银座犹太人"的商人叫藤田田，多次告诫没有守约习惯的同胞，不要对犹太人失信或毁约，否则，将永远失去与犹太人做生意的机会。

曾有这样一个事例，有一个老板和雇工订立了契约，规定雇工为老板工作，每一周发一次工资，但工资不是现金，而是工人从附近的一家商店里购买与工资等价的物品，然后由商店老板结清账目。

过了一周，工人气呼呼地跑到老板跟前说："商店老板说，不给现款就不能拿东西。所以，还是请你付给我现款吧。"

过一会儿，商店老板又跑来结账，说："贵处工人已经取走了东西，请付钱吧。"

老板一听，给弄糊涂了，反复进行调查，但双方各执一词，又谁也不能证明对方说谎而毫无凭证。结果，只好由老板花了两份开销。因为唯有他同时向双方作了许诺，而商店老板和该雇员并没有雇佣关系。

财商高的人经商时首先意识到的是守约本身这一义务，而不是守某项合约的义务。他们普遍重信守约，相互间做生意时经常连合同也不需要，口头的允诺已有足够的约束力，因为他们认为有"神听得见"。

现代商业世界极为讲究信誉。信誉就是市场，就是企业生存的基础。所以，以信誉招徕顾客也成为许多企业共同使用的招数，但在商业世界中第一个奉行最高商业信誉"不满意可以退货"的大型企业，是美国犹太商人朱丽叶·斯罗森沃尔德的希尔斯·罗巴克百货公司。这项规定是该公司在本世纪初推出的，在当时被称为"闻所未闻"。确实，这已经大大超出一般合约所能规定的义务范围——甚至把允许对方"毁约"都列为己方的无条件的义务！

因此，犹太商人在守约上的信誉是极高的，他们对于别人尽力履约也只看作是一种自然现象，他们之所以在守约上有这种特别之处，不仅是在于散居世界各地的犹太人因此比任何一个民族获得了更多经济上的成就和特有的文化，更因为为了生存，犹太人不得不小心地处理好与各大民族的关系，尽力避免与人发生任何的冲突，为此，他们希望共处的民族之间能有某种共同遵守的规则，这便是"约"。无论是征服他们的民族，或是与之共处的民族，还是在自己同族之间，律法对他们而言都非常重要，这是犹太民族赖以生存发展的基本力量。犹太人完全能够遵守居住国的律法，甚至超过了当地民族本身的自觉性。在经济贸易中，犹太商人也以守约闻名，在其他商人的眼里，犹太商人是从不偷税漏税的，一切依约行事。他们赚大钱完全是凭着自己的智慧与机智，因为他们具备了这种天赋。获取丰厚利润，对犹太商人而言，更是自主可行的，没有必要去违约赚钱，这是他们民族的一种习惯和美德。犹太商人在法治意识上较其他民族优越，在犹太人看来，有了信誉就拥有了财富。

犹太人是这样，其实每个成功的商人都是这样。

在1989年初，由于境外企业停止对大陆供应一种叫"高压陶瓷电子"的打火装置，温州几万家打火机企业全部陷入到了无"米"下锅的困境，生产陷入了瘫痪。徐勇水认识的一个香港公司老板感念旧情，愿意给徐勇水独家提供50万个电子打火装置，但必须用现金交易。当时，徐勇水千方百计只筹到了60万元，离所需的140万元相差甚远，无奈之下，徐勇水来到了在广州的五羊城酒店，这里是温州人做生意的聚居地，他对见到的每一个温州人说："你借我5万元，一星期后我还你6万元。"于是，140万元就这样奇迹般地在一天之内凑齐了，徐勇水的口头合约挽救了温州所有的打火机厂。

信誉对于财商高的人是一笔无形资产，特别是在市场经济日益深化、国际竞争越来越激烈的今天，信誉资源比任何时候都显得宝贵，尤其是对于一个创业者，创业的过程是非常艰辛的，如果没有诚信，没有信誉，创业会碰到许多的荆棘，因此在我们的创造财富的道路上，要怀着诚信来签约，一步一个脚印地走向成功之道。诚信签约不仅体现在商业中，同时也体现在我们生活的每一处，诚信签约不仅只代表一种商誉，同时也代表着一个人的品德，懂得诚信签约的商人才是最有远见的商人。

人性化服务打造商誉

经商时不仅要讲究信誉，而且要服务周到热情，注重个性化服务，从而赢得商誉。有一个姓蔡的温州老板，在上海开有一个建材市场，起初的时候，生意不是太好，他一时也找不出是什么原因。

后来，蔡老板发现，上海人非常节俭，许多上海人吃早饭都是开水泡饭，即便是有钱的上海人也不乱花钱，更不用说是花冤枉钱。尤其在装修房子上，上海人特别精打细算。但是，再怎么细算，总是会有一些出入，等新房装修好之后，多多少少要剩下一些材料，怎么办？留着的话，已经没有多大用途；丢掉，是花钱买来的，又非常可惜。

针对这种情况，蔡老板贴出告示：凡在本市场购买的装饰建材，用剩下的可以原价退还。蔡老板这样做并不亏，而且生意比原来翻了好几倍。明眼人一看就知道，蔡老板多的都卖出去了，退回来的只不过是少数，而且还可以继续再卖。真所谓："买的永远没有卖的精。"

谈到人性化服务上，深圳某涂料公司总裁李先生也有一席经验之谈："市场竞争的规则并不一定是大鱼吃小鱼，因为大鱼往往吃不了小鱼，反过来小鱼还会吃掉大鱼，真正的规则是快鱼吃慢鱼，游得慢的鱼被游得快的鱼吃掉，一个小企业只要机制灵活，充满活力，在服务上客户至上，用人性化的服务打动客户，掌握了市场先机，绝对有可能制胜一个大企业，并且迅速地壮大自己。"当时在涂料市场上，一般都是先付钱后发货，客户处于被动地位。为了得到客户的充分信任，李先生反其道而行，采取先用产品而后再付款的经营策略，让客户们把他的涂料与其他进口涂料相比较，不好就不用给钱。一次，他到佛山推销涂料，一个姓刘的家具商打电话给他，要他拿涂料过去试一试。李先生立即将涂料送到刘先生的厂里，详细告诉他怎样使用，并且亲自为他涂刷一次，根本不谈钱的事。对方问价钱，他说你先用用看，满意再给钱，放下一张名片就走了。后来这位刘先生成了李先生的固定客户，也成了金冠涂料的活广告。

质量好，信誉好，是做生意的基本守则。但国内商界包括广东深圳在相当长一段时间内风气不佳，充满了尔虞我诈，有了坏风陋习的影响，人与人之间的关系就很难像口头上说的那么单纯，真正要做到诚信也不那么容易。而李先生给客户的印象似乎有些大大咧咧，实际上却是待人以诚，从不设防，客户们都说当今像他那样做生意的人可真不多。正因为李先生做生意口不言钱，反而更容易取得客户的好感和信任，再加上其产品确实不错，生意自然也就容易做大。当然，李先生对客户的信任也是因人而异的，他懂得，和讲究信誉的人打交道不妨大方一些，事后也不怕收不到货款，但对于不讲商业道德的人，这套办法是感动不了他们的。

除了上面的原因外，使李先生打开产品销路的另一个原因是对客户负责，服务至上。在李先生的生意经中，客户服务是产品质量的外延，可以保证质量的充分发挥。有一次已经是深更半夜，李先生接到一个家具厂要货的电话，他马上从床上爬起来，亲自将货从仓库里搬上车，赶了十几里路，准时送到这家停工待料的家具厂。客户是掏钱买东西的，所以一般架子都挺大，可见到李先生连夜兼程，准时将货送到，也十分感动于他的服务态度，抓住他的手诚恳地说："太感谢你了，我还以为这么晚你不会来了。就凭你这份急客户之所需、想客户之所想的服务，你们厂的产品，我们长期订了。"

凭着灵活的营销手法和诚恳的服务态度，金冠涂料迅速地打开了市场，很快受到全国客户的青睐，产品行销全国各地，高峰期一度供不应求。这就是李先生迅速脱颖而出的过程，作为已经变大的企业，他又成了市场上的"快鱼"。

客户并不一定要依赖企业，因为市场的选择是很多的；但企业却毫无疑问一定要依赖客户，只有受到客户欢迎，企业才能生存发展。有了这样的认识，就不难把握企业的发展方向了。鉴于认识到一锤子买卖绝非经营之道，如何使客户下次再来才是关键，李先生对客户的态度十分恳切，对客户也十分关怀，真正做到了与客户同命运。李先生的客户服务态度包含了两大精神：培养客户、服务客户。

为了保证客户培养和客户服务的成功，李先生首先在产品价格和服务上给予客户最优惠政策。他郑重承诺：产品保证其进口的品质、大众的价格，以低于进口名牌涂料约20%的价格提供与其相同的质量，甚至在某些方面优于其质量。为了真正达到经销商与公司共同发展，李先生向经销商保证：三年质量保证，投诉重奖；安排专人免费进行市场营销广告策划、追踪、宣传服务；安排专职、高级技术人员免费进行产品现场操作示范指导和质量追踪；提供电视、广播专题节目特约以及报纸广告等产品促销的支持；免费提供面向市场、个性独具的产品宣传资料和企业文化载体等等。另外，公司派遣 20 余名高级技工常年活跃在全国各地，为产品的用户提供售前、售中和售后服务。售前为用户进行产品介绍和操作示范，并在全国各地培训喷漆、刷漆工近 100 名；售后跟踪服务帮助用户解决施工中的难题，使客户买得放心，用得称心；并及时将全国各地信息准确地反馈到公司信息网。

努力赢得了回报。云南曲靖的一名经销商多次致信称："与他们公司合作，是我最成功、最明智的选择。"1998 年 8 月，这位姓王的经销商带着 3 万元现金到公司进货，结果在广州至顺德的汽车上遭窃。到公司后他十分焦急，担心这一趟丢钱不说，还要白跑一趟。李先生得知详情后对他说："你放心，钱是小事，我们相互信赖，不管丢的钱是否追得回来，货一定跟人走，你前脚回云南，我的货后脚跟着到。"李先生立即安排车间按原订单突击生产，并责成员工在 3 天内将货装箱发运。同时又跟当地公安局取得联系，根据该经销商提供的线索，协助公安破案，帮助客户追回了丢失的 3 万元现金。

四川省的一位经销商有一次急需 4 罐 3 公斤装的抗黄漆，便打了个电话到公司销售部，结果第三天就收到了公司航空托运过来的 4 罐油漆。航空运费高昂，这宗生意几乎不赚钱，但李先生不以为意。他认为客户急需就是公司自身的急需，多花点儿运费值得，重要的是更进一步赢得了该客户的依赖。该经销商回电致谢时诚恳地说："只要我还做油漆生意，你们公司就始终是我的首选，你们就是我的朋友、我的贵宾。"

在对客户的态度上，李先生还有一个观念，就是一视同仁。许多企业经常有势利眼的习惯，对大客户毕恭毕敬，请客吃饭；对小客户则趾高气扬，爱理不理。这种现象在他们公司是决不容许的，对客户的接待，无论客户大小都是同等的，既不过多礼数，也不怠慢；对客户的态度，也要一律亲切热情，服务周到。一旦业务员有"势利"待客现象，轻则警告罚款，重则开除。这样做自然是正确的，因为小客户有可能成为未来的大客户，在发展过程中公司对客户的态度始终如一，不作差别对待，更能赢得对方的好感。

不但如此，李先生还要求对待小客户要尽可能地予以照顾，扶持培养，不仅在资金上给予尽可能的支持，还为他们免费培训技术人员，进行业务指导，派专人去协助他们开发市场。这样，若小客户依赖公司成长起来，并且始终能与公司维持稳定的合作关系，公司阵容也就庞大起来了。

正因为这一系列卓越的服务措施，加上领先国内涂料技术 15 年以上的技术水平，该公司在市场上建立了覆盖面广、信誉度高的企业形象，培养了一大批"荣辱与共、肝胆相照"的经销商。在全国建立了 200 多个总经销处、1000 多个经销点，建立了涂料行业中最广阔的营销体系。

总之，李先生的涂料公司本来是市场上的一条小鱼，尽管曾遇到了朝不保夕的困难，但灵活的企业经营手法，先进的经营理念和人性化的服务使它迅速成为了同行的领头者，游向了汪洋大海，成为了动作最快的一条大鱼。

财商高的人不发横财

在一般人眼中，财商高的人贪得无厌，为富不仁，心地不善，其财富都是肮脏的。其实不然，大多数财商高的人都注重自己的德行，他们情操高尚，生财有道，热心公益事业，在社会有着良好的口碑。

灵魂的纯洁是最大的美德。

◆ 不义之财分文不取

在生意场上，要真正打出自己的名气其实也很简单，只有两个字的道理——"戒欺"。

胡庆余堂药店开办之初，胡雪岩为了做出名气，打出自己的金字招牌，就采用了"戒欺"这两个字。他决心以朴实的本性来生活，不义之财分文不取。

胡庆余堂药店的大厅里，挂有一块黄底绿字的牌匾。这块牌匾不像药店大堂上那些给上门的顾客观赏的对联匾额，一律朝外悬挂，而是正对着药店坐堂经理的案桌，朝里悬挂。这块"戒欺"匾，匾上的文字是胡雪岩亲自拟定的：

"凡百贸易均着不得欺字，药业关系性命，尤为万不可欺。余存心济世，誓不以劣品巧取厚利，惟愿诸君心余之心，采办务真，修制务精，不致欺余以欺世人。是则造福冥冥，谓诸君之善为余谋也可，谓诸君之善自为谋亦可。"

匾上所言，是胡雪岩对于自己药店档手、伙计的告诫、警醒，也是他确立的胡庆余堂的办店准则，那就是：第一，"采办务真，修制务精"，即方子一定要可靠，选料一定得实在，炮制一定得精细，卖出的药一定要有特别的功效。第二，药店上至"阿大"（药店总管）、档手，下到采办、店员，除勤谨能干之外，更要诚实、心慈。只有心慈诚实的人，能够时时为病家着想，才能时时注意药的品质。这样，药店才不会坏了名声，倒了牌子。

旧时药店供顾客等药休息的大堂上常挂一副对联："修合虽无人见，存心自有天知"，说的是卖药人只能靠自我约束，药店是赚良心钱。

这里的"修"，是指中药制作过程中对于未经加工的植物、矿物、动物等"生药材"的炮制。生药材中，不少是含有对人体有害的有毒成分的，必须经过水火炮制之后方可入药。而这里的"合"，则是指配制中药过程中药材的取舍、搭配、组合等，它涉及药材的种类、产地、质量、数量等因素，直接影响药物的疗效。

中国传统中成药"丸散膏丹"的修合，大都沿袭"单方秘制"的惯例，常常被弄得神神秘秘的，不容外人窥探。而且，由这"单方秘制"的成品品质的良莠优劣，不是行家里手，一般人又难以分辨出来，如果店家存心不正，以次充好，以劣代优，或者偷减贵重药材的分量，是很容易得手的，因而自古以来就有所谓"药糊涂"一说。正是因为上面这些原因，所以也才有了"修合虽无人见，存心自有天知"的告诫。

不诚实的人卖药，尤其是卖成药，用料不实，分量不足，病家用过，不仅不能治病，相反还会坏事。这个道理，胡雪岩自然是心知肚明，这也才有了那方"戒欺"匾上"药业关系性命，尤为万不可欺"的警诫。

不仅如此，在《胡庆余堂雪记丸散全集》的序言中，也写上了类似的戒语："大凡药之真伪难辨，至丸散膏丹更不易辨！要之，药之真，视心之真伪而已。……莫谓人不见，须知天理昭彰，近报己身，远报儿孙，可不敬乎！可不慎乎！"从这里，我们真可以见出胡雪岩在"戒欺"立业上的用心良苦。

按胡雪岩的说法："'说真方，卖假药'最要不得。"他要求胡庆余堂卖出的药，必须是真方真料且精心修合，比如当归、黄芪、党参必须采自甘肃、陕西，麝香、贝母、川芎必须来自云、贵、四川，而虎骨、人参，则必须到关外去购买，即使陈皮、冰糖之类的材料，也决不含糊，必得是分别来自广东、福建的，才允许入药。

而且胡雪岩还要求，要叫主顾看得清清楚楚，让他们相信，这家药店卖出的药的确货真价实。为此，他甚至提议在每次炮制一种特殊的成药之前，比如修合"十全大补丸"之类，可以贴出告示，让人来参观。

同时，为了让顾客知道本药店选料实在，决不瞒骗顾客，不妨在药店摆出取料的来源，比如卖鹿茸，就不妨在药店后院养上几头鹿，这样，顾客也就自然相信本药店的药了。

这才是真正做了"金字招牌"。

商人经商十分注重商业道德，他们认为诚信乃商业道德中应有之义。商业伦理道德是商业调整内部和外部关系的行为规范的总和。它由善与恶、公与私、正义和非正义、诚实与虚伪几种道德范畴为标准。

胡雪岩创办的杭州胡庆余堂之所以声名卓著，与北京同仁堂并驾齐驱，也在于遵循"以朴实的本性来经商"的商业宗旨，取信于民。

胡雪岩当初创办胡庆余堂，西征将士所需要成药及药材数量极大，向外采购不但费用甚巨，而且也不见得能够及时供应，他既负责后路粮草，当然要精打细算，自己办一家大药店，有省费、省事、方便三项好处，并没有打算赚钱，后来因为药材地道、成药灵、营业鼎盛，大为赚钱。

但盈余除了转为资本扩大规模以外，平时对贫民施药施衣，历次水旱灾荒、时疫流行，捐出大批成药，也全由盈余上开支，胡雪岩从来没有用过胡庆余堂的一文钱。

由于当初存心大公无私，物色档手的眼光，自然不同。第一要诚实，胡庆余堂一进门就高悬着一副黑漆金字的对联："修合虽无人见，存心自有天知。"因为不诚实的人卖药，尤其是卖成药，材料欠佳，分量不足，服用了会害人。

其次要心慈。医家有割股之心，卖药亦是如此，时时为病家着想，才能刻刻顾及药的品质。最后当然要能干，否则诚实、心慈，反而成了易于受欺的弱点。

这样选中的档手，不必在意东家的利润，会全心全力去经营事业，东家没有私心，也就引不起他的私心，加以待遇优厚，也不必起什么私心。

由于有这些管理上的前因摆在那里，所以胡雪岩失败之时，胡庆余堂不因胡雪岩的失败而影响营业，胡庆余堂的档手也没有借着胡雪岩的失利而趁火打劫。相反的，胡庆余堂的伙计们都有一致的议论：胡雪岩种下了善因，必会结得善果，他一时垮下去，但早晚会再爬起来。所以，所有店员都一如既往，正常去店里上班儿，维持药店的正常运行。

做生意从正路去走，往往可以名利双收，即便一笔生意失败了，也有东山再起的希望。而违背道义，不走正路，必将遭人唾弃，一旦失败往往一败涂地，名利两失，不可收拾。不用说，一定要去做遭人唾弃、名利两失的事情，那就实在是愚不可及了。

胡雪岩做生意，特别讲求要按正道取财。"君子爱财，取之有道"，这是中国流传了几千年的一句古语。这里"道"的所指，不同的人，一定会有不同的理解，但不管怎样理解，这个"道"包含着正道、正途的内涵则应该是不可否认的。只要是按规矩取财，只要得之于正道，君子也不会以爱财为耻。

"做生意还是从正路上去走最好。"这话是胡雪岩说的。

君子爱财，取之有道，具体说来也就要依靠自己的胆识、能力、智慧，依靠自己勤勉而诚实的劳动去心安理得地挣钱，而不是存一份发横财的心思，靠旁门左道的钻营去"诈取"。有一句话说，"马无夜草不肥，人无横财不富"，其实这是一种误解。真正做出大成就的成功商人都知道，商业运作是最要讲信义、信誉、信用，最要讲诚实、敬业、勤勉的，一句话，就是要在正途上"勤勤恳恳去创业"，生意才会长久，所得的才是该得，所谓飞来的横财不是财。

胡雪岩自己也特别注意从正道取财，例如他开药店要求成药的修合一定要货真价实，决不能"说真方，卖假药"，不能坑蒙拐骗。因此，他经商从来不违反以下几个原则：一方面可以捡便宜赚钱，但决不去贪图于别人不利的便宜，决不为了自己赚钱而去敲碎别人的饭碗；一方面可以借助朋友的力量赚钱，但决不为赚钱去做任何对不起朋友的事情；一方面是可以将如何赚钱放在日常所有事务之首，但该施财行善、掷金买乐也决不吝啬，决不做守财奴；一方面可以为了钱"切头舔面"，但决不在朝廷律令明白规定不能走的道上赚黑钱；最后一方面可以寻机取巧，但决不背信弃义，靠坑蒙拐骗赚昧心钱。

◆ 用真实的自我来生活

成功是人人都渴望和追求的，因此，许多人喜欢仿效那些成功者的言行，以吸取别人的经验来弥补自己的不足。但是，把别人的言行和经验照葫芦画瓢，全部模仿起来，恐怕是无法行得通的，也有可能由此而坏了名声。经商者都应该树立自信和平常心，否则就无法塑造自身的形象或建立属于自己的良好名声。

美国纽约铁路快运代理公司的副总经理金赛·N·莫里特先生，曾提到一位在礼仪、品德等各方面都比别人更有修养的人。这个人曾对莫里特先生说过这样的话："二十多年来，我接触过并且和他们谈过话的人成千上万！但是，每一次我都以自己的本来面目和他们谈话，我绝不模仿任何人。因此，我才能获得成功，而且当时我们说的话也最具有说服力。"

世上绝大多数成功的人，都是本着自己朴实的本性生活的，他们在自己的人生舞台上，所表演的完全是他们自己的举止，绝不刻意去模仿他人或假扮成别人。

他们始终埋首工作，虚怀若谷，非但不炫耀自己，摆出一副大人物的架子，反而像普通人一样诚实上进、虚心好学。最重要的一点是，他们从不自以为是这个世界上的一个骄子。他们只需要一个最适合自己工作的场所，然后努力使自己成为令人尊敬的人。

如果你长期以来就在工商界活动，一定接触过许多公司的领导层。在这些人中间，有些人自以为像万能的上帝一样，具有高度的支配力。但是，我们最终会发现，他们多半是不可靠的、不足信赖的或是不负责任的人。现在有些年轻人，事业上稍有了一点小成就，就自以为不得了，指手画脚，这个也看不起，那个也看不惯，但结果他们也只不过是有那么一点小成就罢了，而无法达到宏伟的目标。纽约有名的销售及管理方面的顾问威特·福斯先生曾说过："能够亲切地和别人说话，便可以从中获得不可思议的乐趣。"各位是否知道，凡是有所成就的人，他们所谨守的法则是什么吗？现将这些法则简述如下：

（1）态度自然。绝不玩弄过分勉强的技巧。

（2）言而有信。没有根据的话绝对不说。建立起这方面的名声，就能取得大家的信赖。

（3）说话简明扼要。只说自己想说的话，绝不添油加醋，故弄玄虚。

（4）处事公平。即使对方的意见和自己不一致，也应认真地倾听。如果你能做到这一点，就证明你是一个宽大为怀的人。

（5）运用机智。没有一件事不能以合乎礼仪的态度说出来。当然，更没有不以无礼的态度就不能说出来的事。因此，必须因时因地选择适当的语言。这样一来，尊敬你的人定会与日俱增。

因真实的自我生活可以得出无限的乐趣，让自己的心情畅然，不会有无谓的心理的压力，这种品德用在商场中，也会有另一番收获的。

将信用进行到底

良好的债信和偿债能力，能使人们的借贷信用一次次地得到提升。你必须懂得，宁可失去钱也不要失去你的信用。当今这个世界里，没有人甘愿做个穷人去过捉襟见肘的苦日子，对钱的感情虽然复杂，每个人都有共同的希望，那就是成为财商高的人，这种心态是社会进步的原动力之一，可以说这是一种非常正常的心态。

人对于金钱的渴望是十分正常的，作为一个正常人，不要讳言对钱的喜爱，但要认清金钱的定位，金钱是人类实现社会价值与自我价值的手段而已，有的人因为把手段变成了目的，便认为只要有钱在身，生命就有价值，却不肯将钱花在有意义的事情上，这种想法实在太可怕了，同时也是一种不健康的想法。

商海沉浮，中国温州人创造了一个又一个的商业神话，温州人赚钱的秘诀很多，使他们永远立于不败之地的一大秘诀是：守信用，让自己的信用得到一次又一次的循环。

全国服装行业"双百强"企业、被温州市银行工会授予"信用百佳企业"的温州法派服饰企业有限公司，在国内外拥有 300 多家专卖店，产值达数亿元，而实现这一切他们只不过用了短短 4 年的时间。

为什么"法派"会取得如此骄人业绩呢？该公司董事长彭星说，这和"法派"将诚信建设作为除品牌、管理、人才之外的第四种企业生存发展的要素分不开。

讲诚信，这已经是"法派"树立良好商业形象的立身之本。彭星说，诚信对企业发展的重要性就相当于心脏对于人，心脏停止跳动，生命就不存在了。一位"法派"的中层干部说，在 2000 年的时候，"法派"曾一次性销毁价值数百万元本可低价处理的次品，当时他很不理解这种做法，后来通过对法派企业文化的学习、领悟，才认识到"诚信是企业发展的灵魂"。

彭星说："诚信建设作为一种企业文化一蹴而就是不可能的，还需要从不同层次、不同方面进行完善，形成一种'守信光荣、失信可耻'的道德氛围。"

财商高的人认为，诚信不仅是企业核心竞争力的一个组成部分，是一个公司长期发展的基石，也是企业文化的一个重要体现，同时，也应该成为一个企业长期发展战略的有机组成部分。不守"诚信"，也许可"赢一时之利"，但一定会"失长久之利"。

诚信还是一个人乃至一家企业生存的根本。诚信的意义不仅在于一笔交易的成败和赚赔，更重要的是它标志着一个企业的品质。"诚实做人，注重信誉；坦诚相待，开诚布公"是每一个企业家最基本的道德准则。

众所周知，企业家是社会资源的组织者和财富的创造者。他们可能是诚信最大的受益者，也可能是不讲诚信最大的受害者。温州的企业家在做企业的过程中，对于诚信问题有更深的体会。

正泰集团董事会主席南存辉说："诚信，就是对承诺负责。是一个人的立身之本，也是一个企业的立市之本。"

的确，正泰在温州"假冒伪劣"的环境中得以脱颖而出，发展壮大，并成为中国低压电器行业第一批认定的驰名商标，成为中国工业电器公认的品牌，正是坚持诚信才使其获得成功。

温州人的原始积累曾走过一段很长的弯路，"假冒伪劣"盛行一时，许多商家见到温州人就想到了这一点，导致他们的生意越来越走向被动，回顾温州人的发家史，人们都不免提到这一块永远抹不掉的"伤疤"，同时，这也成了温州人"心中永远的痛"。

1987年8月8日，是温州人刻骨铭心、永难忘怀的日子。这一天，5000双打着"温州制造"的假冒伪劣皮鞋在杭州武林门被付之一炬。这把大火烧掉的不仅仅是那些皮鞋，同时被烧毁的还有温州的城市形象和温州人的信誉。有点年纪的上海人都记得，那时南京路上的大小商店，都不约而同地贴出过"本店无温州货"的安民告示。

然而，也许就是这次教训让温州人清醒了不少，这时一批卓有远见的温州民营企业家自觉地严把质量关，把诚信实实在在地刻在了自己企业发展的里程碑上了。

温州奥康集团刚创业时，正逢"火烧温州鞋"余波未平，困难可想而知。推销员出身的董事长王振滔不仅在家庭作坊里按最严格的标准生产皮鞋，而且自己到湖北鄂州的一个商场站柜台。整整一个月之后，王振滔的作坊皮鞋以比国营大厂更好的质量、更低的价格及更优的信誉获得了生机。

今天的"奥康"拥有国际先进流水线21条，年产皮鞋900万双，但他们始终把"做鞋如做人，先做人后做鞋"作为企业的座右铭。

富兰克林曾经说过：信用就是金钱！

温州的许多企业家，不需办理担保、抵押手续，只凭自己的签名，便可在银行获得数千万元的贷款。据不完全统计，在温州老板一族里已有不少人拥有这样的"金笔"。

在服饰界，美特斯·邦威的周成建就拥有这样的"金笔"。他的第一笔签名贷款发生在2000年2月，额度为2700万元。工行温州市分行有关经办人称，除因美特斯·邦威经营状况良好外，主要是看中周成建的个人信用魅力。他在青田创业期间，曾变卖祖屋还清借款，此事至今还在商界传为美谈。

天正集团董事长高天乐是温州民企中的高学历老板（中欧 EMBA 在读），也是"黄金巨头"之一。高天乐当时动用"金笔"据说还破了工行系统的先例，其第一笔签名贷款发生在 2000 年 7 月，额度是 3000 万元。

在这几支"金笔"中，南存辉的含金量最高。仅农行温州市分行给予他的授信额度就达 2 亿元。南存辉第一次动用"金笔"是在 1998 年 11 月份，他在农行大笔一挥就"敲定"了 3000 万元。各界"评估"：南存辉签名的含金量不仅体现其本人的信用魅力，更因"正泰"是中国商界一座巍然的"金山"。

上述的事例表明，良好的债信和偿债能力，可以使你借钱的信用一次次地得到循环，或许在那无意之间，每次筹钱与偿债的过程中，便积累了自己财务上无尽的资源，那便是良好的债信。这种雄厚的本钱使你能应付未来的人生旅途。若相反，失算了，借贷无能偿还，债信受到严惩的打击破坏，即终止了你原来可以循环不停的信用，若是这样，便也无法回头了，所以，借贷确实不得不慎，绝对不能到还钱时才想到如何还债，那么只会左右支借，生活愁眉苦脸，必须在筹措的当时便一并加以考虑。尤其银行的消费贷款期限往往很长，而且又都以借款人的固定所得作为主要的偿还来源。当我们筹钱借款时，更应该特别注意未来所能负担的偿还能力，而且还要衡量自己在还款时期的偿还能力，要一并考虑的因素还不少，例如贷款金额与期限，利率与利息之计算及选择哪一种偿还方式较为轻松，这种种皆与自己未来每期所应偿还本息金额的大小有密切的关系。因此，经商者必须要讲究诚信，让信用得到循环。

财商高的人不唯利是图

人们的心中似乎都有种共识：财商高的人就是唯利是图的人。

在商场中打滚的财商高的人，他们成功非得就是这样吗？商业的确是一个残酷的行业，每天充满着巨大的压力和竞争，每一位财商高的人的确是需要技巧生存下来，但如果完全是个唯利是图的人，他们在这个环境中就不会生存太久，过不了多久就被淘汰出局。

长期以来，许多财商高的人的经营策略一直是以善为本，这一切除了与他们的性格有关之外，也是一种促销的好办法。人是群居的动物，人与人关系的运用，对事业的影响很大，政治家因得人而兴，因失人而亡。企业家因供应的商品或服务为人所欢迎而发家致富。可见，一切都离不开人。在一切的经营活动中，与人为善，把人与人的关系处理好，正是财商高的人成功与致富的方法。

商业繁荣与否是一个国家经济发展的晴雨表，而零售业是否发达则是商业繁荣与否的重要标志。日本作为经济强国，零售业自然种类繁多，有超市、专营店、百货店、方便店等等。其中，超市作为商业类型之一，在零售业界占据主导地位，而佳世客更是超市中的骄子，1995年其营业额已高达12021亿日元。冈田卓也曾经是一个百货商店的店主，一个曾经在日本零售业界微不足道的人物，他靠着自己非凡的才华，一步步从"冈田屋"那简陋的小店迈进了佳世客那宽敞的办公室。在日本的四日市——冈田卓也的家乡少了一位精明能干、受人称道的百货店主，而在日本零售业界却多了一位叱咤风云的商业巨子。

冈田卓也，生于1925年9月19日，是家里惟一的男孩，42岁的父亲冈田惣一郎中年得子，自然对小冈田宠爱有加。但是，天有不测风云，1927年9月30日，正当冈田惣一郎想雄心勃勃开创自己的事业时，病魔却无情地夺走了他的生命。这时，冈田卓也才刚满两周岁。

冈田卓也可以说是"冈田屋"传统经营之道的忠实继承者，他时时牢记祖父的一句训言："要靠降价赢利，不靠涨价赚钱。"战后初期的日本，物资匮乏，有些商人趁火打劫，囤积销售，哄抬物价，造成物价飞涨，当时的商业界，黑市交易、投机经营成为普遍现象，在有可能决定"冈田屋"生死存亡的关键时期，是随波逐流，还是坚持正当经营，对年轻的冈田卓也社长来说，是一个重大的考验。尽管当时的小店很需要钱，而钱又那么唾手可得，但冈田卓也在关键时刻显示出他可贵的商德。冈田卓也没有因为钱而放弃经商的原则，而是始终把维护商业信誉放在第一位，坚决顶住尔虞我诈的不良社会风潮，坚持低价销售、诚实经商，凭着良心和优秀的商德进行着惨淡经营。

冈田卓也所做的一切很快得到回报。1947年秋，日本政府为制止黑市交易，恢复了战争时期曾实行的布票制度。居民必须在经营供应物品的商店事先登记所需，政府凭登记数量向商店批发布匹、衣物，登记过的顾客再凭票购买棉布或棉袄。登记的客户越多，进货就越多；反之如果没有顾客登记，则说明商店没有信誉，政府也会相应取消其经营配给布匹的资格。由于"冈田屋"一向坚持优质低价、诚实经商，在当地享有极好声誉。因此，10月1日，政府一公布新措施，市民们纷纷到"冈田屋"登记。获得了信赖，小店也因此逐步走向复兴。

相反，如果当时冈田卓也像那些见利忘义、欺行霸市的奸商一样，现在自然也会被顾客抛弃，更不会有今天的佳世客。

同时，在19世纪的最后30年到20世纪最初10年，这个冒险的年代，对财富的渴望让这个时代躁动无序，美国的财富从1870年的300亿美元增长到1900年的1270亿美元。引人注目的富豪开始出现，标准石油公司的创立者约翰·戴维·洛克菲勒个人在1892年就拥有了净资产8亿多美元（相当于1990年的120亿美元）。当年80%的美国家庭的年收入不到500美元。

经济起飞、巨额财富集中、贫富差距严重、四处可见腐败行为，该找出一个什么样的词语来描述这个时代？对这一时期的描述多种多样：纯真时代、挥霍年代、改革时代、企业时代、自信时代、美国振兴时代，但是没有谁比马克·吐温的概括更为准确。马克·吐温讥讽自己所处的时代为外表金光闪烁的"镀金时代"。这个名词就成为了对这个时代最好的概括。

洛克菲勒总是随身携带着特意兑换的银币，和蔼地将它们分发给那些可怜的孩子们。而钢铁大王卡内基和洛克菲勒之间也掀起了一场关于慈善的竞争。他们乐于以这种形象出现，在这类富翁中，洛克菲勒可谓佼佼者。而卡内基则被称为有史以来最伟大的慈善家之一。至于摩根，他是三位资本家中最有品位的艺术赞助人，尽管在慈善事业方面比不上另外两位的慷慨。

与此同时，镀金时代的宗教情怀让人迷惑。而且所有大亨都有慷慨资助艺术家的举动。他们关注那些贫困的艺术家们的作品。他们全力集中财富，然后将财富用来造福社会。

财商高的人认为，人的真正的财富是他在人世间所施行的善良，富有仅仅是一种生活状况，如果你拥有无尽的金钱，那也只是代表你个人富有的一个方面而已，如果你十分有钱，但却因此养成了自私、自责、贪婪、沮丧、尖刻、残酷、冷漠的不良习性，这就是你的贫穷所在，因为一个人精神上的富有远远比金钱更为重要，热爱生活，养成良好的品格，这就是使一个人走向成功与富有的光明大道。

财商高的人也帮别人发财

双赢是一种良性的竞争，更适合于现代社会的相互竞争。不过，人在自己处于绝对优势的时候常常会忘记对方，其最终的结果必然是赢得凄惨，然而这种赢又有什么意义呢？

财商高的人在处理经商利益时，特别善于做到两头赢利，皆大欢喜。因为他们明白，两头赢利的生意不但能使对方欢喜，更能为自己争取更大的利益。财商高的人认为，一个人如果光想着自己的利益，只知往自己的口袋里塞钱，那么，当对方知道自己的利益受到了严重的损害时，他们便会义无反顾地与你断绝生意上的往来，到那时，你就得不偿失了。

阿曼是从以色列到美国来的阿曼家族的第一代。他在美国南方做了一段时间的行商之后，跟他的两个弟弟伊曼纽尔和迈耶一起在亚拉巴马州的蒙哥马利定居下来，当上了杂货店的老板。该地本是一个产棉区，农民手里多的是棉花，但却没有现金去买日用杂货，于是阿曼就用杂货去交换棉花。结果，这种方式使双方都皆大欢喜，农民得到了需要的商品，他也卖掉了杂货。

这种方式，乍看上去与"现金第一"的经营原则不符，但这却是阿曼兄弟"一笔生意，两头赢利"的绝招。这种方式不仅吸引了所有没有钱买日用品的顾客，扩大了销售，而且有利于阿曼兄弟降低棉花价格，提高日用品的价格，并且使杂货店在进货之际，顺便把棉花捎出去，避免了单程进货，更省下不少运输费。

没过多久，阿曼兄弟便由杂货店小老板发展成经营大宗棉花生意的商人，棉花典当成了他们的主要业务。美国南北战争期间，阿曼兄弟在伦敦推销邦联的商务，在欧洲大陆推销棉花，战后，他们在纽约开办了一个事务所，并于1877年在纽约交易所中取得了一个席位，成为一个"果菜类农产品、棉花、香料代办商"。从此走上了规模化发展的道路。

在商人看来，人生犹如战场，但毕竟不是战场。战场上敌对双方不消灭对方就会被对方消灭，而人生赛场不一定如此，为什么非得来个鱼死网破，两败俱伤呢？不可否认，大自然中弱肉强食的现象较为普遍，这是出于他们生存的需要。但人类社会与动物世界不同，个人与个人之间，团体与个体之间的依存关系相当紧密，除了战争之外，任何"你死我活"或"你活我死"都是不利的。

商业中，顾客是最终的消费者，一种商品是否适用、质量好与不好，顾客最有发言权，多数情况下，顾客的意见总是正确的，商家、企业如果能经常听取消费者的意见，不断地改进工作，就会招来更多的顾客，做成大批的生意。

美国底特律有位叫伦纳德的老板，他从经营中总结了一条经验："对于企业经营者来说，顾客的建议、要求和挑剔总是对的，是绝对真理。"他举了个例子，说一天下午，有位妇女提着一只火鸡找到市场经理，说那只鸡干瘪无味，要求退换。经检验，这并非店方的责任，而是由于这位妇女烹调技术不佳造成的。按理说可以不换。但店方还是给她换了一只。从此以后，这位妇女经常光顾，一年时间便从这个店买了5000多元的商品。伦纳德老板将此经营法称之为"顾客真理效应"。

现在有些企业往往不大重视顾客的意见。不要说对待责任在顾客的事，就是责任全在商店自己的问题，也会强词夺理，推卸责任，把顾客撵走了事。看了伦纳德这条"顾客真理效应"的经验，一定会受到很大启发。

当今社会的发展已经进入了合作双赢的时代，互惠互利的合作是现代人类和社会存在的基础和前提。双赢理念则是人们生活的思想理念，合作则是双赢理念下人们所选择的最佳行为，而互惠互利则是双赢理念的外在动因。

从 2002 年 5 月 23 日开始，国内著名家电厂商 TCL 的 500 多台大屏幕彩电，将陆续进驻世界著名快餐连锁企业麦当劳的店铺内。这种完全不同领域间大企业的合作，将"世界杯"前最后一周的体育营销热浪掀起了一个新的高潮。TCL 和麦当劳同时宣布，在 2002 年 5 月 22 日至 6 月 30 日近 40 天时间里，TCL 与麦当劳将共同演绎意欲双赢的促销战略；TCL 提供 29、34 英寸彩电及背投等最新大屏幕彩电 500 台，摆放在中国内地 500 家麦当劳餐厅内，为消费者转播世界杯精彩赛事。中国大陆境内所有麦当劳餐厅内均同时开辟 TCL 麦当劳"世界杯看球俱乐部"专区。在世界杯期间，麦当劳餐厅内还将举办大型"世界杯竞猜有奖游戏"，实力雄厚的 TCL 将提供包括 TCL 王牌 29 英寸彩电、TCL HID 一键飞、TCL DVD 机、TCL 复读机等在内的所有奖品。另外，在全国范围内 TCL 产品销售点，TCL 同时派发麦当劳 10 元（原价 15 元）的优惠券。凭此优惠券，消费者可以到麦当劳餐厅进行消费。

随后，奥克斯又开展米卢"巡回路演"和售空调赠签名足球活动，从五月份投资 6000 万元在中央台高频度播出"米卢"篇广告，到推出"200 万巨奖任你赢"世界杯欢乐竞猜活动，奥克斯世界杯策划案力争做到全年有活动，月月有高潮。冒着中国队有可能失利、米卢在世界杯后影响力下降的风险，花费 40 多万美元聘请米卢做形象代言人，奥克斯有自己的如意算盘：在世界杯期间，米卢必然会成为中国人关注的焦点，而这段时间，也正是空调销售旺季，两相配合，一定能够使奥克斯销售再创新高。奥克斯当时的营销目标已确定为"实施全球战略"，急欲塑造"响亮、深具亲和力"的品牌，而米卢在国内和国际上的号召力，可以加速这个目标的实现。请米卢做代言人，既是经济新闻，又是体育新闻，同时还是社会新闻。这样一个跨行业、多角度的新闻点，便于炒作，不是随便找一位帅哥靓女就能达到的。

还有，全国 1000 家著名商场开始共同连手，向消费者推荐格兰仕数码光波微波炉。这种全国 1000 家商场联手推荐某个知名品牌的做法，在业内尚属稀罕事。商业资本拼力争夺市场话语权在中国市场已是不争的事实，商家对厂家"逼宫"已经见怪不怪，这一点在家电市场尤为突出。商业资本抬头后，工商能否相敬如宾的问题成为业内外争论的热点。广东格兰仕集团 10 年来在微波炉产业中左冲右突以产销规模和产品品质，连续发起多轮刺刀见红的血腥"价格战"，清除了微波炉市场的杂牌军，击败了众多的微波炉品牌，如今坐到了全球微波炉老大的位置，其微波炉国内市场占有率 75%，海外市场占有率 35%。从最近公布的格兰仕集团去年营业收入 70.17 亿元，广东排名第 18 位的数字可以看出，以价格战做大规模、做强企业的格兰仕，已成为中国家电业和广东工业的一条巨鲸。据了解，被称为"价格鲨鱼"的格兰仕，已不满足于以低廉价格策略攻占市场，而是调整战略，产品向高科技领域发展，誓言要霸占微波炉的技术高端市场，这家企业已经磨利了技术屠刀，推出一系列高技术含量的微波炉产品，其中的数码光波微波炉杀向国内外市场后，产生了意想不到的消费热潮，短短半年时间，在全球市场已经销售 300 多万台。

由此可见，现代社会充满竞争，这种竞争是使社会走向进步的动力，而不是毁灭社会的武器。比尔·盖茨这样认为：今天，所有竞争的结果不可能使一方成为自然和社会某一方面的统治者，而更多的则是消耗难以计数的人力和财力，最终谁也不可能成为赢家。

财商高的人认为，双赢是现代经营者理性的明智选择，现代社会的发展已使人们意识到"你死我活"独占欲望的结果是一无所有，得到的只是比以前更坏的境遇。而双赢则可以改变这种境况：使双方从对抗到合作，从无序到有序，从短暂的存在到永久的矗立，这些都显示出双赢代表着一种奋进的精神，一种公正的理念和一种精明睿智。

财商高的人认为，双赢理念的目的是为了在人与人以及人与自然的关联中赢得更好的结果，它不是逃避现实，也不是拒绝竞争，而是以理智的态度求得共同的利益。因此，对人而言，双赢的态度是积极的，它的精神是奋进的，它拒绝消极回避、悲观无为的思想，而以积极追求的心态求得预想的目的。一些人认为：双赢的背后就是认输，是不求其上、只求其次的庸人表现。财商高的人则认为，双赢是基于对自身的环境的科学分析而作出的明智选择，是积极的判断和果敢的行为。

　　财商高的人认为，双赢作为一种理念，它体现了一种公正的价值判断，这种公正性不仅表现在对别人利益的尊重上，也表现在对自身利益的取舍上。这是因为，现代社会是一种共存共荣的社会，自己的生存和发展以牺牲他人的利益为代价的时代已不存在，取而代之的则是必须赢得他人的帮助和合作才能发展和壮大自己。在这个过程中，只有利益共享才能形成良好的合作，才能取得别人的帮助，使自己成功。这种利益共享的合作双赢理念正是公正精神的体现，它符合社会发展的规律。

　　双赢不仅表明它是一种现代理念，同时它也是现代智慧的结晶。没有对自身条件的分析，没有对周围环境以及未来发展趋势的分析，则不能形成双赢理念；有了这种理念，如果没有科学的方法、明智的行为、超常的胆略，也不能产生双赢的结果。

· 第6课 ·

组合投资：让钱生出更多的钱

拥有不动产：投资房地产

房地产顾名思义包括"房"和"地"两部分，"房"是指建筑物本身：既包括人们用来居住的房屋，又包括与之相配套的辅助面积、公共设施、商业用房、服务用房、文化事业用房。"地"则是指建筑物所占用的土地。因而房地产从广义上讲是指"土地及其附着在其上的建筑物"。通常人们所说的房地产则主要指大厦、商场、住宅等等。房地产投资就是通过购买房地产的方式使资产达到保值增值的目的。

房产与地产不可分割，其中地产是核心，因为房屋总是建在土地上面，与土地连在一起。但是，房产和地产并不等同，这是因为：土地可以单独买卖，而房产则不能脱离土地单独存在；土地是永存的，它不会损耗，所以没有折旧，而房产却恰恰相反，过一段时间就会磨损、破旧甚至废弃；地产的价格直接由地租规律支配，而房产价值则由商品价格规律所支配，这就是说虽然买的是房产，但里面包含着地价，而且，地产在房产价格中占有相当大的比重。

与房地产紧密联系的是房地产市场的概念。一般而言，房地产市场就是指房地产买卖、租赁、抵押等交易的场所。随着科技的发展，"场所"的概念在逐渐淡化。房地产市场可划分为房产市场和地产市场，房产交易离不开地产交易，地产交易可以脱离房产交易而独立存在。

◆ 选择房产投资的最佳时机

一般人认为，目前房地产行业赚钱的空间较大，投资房地产的时机非常好，具体说来有以下几点：

第一，目前，我国经济景气，发展速度快。经济增长率高且持续发展，必然

389

会刺激房地产业的快速发展，使房地产的建设和成交量十分活跃，特别是国家把房地产作为经济增长点和国民经济的支柱产业后，必然会在政策上予以支持，新楼盘不断涌现，有效供给不断增加，使商品房大量上市，给购房者及投资者以充分的选择余地，可以用相对较低的投入达到投资目的。

第二，从房地产上市公司提供的数据表明，房地产开发企业的平均利率由1994年的32.4%，降低到1997年的12.45%，即使平均利润为10%，也是泡沫多多。

随着房市愈加成熟和规范，未来房地产市场的投机机会越来越少，投资收益越来越接近国际平均的利润率（即6%～8%之间）。

第三，在购房时，大都离不开银行的支持，多利用银行贷款购房，从目前的情况看，银行几次降息，住房贷款无论是公积金还是按揭都是比较低的，主要的目的是刺激消费，现在投资者购房在利率上无疑是最合算的。

第四，一般来讲，不管是现房还是期房，如果销售量不到30%，那么开发商的成本还没有收回，在销售业绩不佳的时候，开发商还有可能降低房价。

若销售量有50%，表明供销平衡，房价在一定时间内不会变化；若销量有70%，表明需求旺盛，有可能涨价；当销量达90%以后，由于开发商想尽快发展其他项目，房价可能会降低，看销售量也是把握购房时机的方法之一。

第五，当某一楼盘空置90%时，价格应是比较低的时候，但也要付出一定的代价，例如装修不隔音、服务不到位、环境杂乱无章、交通不便等；当空置率为50%时，此区域已经有了一定的发展，购房既能得到较好的价格，又能得到发展商、物业公司提供的服务，是最佳的购入时机。

◆ 判断房地产投资价值

普通居民在自主购房时，考虑最多的往往是价格合不合适，居住是否舒适等问题，而财商高的人在投资购房时，就会像投资股票一样，考虑最多的应该是房产的升值问题，其中包括房屋价格和租金的上升。随着房地产市场的不断健全，在楼海茫茫中怎样才能从众多的楼盘中找到精品呢？财商高的人认为可以通过以下要素判断房产的投资价值。

1. 选择住房的地点应考虑的方面

（1）自然条件。主要包括日照、温度、风向等气象状态，房屋景观、小区绿化、是否沿水、临街等人文和天然环境状态。

（2）社会条件。主要指小区或单体房屋所处区域的城市功能规划性质、小区周围建筑物景观、小区物业管理水平等方面。其次还包括交通条件，主要指城市及居住小区交通网络的建立，通路等级，道路通过能力，交通设施是否齐全等方面。

（3）配套条件。主要指小区内的水、电、气、热、电视、电话等管线网络，学校、派出所、邮局、银行、商店、餐饮娱乐休闲等设备及设施配套情况。

2. 选择房屋结构应考虑的因素

（1）建筑平面。建筑平面的范围包括平面面积、平面系数、间隔布局。确定购房面积时，要参考自己的工作特点、人口多少与年龄性别构成。房屋的使用面积与建筑面积之比为平面系数，平面系数越大越好。

（2）间隔布局应该合理方便。起居室、客厅等公共空间与卧室等私人空间的布局设计应该科学，以既能保持良好联系，又互不干扰为宜。

（3）建筑层高。除房屋的面积合理外，适当的层高也很重要。房间的层高过大，易给人以空荡的感觉，层高过小，则会让人感到压抑。另外，在考虑层高时，应把装修的因素预先考虑进去。

（4）建筑外观。选择外观时应遵循以下原则：①统一性原则。房屋的外观要有统一性，如色彩统一、造型统一、尺度统一、主从统一等。②对比性原则。任何美的事物，都是既统一，又变化的。虚实、明暗、高低、色彩等的对比，使整个建筑物给人以一种富于变化的感觉。

（5）房屋朝向。中国人一向以坐北朝南为贵，这里面既有社会因素，又有中国所处的地理位置因素。南北朝向采风、通光条件好，所以估价时，南北为贵，东西朝向较便宜。如果考虑到众多朝向组合，依贵贱论的顺序为：南北、东南、南、东北、西南、东、西、北、西北。

（6）建筑层数。房屋的层数不同，其售价也不同。不同用途的房屋，楼层对价格、使用有很大的影响，如黄金口岸的商业楼其底层与四、五层的营业楼的售价差别很大。对于住宅，老百姓口中有"金三银四"的说法，但我们也不需非三、四层不买。购房者应根据自己的消费需求、支付能力、购房目的等具体情况综合考虑，选择最适于自己的楼层。

（7）建筑材料。从外墙到屋内建材价格差异极大，木质、铝质门窗的价格差了许多，花岗石地板也不是一般的瓷砖所能相比的，另外，外国进口的厨房设备、卫浴设备也比国内产品贵了好几倍。如果建筑材料品质低劣或耐用程度低，会使房屋的售价大打折扣。

（8）施工质量。施工质量是房屋质量的一个非常重要的方面。购房者应注意地面是否平整、铺设的地板砖是否平整牢固、防漏性能如何、隔音效果怎样、门窗是否开启自如、关闭是否严实、锁是否灵活、玻璃是否牢固、设备是否完好等。

3. 售价及其付款的方式

一般来说，分期付款购房最适宜。在美国等发达国家，分期付款早已盛行，并不以为负债是一种包袱。在国内，分期付款的消费方式已经开始向老百姓渗透，在沿海地区已经被人们所广为接受。国内的银行也在设计和逐步完善住房贷款操作方法。

分期付款的可贵之处在于它通过延长付款时间，将大包袱化小，实现提前消费。这对于那些准备成家立业而又缺乏资金的青年来说不失为一种理想的选择。即便有钱，也可以通过分期付款的方式以腾出资金用做其他投资，争取更大回报。

4. 物业管理

物业管理是由专门机构及人员对物业的使用维护和对其环境卫生、公共秩序等依法和按合同进行管理，使之保持正常状态的监督与有偿服务的行为。它有两种类型：委托服务型和自主经营型。物业管理也可以说为物业管理公司受物业产权人和使用人的委托，按照国家法律和合同契约的规定，对被委托的物业行使管理权，以经济手段管理物业，并运用现代化管理科学、先进的维修养护技术和先进的服务手段，为物业所有人或使用者提供综合的、优质的有偿服务，以满足使用者不同层次的需求，使物业管理发挥最大的使用效益。

我们应选择具有以下这些特点的物业管理：

（1）产权明晰，管理集中。实行公司的统一管理，变多个产权单位、多个管理部门的多家管理为物业公司一家管理。这种特点可以克服各自为政、扯皮推诿的弊端。

（2）服务多层次。不但负责房屋维修，而且对管理范围内建筑物、附属物、设备、场地、环卫绿化、道路、治安等专业化管理和养护及对使用人的全方位多层次的服务，发挥住宅小区和各类房屋的整体功能和综合治理效益，有利于开展好社区服务。

（3）公司化管理，企业化经营。这样既减轻了政府的压力和负担，又使管理费用有了稳定的来源。

（4）管理单位合同聘用制，建立物业管理的竞争机制。在这种机制下可以提高服务质量、提高服务水平。

（5）业主自制与专业管理相结合。按市场原则理顺产权人、承租人、物业公司间的法律关系和经济关系。在新的体制下，小区的居民，自己的事情由自己来办，大家的事情大家商量，从被动地遵守小区管理规则走向主动地共同地维护集体的利益。

经过以上 4 个方面的考虑，在进行房屋投资时就一定能取得丰厚的回报。

◆ 如何选择房贷成数

在进行银行按揭买房时，房贷的成数是投资房地产者必须考虑的问题，办理房屋贷款时，贷款成数高比较划算，还是成数低比较划算呢？以下是常用的几种选择房贷款的方法：

1. 分析贷款成数的影响

一般而言，贷款成数高的好处是所需自备款较少，但将来每个月的负担较重。相反的，成数低则自备款较高，但每个月的缴付额较低（假定年期、利率都一样）。所以衡量贷款成数的主要因素是购房时能拿得出多少自备款，将来能负担多少房贷支出。

如果都负担得起的话，那就要看当时的银行利率水准与把剩余的资金用来投资的获利水准何者较高。

杨某看中了一栋 80 万元的房子，若贷款七成，须自备款 24 万元，贷款六成则须准备 32 万元；假定贷款为 15 年期，利率为 10%，以"本息定额偿还法"的方式，前者每月负担约 5992 元，后者约为 5136 元，每月相差 856 元。

在这个例子里，贷款七成自备款节省 8 万元，如果用这笔钱来投资，以年平均获利率 10% 来计算，15 年后（以每月复利的方式计算）会增为 356313 元，如果以贷款六成的方法，每月可省下 856 元，用这笔钱来投资，年平均获利率也是 10%，则 15 年后，可有 354786 元的储蓄。两者相差 1527 元，贷款成数多一成稍微划算。

如果投资获利率更高呢？以 15% 来计算，则 8 万元 15 年后会变成 748506 元，每月投资 856 元，15 年后会变成 572241 元，相差 176265 元。如果获利率只有 8% 呢？8 万元增值为 264553 元，每月投资 856 元，则可积存为 296208 元，比前者多出 31655 元。

归纳出来的原则是，当投资报酬率高于或等于贷款利率时，以贷款成数较高所省下的钱作为投资比较划算；反之，若投资报酬率低于贷款利率，则办理低成数贷款较划算。

2. 权衡贷款与投资的决策

有必要了解的是，将贷款成数较高所省下的钱进行投资时，获利率是以复利方式在利滚利，本金会越滚越多，贷款的利息则是以本利计算，每月摊还部分本金，所以贷款本金会越来越少，使利息负但也逐渐减少，了解这个概念就不难明白，即使投资获利率等于贷款利率时，还是以办理较高成数贷款划算。

判断投资获利率是不是高于贷款利率，则涉及投资工具和投资时机的选择，各种投资工具都有不同的获利率和风险性，在不同的时机介入，也会有不同的获利程度。

◆ **投资商铺和二手写字楼**

普通投资者在投资商铺时，常问及这样的问题：这个商铺值多少钱？其实这个问题的答案不存在任何专家或发展商那里，投资者应当自己去作一些思考，答案就在自己的手中。

商铺属于生财工具，把自己的商铺出租，一定要保证承租人能够在这个地方赚钱，这样才能保证自己的回报长期稳定可靠，因为没有人愿意赔本租场地的，所以必须研究各种行业的成本模型。

假设，投资者在一个适于经营服装业的地段考察一个铺位，首先应当去了解周边服装铺的经营状况，比如衣物的档次（平均单件价格）、每周的出货量、顾客的种类等等。

一般而言，场地成本占其总成本的1/5 ~ 1/4。对于一个10平方米的服装铺而言，若平均单件价格为100元，每周出货约30件，那么每日的营业额为430元，考虑每年4个月的淡季营业额对折，所对应的单位营业额为每天36元／平方米。按照1/5的场地成本、8年的物业投资回报期计算，净售价应当为21024元／平方米，这里还没有考虑税收、空租、佣金等问题。所以，投资者只要知道该地区每平方米的平均营业额，就不难算出合理的商铺投资价格。

在评估商铺价格的同时，也要选择好的商业旺铺，那么该如何选择呢？财商高的人认为选择优秀的商业旺铺应考虑以下几个特征：

首先，人流量大。一般意义上，一些甲级商厦的低层商铺是最佳的商铺，商业街带来天然的人流量，甲级商铺的大量人流代表巨大的消费力量。但是，一些含金量高的商铺物业往往被发展商所保留作为长期投资，能够进入市场流通的较少。

投资者应当认识到，能够在市场以出售形式换现的商铺，往往已经属于第二流的品种，投资的时候才应当慎之又慎。

同时，要区分人流的种类，休闲人流的价值要远远高于交通人流，前者如商业中心、娱乐中心，后者如地铁通道等；另外，人气也是一个重要指标，要看看周边商业是否已经或者预期成势，周边是否有重要的商铺顾客来源等。值得提出的是，狭窄街道形成的双边型商铺结构比宽阔马路造成的双单边商铺结构有利得多；商铺平面结构也很重要，一方面要有较宽的门面，另一方面也希求方正的格局便于店堂布置。

其次，避免商厦内部分割铺位。目前，较多出售位于商厦内部的分割铺位，这是商铺投资中风险最大的一种。因为位于商厦内部，商铺经营者多半会受到商厦管理者经营思想和经营水平的制约，还会受到商厦内其他经营者的影响。

因此，无论怎样，投资者首先应该选择临街或者尽量靠近出入口的铺位，形成商厦内部和外部左右逢源之势。而一旦有空租，总是位置不佳的首当其冲。

学会了投资商业旺铺，接下来谈谈如何投资二手写字楼。要想投资二手写字楼，首先要学会计算投资回报，在确知回报率的基础上，做好二手写字楼的投资。

目前一般计算房产年回报率的公式是：年回报率＝月回报率×12。其中，月回报率＝每平方米的租金÷每平方米的售价。一般来说，如果某个二手写字楼单位年回报率达到8%~10%，则可投资购买。超过10%的年回报率，则属上乘产品，不要错过。

首先，物业地点要选好。投资二手写字楼，要会选地段。二手写字楼的租售与其所在位置有很大关系。那么哪些地段的二手写字楼投资升值空间最大呢？

通常每个城市的中心商务区及周边的写字楼较有潜力，其物业的地点比较好。

公共交通要便利。写字楼所处的交通位置非常重要。如某个二手写字楼地处偏远，交通不便或交通拥挤，就不适合投资；如二手写字楼处于地铁旁，价格又合适，就可以投资。

写字楼所拥有的停车位的多少，也很重要，必须列入考察范围。

硬件配置很重要。写字楼的硬件通常决定了写字楼的租金水平。比如地王大厦，高达69层，在里面办公，感觉心情舒畅。而电梯数量的多少，决定了上下班时的便利度，电梯容量则决定载运货物时是否便利，以及载人的多少等。

至于周边配套设施，就更重要了。选择投资某个二手写字楼时，一定要周密考察周边配套设施，像银行、商店、餐饮、公寓等功能是否齐全很重要。

如广州一些新建的写字楼，虽然整体面积、地理位置比不上一些老牌写字楼，但它的租金却是可以与之媲美的。原因就是其本身具备了老写字楼所没有的更现代化的硬件。

周边自然景观也是一个重要的参考因素。人工作到一定时候，势必疲惫。写字楼楼层里设置的公共小花园及小花园里的植被绿化，可以达到放松身心的目的。而写字楼外的自然景观，则可以让人凭栏远眺，使人心旷神怡，以利于休息养神。如果某个写字楼周边全是高层建筑物，其视线必然被挡，就谈不上什么自然景观了。

带租约的写字楼马上有收益。一般来说，带租约的二手写字楼升值潜力大。据统计，租约长达 3 ~ 5 年的二手写字楼，哪怕售价与附近写字楼相比高出2000 ~ 3000 元 / 平方米，也划算。

因为大城市高档写字楼普遍管理费高，管理费加中央空调费已高出租金的一半以上，如有几个月空置，管理费的损失对写字楼整体租金收入影响很大。

因此，投资者在投资二手写字楼时，对上述的几个影响因素必须综合衡量，才能选中理想的投资对象。

◆ 科图拉的房产投资

很多人或许从来都没有想过通过房地产来投资生财，然而科图拉投资房地产后，不仅改善了家庭的生活，而且还实现了财务自由，同时也给予了他巨大的信心，到现在，他也没有停止投资行动。

科图拉就在圣克劳德郊区买下了第一处供出租的房产。然而科图拉的姐姐有一个 3 岁的女儿，因此，她一直想要搬出那套拥挤不堪的房子。科图拉住的这个小城有 6 万人口，外加 1.4 万名圣克劳德大学的学生，所以，科图拉知道出租房子绝对利润丰厚。

科图拉和房地产代理人交涉了 3 个月，询问他们是否有合适的、供出租的房源。然后，科图拉找到了一个有三套公寓的地方，很适合科图拉的姐姐和科图拉住。对方开价 9.9 万美元，科图拉出的价钱是 9.4 万美元（成交的时候他们返还了 5000 美元）。因为科图拉的姐姐有资格获得房主一次购房贷款，而且她打算住其中的一套公寓，科图拉就获得了全额贷款，30 年期，利息是 7%，总额是 9.9万美元。这一点对科图拉来说很重要，因为科图拉没有多余的钱来支付首付款。

科图拉负责收房租，即使姐姐付的房租打折，科图拉每个月还是能有 300 美元的收入，这笔钱科图拉和姐姐两个人平分了。

科图拉和姐姐是 2001 年 9 月买下那处房产的，那年 11 月的时候，科图拉已经开始琢磨获得房产的其他方式了。此外，还有一个因素，科图拉买的那三套公寓都需要花一大笔钱来维修。因为科图拉不喜欢做自己不了解的事情，科图拉只好雇人来修理。

不过，他们后来重新办理了贷款，期限还是 30 年，但是利率却变成了 4.5%，这样，科图拉每个月的收入就达到了 650 美元。不但如此，科图拉还从中获利 2.5 万美元，并再次平分了这笔钱。即使拿出 6000 美元用于房屋的修缮维护，科图拉和姐姐每个人还是赚到了大约 1 万美元。科图拉打算用这笔钱继续投资。现在，科图拉还继续拥有那处房产，每个月的收入是 250 美元。

对科图拉来说，这是一个可喜的开端。但是，科图拉也意识到，要想实现自己的目标，也就是永远摆脱邮局的工作，实现永久的财务自由，还有很多事情要做。于是，他开始四处寻找土地，以便在上面盖房子、赚钱。一天之内，科图拉就在一个小城里找到了一块 3 英亩的土地，这块地被指定用来盖多户家庭居住的房子。科图拉决定在那里盖 5 套联式房屋，每套可供两户居住。

他做了很多的调查，同时也列出了许多的问题，在这些问题中，他发现，绝大多数银行都是严格按照传统方式来办理贷款的，于是，他先后找了十多家银行，终于有一家同意贷款了，这样，他轻松地获得了 84 万美元的贷款，在 2002 年 5 月开始了这项工程，同年，他辞掉了邮局的工作，不久之后，科图拉的工程宣告竣工，房子也全部租出去了。尽管科图拉不需要支付各种设施的使用费，但是，垃圾处理费还是由科图拉来承担。不过，科图拉提高了房子的租金来支付这笔费用。此外，已经有两三位房客向科图拉表示，他们愿意把他们租住的房子买下来。如果科图拉打算把房子卖掉，科图拉要为他们承担 25% 的贷款，但是，尽管这样，科图拉还是可以从中获利。

在从事这个项目的同时，科图拉开始在圣克劳德的另外一个郊区为自己盖房子。新房子的面积很大（有 4800 平方英尺，比科图拉现在住的这套大两倍还多），总成本是 36 万美元。科图拉去申请了 42 万美元的贷款，利息是 2.9%，非常优惠。

办理完贷款之后，科图拉申请贷款的最高额度是 14 万美元。科图拉可以用这笔钱继续盖房子，也可以继续购买房子来出租。

科图拉打算再盖 5 套供单户家庭居住的房子。现在，科图拉每个月从房产中能获得 600 美元的收入。3 年以后，加上新盖的房子，他每个月的收入会达到

2000 美元。他的目标是：7 年以后，他的月收入达到 4500 美元。到那个时候，他的被动收入将达到 6 万美元，科拉图会考虑退休。

现在，他在房地产投资方面收益不少，每个月的收入是以前的两部还多，改变了他以前天天过拮据日子的状况。

赚取钱的差价：买卖外汇

外汇最基本的功能是，作为国家间交易的媒介，它代表着一国货币的购买力，它可以是现钞，可以是汇票，也可以是存款。对于目前国内绝大多数外汇投资者来说，外汇投资就等于购买一些货币，用于防范本币贬值。外汇市场投资在国外是许多投资者所喜爱的投资工具之一，我国加入 WTO 之后，外汇市场也更加开放，我们可以从外汇中投资理财，以获取更多的收益。

外汇主要包括：外国货币，如钞票、铸币等；外币有价证券，如政府公债、国库券、公司债券、股票、息票等；外币支付凭证，如票据、银行存款凭证、邮政储蓄凭证等；其他外汇资金。

外汇必须是以外币计值，能够得到偿付，可以自由交换的外币资产。因此，并不是所有外国钞票都是外汇。

外汇作为国际间商品、劳务交换的中间媒介，同时也为开展国际信贷、国际资金转移和国际投入等一些与国际贸易相关的活动提供了便利条件，它是连接各国经济的纽带。

就一个国家的经济发展而言，该国的经济越是开放，外汇对于经济生活的影响就越是举足轻重，因为外汇汇价的波动，往往会改变一国货币的价值，对其物价、生产、就业、投资、贸易、财政等方面产生影响。现在各国政府都将外汇作为重要的政策工具之一，对国民经济实行宏观调控。

◆ 如何做好外汇投资的准备

财商高的人进入外汇市场参与外汇投资活动，都要对参与外汇市场活动的程序有所了解，以做到心中有数。

个人外汇投资不同于办实业、经营公司，虽然没有那样复杂和劳神，但也并不是轻而易举的事。个人进入外汇市场投资之前，必须按有关规则做好投资前的准备。

首先要做好本金的准备，个人进行外汇投资，筹足本金是很重要的条件。一般情况下，外汇投资本金以保证金形式投放，然后由金融公司以融资方式向银行买卖各种外汇。

一般而言，除交足你的基本保证金外，还要凑上一些投资用的外汇本金，便于运作。

由于外汇买卖活动带有一定的投机性，赚钱多少，几乎不直接或不完全取决于个人的辛勤程度。因此，本金准备的背景，对你的心理影响和压力是不一样的。如果本金属于你个人自由支配的生活结余款，就不会有较重的思想负担，比较容易轻装上阵，赚了可以自喜，赔了也无关大局。这种本金的准备，是个人外汇投资的最佳本金准备，没有具备这种条件时，可暂时做些别的生意，待赚取足够的资金，再搞这项活动。

其次要做好资格准备，要在外汇市场上进行投资交易，惟一的途径是委托经纪人及办理个人外汇投资服务业务的金融公司，由他们代理自己交易，使自己成为间接进入外汇市场的投资者。所以，你在入市前，必须进行与有关方面的联络和办理可以入市交易的有关手续，取得真正的投资资格。

按一般融资公司的受理业务规定，这方面的准备主要有三点。

1. 选择外汇买卖经纪人作为自己的外汇投资顾问

经纪人是代投资者进行外汇买卖而取得佣金的人。经纪人的服务态度和业务水平的高低，对投资者的获利影响较大。因此，必须选择一位称心如意的经纪人。

经纪人的选择，可以通过熟人介绍，也可以请求办理个人外汇投资业务的金融公司为自己物色。无论走什么渠道，你必须知道经纪人的履历和业绩。

2. 签订委托投资合约，明确投资者与经纪人、金融公司之间的法律关系

当看准经纪人，并对外汇市场的获利潜力已有意识、有兴趣参与投资时，就可以与经纪人协商签订投资合约了。

一般规定，经纪人不得以任何方式损害委托人的利益。因经纪人的过失造成投资者损失的，经纪人要负责赔偿，否则，你有权向有关方面投诉。

3. 交付基本投资保证金，开立专用账户

个人外汇投资的本金，不是以合约金额形式出现的，而是以投资保证金形式出现的。进行交易的金额要比实际投入的保证金额大得多。比如，你要做 10 万美元的即市交易，只需提交投资保证金 2000 ~ 4000 美元。这是个人外汇投资的一个特点，也是这种投资的一个优点。凡参与外汇市场投资交易的人，都必须在

金融公司开立专用账户，以备做交易时交付保证金。

在进行外汇交易时还要加强计算，做到笔笔有终，心中有数，你可以自己建立核算账本用来记载，反映和核算自己外汇投资业务活动情况。

当外汇投资准备工作结束后，怎样交易和交易结果就成了下一个环节。

◆ 如何下达交易指令

1. 获取最新市场信息

这是外汇投资者作出投资决策的重要依据，它必须是最真实、最具体、最能表现外汇汇率现状及其走势的资料。在此基础上，确定做哪种货币的交易，然后进行细心思考和酝酿，拿出最初的方案。

2. 向经纪人进行咨询

投资者在综合分析最新外汇市场资料及信息的基础上，开始筹划自己的投资方案。最初的方案应有几种，在进行认真比较分析后，拿出自己认为最为可行的一种或几种，形成框架方案。再去找经纪人进行咨询，请经纪人根据自己掌握的信息和经验，对你提出的疑问一一解答。并且，最好让经纪人帮助自己在框架方案中，选择出他认为的最佳可行方案，并请他帮助修改后再拟出最终选择的投资方案。

3. 向经纪人或金融公司下达交易指令

向经纪人或金融公司下达交易指令，实质上是一种有具体条件的外汇交易授权单。授权单一式几份，供有关各方保存或作登记处理。上面印有固定内容，要按其项目填写齐全，充分表明自己投资方案的核心内容。

授权单的内容可由你亲自填写，也可以委托别人填写。填写完毕后呈交经纪人或金融公司，同时交付保证金和佣金。保证金、佣金交付后，下达指令就告一段落。

◆ 交易结果的反馈

每笔交易完成后，金融公司就能提供完整的交易记录及其结果，以结算表和交易单据等形式提供给你或你的经纪人。

因此，每一次交易后，你便可以立即得到经纪人或金融公司提供的有关交易情况及其结果的报告，并且还将会从中得到有详细交易记录的结算表及其交易单据，用来核对、保存或核算。

◆ 赵小姐的外汇投资

赵小姐研究生毕业以后，开始考虑自己的财务问题，她省吃俭用攒了一些钱，先是投资定期储蓄，后是外汇，不幸的是汇率一降再降，收益微乎其微。失望之余，深感成为一个富裕的人比登天还难。

年底，单位发放年终奖，且数目不少，当下赵小姐把年终奖金全都买了外汇，买定之后，心里一直忐忑不安，每天担心自己买的外汇汇率降下去了该怎么办。后来，赵小姐耐不住了，在汇率没跌也没升的时候，原本收回了，那段时间赵小姐的心情一直很不平静，于是，她又作决定全部投入外汇，恰巧那时的汇率往上升了一点，她赚了几千元，心中一阵窃喜。然而，好景不长，汇率往下跌了一点，赵小姐就像失恋了一样。

可世上并没有卖后悔药的，痛定思痛，经过反思，赵小姐决定再买，长期持有不动摇。经过谨慎的选择，赵小姐认购了外汇。可是不幸的是，股市动荡，整个经济都受到影响，汇率也受到影响，跌下了不少。

但这次赵小姐咬着牙没有赎回。苍天不负有心人，赵小姐终于等到了赢利的时候。年底，股市转牛，整个经济都在复苏，汇率也一样，同时也上涨了几个点，赵小姐尝到了甜头，获利颇丰。

理想的投资：金边债券

对于普通家庭来说，债券是一种很好的投资工具。债券投资期限可长可短，通过不同类别、不同期限的债券组合投资，可以获得较为理想的投资收益。由于债券安全性高、固定收益明确，适用于一般家庭用于养老基金、子女教育基金的项目的投资。但债券较高的安全性是相对而言的，并不等于万无一失，所以必须了解债券、懂得如何分析债券投资。

随着大众金融投资意识的逐渐趋向成熟，对于投资的收益率变化分析及其影响因素的分析越来越仔细，对较小的利益也开始追逐。特别是在我国，股票市场在经历了几年的大起大落后，正在走向健康、规范的发展之路，市场收益率逐渐趋小，而债券投资则以其安全性高、收益适度、流动性也较强等几方面优势，正在吸引越来越多的投资者参与。

进入债券市场的投资者怎样才能投资获利呢？"实践出真知"是放之四海而

皆准的真理。但是，在盲目摸索中前进，从失败中吸取教训，一来浪费太多的时间，二来浪费太多的金钱，稍不留神，还可能赔进老本，代价太大，实在不值得提倡。

债券是政府、企业（公司）、金融机构为筹集资金而发行的到期还本付息的有价证券，是表明债权债务关系的凭证。债券的发行者是债务人，债券的持有者是债权人，当债券到期时，持券人有权按约定的条件向发行者取得利息和收回本金。由以上概念可以看出，债券本身并没有价值，它只是代表投资者将资金借给发行人使用的债权，能够在市场上按一定的价格进行买卖。

债券投资也像其他的投资一样，它也有自己的投资技巧，使我们可以从中获得更多的收益。

◆ 债券的选择

人们进行债券投资，看中的就是债券的安全性、流动性和收益性。然而，由于债券发行的单位不同，债券期限不同等原因，各种债券安全性、收益性和流动性的程度也不同。因此，财商高的人认为进行债券投资前，需要对债券进行分析比较，然后再根据自己的偏好和实际条件作出选择。

首先是安全性的比较分析，国库券以国家财政和政府信用作为担保，享有"金边债券"的美称，非常安全。金融债券的安全程度比国库券要低一些，但金融机构财力雄厚，信誉好，投资者仍然有保障。企业债券以企业的财产和信誉作担保，与国家和银行相比，其风险显然要大得多。一旦企业因经营管理不善而破产，投资者就有可能收不回本金。

因此，投资于国库券和金融债券是比较安全的选择，对于企业债券则要把握其安全性。目前，对债券质量的考察，国际上通行的做法是评定债券的资信等级。我国主要参考美国资信评级机构的等级划分方式，根据发行人的历史、业务范围、财务状况、经营管理水平等，采用定量指标评分制结合专家评判得出结论。

一般来说，债券的资信等级越高，表明其安全性越高。从安全性角度考虑，家庭投资于债券，选择上市公司债券较好，因为我国公司债券上市的条件是必须达到A级。但资信等级高安全性就高，也不是绝对的，而且有很多债券并没有评定等级，因此，购买企业债券最好还要对企业本身的情况比较了解。

其次是流动性的对比分析，流动性首先表现在债券的期限上，期限越短，流动性越强。债券"质量"好，等级高，其交易量大，交易活跃，流动性较强。另外，以公募方式发行的、无记名的债券容易流通。在很多情况下，某种债券长期不流动很可能是发行人不能按期支付利息，财务状况恶化，出现资信等级下降的信号。因此，进行债券投资，一定要注重流动性，尤其是以赚取买卖差价为目的的短线投资者。

再次是收益性的比较分析，就不同种类的债券来说，其风险与收益是成正比的，收益高，人们才愿意将钱投在风险高的债券上。因此，企业债券的利率最高，金融债券次之，国债利率再次之。但是，它们一般都高于银行储蓄利率。

同一种类的债券，由于债券利率、市场价格、持有期限等的不同，其收益水平也不同。

债券利率越高，债券收益率也越高。同样是面值 100 元的债券，一个票面利率为 8%，一个票面利率为 7%，买价均为 100 元，则前者的即期收益率为 8%，后者为 7%。显然前者更优。

债券市场价格高于其面值时，债券收益率低于其债券利率；反之，债券的市场价格低于其面值时，债券收益率高于债券利率。

当债券的市场价格与面值不一致时，还本期越长，二者的差额对债券收益率的影响越小。债券期限越长，利率越高。

因此，从收益性角度出发，投资者进行债券投资，应当计算多种债券在一定利率水平、市场价格、期限等条件下的收益率，进行比较，选择自己满意的收益率。

最后是综合考虑，选择债券作为投资者，都希望选择期限短、安全性高、流动性强、收益好的证券，但同时具备这些条件的证券几乎是不存在的。投资者只能根据自己的资金实力、偏好，侧重于某一方面，作出切合实际，比较满意的投资选择。

第一，考虑家庭经济状况。在合理安排家庭消费，并具有一定经济保障的前提下，有较大的风险承受力，可以投资于高风险、高收益的企业债券。当然，如果你的思想趋于保守，以安全为重，可以将资金大量投资于中长期国债。如果你的资金实力弱，则应购买短期债券。

第二，要分析影响债券市场行情变化的因素，作出合理预测，以确定是否买入，买入何种债券。如果预期未来市场利率水平会下降，说明今后债券的行市要上升，这时投资于短期债券，将会错过取得更多收益的机会。因此，就应进行长期投资。如果预计发生通货膨胀，债券行市要下跌，可投资于短期债券或者进行实物投资。

第三，要对债券本身进行分析。初次投资最好不要涉足记名债券、私募债券等流动性差的债券，对有偿还条件的债券应给予足够的重视，比如有的债券可以中途偿还一部分本金，投资者提前收回这部分本金又可再进行投资，从而获取更多的收益；有的债券附在购股权证后，其票面利率可能比其他债券低，投资者就要在利息损失和其他实际优惠收益之间进行权衡。

另外，我国规定对企业债券利息收入要征收 20% 的个人所得税，国债和部分金融债券的利息收入则是免税的，在进行收益比较时，应将税收因素考虑进去。

◆ 债券投资的巧招

首先，采用固定金额投资法是进行债券、股票投资搭配时的一种"定式投资法"，其具体实施方法是：

将投资资金分为两部分，分别购买股票和债券，并将投资于股票的金额确定在一个固定的金额上。然后，在固定金额的基础上确定一个百分比，当股价上升使所购买的股票价格总额超过百分比时，就卖出超额部分股票，用来购买债券；同时，确定另一个百分比，当股价下降使所购股票价格总额低于这个百分比时，就出售债券来购买股票。

利用固定金额投资法，投资者只根据股票价格总额变化是否达到一定比率进行操作，不必考虑投资时间，简单易行。由于此方法以股票价格作为操作对象，遵循"逢低买进，逢高卖出"的原则，而在正常情况下的股价波动比债券波动大，因此能够获得较高收益。

其次是固定比率投资法。固定比率投资法是由固定金额投资法演变而来的，两者的区别仅在于一个是固定比率，一个是固定金额。也就是说，固定比率投资法下股票与债券市值总额须维持一个固定比率，只要股价变动使固定比率发生变动，就应买进、卖出股票或债券，使二者总市值之比还原至固定比率。

固定比率投资法与固定金额投资法具有相似的优点，同样，它也不适用于股价持续上涨或持续下跌的股票。

在固定比率投资法下，制定一个适当的比率是很关键的。具体为多少，则依据投资者对风险和收益的倾向来确定：如果投资者倾向于较高的收益和风险，可将债券和股票之比定为 20：80；若倾向于较低的风险与收益，则可将债券与股票之比定为 80：20。

最后可采用可变比率投资法，可变比率投资法的基本思路是：随着市场股价的变动随时调整股票在投资金额中所占的比重。这是一种比较复杂的投资计划方法。只有在积累了一定股票操作经验之后，才可采用。采用可变比率投资法，首先应确定以下事项：

（1）持有股票的最大与最小比率。

（2）每次买卖股票的点数。

（3）调整股票与债券比率时的股价或股价指数水平。

（4）在股票超大买卖的行动点上的股票与债券的比率。

◆ 刘女士的债券投资

刘女士 28 岁，是一名典型的全职太太，丈夫比她大 4 岁，两人有一个 7 岁的女儿。女儿目前就读于某双语学校，一年仅学费就要支出 1.2 万元。家里花钱请了个保姆，保姆一年的工资为 1 万元。

刘女士虽然自己没有工作，但丈夫平均年收入不低于 20 万元，有时甚至可以达到 30 万元左右，也算得上是中等收入的家庭。2000 年就在某有名的小区花了 40 万元的价格，购买了一套 130 平方米的房子。2002 年，他们又以按揭方式购买了一套总价为 42 万元的商品房，还款期限 20 年，已经首付了 14 万，每月还要还款 2000 元。

夫妻俩两年前投资 30 万元开了一家美容院，生意还不错，平均每个月的纯收入都在 1 万元左右。全家一年的日常生活支出要 1.6 万元，水、电、气及物业管理费每年要支出 1.1 万元，社保和医保要支出 5500 元，购物和应酬还要支出 1 ~ 2 万元。家里有一辆车，还有 18 万元的现金。

刘女士觉得如今存款利率太低，不想都把钱存在银行，希望通过科学的理财，在保持现有生活水平不变的情况下，以后能够给女儿留下较多的现金和固定资产。她经过多方咨询，终于找到了自己理财的途径：购买国债。

刘女士买入 10 万元左右的记账式国债，满足了刘女士希望给子女留下较多财产的愿望。刘女士将投资于国债资金中的 60%（6 万元左右）用于购买还有 5 年才到期的记账式国债，并一直持有；另外 40% 的资金选择还有 2 ~ 3 年到期的品种。按照这种投资分配，刘女士投入到国债上的资金，每年能带来的收益率大致在 3% ~ 4% 之间。

从国债上取得了相对稳定的收益之后，为了提高目前这种收益率水平，刘女士还准备选择一些股票型的开放式基金，如果以去年的收益率水平做参照，收益率能保持在 5% 以上，不过风险也相对要高一点。

对于购买债券，刘女士认为，这是一种很理想的投资方式。

以小博大：买卖期货

与房地产和债券相比，尽管期货市场在我国已开办了多年，但人们普遍对它的认识程度还显得比较浅显，认为这是大的经纪机构、企业及少数富裕阶层光顾的场所。在大众投资者眼中，这里仍是一片陌生的土地。正是基于这种认识，目前，公众参与期货交易的还只是凤毛麟角。而一些具有战略眼光和洞察力的财商高的人，已经大胆地瞄准和涉足这块新领域了，甚至有些人已经"盆满钵溢"。随着人们投资理念的日趋成熟，期货投资也会受到大众投资者的青睐。

◆ 期货合约

期货合约是由期货交易所统一制定的、规定在将来某一特定的时间和地点交割一定数量和质量商品的标准化合约。它是期货交易的对象，期货交易参与者正是通过在期货交易所买卖期货合约转移价格风险，获取风险收益。期货合约是在现货合同和现货远期合约的基础上发展起来的，但它们最本质的区别在于期货合约条款的标准化。

在期货市场交易的期货合约，其标的物的数量、质量等级和交割等级及替代品升贴水标准、交割地点、交割月份等条款都是标准化的，使期货合约具有普遍性特征。期货合约中，只有期货价格是唯一变量，在交易所以公开竞价方式产生。

目前，我国上市的期货合约具有以下标准化条款：合约名称、交易单位、报价单位、最小变动价位、每日价格最大波动限制、合约交割月份、交易时间、最后交易日、交割日期、交割等级、交割地点、交易保证金比例、交易手续费、交割方式、交易代码。

期货合约的标准化，加之其转让无需背书，便利了期货合约的连续买卖，具有很强的市场流动性，极大地简化了交易过程，降低了交易成本，提高了交易效率。

◆ 期货交易的优势

现代期货交易之所以能够在短短的 100 多年时间里迅猛发展，是因其具有特别的优越性，吸引交易者前赴后继，在充满艰险的市场中，认定发财或避险的目标，不停地参与交易。具体说来期货交易与也很刺激的债券和房地产相比有下述的魅力：

债券或房地产	商品期货
投资机会只有多头一种，即先买后卖	多头空头皆可，投资机会加一倍
交易规则复杂，增加投资成本	方便，简单
资本需要量大，影响资金周转	杠杆原理，以小博大
专业服务少甚至无	专业经纪提供优质服务
投资回报较慢	较快
资讯速度慢	与市场同步，速度快
战争动乱时大部分贬值	战略商品期货反而升值

◆ 如何进行期货交易

首先是交易过程。期货交易的全过程可概括为开仓、持仓、平仓或实物交割。

开仓，是指交易者新买入或新卖出一定数量的期货合约，例如，投资者可卖出 10 手大豆期货合约，当这一笔交易是投资者的第一次买卖时，就被称为开仓交易。

在期货市场上，买入或卖出一份期货合约相当于签署了一份远期交割合同。开仓之后尚没有平仓的合约，叫未平仓合约或者平仓头寸，也叫持仓。

开仓时，买入期货合约后所持有的头寸叫多头头寸，简称多头。

卖出期货合约后所持有的头寸叫空头头寸，简称空头。

其次是期货的对冲。如果交易者将这份期货合约保留到最后交易日结束，他就必须通过实物交割来了结这笔期货交易，然而，进行实物交割的是少数。大约99%的市场参与者都在最后交易日结束之前择机将买入的期货合约卖出，或将卖出的期货合约买回，即通过笔数相等、方向相反的期货交易来对冲原有的期货合约，以此了结期货交易，解除到期进行实物交割的义务。

例如，如果你 2010 年 5 月卖出大豆期货合约 10 手，那么，你就应在到期前，买进 10 手同一个合约来对冲平仓，这样，一开一平，一个交易过程就结束了。这就像财务做账一样，同一笔资金进出一次，账就做平了。这种买回已卖出合约，或卖出已买入合约的行为就叫平仓。交易者开仓之后可以选择两种方式了结期货合约：要么择机平仓，要么保留至最后交易日并进行实物交割。

期货交易者在买卖期货合约时，可能赢利，也可能发生亏损。那么，从交易者自己的角度看，什么样交易是盈利的？什么样的交易是亏损的？请看一个例子：

你选择了一手大豆合约的买卖,以 2188 元/吨的价格卖出明年 5 月份交割的一手大豆合约,这时,你所处的交易部位就被称为"空头"部位,现在可以说你是一位"卖空者"或者说你卖空大豆合约。

当你持有的头寸成为空头时,你有两种选择,一种是一直到合约的期满都持空头部位,交割时,你在现货市场买入所需大豆并提交给合约的买方。如果你能以低于 2188 元/吨的价格买入大豆,那么交割后你就能赢利;反之,你以高于 2188 元/吨的价格买入,你就会亏本。比如你付出 2238 元/吨购买用于交割的大豆,那么,你将一吨损失 50 元(不计交易手续费)。

你作为空头的另一种选择是,当大豆期货的价格对你有利时,进行对冲平仓。也就是说,如果你是卖方(空头),你就能买入同样一种合约成为买方而平仓。如果这让你迷惑不解,你可想想上面合约期满时你是怎么做的:你从现货市场买入大豆抵补空头地位并将它提交给合约的买方,其实质是一样的。如果你的头寸既是空头又是多头,两者相互抵消,你便可撤离期货市场了。如果你以 2188 元/吨做空头,然后,又以 2058 元/吨做多头,把原来持有的卖出合约买回来,那么你一吨可赚 130 元(不计交易手续费)。

◆ 李先生的期货交易

在完成期货交易后,个人要对期货交易中经营风险有较强的心理准备,因为进行期货交易投资与从事其他投资一样,总有一定的风险,任何经纪公司与经纪人都不可能保证只赢利不亏损。

李先生决定把自己多余的资金拿出来投资,他是一位冒险者,第一眼就相中了期货市场,在期货市场中研究了一番,认为风险很大,但收益也很大,他第一次就投入了 5 万元,结果到第二年就获利 1 万多,尝到了甜头的他,又再一次投身于期货市场,认清形势,把握规律,让他在这里收益不少,但他说出这样一句话:"市场风险莫测,入市务请谨慎。"

分享公司的成长:投资股票

股票,可以说是近几年国内最热门的投资工具,在股市走牛时期,投资股票更成为全民运动,如 1999 年股市的"5.19"井喷式行情,许多投资者已把股票的真正价值抛在脑后,而陷入投机狂潮,结果大多数都损失严重,甚至损害了家庭生活品质。

财商高的人认为，"知己知彼，百战不殆"，投资者应先了解自己的风险承受能力和股市发展规律，才能占尽先机。

◆ 股市大透视

一般说来，一个国家的经济总会存在一种高低速交替发展的循环周期。当一国经济由发展的高峰转向低谷时，由于投资者对未来经济形势可能恶化的预期，导致纷纷看空后市，股市将先于整个经济趋势而率先作出向下调整的反应。此时，投资者一方面出于回避风险的需要，另一方面出于满足未来需要的考虑，将手中股票变成资金转向存入银行或购买债券，股价向下乃是大势所趋，投资者人心所向。此时债券的价格因购买者增多，反而有所上升。反之，当一国经济发展由低谷向高峰迈进时，投资者对于未来经济高速发展导致企业经营环境的改善和企业经济效益大幅提高的预期，为寻求更高的资金收益回报，又纷纷抛售债券或提取存款去购买股票。此时，股价将先于经济趋势作出向上的反应，债券价格因此可能有所下调。

同时，当利率下降时，一方面投资者出于对相对下降的储蓄收益和投资新债券收益不满足，想谋求新的投资渠道；另一方面利率下降，降低了企业的经营成本和改善了企业的经营环境，使企业盈利预期增加，从而将资金转向购买股票，促使股价上扬。与此同时，现有债券因收益率的相对提高也吸引了投资者的购买，价格上涨。相反，当利率升高时，投资者的融资成本就会提高，在对收益与风险进行均衡考虑之后，投资者将更多地选择进行储蓄或者购买新债券，从而促使股价以及债券市场现有债券价格下调。

其实通货膨胀对股票市场价格的影响较为复杂。通货膨胀的结果一方面使股份公司的资产因货币贬值而增加，促使股价上涨；另一方面，通货膨胀又使得股份公司生产成本提高，而导致利润下降，促使股价下调。这两方面因素共同对股价作用的结果，将有可能使股价上涨或下跌。此外，通货膨胀对不同性质的企业影响不同，也会促使股价结构的调整与股票价格的波动。

当一国中央银行采取紧缩性货币政策时，证券市场上的资金会相对紧张，企业的信贷规模乃至投资规模都会相对减小，导致投资者对企业盈利的预期减少，促使股价下跌。反之，当一国中央银行采取宽松性的货币政策时，则会促使股价上升。

企业税收的增加（或减少），会使其税后利润减少（或增加），从而影响投资者收益，也会促使股价下降（或上升）。

最后在汇率方面，当一国外汇汇率下降，本国货币升值时，则有利于进口而不利于出口。一些以出口为主导型的企业股票因其业绩可能受影响而价格下跌；而对以进口为主导型的企业股票而言，因其进口成本（用本币计）下降，可能使利润上升，致使股价随之上涨。

◆ 如何进入股市

个人理财的投资选择项目有很多，进行股票投资就是其中一项收益丰厚的理财项目。投资者只要持有自己的身份证以及买卖股票的保证金，想买卖股票是很容易的。

第一是办理深、沪证券账户卡。投资者持身份证，到所在地的证券登记机构办理深圳、上海证券账户卡（上海地区的投资者可直接到买卖深股的证券商处办理深圳账户卡）。法人持营业执照、法人委托书和经办人身份证办理。入市前，投资者在选定的证券商处存入个人资金，证券商将为其设立资金账户。同时，建议投资者订阅一份《中国证券报》或《证券时报》或《上海证券报》，知己知彼，然后"上阵搏杀"。

第二是股票的买卖。股票的买卖与去商场买东西所不同的是，买卖股票不能直接进场讨价还价，而需要委托别人——证券商代理买卖。

找一家离自己住所最近和最信得过的证券商，按要求填写一两张简单的表格，可以使用小键盘、触摸屏等；也可以安坐家中或办公室，使用电话或远程可视电话委托。

第三是转托管。目前，投资者持身份证、证券账户卡到转出证券商处就可直接转出股票，然后凭打印的转托管单据，再到转入证券商处办理转入登记手续；上海交易所股票只要办理撤销指定交易和指定交易手续即可。

第四是分红派息和配股认购。红股、配股权证自动到账。股息由证券商负责自动划入投资者的资金账户。股息到账日为股权登记日后的第3个工作日。投资者在证券商处缴款认购配股。缴款期限、配股交易起始日等以上市公司所刊《配股说明书》为准。

最后是资金股份查询。投资者持本人身份证、深沪证券账户卡，到证券商或证券登记机构处，可查询自己的资金、股份及其变动情况。和买卖股票一样，想更省事的话，还可以使用小键盘、触摸屏和电话查询。

◆ 投资应买哪种股票

首先是成长性好、业绩递增或从谷底中回升的股票。具体可以考虑那些主营业务突出、业绩增长率在30%以上或有望超过30%的股票，对于明显的高速成长股，其市盈率可以适当放宽。

其次是行业独特或国家重点扶持的股票。行业独特或国家重点扶持的股票往往市场占有率较高，在国民经济中起到举足轻重的地位，其市场表现也往往与众不同。因此，投资者应适当考虑进行这些股票的投资。

其次是公司规模小，每股公积金较高，具有扩盘能力的股票。在一个行业中，当规模扩大到一定的程度时，成长速度便会放慢，成为蓝筹股，保持相对稳定的业绩。而规模较小的公司，为了达到规模效益，就有股本大幅扩张的可能性。

因此那些股本较小，业绩较好，发行溢价较高，从而每股公积金较高的股票（尤其是新股）应是投资者首选的股票。

再其次是价位与其内在价值相比或通过横向比较，有潜在升值空间的股票。在实际交易中，投资者应当尽量选择那些超跌的股票，因为许多绩优成长股往往也是从超跌后大幅度上扬的。

最后是适当考虑股票的技术走势。投资者应选择那些接近底部（包括阶段性底部）或刚起动的股票，尽量避免那些超涨的正在构筑头部（包括阶段性头部）的股票。

◆ 用智慧和胆识去拼搏

黎先生现在已经是一个经贸公司的老总，资产有几千万元。想起自己的发家史，黎先生有些自豪，还有一点酸涩。

几年前，黎先生有一次到外地出差的时候，亲眼目睹了当地人对于股票的狂热。他开始四处打听股票交易的情况。好在当时不少人关注股票，打听起来并不难。听一个当地人讲，最近要发行新股，他还没搞明白新股是个什么东西，就决定买。既然人人都盯着新股，一定会赚钱。但是，面对如此疯狂的购股大潮，股票发行根本没法进行。

于是，当地市政府决定采用无限量发售股票认购证的方式发行新股，发行办法改为向全社会推销股票认购证。每张认购证30元，不需排队，没有指定地点，发售期内随到随买，且供应充足。有了认购证并不一定就有股票购买权，还得根据认购证发售数量与新股比例摇号抽签，中签率也不公布。但是，就是这种犹如镜中花、水中月的认购证，在一个星期内就卖出了207万张。

因为根本不知道中签率，所以很有可能钱会打了水漂。如果这样，黎先生借来的4000元钱该怎么还？一向主意很多的黎先生将自己本身的钱分成3份，一份1000元作为生活费和路费；一份1000元钱不支出，万一中不了签，回去也能够还账；剩下的不到2000元全买认购证。如果能够中签，不但能赚回这2000元，而且能大发一把。于是，第二天他就购买了66张认购证。

接下来的日子却越来越艰难，又过了几天，连借来的4000元都已经开始动用了，而离认购证首次摇号还有将近一个星期的时间。

一日傍晚，吃了好几天方便面的黎先生终于忍不住了，他走到附近的一个小馆子里要了两碗馄饨解馋。就在吃馄饨的当口，听到旁边一桌人议论说每10份连号的认购证在黑市上已经卖到了7000多元。当晚，黎先生觉得既然认购证能赚钱，倒不如卖掉一部分，至少可以维持到摇号的日期。

第二天，黎先生到交易所，不等他开口就有人上来询问是否有认购证。黎先生经过一番讨价还价，竟然以1.3万的价格卖掉了10张。

第三天上午当他再次来到交易所，此时离摇奖日期只差3天了。他竟然以14万元的价格将剩下的50张连号认购证全部脱手。另外6张被他称为"断码"的认购证也以200元一张卖掉了。当天晚上，黎先生就搬入了饭店豪华双人套间里。15.4万元，对于一个大学毕业不到一年的青年人可是一个天文数字。第二天下午乘飞机回来后打车直奔银行。

以此为起点，黎先生在1994年辞职，自己开了一家服装公司。

黎先生回顾自己的发家史，感触颇多，他从自己的经历中得出了理财的定义就是"用智慧和胆识去拼搏"。

赏心悦目的投资：买卖黄金珠宝

黄金珠宝是财商高的人投资的一个重要领域，财商高的人认为黄金珠宝的投资是一种赏心悦目的投资，因为这项投资不仅可以为财商高的人带来可观的利润，还可使他们欣赏到琳琅满目、造型各异的黄金珠宝，获得赏心悦目的心理和视觉享受。

◆ 黄金投资的最佳时机

财商高的人认为，投资黄金不能盲目进行，应选择时机，相时而动。第一是要选择在经济低迷时投资黄金。黄金价格的波动往往与经济景气度、股市走势、黄金的供给等反向运动。

美国 1929 年股市崩盘前和 1968 年两次股市高峰期过后，都曾出现过股价大跌而金价上涨的现象。1980 年以后的近 20 年时间里，每当美国经济高涨之时，也正是黄金价格处于低谷之时。

特别是 20 世纪的最后 10 年间，全球有 6700 吨黄金不断在市场上抛售，一些基金组织和黄金商也推波助澜，加之美国经济强劲等因素，使得当时的黄金价格每况愈下，从 1990 年平均价 384 美元 / 盎司下降到 1999 年的 278 美元 / 盎司，下降幅度达 27%。

而自从 2001 年以来，出现全球性的通货紧缩，全球各主要股市逐步走低，使得黄金投资辉煌再现。

因此在选择黄金投资时应选经济低迷时进行投资。

第二是要考虑货币的利率。投资者应当了解，货币利率的上升会导致黄金价格的下降。因为货币利率相当高时，储存黄金的机会成本就会很高，人们更愿意购买能生利息的资产而不要黄金。此外，购买黄金还有一个缺陷——自己储藏黄金不能带来利息。

第三是要手头宽松时才能投资黄金。黄金储藏者必须另有稳定的现金收入来源以支付日常开支，否则就会因不时卖出而难以实现其投资"初衷"，甚至因"高买低卖"而招致亏损。因此，选择投资黄金时应在手头比较宽松时进行。

第四是要出于保值目的购买黄金。现在我国处于银行利息不断降低，其他投资进入"微利"的时代，黄金市场放开以后，肯定会有不少人转而投资黄金。

出于保值考虑，黄金市场放开后，投资黄金是比储蓄更为有利的选择，不仅可以避免已有收入被通货膨胀吞噬，还有可能赚取差价。

黄金是长期中抵御风险的最佳投资品，投资黄金的风险低，其投资回报率也相对较低。黄金投资在个人投资组合中所占比例不宜太高，且应在黄金价格相对平稳或走低时"吃进"为好。

◆ 选择投资钻石

财商高的人除了喜欢投资黄金之外，还喜欢从事钻石投资。普通首饰用的钻石也有一定的价值，但它却不是保值的对象，一般常见的碎石或品质够不上投资品级的钻石，也不是财商高的人心目中的投资钻石。

有经验的财商高的人在选择钻石时，首先要判断钻石的色泽，钻石的色泽是最重要的。最高质地的钻石是纯白色，不带黄的。一点点肉眼看不清楚的微黄，即使对审美影响不大，也可以使钻石的估值大降，甚至使其失去投资价值。

谁都知道，钻石在化学上是碳的一种结晶体。只要晶体内每10万个碳原子中掺杂了一个氮原子，那个晶体就会呈微黄色。

GIA分别钻石色泽的系统相当复杂，大致把钻石分为D～N和<N等12个级别。其中纯白的品级是D级，次级是E级，这样顺次而及于<N级，轻微的分别都是这样鉴别评定出来的。

投资者有兴趣的钻石，品级愈高愈好，而一级之差，价值差别会很大。

从投资角度看，财商高的人认为最好能购买D级钻石。通常首饰用的钻石，大多数是I以下的品级。K级以下的钻石虽然肉眼看来还是漂亮至极，可是已不足为投资钻石了。

值得一提的是，有一种本身是茶黄色的钻石（不是白里浑黄），也相当值钱，不能与白里透黄的钻石一概而论。

其次是判断钻石的透明度。钻石的清澈透明度，是辨别钻石品级的第二大要素。

GIA在这方面也有一个标准系统。简单来说，专家要在10倍放大之下细察钻石的任何内部瑕疵、裂痕、杂质、碳点等，然后，根据瑕疵的程度及其是否接近钻石的中心点，来把钻石分级。

其中"无瑕"级的钻石，是那些在放大镜下完全看不出毛病的钻石。

次级"内部无瑕"是内里虽无缺，但表面略有可以辨别的瑕疵的钻石。

再下去是"含极少微疵"的钻石，是受过训练的技师在10倍放大之下特别小心才看得出微瑕的钻石。

再数下去是<S级。

有了GIA的估值系统及证书，钻石评估及价格就有了一定的标准。

◆ 选择投资翡翠

在投资翡翠前，财商高的人认为先要学会辨别翡翠的价值。

翡翠是一种高价值的宝石，为古今玉石之王。翡翠的质量和价值主要从其颜色、质地、透明度、纯净度等方面来衡量，其颜色以翠绿色为最佳，以质地细腻致密者为上品，以透过可见光的程度越清晰越好。

与字画和古籍相比，翡翠更便于保存，且得到世界的公认；与房子、汽车和红木家具这类"硬货"相比，它易于浓缩和转移资产；与其他收藏品种相比，翡翠的价格稳定且升值明显，又具有极高的鉴赏价值。

近几年在国内一些珠宝玉器拍卖会上，高档翡翠制品价格也屡创新高，其升值之快，是古董、邮票和书画等其他投资品种所难以比拟的。

另外还要选择投资翡翠的品种。要购藏翡翠保值，必须做到宁精勿滥，应挑选珍稀及品质上乘的高档A货翡翠，千万不可贪图便宜滥取一些种差工粗的低价货，后者甚难转手买卖或参加拍卖，市场承接力极弱，也很难升值和保值。

翡翠主要产于缅甸，作为宝石矿藏具有不可再生性，由于开采过甚，资源日益枯竭，供需的失衡使翡翠的投资价值日益显露出来。近30年来，翡翠的价格上涨何止千倍，越是高档A货翡翠，上涨的幅度越大，中低档翡翠的升值速度就要慢得多，仅在1996年初，缅甸产的翡翠原料价格就翻了一倍，但依然难觅高档翡翠的踪影。因此，翡翠的这种稀缺性决定了它特有的收藏和投资价值。

最后还要想到投资翡翠的条件。

在进行翡翠投资时，财商高的人认为需要考虑的是自身财力问题，因为现在购买高档翡翠已经不是区区几千元能办到的事情，必须有比较宽裕的资金投入，才会有理想的回报。

其次，要有一定的鉴别与欣赏能力，这样才能发掘出值得投资的翡翠。

◆ 珠宝的选择与投资

财商高的人认为，珠宝投资是个人理财获取收益的一个很有前途的投资工具，珠宝市场的发展潜力很大，但由于市场尚未成熟，因此风险也相对较高，投资珠宝市场之前，应该学习珠宝投资的技巧，掌握投资方法。

掌握珠宝投资方法，需要做到以下这些方面：

学习有关的珠宝知识，多看有关图书并积极参与各种有关珠宝的讲座、珠宝展览会、学术交流会等各项有关珠宝的活动，多和珠宝专家、收藏家、消费者等接触，培养自身对珠宝的知识及经验，做一个珠宝知识研究者。

对珠宝的研究与投资，不是一朝一夕可成的，最好的方法是在投入珠宝行业前，先做一位快乐的收藏家。但收藏时要注意两点：

（1）进货成本不宜过高。

（2）买精不买多，收藏一定要以各种珠宝的精品为主。

尽量多地去认识一些人，如珠宝鉴赏家、收藏家、消费者等，让周围的人知道自己在研究及收藏珠宝，让他们成为自己的好朋友，这些人有可能是以后的货源或客户。

当万事俱备，就到真正进行珠宝投资的时候了，虽然珠宝投资理财的方法各异，但务必以诚信为本。因为这一行消费群体小，从业人员也较少，一旦欺诈被揭穿就难以立足了。

在选择时，应遵照以下方法：

如果经济实力允许，以选择高档珠宝为最好。

如果经济实力不允许，则选择中、低档珠宝，实行"薄利多销"。

在充分考虑了国家、地区的货源及市场行情以后，要因时因地制宜，随机应变。

财商高的人认为，只有通过上述的学习与磨炼，才能真正成为一名成功的黄金珠宝的投资人，做好黄金珠宝的投资，从中体会到更多的乐趣。

闲情逸致的投资：买卖收藏品

"世界上最富有的不是银行家，而是收藏家。"因为除股票、房产、储蓄、保险等几个领域外，个人最能驾驭的理财方式恐怕就是收藏了。而在这个收藏者的理财队伍中，有不少人初涉这个领域时，是群众性收藏参与者。他们手中有些闲钱，但不多，对艺术品有兴趣爱好，但由于不是专业收藏者或专业经营者，投资能力有限，他们被称为投机收藏者。

虽说收藏投资利润颇丰，但和其他投资一样，它也具有一定的风险性，收藏经验丰富的财商高的人认为，投资收藏首先要学会预测经济环境，从目前收藏投资的情况看，财商高的人认为以下几种倾向值得投资收藏者注意。

◆ **书画作品的投资**

并非任何一件书画作品都在市场上被看好，也就是说并非每一件书画作品都适合投资。投资者必须从浩如烟海的书画作品世界中挑选出那些有升值潜力的作品。

一般而言，适合投资的书画作品应具备以下 4 个的标准：

首先鉴别书画的真伪是最基本的投资前提。谁都知道，由于代笔、临摹、仿制以及故意的伪造，使书画作品鱼目混珠，在书画市场上花大钱买回来假货，不但可能失去盈利的机会，可能连本也得赔进去。

其次是精。书画作品虽说由于每个书画家的个性和风格不同，作品也不同，就一个书画家而言，其一生的作品也是数量可观的，但其中不少是应酬之作，称得上是精品的并不多。以黄宾虹而论，一生绘画作品达万余件，仅现存于浙江省博物馆的就达几千件，但神形俱备的精品又能有多少？齐白石一生的作品据统计也有万余件，大多为一般的作品，高价位的精品也并不太多。

以精为标准选择所投资的书画作品，并不意味着大家的一般性作品就没有市场。对许多中小投资者而言，根本无能力问鼎大家一件逾百万元的作品，书画大家的一般性作品也就有了市场。以精为标准选择投资品的原则，是在相同或相近的价值下，应尽量从其中挑选出最优秀的作品。这样，书画作品才具有较大的升值潜力。

再其次是全。投资于书画，如八屏条或四屏条的书画缺少某个条幅，这种不全极影响其升值的潜力。对于单件书画作品而言，或有虫蛀孔，或有破损，虽经修补还是露出破绽，或有污渍，画面不干净，都称为不全。此类书画作品卖价大打折扣，甚至无人问津，不适于投资。

最后是稀。"物以稀为贵"，在书画投资中更是如此。在艺术史上那些独树一帜的书画作品，更是书画投资的稀罕品。那些具有创新意义、首开先河的书画作品也极有投资的价值。如达·芬奇的《蒙娜丽莎》乃稀世之珍品，根本无法计值，仅是在 1962 年因到美国展出作的估价即已达到 1 亿美元。珍稀作品极有获厚利的可能。

同时，确定了投资书画的标准，还需要确定投资选择购买谁的作品，最重要的是从商业的角度考虑书画家中谁的作品更受欢迎，更能带来经济效益，以及谁更有潜力可挖，就国内书画家而言，可依据以下几个层面来考虑：

前代书画家或已成名的在世前辈书画家。这批书画家由于主导中国美术发展史，故在艺术史上的地位及画风等方面均已被世人所认可，作品具有较高的收藏价值和保值、增值功能。但基于他们的身价已高，一张画的价格往往动辄 10 万元以上，购藏须占用较多的资金。投资者在需资金较快周转的情况下应谨防为书画家名气所累。

五六十岁左右中坚辈书画家。投资此类书画家不妨就其作品、价格、产量来评估。其中又以他的作品是否已被普遍收藏为最重要，若只是二三个人收藏，则表示不易被社会所接受，最好不对其投资。由于中坚辈书画家大多有较大的名气，其作品价格的高低成为投资考虑的一个重要因素，名气大、价格却较低的作品自然受投资者的欢迎。而就中坚辈书画家产量而论，宜精不宜多。现时书画家的作品越精工细琢、购藏价值越大，今后越有大幅度升值的可能。投资此类书画家的好处在于他们已有较大的声誉，但作品价格却又不至于太高。

未成名的年轻书画家。虽然收购这类书画家作品不必花费太多经费，但将来其是否持续创作或成名，则无疑将是最大风险。不过，任何投资皆有风险，书画投资有赖于用自己的眼光来承担风险。投资于此类书画家要有巨大的超前性，要充分预见到将来书画市场潮流与该书画家的风格相吻合，要对年轻书画家的实力有充分的把握。如果投资者眼光准，并能配合书画家进行宣传，投资此类书画无疑会获得巨大的投资回报率。

◆ 古瓷的投资与选择

对于古瓷的投资，首先要选择相对少、精、异形瓷器进行投资。大凡收藏者和卖家都希望自己手头上拥有"人无我有"的器物。而精美器物，历来都是受人追崇的，所以价值就会高。另外，异形瓷器，因其工艺难度大、成本高，就算现在价高利低，但今后潜力会成倍增大。

其次选择尚未被人们认识真实价值的古代名窑瓷品。有些古瓷，无论当时还是目前，都可算作高质量精品，但人们因时代、民俗、社会传统等心理因素的影响，可能一时难以认识其真正价值，此时购藏，绝对是潜力巨大的"绩优股"。

比如优质的宋代湖田窑影青器物、元枢府瓷器物，目前价格远低于其实际应有价格，一旦有机会遇见，大可断然入藏。除宋代五大名窑外，唐宋瓷器中的邢窑、越窑、耀州窑、磁州窑、吉州窑、建窑、洪州窑也颇具升值潜力。

再其次选择近现代瓷器中的代表作。诸如晚清、民国新粉彩、浅绛彩中的一些有名头的代表作品，新中国成立初期一些精品瓷板、雕塑等等，都将是很有升值潜力的瓷器。

最后要以中长期投资为目的。古瓷投资相对来讲是中长期的。一般 10 年增长 4 ~ 8 倍左右。当然，古瓷市场和其他市场一样有冷有热，有高有低。如何正确把握其中的"度"，是古瓷投资收藏者必须了解的。

大凡买家，都懂得"养一养"、"捂一捂"的道理。如较好的器物，不推到高位，开低价时买家是不会轻易易主的，一般都会等一段时间，市场见好，即果断抛出。好东西不怕"放一下"，不怕没买家。

◆ 投资邮币巧生财

李先生已经 48 岁了，自从医科大学毕业后，就被分配在一家大型制药厂工作，眨眼之间已经 20 年了，现在每年能收入 8 万元。爱人也和李先生在同一个制药厂工作，每年能有 6 万元的收入。现在孩子们都已经独立出去了，房子是公房，基本没有什么负担。李先生现在有 15 万元定期存款，5 万元的金银纪念币投资，8 万元的邮票投资。1998 年，为自己购买了 10 份 10 年期交费的重大疾病终身保险和 2 万元保额的附加疾病住院医疗保险。

李先生感到现在银行利率太低，存钱不划算，决定进行投资。可自己从没有接触过股票证券一类的东西，现在年纪大了，也不愿再去折腾了。李先生工作之余的惟一爱好就是倒腾邮票和纪念币，而且"道行"还是比较专业的，他就决定从这上面入手。

他的理财规划如下：

（1）家庭日常生活开支，每年安排 3 万元。

（2）健康投资，每年在健康保险上，夫妇二人投入 17000 元。

（3）意外保障，夫妇二人各购买金卡一份，每年交费 560 元。

（4）继续持有 5 万元金银纪念币，每年追加投资 5 万元。

（5）邮票投资，继续持有 8 万元的邮票投资，每年追加 3 万元。

几年下来，李先生颇有收获，感觉比银行的利息高多了，而且又能发挥自己的爱好。李先生觉得自己找到了一个最适合自己的投资办法。

·第7课·

掌控风险：风险越大，回报越大

财商高的人喜欢冒险

要想做成任何一件事都有成功和失败两种可能，当失败的可能性大时，却偏要去做，那自然就成了冒险。问题是，许多事很难分清成败可能性的大小，那么这时候也是冒险。而商战的法则是冒险越大，赚钱越多。穷人不敢冒险，所以他们发不了财，永远是平庸之人。而财商高的人大多具有乐观的风险意识，并常能发大财。

财商高的人相信"风险越大，回报越大"，"财富是风险的尾巴"，跟着风险走，随着风险摸，就会发现财富。

确实，财商高的人不仅做生意，而且也"管理风险"，即使生存本身也需要有很强的"风险管理"意识。所以在每次"山雨欲来风满楼"时，他都能准确把握"山雨"的来势和大小。这种事关生存的大技巧一旦形成，用到生意场上去就游刃有余了。有不少时候，财商高的人正是靠准确地把握这种"风险"之机而得以发迹。

在公元1600年前后，摩根家族的祖先从英国迁移到美洲来，到约瑟夫·摩根的时候，他卖掉了在马萨诸塞州的农场，到哈特福定居下来。

约瑟夫最初以经营一家小咖啡店为生，同时还卖旅行用的篮子。这样苦心经营了一些时日，逐渐赚了些钱，就盖了一座很气派的大旅馆，还买了运河的股票，成为汽船业和地方铁路的股东。

风险总是与机遇、利益如影随形。如果一个商人整天只是想着要发财，要成功，要赚大钱，但又怕担风险，对未来心存胆怯而裹足不前，那么他就很可能与成功失之交臂，只有事后叹息、后悔的份了。

成功的企业家邱德根曾经这样说过："我不信命运，我从风浪中挨出来，建立了自己的斗志，即使到最后一刻也不会放弃，我的许多生意都是在风险中渡过的。"

中国人喜欢求同的思维方式源远流长，可上溯至孔夫子的"中庸思想"。具体而言，就是表现为不敢为天下先，正如俗语说的"枪打出头鸟"，"出头的椽子先烂"，所以一般来讲，中国少有变革，"第一个吃螃蟹的人"往往不得善终。

其实很多事在未真正完成之前，都是具有风险性的，常常会有一波未平一波又起的时候，也常常会有看似平静，但内部汹涌澎湃隐藏危机的时候。商业场上更是如此。但是一旦你勇于去开始，敢于去克服那些困难，那么在最后你将会有意想不到的收获。在那些看似难以捉摸的风险背后，往往是隐藏着巨大财富！

1835 年，约瑟夫投资参加了一家叫做"伊特纳火灾"的小型保险公司。所谓投资，也不要现金，出资者的信用就是一种资本，只要在股东名册上签上姓名即可。投资者在期票上署名后，就能收取投保者交纳的手续费。只要不发生火灾，这无本生意就稳赚不赔。

然而不久，纽约发生了一场大火灾。投资者聚集在约瑟夫的旅馆里，一个个面色苍白，急得像热锅上的蚂蚁。很显然，不少投资者没有经历过这样的事件。他们惊慌失措，愿意自动放弃自己的股份。

约瑟夫便把他们的股份统统买下。他说："为了付清保险费用。我愿意把这座旅馆卖了，不过得有个条件，以后必须大幅度提高手续费。"

这真是一场赌博，成败与否，全在此一举。

另有一位朋友也想和约瑟夫一起冒这个险。于是，两人凑了 10 万美元，派代理人去纽约处理赔偿事项，结果，代理人从纽约回来的时候带回了大笔的现款。这些现款来自新投保的客户，他们出了比原先高一倍的手续费。与此同时，"信用可靠的伊特纳火灾保险"已经在纽约名声大振。这次火灾后，约瑟夫净赚了 15 万美元。

这个事例告诉人们，能够把握住关键时刻，通常可以把危机转化为赚大钱的机会。冒险是上帝对勇士的最高嘉奖。不敢冒险的人就没有福气接受上帝恩赐给人的财富。

任何一个企业要想做大，所面临的风险是长期的、巨大的和复杂的。企业由小到大的过程，是斗智斗勇的过程，是风险与机会共存的过程，随时都有可能触礁沉船。在企业的发展过程中常常会遇到许多的困难和风险，如财务风险、人事风险、决策风险、政策风险、创新风险等。要想成功，就要有"与风险亲密接触"的勇气。不冒风险，则与成功永远无缘，但更重要的是冒风险的同时，一定要以稳重为主，只有这样的成功，才是我们想要的成功。

与市场共舞

把握了市场的脉搏，你将与幸运同在。成功的商人指出将生意做大的关键就在于与市场共舞，即敏锐地把握市场的大势。在一个完善的市场竞争社会中，谁把握了市场的大势，谁就能够顺势而为。

成功商人索罗斯在著作《金融炼金术》中描述了他从 1985 年 8 月 18 日到 1986 年 11 月 7 日期间的交易行为。我们读下去，就会看到索罗斯对于金融走势的准确判断，以及卓越的预见性。我们知道，索罗斯喜欢用外来词为事情命名。他称这一段交易时期为"真正的时间试验"。在这期间，他基金的净资产价值增加了一倍。

故事开始于 1985 年 8 月，这使人联想起里根总统 1984 年的选举，以及随后的减税和增加国防开支的行动，它们开创了美元和股市繁荣的时期。美国决心对抗苏联，在政策上更加开放，欢迎外国投资者参与美国经济的扩张，这是外国投资者喜欢看到的。在外界看来，美国的地位确实很特殊：世界上几乎所有的国家要么由于受到苏联的威胁，要么由于内部原因而使投资者望而却步。因此，处于自信状态的美国自然就吸引了大量国际投资，有的是直接进行，有的是通过瑞士、卢森堡进行。

在里根总统执政的前期阶段，大量外资的流入，使美元市场和资本市场呈现出一派繁荣景象，刺激了新一轮的经济扩张，这又使更多的资金蜂拥而至，美元变得更加坚挺。索罗斯将这种现象称为"里根大循环"，这个模型暗示了走向泡沫经济的可能性，从本质看，这种经济最终一定会崩溃的，债务成本超过重新借债的能力的时候是它能够存在的最后界限。甚至在这之前，许多力量都可能要戳破它，于是，美元贬值，大量投机资本外逃，这反过来又导致了经济的衰退，造成螺旋式下降的局面。

这就是索罗斯商业故事开始时的背景(1985 年 8 月 18 日)，此时基金总值为 6.47 亿美元。读者也许会记得在这一时期，投资者非常担心货币供给增加会导致高利率的繁荣，之后是暴跌；经济界忌讳的就是所谓"硬着陆"。周期性股票遇上繁荣时显得强大，但是靠低利率维持的股票在这种情况下则显得很脆弱。

在故事中，索罗斯宣称他根本不相信这种传统的说法。他认为"大循环"已经开始蹒跚，因此美元疲软、利率回升和衰退是不可避免的。他放弃了购买周期性股票的打算，购买了可能被接管的公司的股票，以及财产保险公司的股份，这使他迎来了一个最佳业绩年。至于货币，他正通过购买马克和日元而在钱币上大做文章。他还认为欧佩克将会解散，因此卖空了大量石油。

3周以后，即9月6日，他并没有得到利润。马克和日元贬值，而索罗斯在这两种货币上多头生意已达7亿美元，超过了基金总值。因此他损失惨重。

由美国财政部负责召集的五国财政部长和中央银行会议在星期日举行。当天晚上已是香港星期一的早上，索罗斯大量买进日元，日元大幅升值，他的资产一下子增加了10%，他的日元持有量达4.58亿美元。

在9月28日的日记里，索罗斯将这次财长行长会议协定描绘为"生命中的一次挑战……一周的利润足以弥补4年来货币买卖损失的总和……"对于不走运的人们而言，4年时间太长了！这句话清楚地说明了货币买卖的艰难。如果读者看了索罗斯9月6日的日记，在量子基金表上，可以看到他持有的马克为4.91亿美元，日元为3.08亿美元，总计7.99亿美元，超过基金总值。到9月27日，马克对美元的汇率从2.92：1变为2.68：1，升值9%，日升值11.5%。下大赌注的结果使两种货币的持有量之和从7.91亿美元增加到10亿美元，但由于股票和石油市场的亏损，整个基金的净利润为7.6%，也就是说8%～10%的利润被其他方面的损失所抵消。索罗斯认为股票市场的跌落，强化了美元的熊市地位：股票的弱走势，使得消费者和商家都缺乏信心。而且，股票价格下降弱化了它们的担保价值，使不景气加剧。

到1985年11月份的第一个星期，索罗斯对美元的投资达到了最高点。马克和日元的总值为14.6亿美元，几乎是基金价值的两倍。这意味着他顺延过去增长的势头，继续增加投入，即进行所谓累积投资。对于想在外汇买卖中品尝风险滋味的人们来说，这是一个好机会，因为一旦趋势逆转，哪怕是短暂的，也将拥抱灾难。

"我一直增加投入的原因，在于我深信逆转已不复存在：我早已形成的关于浮动汇率的观点，短期变化只发生在转折点上，一旦趋势形成，它就消失了。"这就是这位货币投机者的箴言。

财商高的人认为，对于一个投资者，不管投资于房地产、股票、债券、外汇、期货、黄金珠宝、收藏品，都要对金融的走势有个牢牢的把握。虽然在投资的过程中有一定的风险，但潜在的风险有多大，都无法预测，人们可以通过金融形势的反映对风险有所了解，对所投资的行业有所熟知，做到尽量减少风险，以最大的程度上获得成功，紧紧把握金融的走势，每一个投资者有个美好的明天。

冒险、失败、再冒险、再失败……成功

　　未来的世界变化快速，不论在企业、经济、金融、政治、社会等各层面，必然会加速变化，况且整个理财的环境会变得更复杂，可以预见，未来的财富重分配也必然加速进行。规避风险是人类的天性，在过去的经济形态，你可以不冒险，安安稳稳地过日子，但面对未来多变的投资环境，不冒险反而变成是冒最大的风险。

　　风险使人们迟迟不敢投资，与致富失之交臂。将钱存在银行似乎是最安全的，不需要冒太大的风险。但根据前述分析，通货膨胀将严重地侵蚀金钱的实际价值，因此，就理财的观点而言，将钱存在银行是冒最大的风险，因为在30～40年后，当你周围的人都因为理财得当而成为亿万富翁时，将钱存在银行的人可能因经济能力不佳而危及生活。财商高的人认为，不要一味地规避风险，风险其实没有那么可怕，冒有高报酬率的风险是绝对值得的。

　　常有人问一些专家："股票会不会再跌？"回答是："不知道。"接着又问："什么时候会开始上涨？"回答也是："不知道。"接着再问："哪一支股票可以买？能否报一支名牌"，回答仍然是："不知道。"接着他们会疑惑不解地问："你什么都不知道也敢投资，不是太冒险了吗？"回答是"你必须在以上所有问题都不知道的情况下投资理财，才能成功"。

　　为什么在上述问题都没有答案，且在未来充满不确定的情况下还要投资？财商高的人认为理由很简单，未来虽然充满风险，不过有一点能确定的是：只要经济持续成长，企业获利能力不断上升，长期而言，整体股市的投资报酬率必然会高于银行存款，而且会高出很多。一再地规避值得冒的风险，将与"致富"绝缘。

　　财商高的人认为，在规避风险的同时，也要学会一定的冒险。一个有冒险勇气的人，并不是说他没有恐惧，而是指他有克服恐惧的力量。

　　财商高的人的冒险精神并非与生俱来，多半是经由训练而来，经由冒险、失败、再冒险、再失败……一步一步训练而来。

　　其实每个人都是敢冒险的，每个人也都曾经有过大胆冒险的经验。在幼儿时期，我们敢冒险起来学走路，都是经过不断的跌倒、爬起，才能学会走路。年纪稍长学骑自行车，也是不断地摔倒、爬起、再摔倒、再爬起，最后才能随心所欲地驾驭自行车。人生的大部分技能，例如游泳、溜冰、开车、公开演讲等等，没有一项是与生俱来的本能。想学会这些技能，一定要经过冒险的阶段，并遵循"越

挫越勇"的精神，尝试再尝试，才有可能学会的。想学会投资理财也不例外，一定得经过这段冒险过程。

人们的冒险精神似乎是随着年龄增长而逐渐消退了，一方面是由于人们在经历失败与错误后，本能上会产生挫折感，因而泄气；另一方面是传统的教育观念造成的，长者基于保护幼者的心理，小孩子一旦做出任何危险行为，马上会受到大人们的谴责，因而养成安全至上，少错为赢的习惯，立志当个不做错事的乖小孩。随着年龄的增长，当人们的冒险精神逐渐消退之际，逃避风险便成为一种习惯。虽然规避风险并不是坏事，问题是过度地规避风险，就会成为投资理财的严重阻碍。

如何克服这种恐惧的心理呢？当一个人能够控制恐惧，他便能控制自己的思想与行动。他的自控力能让他在纷乱的环境下仍然处变不惊，并能无惧于后果的不确定性而作该作的决定。当结果并不如所愿，他随时准备承担失败的结果。这种临危不乱的勇气与冒险的精神，正是投资人所应具备的特质。勇于冒险的人并非不怕风险，只是因为他们能认清风险，进而克服对风险的恐惧。勇气源自于控制恐惧，而冒险精神始自于了解风险。

财商高的人认为要想成为一个成功的投资人，就必先摒除规避风险的习惯，重新拾回失去的冒险本能，进而培养一个健康的冒险精神。的确，积习已久的避险习惯想在短时间内改变过来，谈何容易。但是，既然冒险是成功理财不可缺少的要素，学习投资理财的第一要务就是克服恐惧，强迫自己冒险，培养健康的冒险精神，勇于投资在高期望报酬的投资标的上并承担伴随它的高风险。

世界上任何领域的一流好手，都是靠着对他们所畏惧的事物冒险犯难，才能出人头地的。而一些通过理财致富，通过冒险实现梦想的人也都是如此，都是以冒险的精神作为后盾。切记！处处小心谨慎，则难以有成。缺乏冒险精神的话，梦想将永远都只是梦想。在机会来临的时候，不敢冒险的人也是一个平庸的人。

世界上最聪明的人应数犹太人，商人也如此，他们大多拥有着乐观的风险意识，犹太大亨哈默在利比亚的冒险成功就很能说明他们乐观的风险精神。

当时，利比亚的财政收入不高。在意大利占领期间，墨索里尼为了寻找石油，在这里大概花了1亿美元，结果一无所获。埃索石油公司在花费了几百万的费用收效不大之后，正准备撤退，却在最后一口井里打出油来。壳牌石油公司大约花了5000万美元，但打出来的井都没有商业价值。欧美石油公司到达利比亚的时候，正值利比亚政府准备进行第二轮出让租借地的谈判，出租的地区大部分都是原先一些大公司放弃了的利比亚租借地。根据利比亚法律，石油公司应尽快开发他们的租借地，如果开采不到石油，就必须把一部分租借地还给利比亚政府。第二轮谈判中就包括已经打出若干眼"干井"的土地，但也有许多块与产油区相邻的沙漠地。

来自9个国家的40多家公司参加了这次投标。参加投标的公司，有很多是"空架子"，他们希望拿到租借地后再转租。另一些公司，其中包括欧美石油公司，虽财力不够雄厚，但至少具有经营石油工业的经验。利比亚政府允许一些规模较小的公司参加投标，因为它首先要避免的是遭受大石油公司和大财团的控制，其次再去考虑资金有限等问题。

哈默虽然充满信心，但前程未卜，尽管他和利比亚国王私人关系良好。但是，他不仅这方面经验不足，而且同那些一举手就可以推倒山的石油巨头们相比，竞争实力悬殊太大，真可谓小巫见大巫，但决定成败的关键不仅仅取决于这些。

哈默的董事们都坐飞机赶了来，他们在4块租借地投了标。他们的投标方式不同一般，投标书用羊皮证件的形式，卷成一卷后用代表利比亚国旗颜色的红、绿、黑三色缎带扎束。在投标书的正文中，哈默加了一条：他愿意从尚未扣税的毛利中拿出一部分钱供利比亚发展农业用。此外，还允诺在国王和王后的诞生地库夫拉附近的沙漠绿洲中寻找水源。另外，他还将进行一项可行性研究，一旦在利比亚找出水源，他们将同利比亚政府联合兴建一座制氨厂。

最后，哈默终于得到了两块租借地，使那些强大的对手大吃一惊。这两块租借地都是其他公司耗巨资后一无所获而放弃的。

这两块租借地不久就成了哈默烦恼的源泉。他钻出的头三口井都是滴油不见的干孔，仅打井费就花了近300万美元，另外还有200万美元用于地震探测和向利比亚政府的官员交纳的不可告人的贿赂金。于是，董事会里有许多人开始把这项雄心勃勃的计划叫做"哈默的蠢事"，甚至连哈默的知己、公司的第二股东里德也失去了信心。

但是哈默的直觉促使他固执己见。在和股东之间发生意见分歧的几周里，第一口油井出油了，此后另外8口井也出油了。这下公司的人可乐坏了，这块油田的日产量是10万桶，而且是异乎寻常的高级原油。更重要的是，油田位于苏伊士运河以西，运输非常方便。与此同时，哈默在另一块租借地上，采用了最先进的探测法，钻出了一口日产 7.3 万桶自动喷油的油井，这是利比亚最大的一口井。接着，哈默又投资 1.5 亿美元修建了一条日输油量 100 万桶的输油管道，足见哈默的胆识与魄力。之后，哈默又大胆吞并了好几家大公司，等到利比亚实行"国有化"的时候，他已羽翼丰满了。这样，欧美石油公司一跃而成为世界石油行业的第八个姊妹了。

哈默的一系列事业成功，完全归功于他的冒险精神和魄力，他不愧为犹太的大冒险家，从这里我们可以得出一个结论：驾驭风险是理财投资成功的基础，不要一味地规避风险，我们要勇敢地面对一切风险。